电子电路与系统实验

主　编　蒋守光　陈　丹　徐承成　许诚昕
副主编　王建波　赵丽娜　徐　庆　赵　波

重庆大学出版社

内容提要

本书系统地介绍了电子技术基础知识、基本电子测量技术和电子系统设计实验项目。全书共四篇10章，包括电子技术实验基础知识、电路基础实验、模拟电子技术基础实验、电子技术课程设计和EDA在电子技术实验中的应用。本书内容丰富，新颖实用，可以满足电类各专业教学的需要，可作为高等院校电类各专业的实验教材，也可供高等院校其他专业的师生和有关工程技术人员参考。

图书在版编目(CIP)数据

电子电路与系统实验 / 蒋守光等主编. -- 重庆 : 重庆大学出版社, 2023.4(2025.1重印)

高等学校实验课系列教材

ISBN 978-7-5689-3705-4

Ⅰ. ①电… Ⅱ. ①蒋… Ⅲ. ①电子电路—实验—高等学校—教材 Ⅳ. ①TN710-33

中国国家版本馆CIP数据核字(2023)第055116号

电子电路与系统实验

主　编　蒋守光　陈　丹　徐承成　许诚昕

副主编　王建波　赵丽娜　徐　庆　赵　波

责任编辑:范　琪　　版式设计:范　琪

责任校对:邹　忌　　责任印制:张　策

*

重庆大学出版社出版发行

出版人:陈晓阳

社址:重庆市沙坪坝区大学城西路21号

邮编:401331

电话:(023) 88617190　88617185(中小学)

传真:(023) 88617186　88617166

网址:http://www.cqup.com.cn

邮箱:fxk@cqup.com.cn (营销中心)

全国新华书店经销

重庆新荟雅科技有限公司印刷

*

开本:787mm×1092mm　1/16　印张:19　字数:477千

2023年4月第1版　2025年1月第2次印刷

印数:3 501—6 500

ISBN 978-7-5689-3705-4　定价:49.80元

前 言

实验教学在高等教育工科专业的教学中起着举足轻重的作用,本书的编写是为了深入贯彻全国教育大会精神和《中国教育现代化2035》、教育部《关于深化本科教育教学改革全面提高人才培养质量的意见》《关于推荐新工科研究与实践项目的通知》的精神,深入贯彻OBE 教育理念,结合电气信息类学科专业的特点及发展现状与趋势的基础上编写的。同时,本书的编写也是我校国家级线上线下混合一流课程、省级思政示范课程"模拟电子技术"持续建设的一部分,是对电路分析基础实验、模拟电子技术基础实验、电子系统设计、设计及仿真工具的汇编。本书全面阐述了电子电路实验与系统设计的基本理论、基础知识、基本方法,并配套研制了系列实验设备与实验装置,构造了"模块化、相互衔接、整体统一"的电子技术实验教学体系。

本书适用于电气信息类各专业实验教学,其指导思想是结合现有实验设备及教学要求,培养学生综合应用所学的理论知识进行实验,从而掌握基本的电子测试技术和实验技能。本书主要内容包括电子元器件的识别、测试,基础电路的验证,基本电子电路的设计、调试、分析及故障排除;通过实验培养学生勤奋进取、孜孜以求的治学精神,培养专心致志、严谨科学的工作作风,训练知识应用能力与创新精神。

本书按照实验能力培养的基本规律和学科特点分成四篇,即实验方法与基础仪器使用篇、基础实验篇、电子技术课程设计篇、设计及仿真工具篇。全书共 10 章,系统地介绍了常用仪器、元器件的使用,电子技术基础实验的基本原理和实验方法,电子系统设计的基本方法与设计实例,以及现代电子仿真实验技术等。

第 1 章电子实验方法及实验数据处理,包括电子技术实验的学习方法及一般要求,电子测量的分类,基本电参数的测量方法,实验数据的采集与处理,误差及误差分析等。通过本章学习,使学生了解实验课程学习要求,掌握实验数据采集与处理方法。

第 2 章基本测量原理及基础仪器的使用,包括万用表、直流稳压电源、函数信号发生器、双踪示波器等电子仪器原理与使用方法。通过本章的学习,使学生掌握基本测量仪器使用,为后续实验打下良好的基础。

第 3 章电路基础实验,主要实验有常用电子测量仪器的使用研究、元器件识别与测量、电路基本定理研究、RC 电路暂态过程、RC 网络频率特性研究、电阻温度计设计、用三表法测量电路等效参数、受控源电路设计及特性研究等。通过本章学习,使学生巩固电路分析课程基础理论与实验方法。

第 4 章模拟电子技术基础实验,包括基本放大电路、场效应管放大电路、差分放大电路的静态工作、放大器增益、输入阻抗、输出阻抗及频率响应指标的测试,集成运算放大器在信息运算与信息处理方面的实验研究以及 4 个模拟电子技术拓展实验与 2 个“互联网+”虚实结合在线仿真实验等。本章主要让学生掌握模拟电路的基础电路与实验方法。

第 5 章电子技术课程设计基础,主要介绍了课程设计的目的与要求、课程设计的教学过程、电子电路设计的一般方法与步骤,以及电子电路安装与调试技术。本章主要培养学生电子设计基础素质。

第 6 章电子系统的设计与应用举例,主要介绍了模拟电子电路设计方法、放大电路的一般设计方法、功率电子电路的设计与调试经验、数字电路应用系统的设计方法。本章主要培养学生电子系统设计与调试方法。

第 7 章电子综合设计题目,主要介绍了小功率限电器的设计、数字密码锁、竞赛抢答器、程控放大器设计、集成电路扩音机、精密数控直流电源等项目的设计要求、设计思路。本章主要是训练学生的资料应用、方案选择、电路设计以及电路安装调试能力。

第 8 章 Proteus 软件使用,主要介绍了 Proteus 8 电路仿真软件基本操作、电路创建、操作界面、仿真仪器仪表的使用方法,并配合第 10 章的应用实例进行了仿真。

第 9 章 Multisim 软件使用,主要介绍了 Mulltisim 14 电路仿真软件基本操作、电路创建、操作界面、仿真仪器仪表的使用方法,并配以应用实例,使学生通过该部分的学习,掌握较为先进的实验手段,从而更好地掌握电子技术基础内容。

第 10 章 PCB 设计软件使用简介,主要对 Altium Designer 22 电子线路辅助设计软件进行讲解,阐述了电子系统原理图绘制、原理图库的建立、PCB 元件封装的创建、PCB 的设计的基本方法,并对国产嘉立创 EDA 进行了介绍。

另外,附录部分列出了常用元器件的应用、常用集成电路引脚排列等资料,并介绍了“互联网+”在线实验平台。

电子技术具有实践性很强的特点,加强工程能力培养,特别是技能训练,对于提高工程人员的素质和能力具有十分重要的意义。本书融合了电路分析基础、模拟电子电路、电子系统设计、电子设计及仿真工具等相关课程的理论,实验过程中引入内容先进、综合性强的工程项目，紧扣新工科教学的要求，充分调动学生的学习主动性、积极性，为后续专业课程的学习打下坚实基础。

全书由成都信息工程大学教师编写，参加本书编写、项目设计、实验装置的设计与研制、思政设计与审核、电子资源制作的有陈丹、赵波（第1、2章）、蒋守光、陈丹、王建波（第3、4章）、王建波、蒋守光（第5、6、7章）、许诚昕（第8章）、赵丽娜（第9章）、徐承成（第10章）、徐庆（第3、4章仿真）等，在此谨向他们和其他关心、帮助本书编写的同志表示衷心感谢。本书的编写除了多年的教学经验的积累外，还借鉴和参阅了大量的参考资料，在此一并向这些作者表示诚挚的谢意。

本书主要的实验均给出了仿真电路与课件，读者可以通过扫描二维码下载。

由于时间仓促，且编者水平有限，书中难免存在不妥之处，恳切希望广大读者给予批评指正。

编 者

2022年10月

目录

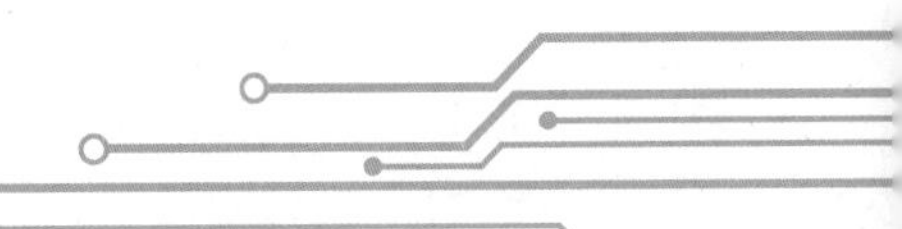

第一篇　实验方法及基础仪器篇

第二篇　基础实验篇

实验方法及基础仪器篇

电子实验方法及实验数据处理

※学习目标

1. 掌握电子技术实验课的学习方法。
2. 了解电子测量的分类。
3. 学会基本电参数的测量的基本方法。
4. 掌握实验数据的采集与处理方法。
5. 学会误差及误差分析方法。

※思政导航

教学内容	思政元素	思政内容设计
电子技术实验课的学习方法	创新精神 团队合作	通过课前线上视频观看、课堂现场操作、课后实验数据处理等教学方法讲解,强化学生对电子技术实验课学习方法的理解,重视实践动手操作能力的提升,实现理论与实践的有机结合。在一些实验中,通过小组任务的完成,培养学生合作创新能力、在实际工作中分析问题、解决实际问题的能力
基本电参数的测量	科学精神 勇攀高峰	实验测量方法的发展离不开科学家们对科研事业的不断追求和为人类文明进步所做出的巨大努力。当代大学生应当学习他们工匠精神、勇攀高峰的意志品质,站在前人的肩膀上勇于探索、主动创新、"心怀使命、科技报国"。能够用科学的知识及辩证思维来解决生活中的问题,培养严谨的逻辑思维方式、扎实的科研态度
实验数据的采集与处理、误差分析	工匠精神 科学素养	通过实验数据的采集与处理,帮助学生理解电子实验过程和实验原理,提升学生科学素养,强化专业责任感,充分理解电子工作者应该具有不畏艰难、艰苦奋斗、团结合作、严谨细致的工作作风,深刻感受"差之毫厘,谬以千里"的内涵,内化学生的专业责任感和职业道德情操,提升专业素养

创新就是在生活中发现了古人没有发现的东西。——李可染

1.1　电子技术实验基本知识

1.1.1　电子技术实验课的学习方法

为了学好电子技术实验课,在学习时应注意以下几点:

①掌握实验课的学习规律。实验课是以实验为主的课程,每个实验都要经历预习、实验和总结三个阶段,每个阶段都有明确的任务与要求。

预习——预习的任务是弄清实验的目的、内容、要求、方法及实验中应注意的问题,并拟订实验步骤,画出记录表格。此外,还要对实验结果做出估计,以便在实验时可以及时检验实验结果的正确性。预习得是否充分,将决定实验能否顺利完成和收获的大小。

实验——实验的任务是按照拟订的方案进行实验。实验的过程既是完成实验任务的过程,又是锻炼实验能力和培养实验作风的过程。在实验过程中,既要动手,又要动脑,要养成良好的实验作风,要做好原始数据的记录,要分析与解决实验中遇到的各种问题。

总结——总结的任务是在实验完成后,整理实验数据,分析实验结果,总结实验收获并写出实验报告。这一阶段是培养总结归纳能力和编写实验报告能力的主要手段。一次实验收获的大小,除决定于预习和实验外,总结也具有重要的作用。

②应用已学理论知识指导实验的进行。首先要从理论上来研究实验电路的工作原理与特性,然后再制订实验方案。在调试电路时,也要用理论来分析实验现象,从而确定调试措施。盲目调试是错误的。虽然有时也能获得正确的结果,但对调试电路能力的提高不会有什么帮助。对实验结果的正确与否及与理论的差异也应从理论的高度来进行分析。

③注意实际知识与经验的积累。实际知识和经验需要靠长期积累才能丰富起来。在实验过程中,对所用的仪器与元器件,要记住它们的型号、规格和使用方法。对实验中出现的各种现象与故障,要记住它们的特征。对实验中的经验教训,要进行总结。为此,可准备一本"实验知识与经验记录本",及时记录与总结。这不仅对当前有用,而且可供以后查阅。

④增强自觉提高实际工作能力的意识。要将实际工作能力的培养从被动变为主动。在学习过程中,有意识地、主动地培养自己的实际工作能力。不应依赖教师的指导,而应力求自己解决实验中的各种问题。要不怕困难和失败,从一定意义上来说,困难与失败是提高自己实际工作能力的良机。

1.1.2　电子技术实验的一般要求

为了使实验能够达到预期效果,确保实验的顺利完成,培养学生良好的工作作风,充分发挥学生的主观能动作用,对学生提出以下基本要求。

1)实验前的要求

①实验前要充分预习,包括认真阅读理论教材及实验教材,深入了解本次实验的目的,弄清实验电路的基本原理,掌握主要参数的测试方法。

②阅读实验教材中关于仪器使用的章节,熟悉所用仪器的主要性能和使用方法。

③估算测试数据、实验结果,并写出预习报告。

2)实验中的要求

①按时进入实验室认真听课,注意指导教师的讲解及提出的应注意的问题,并在规定时间内完成实验任务。遵守实验室的规章制度,实验后整理好实验台。

②严格按照科学的操作方法进行实验,要求接线正确,布线整齐、合理。

③按照仪器的操作规程正确使用仪器,不得野蛮操作。

④实验中出现故障时,应利用所学知识冷静分析原因,并能在教师的指导下独立解决。对实验中的现象和实验结果要能进行正确的解释。要做到脑勤、手勤,善于发现问题、思考问题、解决问题。

⑤测试参数时要心中有数,细心观测,做到原始记录完整、清楚,实验结果正确。

3)实验后的要求

撰写实验报告是整个实验教学中的重要环节,是对工程技术人员的一项基本训练。一份完美的实验报告是一项成功实验的最好答卷,因此实验报告的撰写要按照以下要求进行。

(1)对于普通的验证性实验报告的要求

①实验报告用规定的实验报告纸书写,上交时应装订整齐。

②实验报告中所有的图都用同一颜色的笔书写,画在坐标纸上。

③实验报告要书写工整,布局合理、美观,不应有涂改。

④实验报告内容要齐全,应包括实验任务、实验原理、实验电路、元器件型号规格、测试条件、测试数据、实验结果、结论分析及教师签字的原始记录等。

(2)对于设计性实验报告的要求

设计性实验是实验内容中比验证性实验高一层次的实验,因此对实验报告的撰写也要有特殊的要求和步骤。

①标题,包括实验名称,实验者的班级、姓名、实验日期等。

②已知条件,包括主要技术指标、实验用仪器(名称、型号、数量)。

③电路原理,如果所设计的电路由几个单元电路组成,则阐述电路原理时,最好先用总体框图说明,然后结合框图逐一介绍各单元电路的工作原理。

④单元电路的设计与调试步骤。

⑤测量结果的误差分析,用理论计算值代替真值,求得测量结果的相对误差,并分析误差产生的原因。

⑥思考题解答与其他实验研究。

⑦电路改进意见及本次实验中的收获体会。

1.2　实用电子测量技术及数据处理

1.2.1　电子测量的分类

1)按测量的方法分类

(1)直接测量法

直接测量一般是借助测量工具直接从测量工具上测出所需要的数据。例如用电压表测量放大电路的工作电压,用欧姆表测量电阻等。

(2)间接测量法

间接测量法一般通过实际测量的参数与所需要结果的函数关系,计算其结果。例如,测量电阻上的功率 $P=U\times I=U^2/R$,可以通过直接测量电阻上的电压降、电阻的方法,求出其功率。又例如,求放大器放大倍数 $A_u=U_o/U_i$,其方法是利用毫伏表(或者示波器)测量其输入和输出电压,从而求出放大倍数。

(3)组合测量

组合测量是兼用直接与间接测量方法,即在某些测量中,被测量与几个未知量有关,需要通过建立联立求解各函数关系式来确定被测量的大小。

例:为了测量电阻的温度系数,可利用以下公式:

$$R_t = R_{20} + \alpha(t - 20) + \beta(t - 20)^2 \quad (1.2.1)$$

式中　α,β——电阻的温度系数;

R_{20}——电阻在20 ℃时的电阻值;

t——测试温度。

当 R_{20}、α、β 都未知时,需要用组合测量方法。改变测试温度,分别在 t_1、t_2、t_3 三种温度下测出对应的电阻值及 R_{t1}、R_{t2}、R_{t3},然后代入式(1.2.1),得到一组联立方程:

$$R_{t1} = R_{20} + \alpha(t_1 - 20) + \beta(t_1 - 20)^2$$
$$R_{t2} = R_{20} + \alpha(t_2 - 20) + \beta(t_2 - 20)^2$$
$$R_{t3} = R_{20} + \alpha(t_3 - 20) + \beta(t_3 - 20)^2$$

解此联立方程式后,便可求得 α、β。

上述三种方法各有优缺点。直接测量法的优点是简单快速,在工程上应用比较广泛。间接测量比较费时,可在缺乏直接测量仪器,不便于直接测量或直接测误差较大时采用。组合测量复杂而且更费时,适合于不能单独用直接测量或间接测量解决的地方。

2)按被测量的性质分类

(1)时域测量

时域测量的被测量是以时间为函数,例如电流和电压等,它们有稳态量和瞬态量,对于瞬态量可以用示波器观察其波形,以便显示其波形的变化规律。而稳态量则用仪表测量其有效值。

(2)频域测量

频域测量的被测量是以频率为函数的量,例如测量线性系统的幅频特性和相位特性等。

(3)数据域测量

数据域测量是对数据进行测量时,利用逻辑分析仪对数字量进行测量的方法,例如微处理器的地址线、数据线、控制线等的信号,可以利用逻辑分析仪对其进行分析。

(4)随机测量

随机测量主要是对各类干扰信号、噪声的测量和利用噪声信号源等进行的动态测量。

1.2.2 基本电参数的测量方法

1)电压测量

在电压测量中,要根据被测电压的性质、工作频率、波形、被测电路阻抗、测量精度等来选择测量仪表。交、直流电压的测量方法有直接测量法和比较测量法。

(1)直接测量法

用数字万用表可直接测量交、直流电压的各主要参数。测量时尽可能使电压表的量程与被测量的电压接近,以提高数据的有效位数。

如果用毫伏表测信号电压时,应尽量选择适合的量程使被测电压的指示值超过满刻度的三分之二,这样以便减小测量误差。

用示波器测量交流电压时,通道灵敏度尽可能地高,以便测出的数更接近于真值。

(2)比较测量法

①示波器测直流电压。

将示波器的通道灵敏度的微调旋钮置校准位置,同时将输入耦合方式 AC—GND—DC 开关置 GND,并将时基线与屏幕的某刻度线重合作为参考零电压值,然后将开关置于 DC,这时时基线即上移或下移,根据偏离值就可算出直流电压值,即

$$直流电压值=偏离值(cm)\times V/div$$

式中 V/div——示波器面板上通道灵敏度的值。时基线上移测出的电压为正,否则为负电压值。

②示波器测交流电压。

将示波器的微调旋钮置校准位置,这时屏幕上出现如图 1.2.1 所示的波形,这时其被测电压的幅值为:被测电压的幅值=通道灵敏度×垂直距离。

2)电流测量

电流测量也需要进行仪表选择和测试方法选择。直流电流的测量要选用直流电流表(实验室中一般用万用表电流挡)。

(1)直接测量法

直接测量法是将电流表串联到被测电路中(注意红表笔接电路的高电位端),其优点是读数准确,缺点是要断开电路,操作麻烦。

(2)间接测量法

实际应用中常采用利用取样电阻的间接测量法,即在被测支路中串入一个适当的取样电阻 R,通过测量其两端电压而得到其电流值,如图 1.2.2 所示。如果该支路有已知电阻,则可通过测该电阻上的电压降来得到其电流值,而不必再串入另外的电阻。

间接法测电流适用于测直流大电流和交流电流，因为在一般实验室中没有大量程的直流电流表和交流电流表。

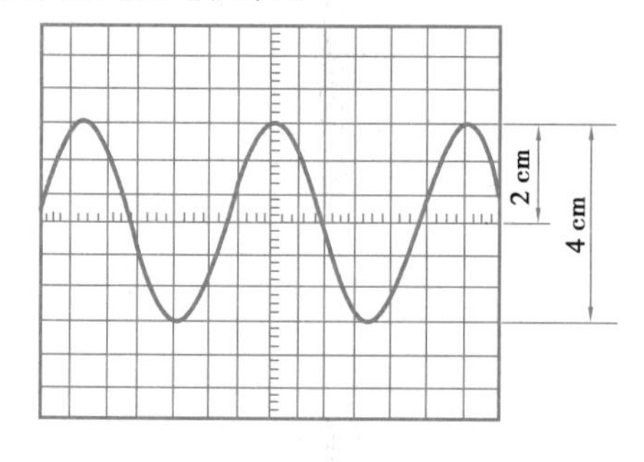

▲图 1.2.1 交流正弦波

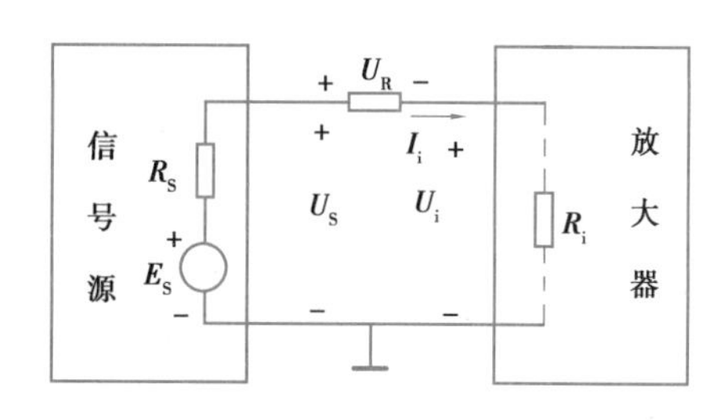

▲图 1.2.2 电流测量电路

3）输入阻抗测量方法

当被测的电路的输入阻抗不太高时，可以采用如图 1.2.3 所示的电路进行测量，即在信号发生器与放大器的输入端之间接入已知阻值的电阻 R，用毫伏表分别测量 A 点和 B 点的信号电压 U_S 和 U_i 的值，则

$$R_i = \frac{U_i}{\frac{U_S - U_i}{R}} = \frac{RU_i}{U_S - U_i} \tag{1.2.2}$$

注意，R 与 R_i 的阻值为同一数量级，R 值过大易引起干扰，过小测量误差将增大。

当被测电路的输入阻抗比较大时，其测量电路如图 1.2.4 所示，由于毫伏表的内阻与放大器的内阻 R_i 相当，所以不能用上述方法测量，而是在输入端串联一个与 R_i 的数量级相当的电阻 R，由于 R 的接入会在放大器的输出端引起输出电压 U_o 的变化，这时用毫伏表分别测量当 K 合上和 K 断开时的输出电压 U_{o1} 和 U_{o2}，则

$$R_i = \frac{U_{o2}}{U_{o1} - U_{o2}}R \tag{1.2.3}$$

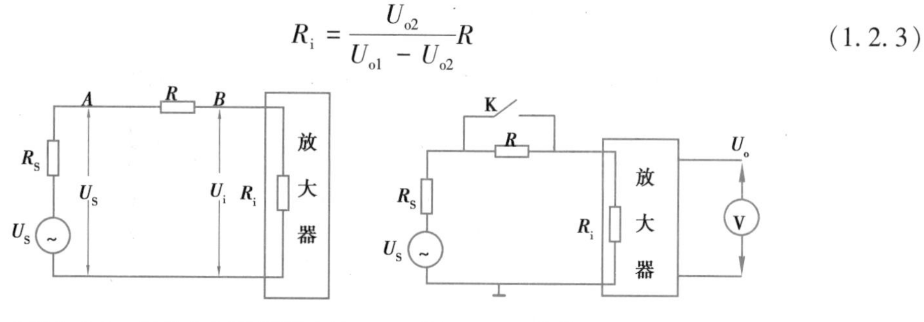

▲图 1.2.3 低输入阻抗测量方法　▲图 1.2.4 高输入阻抗测量方法

4）输出阻抗测量方法

当放大器电路没有接负载时，用毫伏表测量其输出电压 U_o，当放大电路接上负载 R_L 时，用毫伏表测量其输出电压 U_L，R_o 两端电压为 U_o-U_{oL}，流过 R_o 的电流为负载电流$\frac{U_{oL}}{R_L}$，则输出阻抗 R_o 为：

$$R_o = \frac{U_o - U_{oL}}{\frac{U_{oL}}{R_L}} = R_L \cdot \frac{U_o - U_{oL}}{U_{oL}} \tag{1.2.4}$$

5)频率的测量

(1)李沙育图形法测量频率

用双踪示波器将扫描速率开关置外接,于是 CH2 为 x 轴,CH1 为 y 轴,将标准信号接入 CH1 通道,被测信号接 CH2 通道,在示波器上将显示如图 1.2.5 所示李沙育图形。图形中被测信号频率为 f_x,标准信号频率为 f_y 在李沙育图形中作一条不通过交点的水平线,计算其交点数 N_x,同样作一条不通过交点的垂直线,计算其交点数 N_y,则

$$\frac{f_x}{f_y} = \frac{N_x}{N_y} \tag{1.2.5}$$

例:$\frac{f_x}{f_y}=\frac{2}{1}$

(2)周期法测量频率

因为 $f=1/T$,在要求不太高的情况下,一般采用示波器直接测量信号的周期 T,如图 1.2.6 所示,其周期 T=扫描速率×水平距离。

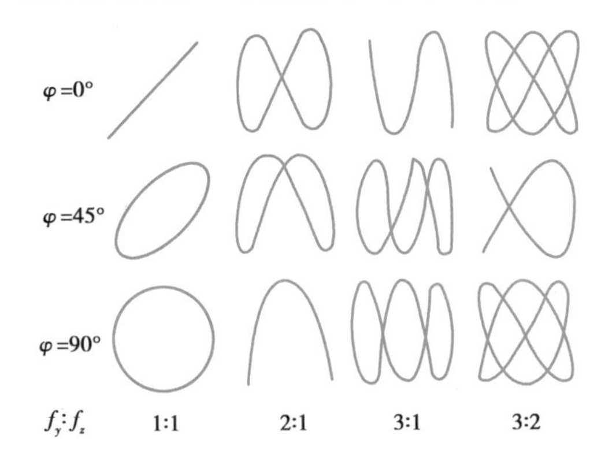

▲图 1.2.5 李沙育图形

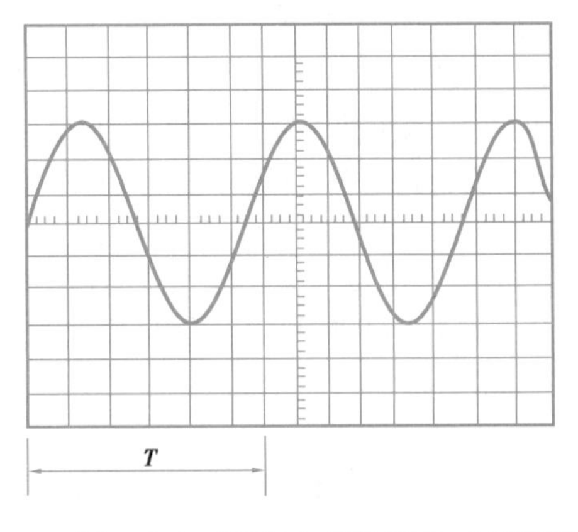

▲图 1.2.6 周期 T=扫描速率×水平距离

6)时间的测量

其方法同上面的周期测量法。

7)相位的测量

相位的测量实际上是相位差的测量。在电子技术中,主要测量 RC 网络、LC 网络、放大器相频特性以及依靠信号相位传递信息的电子设备。

相位差的测量方法很多,用示波器测量相位差虽然精度较低,但却非常方便和直观,在电子电路测量中广泛地使用。这里主要介绍两种常用的示波器测量法。

(1)双踪示波法(截距法)

利用示波器的多波形显示,是测量相位差最直观最简便的方法。测量时将被测的两个信号分别接到示波器的两个垂直通道,示波器垂直方式选择“双踪”显示,最好使示波器两通道

科学也需要创造,需要幻想,有幻想才能打破传统的束缚,才能发展科学。——郭沫若

的零基线重合，调节有关旋钮，使荧光屏上显示两条大小适中的稳定波形，如图 1.2.7 所示。利用荧光屏上的坐标测出信号在水平方向一个周期所占的长度 X(div)，然后再测出两波形过零基线的对应点 A、B 之间的水平距离(截距)X_1。由于正弦波一个周期为 360°，则测出的相位差为

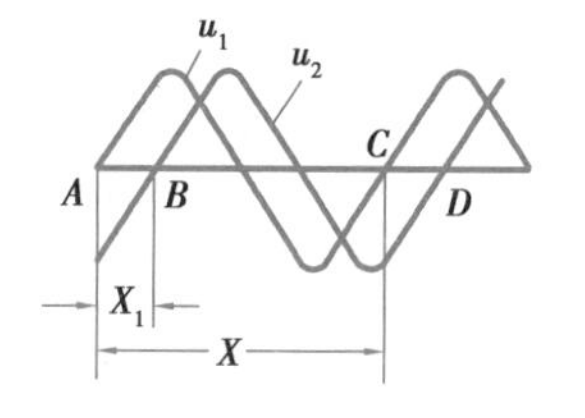

▲图 1.2.7　双踪示波法(截距法)

$$\varphi = \frac{X_1}{X} \times 360°$$

(2)李沙育图形法

将扫描速率开关置于外接，CH_1 通道输入标准信号，CH2 通道输入被测信号，在示波器上将显示如图 1.2.8 所示李沙育波形，从图 1.2.8(a)可知，相位差为：

$$\varphi = \arcsin\left(\frac{B}{A}\right) \tag{1.2.6}$$

式中　B——椭圆与纵轴相截的距离；

　　A——Y 向的最大偏转距离。

图 1.2.8(b) 显示两个同频率正弦信号之间的相位差从 0°～360°变化时的李沙育图形的变化规律。

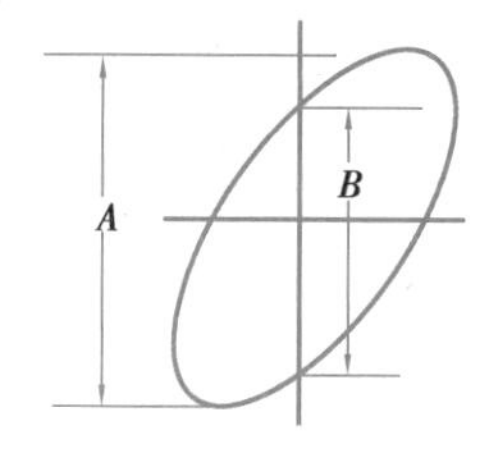

(a) 李沙育图形

(b) 从0°～360° 变化时的李沙育图形的变化规律

▲图 1.2.8　李沙育图形相位测量

1.2.3　实验数据的采集与处理

1)实验数据的采集

实验数据的采集包括实验的观察、实验数据的读取和记录。

(1)观察

在实验过程中，要聚精会神地注视全部细节，并尽可能地做好观察记录，这是一条基本而又重要的原则。切不可把观察到的现象与本人对现象的解释混为一谈。

(2)实验数据的读取

实验中应读取哪些数据，如何读取，这是实验者应注意的实际问题。

①明确所研究的电路指标是通过哪些电量体现的(或可计算得出)，这些电量又是通过电路中哪些节点来测量。要思路清晰，目的明确，以免丢掉应采集的数据。

②读取的数据必须是电路处于正常工作状态下所表现出来的有用数据。这既要保证输出是输入的响应(不是干扰或自激信号)，又要保证是所要求的测试条件下(如不失真等)的测试数据。否则，盲目地测出一系列数据，最后分析检查，发现错误，又要重测，就会浪费大量

时间。

③电子电路实验是可再现的、可重复的，而且为了减少测量误差，应进行多次重复测量（防止偶然失误），来反映出电路的本质。如电压放大倍数 A_u 的测量，可在同一静态工作点同一频率而幅度不同的输入信号作用下，多次测量 U_o。

④实验数据的读取方法。在实验中用模拟式仪表读数时要有正确的读取方法。一般在读取数据时，要读出可靠数字再加上一位不可靠数字。这些数字就是读数的有效数字。例如，刻有 100 条线的 10 V 电压刻度线，两线之间的电压差为 0.1 V。如果指针在 41 线上，读取的数为 4.1 V；指在 42 线上，则为 4.2 V。如果指针指在 41 和 42 线之间应读为 4.15 V，其中 4.1 是可靠数字，0.05 是不可靠数字，4.15 V 是三位有效数字。

通常规定以第一个不等于零的数字位以及其右边的所有位数作为有效数字的位数。例如，2.03 是三位有效数字，0.680 0 是四位有效数字，0.008 是一位有效数字等。

有效数字表示读取数据的准确度，不能随意增减，即使在进行单位转换时也不能增加或减少有效数字。例如 0.860 0 V 表示不可靠数字是在 10^{-4} 数量级上。如果变成 0.86 V 表示不可靠数字在 10^{-2} 数量级，读数的准确度相差两个数量级。同理，对 1 A 也不能写成 1 000 mA，而应写为 1×10^3 mA。

有效数字还表示仪表误差的大小，并用最后一位有效数字的半个单位值表示仪表的最高误差，又称为 0.5 准则。当末位数字是在个位上时，则仪器包含的误差绝对值应不大于 0.5（即 $1/2\times1=0.5$）；如果末位数字是在十位上，则仪器包含的误差绝对值应不大于 5（即 $1/2\times10=5$）。

（3）数据记录

对实验数据做好真实全面的记录是对实验者的一项基本要求。

①对实验现象和数据必须以原始形式做好记录，不要作近似处理（不要将读取的数 0.254，记录成 0.25），也不要记录经计算或换算后的数据。数据必须真实。

②实验数据记录应全面，包括实验条件、实验中观察到的现象及各种影响，甚至失败的数据或认为与研究无关的数据。因为有些数据可能隐含着解决问题的新途径或作为分析电路故障的参考依据。同时应注意记录有关波形。

③数据记录一般采用表格方式，既整齐又便于查看，并一律写入预习报告表格中，作为原始实验数据，切不可随便写到一张纸上，这样既不符合要求，又易丢失。

④在记录实验数据时，应及时作出估算，并与预期结果（理论值）进行比较，以便及时发现数据正确与否，及时纠正。

2）实验数据的处理

在实验中，由于测试难免存在误差，测量数据不可能完全准确。如何使实验数据更接近实际值，需要对实验结果进行数据处理。这是一个去粗取精、去伪存真的加工制作过程。

数据处理是从测量所得到的原始数据中求出被测量的最佳估计值，并计算其精确度。在数据处理的过程中，要对测量数据进行加工、整理，并通过分析最后得出正确的科学结论，必要时还要把测量数据绘制成曲线或归纳成经验公式。

（1）有效数字的修约规则

在实验中，常常需要对测量的数据进行某些运算。为了使计算结果反映测量误差，在运算前需要对某些读取的数据进行有效数值的取舍。一般是保留有用的位数，舍去那些超过仪表准确度范围的位数,这一方法称为有效数字的修约。根据国家有关规定,有效数字的修约规则如下。

当需要保留 n 位有效数字时:

①保留位数(n 位)以后的最左一位的数字大于5,则舍去除保留数以外的所有数字,并将保留数加1。

②保留位数(n 位)以后的最左一位的数字小于5,则舍去除保留位数以外的所有数字,保留数不加1。

③保留位数(n 位)以外的最左一位的数字等于5,且5以后的各位不全部为零,则舍去除保留位数以外的所有数字将保留数加1。若保留位数以外最左一位的数字等于5,且5以后的各位全部为零,舍去保留位数以外的所有数字,若最后一位保留数是奇数,则保留数加1,是偶数或零则不加1。

例:保留以下各数的三位有效数字。

26.849→26.8　　(4<5 保留数不加1)

0.130 80→0.131　(8>5 保留数加1)

76 850→768×10^2　(因第四位为5,第三位为偶数,舍去)

34.75→34.8　　(因第四位为5,第三位为奇数,加1)

注意:有效数字的修约应一次进行,不能按位连续进行。例如,要留183.458中的三位有效数字,正确方法是:183.458→183,不正确的方法是:183.458→183.46→183.5→184。

(2)实验数据的图解处理

测量结果除了用数字方式表示外,还可以用各种曲线表示。实验数据的图解处理就是研究如何根据已测得的数据绘制出一条尽可能反映真实情况的曲线。用图解处理实验数据直观方便,特别是当研究两个或多个物理量之间的关系时非常方便。通过对各种实验曲线的形状、特征、变化趋势的分析,可以推导出它们的数学模型,甚至可对尚未认识的问题进行预测。

①作图。

坐标的选择:为了表示两个变量的关系 $y=f(x)$,常选用直角坐标(笛卡尔坐标),也可用极坐标。

自变量的选择:一般将误差忽略不计的量当作自变量,并以横坐标表示;另一变量以纵坐标表示。

坐标分度及比例选择:在直角坐标中常用线性分度和对数分度,如放大器幅频特性的横坐标就是用单对数分度。

②分度比例选择的原则。

当自变量变化范围很宽,如放大器的频率特性的频率一般是在几个数量级变化,采用对数坐标分度。

横纵坐标的比例不一定一致,应根据特性频率的具体情况进行选择,例如,如图1.2.9(a)所示,当比例选择不当时会描绘成图1.2.9(b)的图形。

坐标分度和测量误差一致。分度过细会夸大测量误差,过粗会牺牲原有测量精度,增加作图误差。

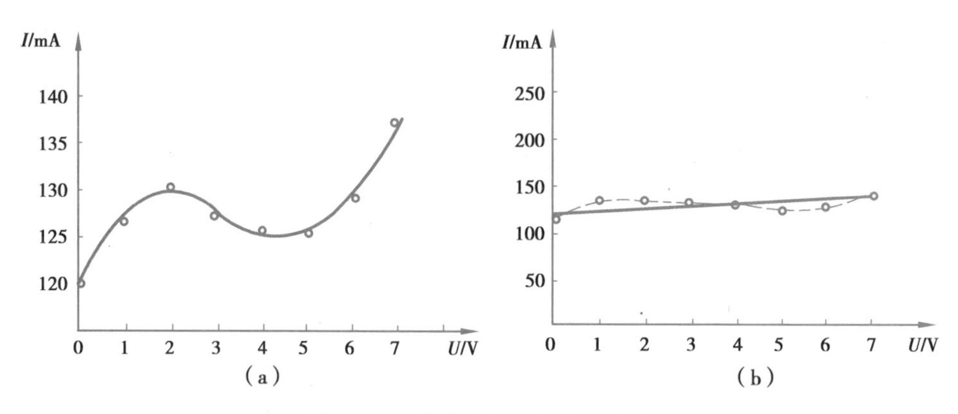

▲图 1.2.9　横纵坐标比例选择的对比

测量点(实验数据)多少的选择:测量点应在实验曲线上分布均匀,一般地,在曲线变化急剧的地方测量点应选密一些。

(3)曲线拟合的方法

由于在测量过程中不可避免存在误差,特别是随机误差,其变化规律更无法掌握。因此,在坐标纸上获得的所有数据点不可能全部落在一条光滑的曲线(或直线)上,这就要求从包含误差的测量数据中确定出一条最理想的光滑曲线(或直线)。这一工作过程称为曲线(直线)的拟合(或修匀)。

曲线拟合的方法有:

①平滑法。

将实验得到的数据(x_i,y_i)标在直角坐标上,再把各坐标点用折线相连接。保持下列等量关系:

$$\sum S_i = S_i' \tag{1.2.7}$$

作出一条平滑曲线,式中 S_i 和 S_i' 是折线和曲线所围成的面积,S_i 是曲线以下的面积,S_i' 是曲线以上的面积,如图 1.2.10 所示。

②分组平均法。

将数据点(x_i,y_i)标在坐标上,然后将各数据点按顺序分成若干组,每组可包含 2 ~4 个数据点。每组数据点可以不相等,估取各组的几何重心,再将这些重心用光滑的曲线连接起来,如图 1.2.11 所示。

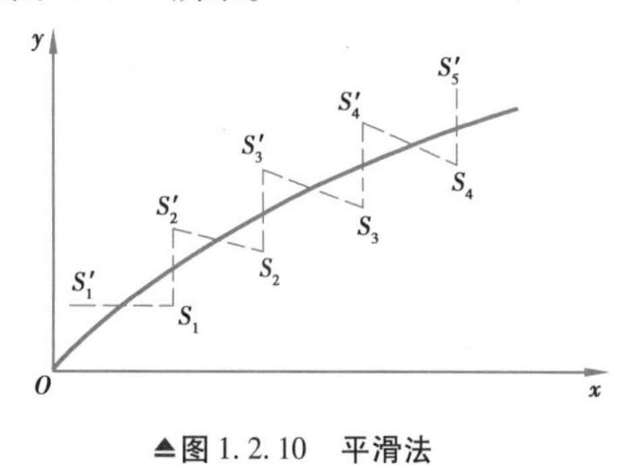

▲图 1.2.10　平滑法

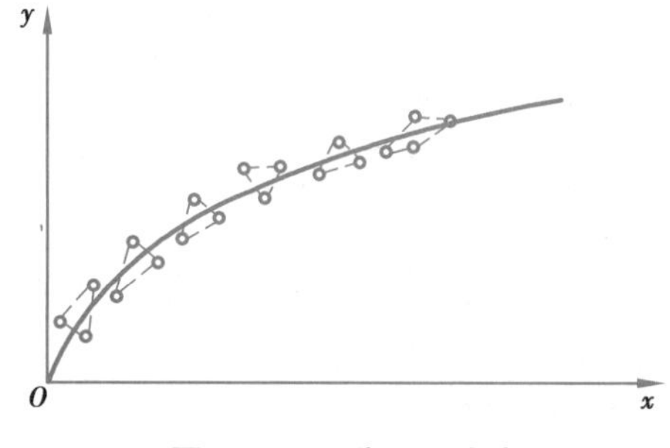

▲ 图 1.2.11　分组平均法

1.2.4 误差及误差分析

1)测量误差

在实际测量中往往会出现误差,这是不可避免的,它主要是受测量精度、测量方法、环境条件或人为的因素等限制。测量值与真实值之间不可避免地存在差别,这种差别称为测量误差。

在测量的要求下,必须研究和分析测量可能产生误差的原因、性质,以合理选择测量仪器和测量方法,力求减小测量误差。

按测量误差出现的规律可以分为三类:

①系统误差。这是一种在同一条件下,对同一变量进行多次测量时,其误差值保持不变或按一定规律变化的误差。一般包含测量仪器的误差、测量方法的误差、测量条件的误差,通过分析研究可以将该误差消除。

②随机误差。此误差是在相同条件下多次重复测量同一变量时,其误差的大小和符号均发生变化,且无规律变化。为了消除随机误差,可采用增加重复测量次数,然后取其算术平均值的方法来达到目的。

③疏失误差。这是一种过失误差,在测量中最好先用已知量对电路进行验证,以便发现由于某种过失造成测量结果的错误。

2)误差表示方法

为了定量研究误差,按误差表示方法可分为绝对误差和相对误差两种。

(1)绝对误差

绝对误差,又叫绝对真误差,等于给出值与其真值的差,即

$$\Delta X = X - X_0 \tag{1.2.8}$$

式中的给出值 X 为测量时的测出值(指示值)、近似计算中的近似值。真值 X_0 为被测参量的客观存在值。

绝对误差可正可负,且与被测量有相同的量纲。把 X_0 写成

$$X_0 = X + (-\Delta X) = X + C \tag{1.2.9}$$

上式中 $C=-\Delta X$,称为修正值。由此可见,修正值和绝对误差大小相等而符号相反。引进修正值后,就可以对仪表指示值进行校正,以便减小误差。修正值常以表格、曲线或公式的形式给出。在自动测量仪器中,修正值编成程序,对测量结果自动进行修正。

(2)相对误差

用绝对误差表示时,由于在测量不同大小的被测量值时,不能简单地用它来判断准确程度。例如,测100 V电压时,$\Delta X_1=+1$ V;在测10 V电压时,$\Delta X_2=+0.5$ V,虽然 $\Delta X_1>\Delta X_2$,可实际上 $\Delta X_1=+1$ V,只占被测量的1%,而 $\Delta X_2=+0.5$ V,却占被测量的5%。显然,在测10 V时,其误差对测量结果的相对影响更大。为此,在工程上通常采用相对误差来比较测量结果的准确程度。

相对误差定义为绝对误差与真值之比值,即

$$A = \frac{\Delta X}{X_0} \tag{1.2.10}$$

通常,相对误差用百分数表示,即

$$A = \frac{\Delta X}{X_0} \times 100\% \tag{1.2.11}$$

当被测量的真值和仪表的指示值相差不太多(即误差较小)时,也常用仪表的指示值 X 代入上式,即

$$A = \frac{\Delta X}{X} \times 100\% \tag{1.2.12}$$

相对误差是一个只有大小和符号而无量纲的量。

一个仪器,其误差有时采用绝对形式和相对形式共同表示。例如,某脉冲信号发生器输出脉冲宽度为0.1~10 μs共20挡,误差为±10% ±0.025 μs,即脉宽的绝对(实际)误差由两部分组成,±10%是相对部分;±0.025 μs是与输出脉宽无关的绝对部分。显然,输出脉冲宽度窄时,绝对部分起主要作用;反之,输出脉冲宽时,相对部分起主要作用。

(3)引用误差

虽然相对误差可以表示不同测量结果的准确程度,但它的不足之处是不能反映连续刻度仪表本身的准确性能。因按公式 $A \approx \frac{\Delta X}{X} \times 100\%$ 计算相对误差时,随着 X 值不同,A 值也不同。例如,一只测量范围为0~250 V的电压表,在测量200 V电压时,绝对误差为0.5 V,$A_1 = 0.25\%$;用同一电压表测10 V电压时,绝对误差也为0.5 V,$A_2 = 5\%$。

引用误差定义为绝对误差 ΔX 与仪表测量上限 X_M(即仪表的满刻度值)比值的百分数,用公式表示为

$$A_M = \frac{\Delta X}{X_M} \times 100\% \tag{1.2.13}$$

按我国标准规定,电测量指示仪表的准确度,用最大引用误差来表示,准确度等级 K 分为0.1,0.2,0.3,0.5,1.0,1.5,2.5和5.0共7个等级,万用表准确度一般为1.0,5.0级,仪表准确度等级 K 的百分数由下式确定:

$$K\% = \frac{|\Delta X_M|}{X_M} \times 100\% \tag{1.2.14}$$

式中 $|\Delta X_M|$——(下标垂直)允许的最大绝对误差的绝对值。

例:准确度为0.5级、满刻度为10 V的电压表,用它测量4 V电压时,从上式可求出 $|\Delta X_M| = 0.05$ V那么,在测4 V电压时,可能出现的最大相对误差为

$$A'_M = \frac{|\Delta X_M|}{X_M} \times 100\% = 1.25\%$$

由此可见,在一般情况下,仪表的准确度并非测量结果的准确程度(A'_M),两者不可混淆。

必须指出,并非所选用仪表的准确度高,测量结果的准确程度就一定高(即 A'_M 小),例如,选用0.2级和测量上限为100 V的电压表,仍然用来测量4 V电压时,则其可能出现的最大相对误差如下。因为

$$|\Delta X_N| = \frac{KX_M}{100} = \frac{0.2 \times 100}{100}\ \text{V} = 0.2\ \text{V}$$

所以
$$A'_{\mathrm{M}} = \frac{|\Delta X_{\mathrm{M}}|}{X} \times 100\% = \frac{0.2}{4} \times 100\% = 5\%$$

因此,片面追求仪表的准确度等级,而忽视对仪表的测量上限(满刻度值)的合理选择,就无法保证测量结果的准确性。通常应使被测量值处于仪表测量上限(满刻度值)的一半以上。

我的努力求学没有得到别的好处,只不过是愈来愈发觉自己的无知。——笛卡儿

基本测量原理及基础仪器的使用

※学习目标

1. 学会万用表、直流电源、函数信号发生器、示波器等基本仪器的基本使用。
2. 理解万用表、直流电源、函数信号发生器、示波器的主要功能、技术指标。
3. 领会万用表、直流电源、函数信号发生器、示波器的参数测量注意事项。
4. 学会分析仪器使用过程中的数据错误或误差产生的原因。

※思政导航

教学内容	思政元素	思政内容设计
万用表、直流电源、函数信号发生器、示波器等基本仪器的使用	科学精神 家国情怀	仪器领域科学家介绍：王守融（1917. 4. 20—1966. 8. 28），男，江苏苏州人，精密机械及仪器学家和仪器仪表工程教育家。中国仪器仪表工程教育和计量测试技术的开拓者，中国精密机械与仪器仪表学科的创建者之一。长期从事精密机械及仪器科学理论与技术的研究与教学工作，培养了一批仪器仪表工程和计量测试技术方面的高级专门人才，为发展中国仪器仪表学科与技术作出了重大贡献。 通过对万用表、直流电源、函数信号发生器、示波器等基本仪器课堂展示和实验仪器原理讲解、演示、体验，使学生了解学科的方向和特色，增强专业自豪感、认同感，培养爱专业、爱实验、爱学习意识，塑造具备家国情怀的思想品质
用电安全教育	安全用电观念	学生将接触到220 V的交流电，若操作不当，会损坏器件，严重的可能会危及生命。因此，教师会介绍安全用电的方法，强调要标准操作，让学生时刻注意用电安全，增强安全用电观念
仪器仪表、线缆的使用	绿色环保	在每个实验中，都要用到仪器仪表和导线，所以在课堂上要提醒学生，不使用的仪器仪表要及时关闭电源。导线要轻插轻拔，不损坏导线；掉在地上的导线要及时捡起，不要踩到

续表

教学内容	思政元素	思政内容设计
实验室环境维护	职业素养 个人素质	职业素养体现在很多方面，比如工具与仪表的摆放是否整齐，实验台面和地上是否干净，用过的导线和芯片是否放回原处，实验结束后所有仪表仪器的电源是否关闭等。如果每一个实验，学生都能认真对待，做好每一个细节，这也体现了学生的个人素质

基本电子仪器通常是指用于测量电压、电流、频率、波形等参量的测试仪器及各种信号发生器。在电路实验中常用的电子仪器主要有示波器、信号发生器、频率计数器、晶体管毫伏表、万用表、直流稳压电源等。

2.1　GDM-8341 万用表的使用

GDM-8341 万用表使用手册

2.1.1　功能

可测试电压、电流、电阻、电平、电容值等。

2.1.2　主要技术指标

①电压测量：DCmV，ACmV：0～500 mV；DCV，ACV：5～1 000 V。

②电流测量：DCA，ACA：500 μA～0.5 A；DCA，ACA：12 A。

2.1.3　使用方法

1）GDM-8341 万用表面板

GDM-8341 万用表面板如图 2.1.1 所示。

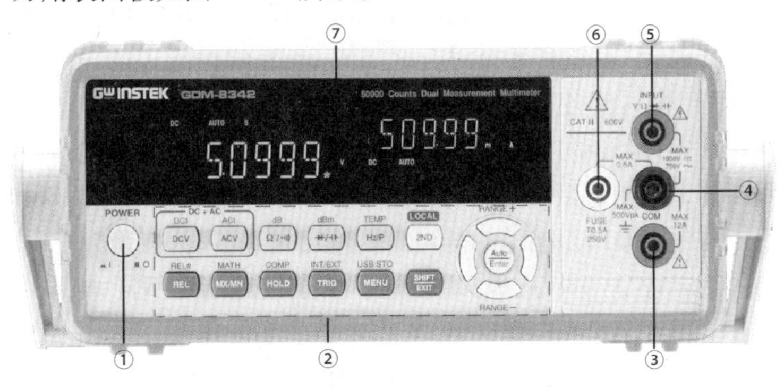

▲图 2.1.1　GDM-8341 万用表面板

2）各部分功能名称及作用

①电源。

②功能选择按钮(按下“SHIFT/EXIT”键实现第二功能或退出)。
③④⑤⑥为测试线插座。
⑦测量数据显示(数值及单位)。

3)使用方法

①连接表笔:黑表笔插入④号插座,测量电压、电阻时红表笔插入⑤号插座,测量小于0.5 A 电流时红表笔插入⑥号插座,测量大于0.5 A 电流时红表笔插入③号插座。
②根据测量需要选择功能按钮。
③从测量数据显示框中读取数据。

2.2 GPD-3303S 直流稳压电源的使用

GPD-X303S 系列直流稳压电源使用手册

2.2.1 功能

输出两组可调电压值及一组可选择电压值。

2.2.2 主要技术指标

CH1、CH2 可独立输出 0~32 V 电压;CH3 可输出 2.5 V、3.3 V 和 5 V 三个电压。

2.2.3 使用

GPD-3303S 直流稳压电源面板如图 2.2.1 所示。
使用方法:
①按下电源键启动仪器。
②激活“CH1”(橙色灯亮,下同),旋动“电压旋钮”可调节欲输出的 CH1 通道电压值,轻按“电压旋钮”可点亮其左侧“FINE”下指示灯,此时可进行更为精细的调整。
③激活“CH2”,旋动“电压旋钮”可调节欲输出的 CH2 通道电压值。
④滑动“CH3 电压选择”滑钮可选择对应电压值,作为 CH3 通道的输出电压。
⑤激活“OUTPUT”,即可使各通道输出已设置的电压。

直流稳压电源的一路输出端共有三个输出端子,即“+”“-”端子和接地(GND)端子。若“+”“-”两端都不与接地端相连接,则这时的输出电压是浮置的;当“+”“-”两端有一端与接地端连接在一起时,则电源输出是接地的。当需要输出正电压时,应将“-”端与“地”端相连;需要输出负电压时,则应将“+”端与“地”端相连。由于接地端的不同,电源可以输出正电压或负电压。因此,在使用直流稳压电源时,要根据电路的实际需要,正确连接输出端。

有些集成电路需要正、负直流电压才能正常工作。这时可使用双路稳压电源,使其输出呈现一路为正、一路为负的形式。使用稳压电源时,要特别注意输出端不允许短路或过载。当发现输出电压指示下降或突然为零时,应立即关闭电源或断开负载,以免损坏设备。

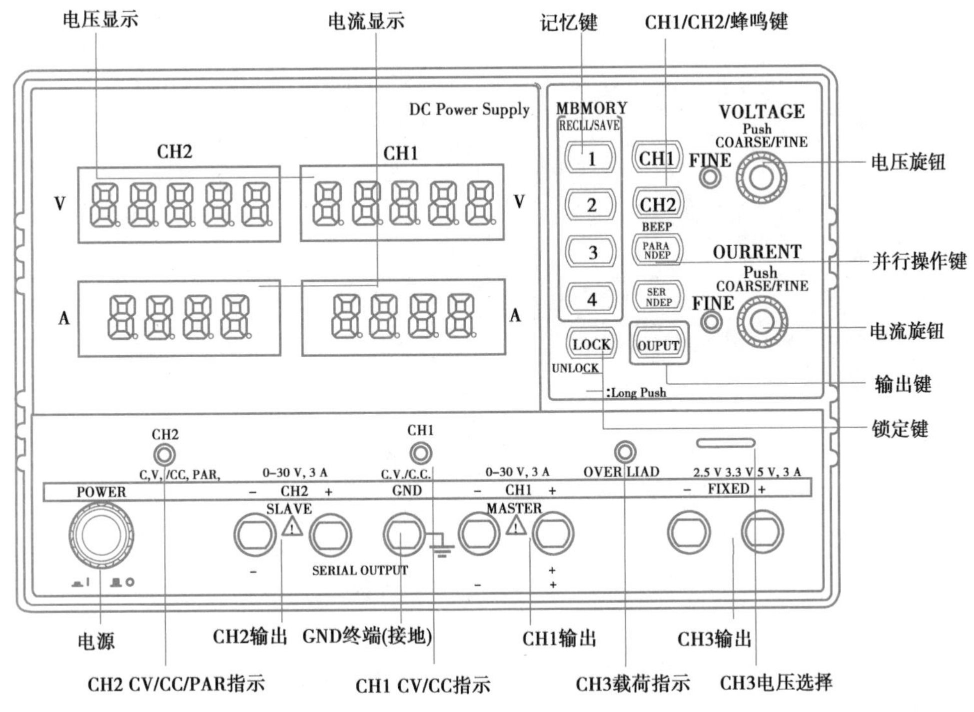

▲图 2.2.1　GPD-3303S 直流稳压电源面板

2.3　AFG-2225 函数信号发生器的使用

AFG-2225 函数信号发生器使用手册

2.3.1　功能

提供正弦波、方波、三角波等信号。

2.3.2　主要技术指标

①信号频率:1 μHz ~ 25 MHz,1 μHz 分辨率。

②输出阻抗:函数输出为 50 Ω、TTL 输出大于 1 kΩ。

③输出信号波形:正弦波、方波、斜波、脉冲波、噪声波及任意波。

④输出信号幅度:

函数输出: ≤20 MHz:1 $mV_{p\text{-}p}$ ~ 10 $V_{p\text{-}p}$(接 50 Ω);2 $mV_{p\text{-}p}$ ~ 20 $V_{p\text{-}p}$(开路)

≤25 MHz:1 $mV_{p\text{-}p}$ ~ 5 $V_{p\text{-}p}$(接 50 Ω);2 $mV_{p\text{-}p}$ ~ 10 $V_{p\text{-}p}$(开路)

TTL 脉冲输出:“0”电平≤0.8 V,“1”电平≥1.8 V。

2.3.3　使用

AFG-2225 函数信号发生器前面板如图 2.3.1 所示。

使用方法:

①按下电源键启动仪器。

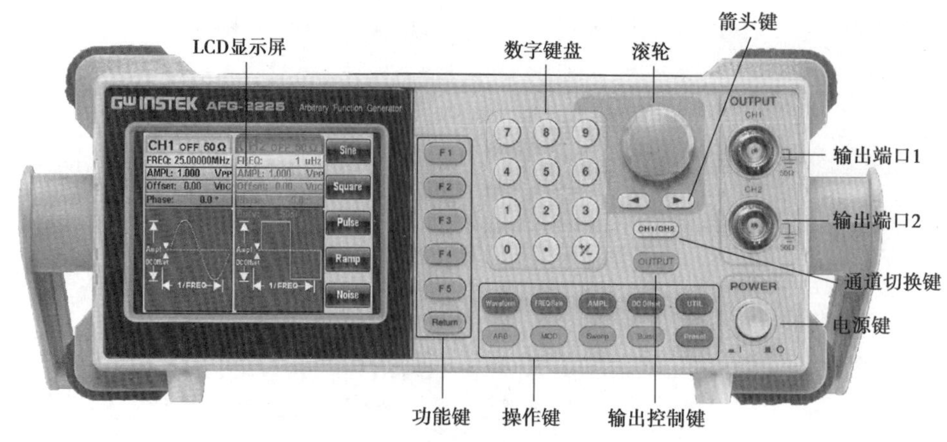

▲图 2.3.1　AFG-2225 函数信号发生器前面板

②点按“通道切换键”选择欲设置的通道。

③点按“操作键”中的“Waveform”键，再通过“功能键”选择波形类型。

④点按“操作键”中的“FREQ/Rate”键，利用“数字键盘”或“滚轮”设置频率数值，再通过“功能键”选择频率单位。

⑤点按“操作键”中的“AMPL”键，利用“数字键盘”或“滚轮”设置幅值数值，再通过“功能键”选择幅值单位。

⑥激活“OUTPUT”键(蓝色灯亮)，即可从“输出端口”将所设置信号输出。

AFG-2225 有三类主要的数字输入：数字键盘、箭头键和滚轮。下面介绍如何使用数字输入编辑参数：

①按(F1—F5)对应功能键选择菜单项。例如，功能键 F1 对应软键“Sine”。

②使用箭头键将光标移至需要编辑的数字。

③使用滚轮编辑数字。顺时针增大，逆时针减小。

④数字键盘用于设置高光处的参数值。

2.4　MDO-2102A 100 MHz 多功能混合域数字示波器的使用

2.4.1　简介

MDO-2102A 100 MHz
多功能混合域数字
示波器使用手册

MDO-2102A 是频宽从 DC 至 100 MHz(−3 dB)的多功能混合域数字示波器，具有 2 组输入通道，灵敏度最高可达 1 mV/div，20 M 记录长度不仅支持长时间的波形存储，也为后期分析提供了充足的数据支持。具有示波器、频谱分析仪等多个功能和多款 App 应用，例如数据记录器、网络存储功能、模板测试功能等。

2.4.2　主要技术指标

①频带宽度：DC 耦合时为 0～100 MHz；AC 耦合时为 10 Hz～100 MHz。

②实时采样率:2 GSa/s。

③记录长度:每通道20 M/VPO波形显示技术。

④波形更新率:最高600 000 wfms/s(分段模式)。

⑤灵敏度:1 mV/div ~ 10 V/div。

⑥输入阻抗:1 MΩ;电容:约16 pF。

⑦上升时间:约3.5 ns。

⑧最大输入电压:300 V_{rms},CAT1。

⑨多款App应用:数据记录器、网络存储功能、模板测试功能等。

⑩接口:USB,LAN,Go/NoGo。

2.4.3　使用

1)MDO-2102A前面板

MDO-2102A前面板如图2.4.1所示。

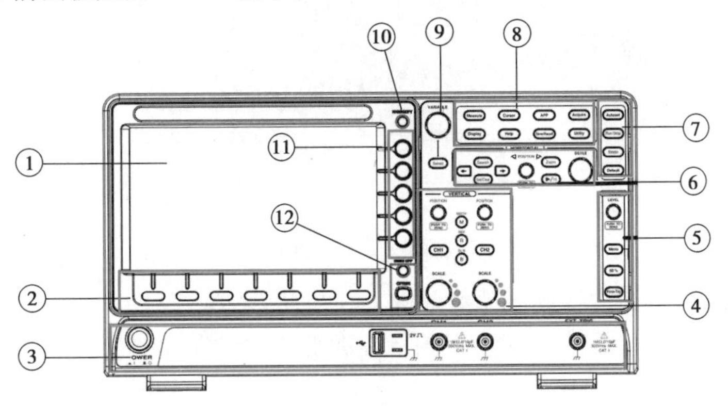

▲图2.4.1　MDO-2102A前面板图

2)各部分名称及功用

①区LCD显示屏:8寸WVGA TFT彩色LCD,800×480分辨率,宽视角显示。

②区7个底部菜单键和⑪区5个右侧菜单键用于选择LCD屏上的界面菜单,面板右侧的菜单键用于选择变量或选项。

菜单使用背景:

在每一个菜单项中,激活的参数变亮。如图2.4.2(a)所示,表示当前为直流耦合。菜单项将呈现所有选项,但仅当前选项变亮。如图2.4.2(b)所示,斜率可选。

选择菜单项,参数或变量:

从右侧菜单参数中"选择"一个数值时,首先按相应菜单键,使用可调旋钮滚动参数列表或增加/减小变量值。

【例1】　如图2.4.3所示。

操作步骤:①按底部菜单键进入右侧菜单。②按右侧菜单键设置参数或进入子菜单。③如果需要进入子菜单或设置变量参数,可以使用可调旋钮调节菜单项或变量。④"Select"

人生最宝贵的是生命,人生最需要的是学习,人生最愉快的是工作,
人生最重要的是友谊。——斯大林

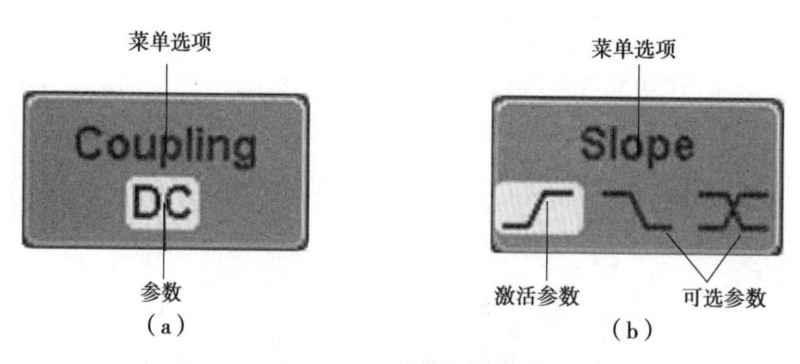

▲图 2.4.2 菜单使用背景

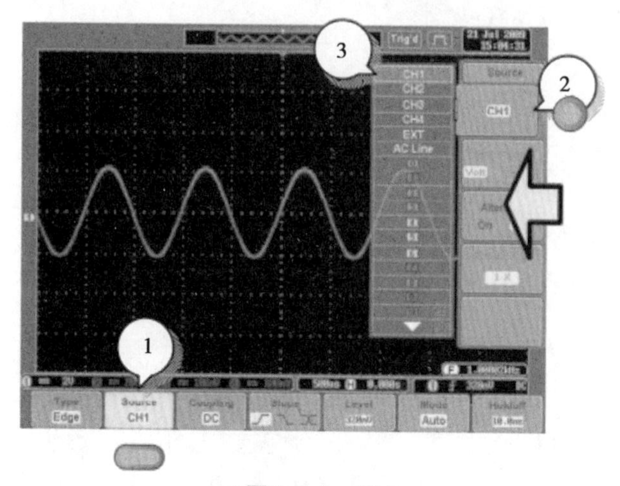

▲图 2.4.3 例 1

键用于确认和退出。⑤再次按此底部菜单键,返回右侧菜单。

【例 2】 对于一些变量,循环箭头图标表明此变量的菜单键,可用可调旋钮编辑,如图 2.4.4 所示。

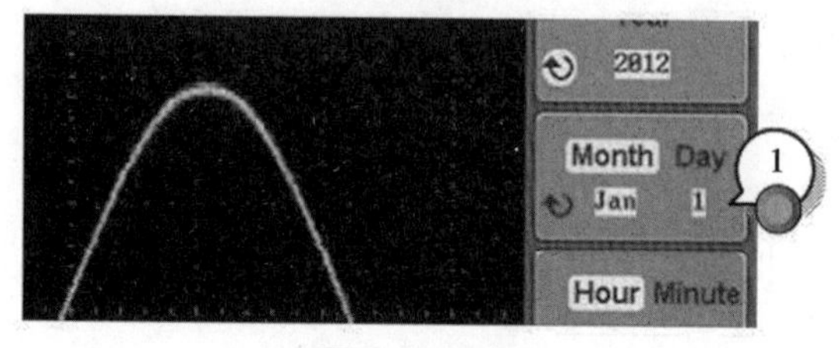

▲图 2.4.4 例 2

操作步骤:①按下菜单键,循环箭头变亮。②使用可调旋钮编辑数值。

切换菜单参数:按底部菜单键切换参数,如图 2.4.5 所示。

恢复右侧菜单:按相应底部菜单键还原右侧菜单,如图 2.4.6 所示,例如:按“Source”软键还原 Source 菜单。

恢复底部菜单:再按相关功能键还原底部菜单,如图 2.4.7 所示。

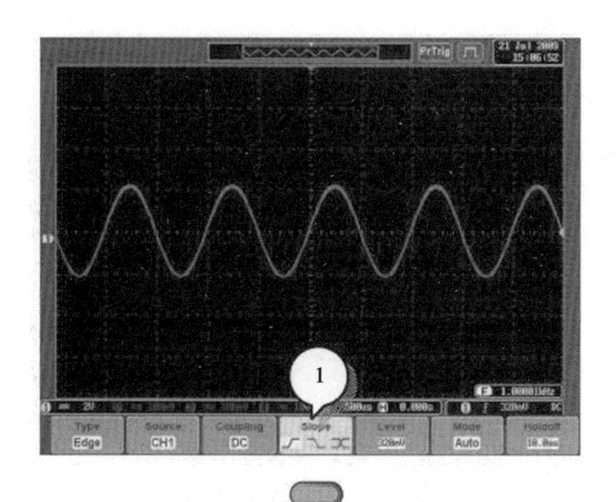

▲图2.4.5　切换菜单参数

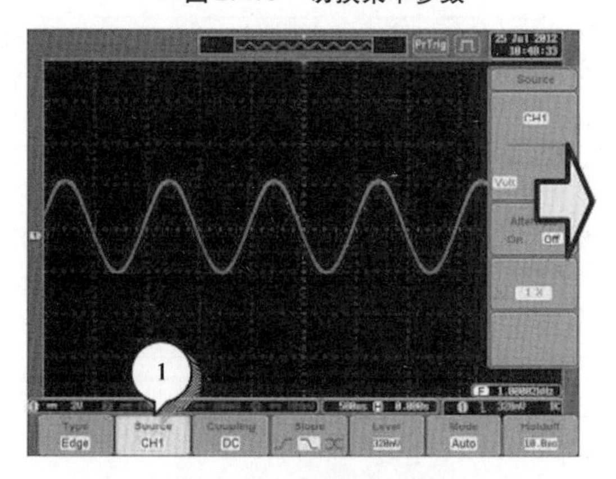

▲图2.4.6　恢复右侧菜单

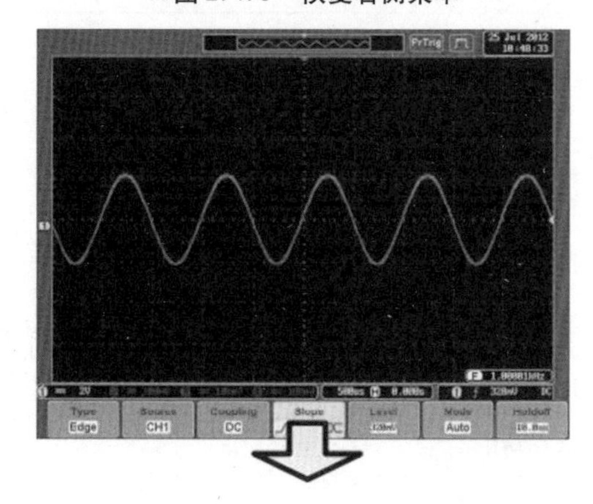

▲图2.4.7　恢复底部菜单

关闭所有菜单或关闭屏幕信息：按“Menu Off”键关闭右侧菜单，再按一次关闭底部菜单，如图2.4.8所示，“Menu Off”键也用于关闭任何屏幕信息。

③区各部分名称及功用见表2.4.1。

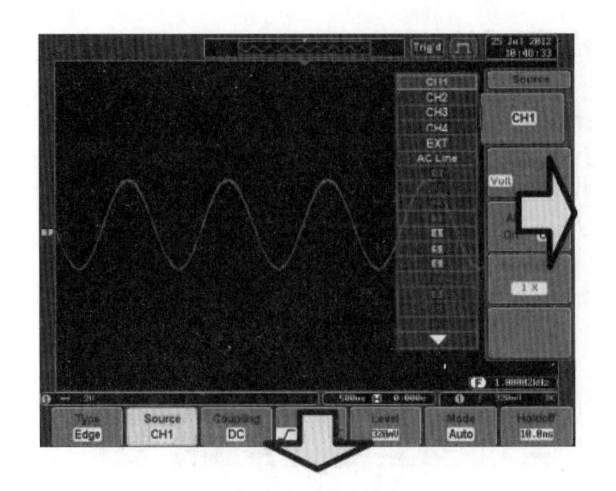

▲图 2.4.8 关闭所有菜单

表 2.4.1 ③区各部分名称及功用

符号	功用
POWER	电源主开关,压下此钮可接通电源,电源指示灯会发亮;再按一次,开关凸起时,则切断电源
USB Host Port	Type 2 V A,1.1/2.0 兼容。用于数据传输
Ground Terminal	连接待测物的接地线,共地
Probe Compensation Output	用于探棒补偿
Channel Inputs	CH1、CH2 接收输入信号,输入阻抗:1 MΩ,电容:16 pF
EXT TRIG	接收外部触发信号,输入阻抗:1 MΩ 电压输入:±15 V(峰值), EXT 触发电容:16 pF

④区为 VERTICAL 垂直偏转系统,设置波形的垂直位置,各部分名称及功用见表 2.4.2。

表 2.4.2 ④区各部分名称及功用

符号	功用
POSITION	设置波形的垂直位置。按旋钮将垂直位置重设为零
CH1、CH2	按 CH1、CH2 键设置通道
SCALE	设置通道的垂直刻度(Volts/div)
MATH	设置数学运算功能
REF	打开或移除参考波形
BUS	设置并行和串行总线(UART,I2C、SPI、CAN、LIN)

CH1 通道按钮点亮的情况下,再次按 CH1,②区 7 个底部菜单栏可进行 CH1 通道设置,如图 2.4.9 所示。

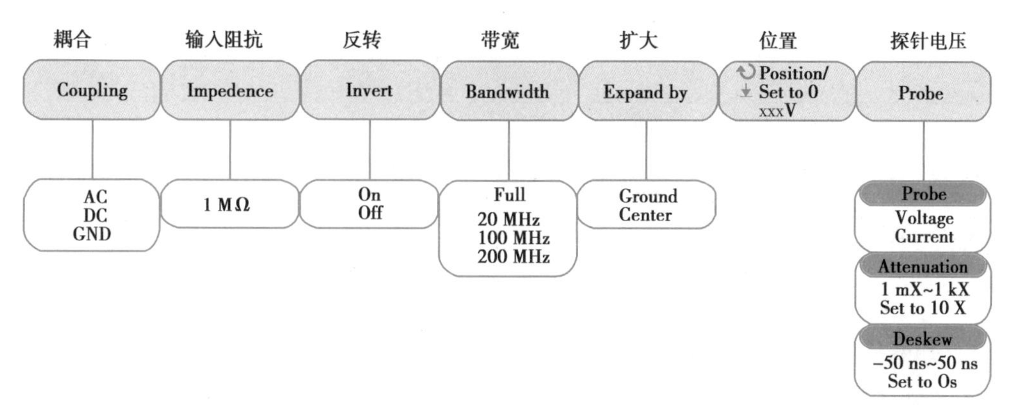

▲图2.4.9　通道设置

⑤区为TRIGGER触发系统,控制触发准位和选项,各部分名称及功用见表2.4.3。

表2.4.3　⑤区各部分名称及功用

符号	功用
LEVEL	设置触发准位。按旋钮将准位重设为零
MENU	显示触发菜单
50%	触发准位设置为50%
Force-Trig	立即强制触发波形

⑥区为Horizontal水平偏转系统,用于改变光标位置、设置时基、缩放波形和搜索事件,各部分名称及功用见表2.4.4。

表2.4.4　⑥区各部分名称及功用

符号	功用
Position	用于调整波形的水平位置。按下旋钮将位置重设为零
SCALE	用于改变水平刻度(Time/div)
Zoom	与水平位置旋钮结合使用
Play/Pause	查看每一个搜索事件。也用于在Zoom模式下播放波形
Search	进入搜索功能菜单,设置搜索类型、源和阈值
Search Arrows	方向键用于引导搜索事件
Set/Clear	当使用搜索功能时,Set/Clear键用于设置或清除感兴趣的点

⑦区各部分名称及功用见表2.4.5。

表 2.4.5 ⑦区各部分名称及功用

符号	功用
Autoset	自动设置触发、水平刻度和垂直刻度
Run/Stop	停止(Stop)或继续(Run)捕获信号,Run/Stop 键也用于运行或停止分段存储的信号捕获
Single	设置单次触发模式
Default	恢复初始设置

⑧区功能键区,按下功能键可通过②区底部菜单键和⑪区右侧菜单键设置示波器的不同功能,各部分名称及功用见表 2.4.6。

表 2.4.6 ⑧区各部分名称及功用

符号	功用
Measure	设置和运行自动测量项目
Cursor	设置和运行光标测量
App	设置和运行应用
Acquire	设置捕获模式, 包括分段存储功能
Display	显示设置
Help	帮助菜单
Save/Recall	存储和调取波形、图像、面板设置
Utility	可设置 Hardcopy 键、显示时间、语言、探针补偿和校准。进入文件工具菜单

⑨号键"Variable Knob and Select Key",可调旋钮用于增加/减少数值或选择参数,"Select"键确认选择。

⑩号键"Hardcopy Key",一键保存或打印。

⑪区的 5 个菜单键用于选择变量或选项。

⑫区的"Menu Off Key",使用菜单关闭键隐藏屏幕菜单系统。"Option Key"用于访问已安装的选项,如逻辑分析仪、信号源。

2.4.4 数字示波器的参数测量及使用注意事项

数字示波器的参数测量有自动测量功能(Measure 功能),可以测量和更新电压/电流、时间和延迟类型等主要测量项,也可以采用手动测量。

1)自动测量

(1)增加测量项

操作步骤:①按"Measure"键。②选择底部菜单的"Add Measurement"。③从右侧菜单中选择"V"/"Time"或"Delay"测量;选择期望增加的测量类型。④所有自动测量值都显示在屏幕下方。通道与颜色的对应关系如下:对于模拟输入,黄色=CH1, 蓝色=CH2。⑤选择信号来源:通道信号来源必须在测量前或选择测量项目时设置,按下信号来源按钮,在右侧菜单中按 Source1 或 Source2 设置和选择信号来源。

（2）删除测量项

操作步骤：①按“Measure”键。②选择底部菜单中“Remove Measurement”。③按“Select Measurement”，从测量列表中选择期望删除的项目。注意，按“Remove All”删除所有测量项。

（3）查看测量结果

操作步骤：①按“Measure”键。②选择底部菜单中的“Display All”。③在右侧菜单中选择信号来源。④屏幕显示电压和时间类型的测量结果。测量结果如图 2.4.10 所示。

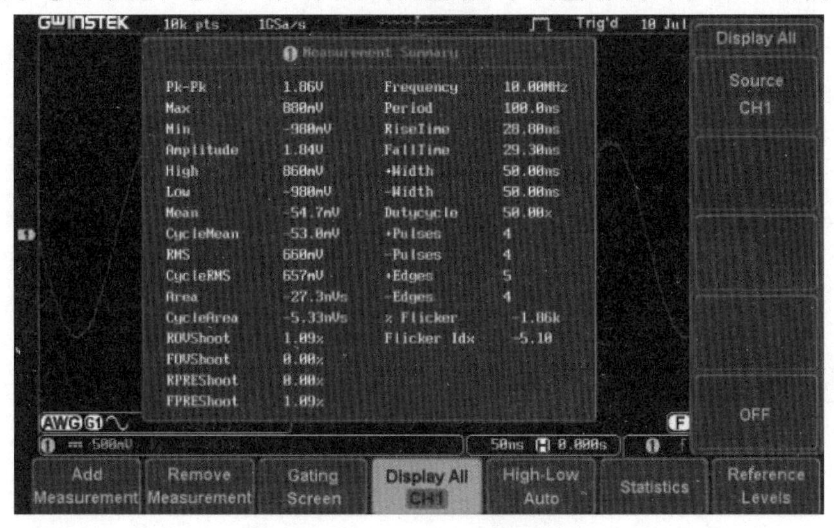

▲图 2.4.10　**自动测量结果**

（4）相位测量举例

操作步骤：①按“Measure”键。②选择测量变量。③设置 Source1 和 Source2 对应的信号来源通道 CH1 或 CH2。④按延迟相位按钮，屏幕下方显示为 Source1 相对 Source2 的相位差。

2）手动测量

（1）电压测量

通过垂直刻度旋钮所示位置，直接从示波器上测量出被测电压的高度，然后换算成电压值。计算公式为：

$$U_{\text{p-p}} = \text{V/div} \times H \tag{2.4.1}$$

式中　H——被测信号峰-峰值高度（垂直方向格数）；

V/div——电压垂直刻度示值。

在测量时注意：

①当被测信号是交流电压时，输入耦合方式应选择“AC”，调节 V/div 旋钮，使波形显示便于读数，如图 2.4.11 所示。

②当被测信号是直流电压时，应先把扫描基线调整到零电平位置（即输入耦合方式选择“GND”，调节 Y 轴位移使扫描基线在一合适的位置，此时扫描基线即为零电平基准线），然后再将输入耦合方式选择到“DC”。根据波形偏离零电平基准线的垂直距离 H(div) 及 V/div 的指示值，可以算出直流电压的数值。如图 2.4.12 所示。

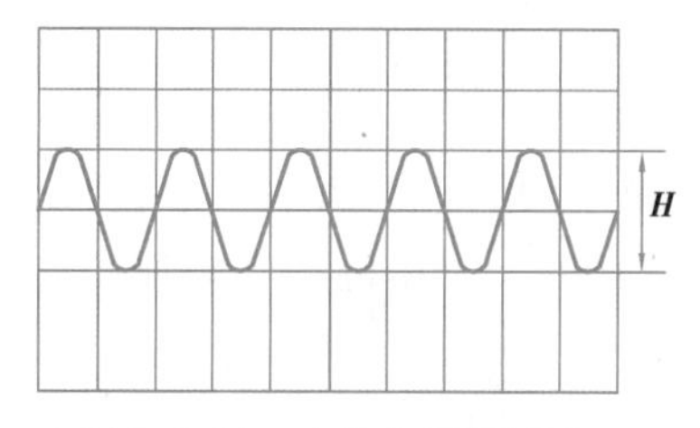

▲图 2.4.11　交流电压的测量

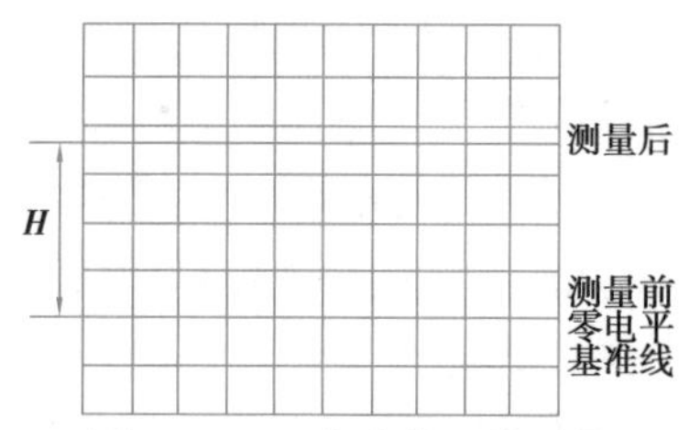

▲图 2.4.12　直流电压的测量

(2)时间测量(周期或频率)

对信号的周期或信号任意两点间的时间参数进行测量时,首先水平刻度旋钮到合适位置,显示出稳定的波形,再根据信号的周期或需测量的两点间的水平距离 D(div),以及 t/div 旋钮的指示值,由下式计算出时间

$$T = t/\text{div} \cdot D \tag{2.4.2}$$

如图 2.4.13 所示,A、B 两点间的水平距离 D 为 8 div,t/div 设置在 2 ms/div,则周期为 T= 2 ms/div×8 div=16 ms;对于周期性信号的频率测量,可先测出该信号的周期 T,再根据公式 $f=1/T$,计算出频率的数值。

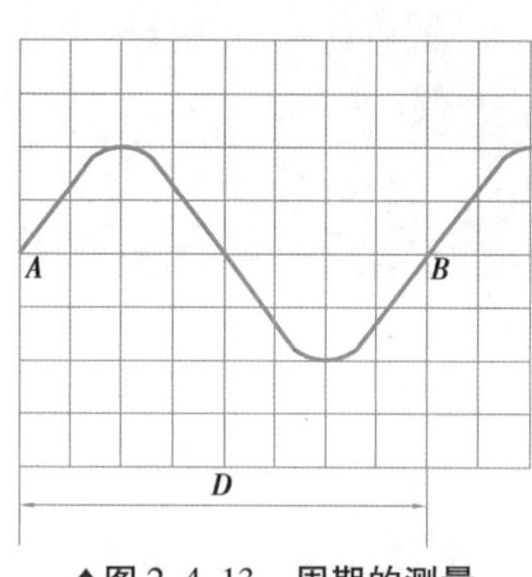

▲图 2.4.13　周期的测量

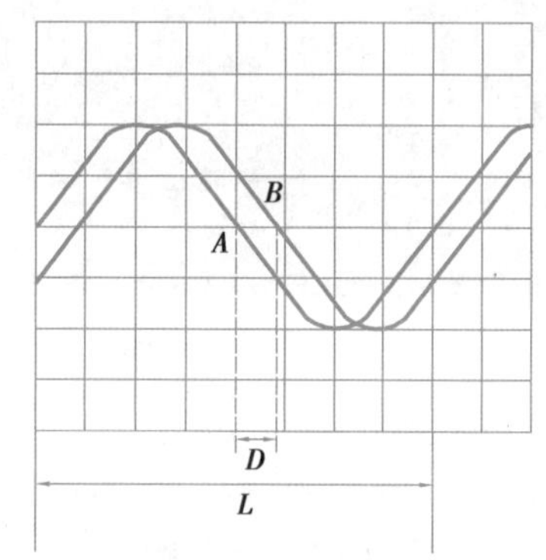

▲图 2.4.14　相位的测量

(3)测量两个同频率信号的相位差

将触发源选择开关置于作为测量基准的通道,采用双踪显示,在屏幕上显示出两个信号的波形。根据信号在一个周期水平方向的长度 L(div)以及两个信号波形上对应点(A、B)间的水平距离 D(div)(参看图 2.4.14),计算出两信号间的相位差:

$$\varphi = \frac{360°}{L} \times D \tag{2.4.3}$$

(4)使用注意事项

为了安全、正确地使用示波器,必须注意以下几点:

①使用前,应检查电网电压是否与仪器要求的电源电压一致。

②定量观测波形时,应尽量在屏幕的中心区域进行,以减小测量误差。

③被测信号电压(直流加交流的峰值)的数值不应超过示波器允许的最大输入电压。

④调节各种开关、旋钮时,不要过分用力,以免损坏。

⑤探头和示波器应配套使用,不能互换,否则可能导致误差或波形失真。

学和行本来是有机联系着的,学了必须要想,想通了就要行,要在行的当中才能看出自己是否真正学到了手。否则读书虽多,只是成为一座死书库。——谢觉哉

第二篇

基础实验篇

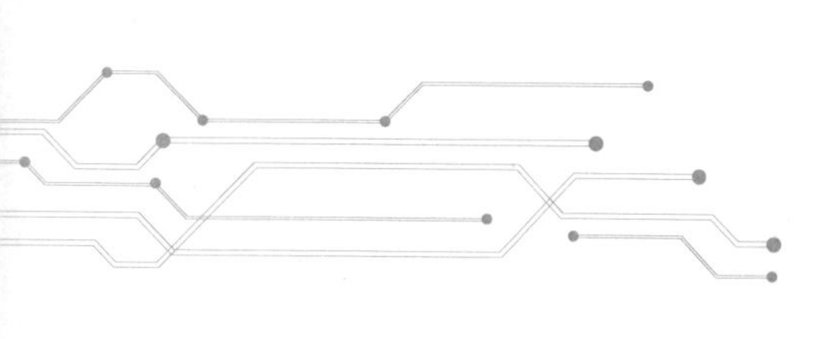

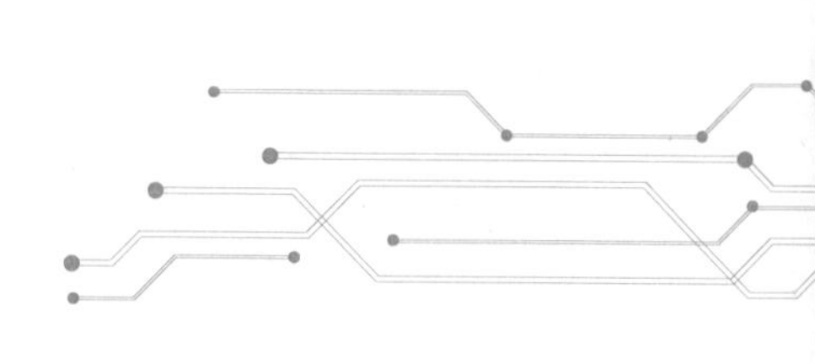

第3章 电路基础实验

※学习目标

1. 能根据实验任务要求，进行实验电路的验证与简单设计。
2. 学会识别常用元器件，熟练掌握常用仪器的使用。
3. 能连接实验电路，并观察、测试、分析、记录测试数据与波形，进行数据处理。
4. 会运用仿真软件分析电路功能、指标，并完成相关实验电路的调试。

※思政导航

教学内容	思政元素	思政内容设计
线性网络几个定理的研究	科研精神 创新精神	1845年，21岁的古斯塔夫·罗伯特·基尔霍夫发表了第一篇论文，提出了稳恒电路网络中电流、电压关系的两条电路定律，即著名的基尔霍夫电流定律（KCL）和基尔霍夫电压定律（KVL），解决了电器设计中电路方面的难题。基尔霍夫被称为“电路求解大师”。 通过科学家基尔霍夫的故事，将正确的科学观无形地与实验知识相结合，将科学家精神内化到学习过程中，知行合一，努力拼搏
RC一阶动态电路暂态过程的研究	辩证思维 积极向上	实验教学过程中通过电阻、电感、电容元器件特性的对比分析，通过动态电路与线性电阻电路的对比分析，总结出动态电路的特性、规律及分析方法，引导学生养成归纳总结的学习习惯，善于对问题进行归类处理。 通过一阶电路、RC积分电路、微分电路实验，讲解这些电路在后续学习中的作用，强调不要孤立地看待实验内容，要学会用普遍联系和立体关联的角度去学习和对待处理问题，提升自身的思辨能力
RC网络频率特性研究	创新思维 辩证思维	RC网络频率特性与RC一阶动态电路暂态过程相对比，会发现研究内容从时域变换到了频域，是换个角度进行问题思考，去分析RC网络响应的变化，是完全不同的两个维度；通过高通、低通、带通实验，引导学生从不同的角度看问题，引导学生用唯物辩证的方式看待和处理问题，形成科学的世界观和方法论

续表

教学内容	思政元素	思政内容设计
实验仪器的研究与铂电阻温度计的设计	科学素养 工匠精神	实验仪器有各自的用途,我们对其性能指标必须有充分的了解。通过本次实验我们不仅了解到信号源具有内阻、一般万用表测交流的频率不是很高、直流电源也是有纹波的,而且知道理想仪器是不存在的,理解到"工欲善其事必先利其器",养成深入认识事物本质的工匠精神;铂电阻温度计的设计,通过变平衡电桥为非平衡电桥实现对温度的测量,将综合复杂问题化繁为简,从而培养学生实事求是、积极求变、严谨科学的学习态度

3.1 常用电子仪器的使用与线性网络几个定理的研究

3.1.1 预习要求

常用电子仪器的使用与线性网络几个定理的研究实验课件与报告模板

①阅读1.2节基本仪器的使用知识,掌握直流稳压电源、数字万用表的基本使用方法。

②阅读1.3节基本元器件基本知识,掌握电阻电容等元件的识别和测试方法。

③掌握基尔霍夫定律、叠加定理、戴维南定理和最大功率传输定理。

④了解实验过程,熟悉接线图。

⑤ 完成下列预习作业及思考题:

a. 按要求计算图3.1.1中各电压值。

U_{S1}单独作用时 U_{R1} = ____V, U_{R2} = ______V;

U_{S2}单独作用时 U_{R1} = ____V, U_{R2} = ______V;

U_{S1}、U_{S2} 共同作用时 U_{R1} = ____V, U_{R2} = ______V, U_{ab} = ______V。

b. 在实验任务2中,当只有一个电压源单独作用时,另一电压源应如何处理?

c. 若在图3.1.1所示的电压参考方向测量电压时,电压表读数为负值,这是为什么?

⑥计算出图3.1.1戴维南等效电路的参数 R_o、I_{SC} 及 U_{OC} 供实验时参考。

▲图3.1.1 叠加定理、戴维南定理实验电路

3.1.2 实验目的

①练习使用万用表、直流电源等基本仪器。

②学习基本电子元件的识别与测试方法。

③验证基尔霍夫定律,加深对电路基本定律适用范围普遍性的认识。

④验证叠加定理,加深电路参考方向和定理的理解。

⑤掌握线性有源单口网络等效电路参数的实验测定方法,加深戴维南定理的理解。

⑥了解直流电路中功率匹配的条件。

3.1.3 实验原理

1)基尔霍夫电流定律和电压定律

基尔霍夫电流定律(KCL):在集总参数电路中,任何时刻,对任一节点,所有支路电流的代数和恒等于零。即

$$\sum i = 0 \tag{3.1.1}$$

要验证电流定律,可选电路如图3.1.2中的节点a,按图示参考方向(取电压、电流关联参考方向),将测得的各支路电流值代入式(3.1.1)加以验证。

基尔霍夫电压定律(KVL):在集总参数电路中,任一时刻,沿任一回路所有支路电压的代数和恒等于零。即

$$\sum u = 0 \tag{3.1.2}$$

在列写式(3.1.2)时,首先需要任意指定回路绕行方向。通常支路电压的参考方向与回路绕行方向相同者取正号,反之取负号。

要验证电压定律,可选电路中的任一回路,如图3.1.1中的任一回路,按指定的绕行方向,将测得的电压代入式(3.1.2)加以验证。

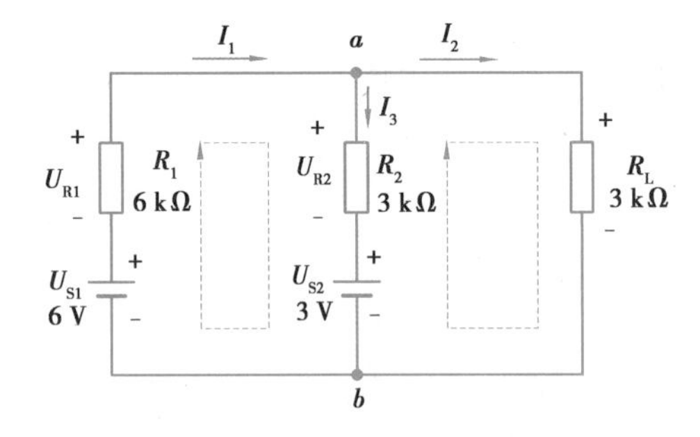

▲图3.1.2 基尔霍夫定律验证电路

2)叠加定理

在具有多个独立电源共同作用的线性网络中,任一支路的电流或电压等于各个独立电源单独作用时在该支路上产生的电流或电压分量的代数和。在将电源移去时,电压源所在处以短路线代替,而电流源所在处则变为开路。

在线性网络中,功率是电压或电流的二次函数,故叠加定理不适用于功率计算。

叠加定理可以用图3.1.1所示的实验电路来验证,在U_{S1}与U_{S2}共同作用下的各电压值应该是电路仅有U_{S1}作用时以及仅有U_{S2}作用时的各对应电压值的代数和。实验中采用稳压电源,电源内阻可看作近似为零。

在分析一个复杂的线性网络时,可以根据叠加定理分别考虑各个电源的影响,从而使问题简化。

3)戴维南定理

戴维南定理指出:任何一个线性有源单口网络N,对外部电路而言,可以用一个理想电压源与电阻的串联支路来代替,如图3.1.3所示。其理想电压源的电压为该单口网络的开路电压U_{OC},电阻为该网络中所有独立源置零时的等效电阻R_o。

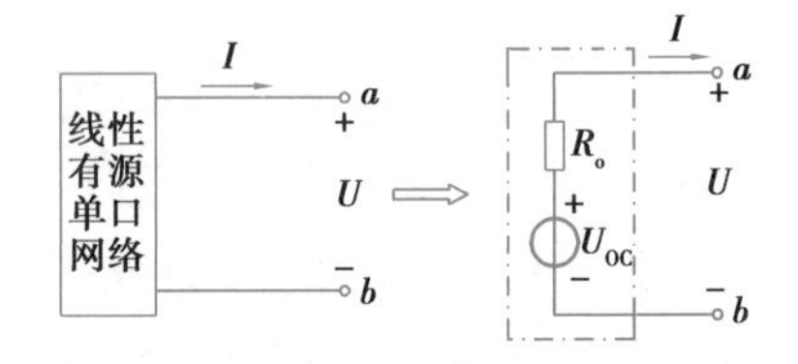

▲图3.1.3 戴维南定理说明图

线性有源单口网络的开路电压 U_{OC} 可用高内阻的万用表直接进行测量，等效电阻 R_o 的测量方法则有多种。

①简单的方法是直接测出该线性有源单口网络开路电压 U_{OC} 及短路电流 I_{SC}，即可算出

$$R_o = \frac{U_{oC}}{I_{SC}}$$

需注意，由于电压表及电流表的内阻会影响测量结果，为了减少测量的误差，应尽可能选用高内阻的电压表和低内阻的电流表。若仪表内阻已知，则可以在测量结果中引入相应的校正值，以避免由于仪表内阻的存在而引起误差。

②被测网络输出电压较高，内阻很小，不宜短路，可测出开路电压 U_{OC} 后在端口处接上负载电阻 R_L，然后测出负载电阻的端电压 U 或流过的电流 I，则有

$$R_o = \left(\frac{U_{OC}}{U} - 1\right) R_L \text{ 或 } R_o = \frac{U_{OC}}{I} - R_L$$

如果 R_L 是电阻箱或可调电阻，可调节其阻值使负载两端 U 的读数为 $U_{OC}/2$，这时 R_L 的值就是要求的等效电阻 R_o。

③网络中所有独立电源移去，然后在端口处用伏安法或惠斯通电桥测定其等效电阻 R_o。戴维南定理的等效电路是对其外部电路而言的。也就是说，不管外部电路(负载)是线性的还是非线性的，是定常的还是时变的元件，只要被变换的端口网络是线性的(可以包含独立电源或受控源)，上述等效电路都是正确的。

4)最大功率传输定理

一个实际的电源或线性有源单口网络，不管它内部具体电路如何，都可以等效化简为理想电压源 U_S 和一个电阻 R_o 相串联的支路，如图3.1.4所示。负载从给定电源获得的功率为

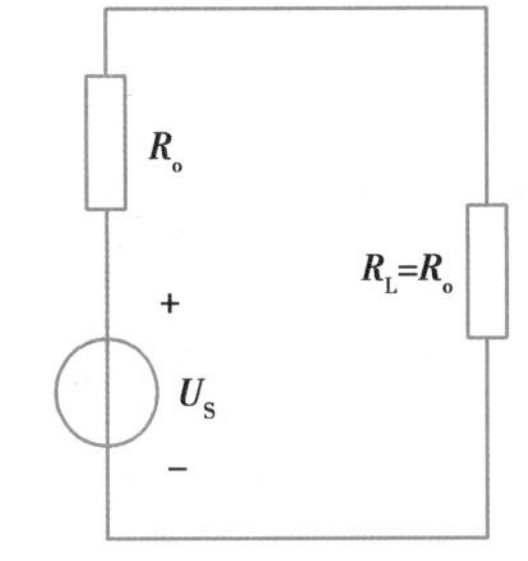

▲图3.1.4　负载获得最大功率的电路

$$P = I^2 R_L = \frac{U_S^2 R_L}{(R_o + R_L)^2}$$

对上式求极值，得到 $R_L = R_o$ 时，P 值最大，此时负载 R_L 获得最大功率，即

$$P_{max} = I^2 R_L = \frac{U_S^2 R_L}{(R_o + R_L)^2} = \frac{U_S^2}{4R_o}$$

此时电路的效率为

$$\eta = \frac{P_{max}}{p} \times 100\% = \frac{I^2 R_L}{I^2 (R_o + R_L)} \times 100\% = 50\%$$

3.1.4　实验设备

直流稳压电源、电阻器、电位器、万用表、实验板。

3.1.5 实验内容

1)万用表和直流稳压电源的使用和常用元器件的测试

①练习使用万用表和直流稳压电源。

②对实验室提供的色环电阻阻值参数标称值识别,用万用表测量其实际值(保留两位小数),并列表记录。

③对实验室提供的电容(10 μF 及以下)进行容量参数识别,用万用表测量其实际值(保留两位小数),并列表记录。

④用万用表判断实验电路板上的电位器的可调范围,并判断其好坏。

2)基尔霍夫定律的研究

基尔霍夫及叠加定理仿真电路

按图 3.1.1 所示连接好电路,用万用表测定 $U_{S1}=6$ V,$U_{S2}=3$ V。按指定的回路绕行方向测量各电阻两端的电压及电流 I_1、I_2、I_3,利用测得数据验证基尔霍夫电压定律和电流定律(可利用表 3.1.1 中数据)。

3)叠加定理的研究

按图 3.1.1 所示参考方向分别测量各元件的电压值。将测量数据记入表 3.1.1,验证叠加定理。

①U_{S1} 单独作用。

②U_{S2} 单独作用。

③U_{S1}、U_{S2} 共同作用时的各支路电压(同时完成表 3.1.2 原网络一行内容)。

表 3.1.1 叠加定律实验数据记录

	U_{R1}/V	U_{R2}/V	U_{RL}/V
U_{S1}、U_{S2} 共同作用			
U_{S1} 单独作用			
U_{S2} 单独作用			
U_{S1}、U_{S2} 共同作用	$I_1=$	$I_2=$	$I_3=$

4)戴维南等效电路的测定

戴维南定理仿真电路

线性有源单口网络如图 3.1.1 所示,用实验方法测定其戴维南等效电路的参数 U_{OC}、I_{SC} 及 R_o。

①用万用表测出线性有源单口网络的开路电压 $U_{OC}=$______,短路电流 $I_{SC}=$______。

②用概述中介绍的三种方法之一,求出图 3.1.1 原网络的等效电阻 $R_o=$________Ω。

5)测定原网络的外特性

改变图 3.1.1 中负载电阻 R_L 的值,R_L 分别取∞、3 kΩ、2 kΩ、1 kΩ,用万用表电压挡分别

测出 U_{ab}，将测得数据填入表 3.1.2。

表 3.1.2　戴维南等效实验数据记录

	R_L/Ω	∞	3 kΩ	2 kΩ	1 kΩ
原网络	U/V				
戴维南等效电路	U/V				

6）测定戴维南等效电路的外特性

用稳压源、电阻器串联按任务 3 中所测得的开路电压 U_{OC} 及等效电阻 R_o 取值，构成戴维南等效电路，如图 3.1.3 所示，在其输出端接上负载电阻 R_L，阻值同任务 4，分别测出相应的电压 U_{ab}，填入表 3.1.2。

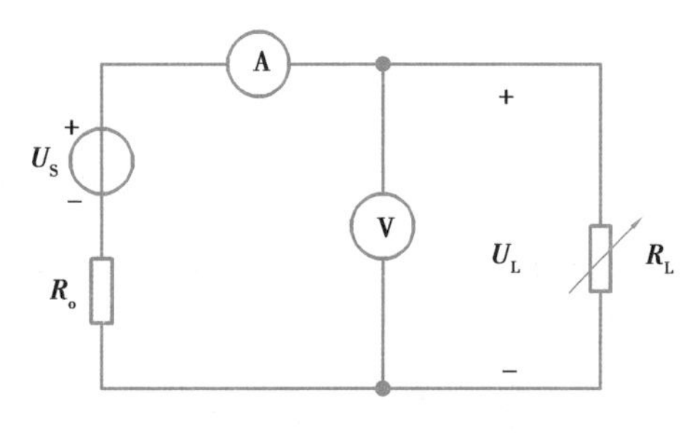

▲图 3.1.5　最大功率传输定理测试电路

7）最大功率传输定理的研究

按图 3.1.5 所示接线，其中 $U_S = 5$ V，$R_o = 100\ \Omega$，R_L 使用线绕电位器。调节 R_L，使 $U_L = \frac{1}{2}U_S$，这时 $R_L = R_o$。然后改变 R_L，分别测出对应的 U_L 填入表 3.1.3。

最大功率传输定理仿真电路

表 3.1.3　最大功率传输定理测试数据

R_L/Ω		10	50	R_L = ______	150	200
测量值	U_L/V					
计算值	U_L/V					

3.1.6　注意事项

①测量电压时，不但要读出数值，还要判断实际方向，并与设定的参考方向进行比较。若不一致，则该数值前加“-”号。

②实验中，电压源的输出电压要用万用表的直流电压挡测量，稳压电源指示的数值仅为参考值。

3.1.7　思考题

①进行叠加定理实验时，不作用的电压源应如何处理？为什么？

②若网络中含有受控源，戴维南定理是否成立？若网络中含有非线性元件呢？

3.1.8　实验报告要求

①整理实验数据，将实验测量值与理论值进行比较，若有差异，请分析原因。

②说明基尔霍夫定律、叠加定理、戴维南定理、最大功率传输定理的适用范围。

③在同一坐标上,作出线性有源单口网络、戴维南等效电路的伏安特性曲线,分析得出结论。

④根据电路参数求出 P_{max} 理论值,与根据实验数据计算出的 P 进行比较,讨论最大功率传输定理,并计算相对误差和此时电路的效率。

3.2 RC 一阶动态电路暂态过程的研究

课件:RC 一阶动态电路的研究及交流阻抗测量

3.2.1 预习要求

①阅读有关章节,了解双踪示波器的工作原理、性能及面板上常用旋钮(Y 轴、X 轴时基旋钮、起稳定波形作用的调节旋钮、输入耦合方式以及 Y、X 位移等)的作用和调节方法。

②阅读有关章节,了解函数信号发生器和数字交流毫伏表的使用方法。

③预习实验指导书,掌握用示波器测量信号幅度与周期的方法,熟悉正弦波峰-峰值与有效值之间的关系。

④了解阶跃信号作用于 RC 一阶电路时,电路中电流、电压变化过程。

⑤了解微分电路与积分电路的工作原理。

⑥完成下列填空题:

a. 示波器 Y 轴输入耦合转换开关置“DC”是______耦合,置“AC”是____ 耦合。若要观察带有直流分量的交流信号,开关置于____ 挡时,观察交流分量;若要观察直流分量时。开关置于____ 挡。

b. 示波器中的“⊥”或“GND”起什么作用?

c. 将“校准信号”输入示波器,信号频率为 1 kHz,峰-峰值为 2 V,从示波器显示屏上观察到的幅度在 Y 轴上占 4 个格,一个周期 X 轴占了 5 个格,则 Y 轴灵敏度选择开关应置于____/div 的位置,X 轴时基旋钮置于 ____ /div 的位置。

d. 交流毫伏表用于测量何种信号?

e. 若要用函数信号发生器输出 5 mV 有效值正弦信号,则输出幅度衰减开关应放在________位置。

3.2.2 实验目的

①掌握示波器、函数信号发生器、数字交流毫伏表的使用方法。

②掌握几种典型信号的幅值、有效值和周期的测量。

③掌握正弦信号相位差的测量方法。

④研究一阶电路的零状态响应和零输入响应的基本规律和特点,以及电路参数对响应的影响。

⑤理解时间常数 τ 对响应波形的影响。

⑥了解积分、微分电路的特点。

⑦掌握复阻抗的测量方法。

3.2.3　实验原理

1）示波器、函数信号发生器、数字交流毫伏表的使用实验

示波器是现代测量中最常用的仪器之一，可分为模拟示波器和数字示波器两种。示波器是一种电子图示测量仪器，利用它能够直观地观察被测信号的真实波形；利用示波器的 Y 轴灵敏度选择旋钮和 X 轴时基旋钮可测量被测信号的波形参数（幅度、周期和相位差等），利用它也能够测量脉冲波形、交流波形及直流波形，还能够反映出信号中的直流成分。

（1）幅度测量

使用示波器来测量波形参数，首先读取屏幕上波形在垂直方向上的偏转格数，再乘以旋钮所指示的垂直偏转灵敏度 V/div，即可读出幅度值。

当输入恒定直流信号时，显示波形为一条水平线，但它在垂直方向上相对于零电位基线偏转了一段距离，这段距离就代表直流信号电压的大小。

当输入为交流信号时，可以在屏幕上读出波形的幅值或峰-峰值的大小。其幅值 U_p 为正向或负向的最大值，峰-峰值 U_{p-p} 是指正向最大值到负向最大值之间的距离。当波形对称时，峰-峰值 U_{p-p} 为幅值 U_p 的 2 倍。

当输入信号中包含有交流分量及直流分量时，所显示的波形本身反映了交流分量的变化，将输入耦合方式置于“AC”时，可以看到交流分量。当把“⊥”按钮按下可找出零电位基线（参考点），记下该参考点的位置后，将耦合开关置换到“DC”挡，可以根据波形偏移格数，求出其直流分量，如图 3.2.1 所示。

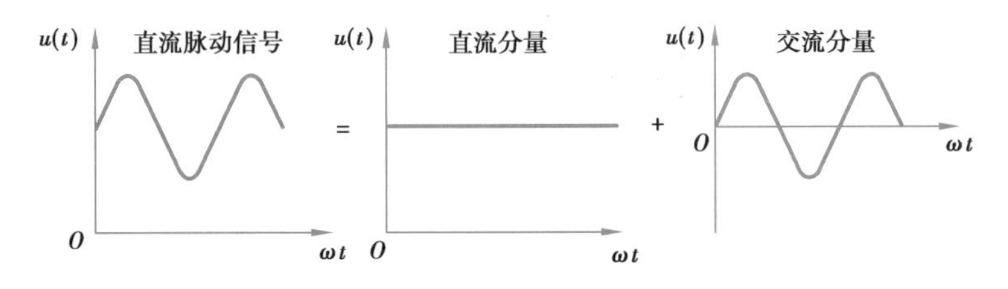

▲图 3.2.1　含有交、直流信号的测量

（2）时间测量

示波器的扫描速度是用时基旋钮刻度 t/div，即在 X 轴方向上偏转一格所需要的时间来表示的。将被测波形在 X 轴方向的偏转格数乘以时基旋钮刻度值，就能求出时间 t。

（3）相位差测量

测量两个同频率信号的相位差，可以用双迹法和椭圆截距法两种方法完成。

①双迹法。

调节两个输入通道的位移旋钮，使两条时基线重合，选择作为测量基准的信号为触发源信号，两个被测信号分别从 CH1 和 CH2 输入，在屏幕上可显示出两个信号波形，如图 1.2.7 所示。

从图中读出 L_1、L_2 格数，则它们的相位差为

$$\varphi = \frac{L_1}{L_2} \times 360^\circ$$

②椭圆截距法(李沙育图形法)。

把两个信号分别从 CH1 和 CH2 输入示波器,同时把示波器显示方式设为 X-Y 工作方式,则在荧光屏上会显示出一椭圆,如图 1.2.8 所示。测出图中 a、b 的格数,则相位差为

$$\varphi = \arcsin \frac{a}{b}$$

为了保证示波器测量的准确性,示波器内部均带有校准信号,实验室所用示波器的校准信号为一方波,其频率为 1 kHz,峰-峰值为 2 V。在使用示波器测量之前,可把校准信号输入到 Y 轴,以校验示波器的 Y 轴放大器及 X 轴扫描时基是否正确,若示波器这部分正常,就可用来定量测量被测信号。

2) RC 一阶动态电路的研究

可以用一阶微分方程描述的电路,称为一阶动态电路。一阶动态电路通常是由一个(或若干个)电阻元件和一个动态元件(电容或电感)组成。一阶动态电路时域分析的一般步骤是建立换路后的电路微分方程,求满足初始条件微分方程的解,即电路的响应。

(1) RC 一阶电路的时域响应

在图 3.2.2(a)所示电路中,若 $u_C(0)=0$,$t=0$ 时开关 S 由 2 打向 1,直流电源经 R 向 C 充电,此时,电路的响应为零状态响应。电路的微分方程为

$$RC\frac{\mathrm{d}u_C}{\mathrm{d}t} + u_C = U_S$$

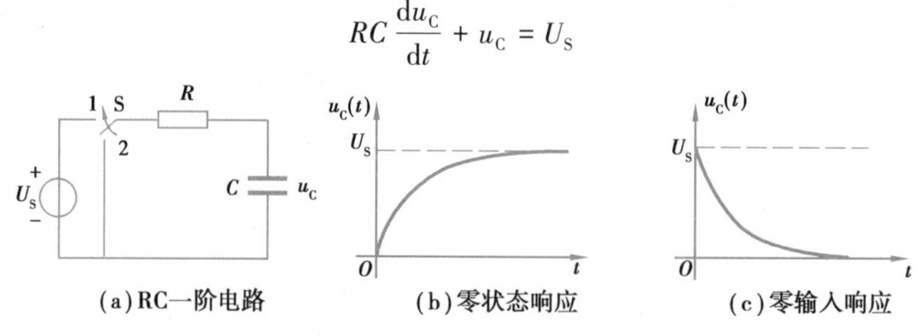

(a) RC一阶电路 (b) 零状态响应 (c) 零输入响应

▲图 3.2.2 一阶 RC 电路及响应曲线

其解为

$$u_C(t) = U_S(1 - \mathrm{e}^{-\frac{t}{\tau}}) \qquad t \geqslant 0$$

式中 $\tau = RC$——电路的时间常数。零状态响应曲线如图 3.2.2(b)所示。

若开关 S 在位置 1 时,电路已达到稳态,即 $u_C=(0_-)=U_S$,在 $t=0$ 时,将开关 S 由 1 打向 2,电容器经 R 放电,此时的电路响应为零输入响应,而 $u_C=(0_-)=u_C(0_+)$,电路的微分方程为

$$RC\frac{\mathrm{d}u_C}{\mathrm{d}t} + u_C = 0$$

响应为

$$u_C(t) = u_C(0_+)\mathrm{e}^{-\frac{t}{\tau}} = U_S\mathrm{e}^{-\frac{t}{\tau}} \qquad t \geqslant 0$$

零输入响应曲线如图 3.2.2(c)所示。

从图中看出,无论是零状态响应还是零输入响应,其响应曲线都是按照指数规律变化的,

大多数的科学家,对于最高级的形容词和夸张手法都是深恶痛绝的,伟大的人物一般都是谦虚谨慎的。——贝弗里奇

变化的快慢由时间常数 τ 决定,即电路暂态过程的长短由 τ 决定。τ 大,暂态过程长;τ 小,暂态过程短。

时间常数由电路参数决定,RC 一阶电路的时间常数 $\tau=RC$,由此可计算出 τ 的理论值。

如图 3.2.3 所示,τ 还可以从 u_C 的变化曲线上求得。对充电曲线,幅值上升到终值的 63.2% 对应的时间即为一个 τ。对放电曲线,幅值下降到初值的 36.8% 对应的时间也是一个 τ。或者可在起点作指数曲线的切线,此切线与稳态值坐标线的交点与起点之间的时间坐标差即为时间常数 τ。根据上述两种方法可以在已知指数曲线上近似地确定时间常数数值,一般认为经过 $3\tau \sim 5\tau$ 的时间,过渡过程趋于结束。

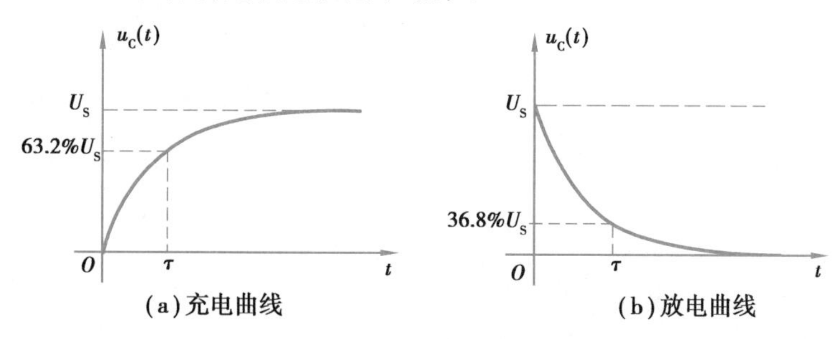

▲图 3.2.3 电容器充放电电压曲线与 τ 的关系

为了能在普通示波器上观察这些响应的波形,必须使这些波形周期性地变化。如何实现周期性变化?可采用周期变化的方波(即方波序列)作为激励,如图 3.2.4(b)所示。

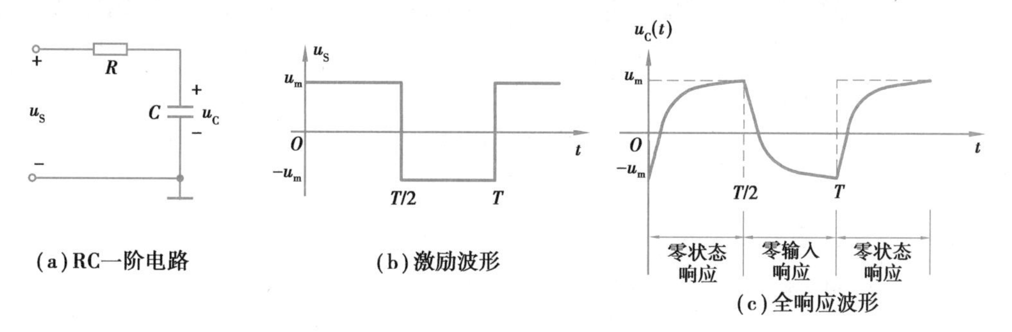

▲图 3.2.4 方波激励下的响应波形

RC 一阶电路如图 3.2.4(a)所示,有图 3.2.4(b)所示的双极性方波激励。从 $t=0$ 开始,该电路相当接通直流电源,如果 $T/2$ 足够大($T/2>4\tau$),则在 $0\sim T/2$ 响应时间范围内,u_C 可以达到稳定值 U_S,这样在 $0\sim T/2$ 范围内 u_C 即为零状态响应;而从 $t=T/2$ 开始,$u_S=0$,因为电源内阻很小,则电容 C 相当于从起始电压 U_S 向 R 放电,若 $T/2>4\tau$,在 $T/2\sim T$ 时间范围内电容上电荷可释放完毕,这段时间范围即为零输入响应。第二周期重复第一周期,如图 3.2.4(c)所示,如此周而复始。

将 $u_C(t)$ 这一周期性变化的电压送到示波器输入端,适当调节“时基”旋钮,使荧光屏上清楚显示出一个周期的波形,则前半周是零状态响应,后半周是零输入响应。(用示波器的另一通道输入 u_S 以鉴别是零状态响应还是零输入响应)。

线性系统中,零状态响应与零输入响应之和称为系统的完全响应。即

$$完全响应=零状态响应+零输入响应$$

若要观察电流波形，将电阻 R 上的电压 u_R 输入示波器即可。因为示波器只能输入电压，而电阻上电压、电流是线性关系，即 $i=u_R/R$，所以只要将 $u_R(t)$ 波形的纵轴坐标比例乘以 $1/R$ 即为 $i(t)$ 波形。

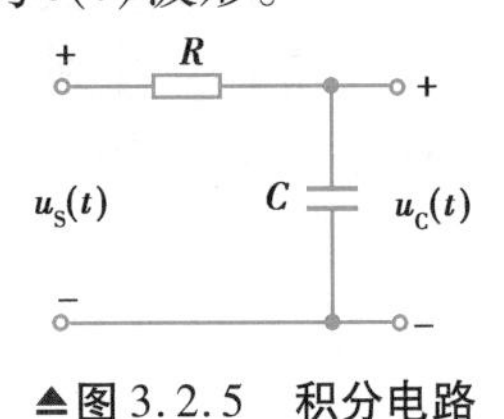

▲图 3.2.5　积分电路

(2)积分电路和微分电路

积分电路和微分电路是电容器充放电现象的一种应用。

对图 3.2.5 所示电路以电容电压作为输出，$u_S(t)$ 是周期为 T 的单极性方波信号，设 $u_C(0)=0$，则

$$u_C(t)=\frac{1}{C}\int i(t)\,dt=\frac{1}{C}\int\frac{u_R(t)}{R}dt=\frac{1}{RC}\int u_R(t)\,dt \quad (3.2.1)$$

当电路的时间常数 $\tau=RC$ 很大，即 $\tau\gg\frac{T}{2}$ 时，在方波激励下，电容上充得的电压远小于电阻上的电压，即 $u_R(t)\gg u_C(t)$。因此，$u_S(t)\approx u_R(t)$，则式(3.2.1)可改写为

$$u_C(t)\approx\frac{1}{RC}\int u_S(t)\,dt \quad (3.2.2)$$

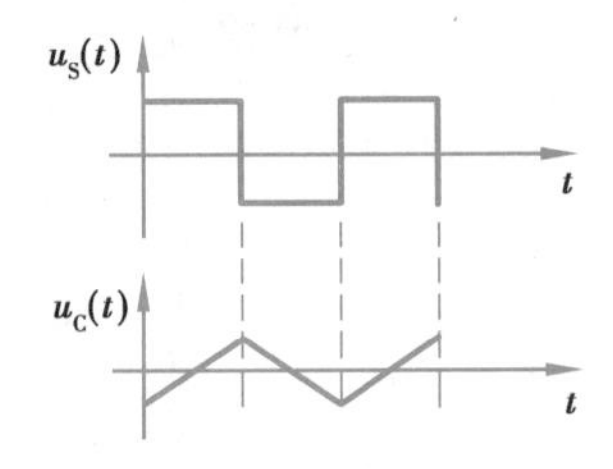

▲图 3.2.6　积分电路波形

式(3.2.2)表明，若将 $u_C(t)$ 作为输出电压，则 $u_C(t)$ 近似与输入电压 $u_S(t)$ 对时间的积分成正比，故在此条件下的 RC 电路称为积分电路，其波形如图 3.2.6 所示。

积分电路一定要满足 $\tau\gg T/2$，一般取 $\tau=5T$ 左右即可。若 R 与 C 已选定，则取输入信号的频率 $f=5/\tau$ 左右。当方波的频率一定时，τ 值越大，三角波的线性越好，但其幅度也随之下降。τ 值变小时，波形的幅度随之增大，但其线性将变坏。

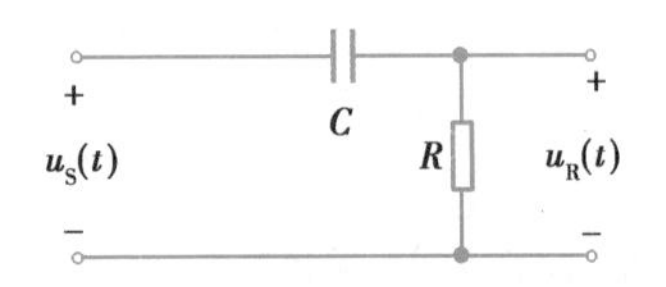

▲图 3.2.7　微分电路

微分电路取 RC 电路的电阻电压作为输出，如图 3.2.7 所示。则

$$u_R(t)=R\cdot i(t)=RC\frac{du_C(t)}{dt} \quad (3.2.3)$$

当时间常数 τ 很小，即 $\tau\ll T/2$，$u_C(t)\gg u_R(t)$，$u_S(t)\approx u_C(t)$，则式(3.2.3)可改写成

$$u_R(t)\approx RC\frac{du_S(t)}{dt} \quad (3.2.4)$$

式(3.2.4)表明，输出电压 $u_R(t)$ 近似与输入电压 $u_S(t)$ 对时间的微分成正比，故将此条件下的 RC 电路称为微分电路。微分电路的输出波形为正负相间的尖脉冲，其输入输出波形如图 3.2.8 所示。

微分电路一定要满足 $\tau\ll T/2$ 条件，一般取 $\tau=T/10$ 左右。若 R 与 C 已选定，则取输入信号的频率 $f=1/10\tau$ 左右。当输入信号的频率一定时，τ 值越小，脉冲越尖。

德可以分为两种：一种是智慧的德，另一种是行为的德，前者是从学习中得来的，后者是从实践中得来的。——亚里士多德

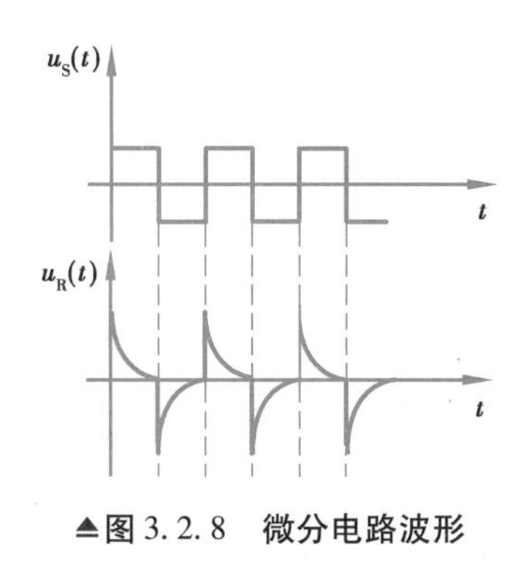

▲图 3.2.8　微分电路波形

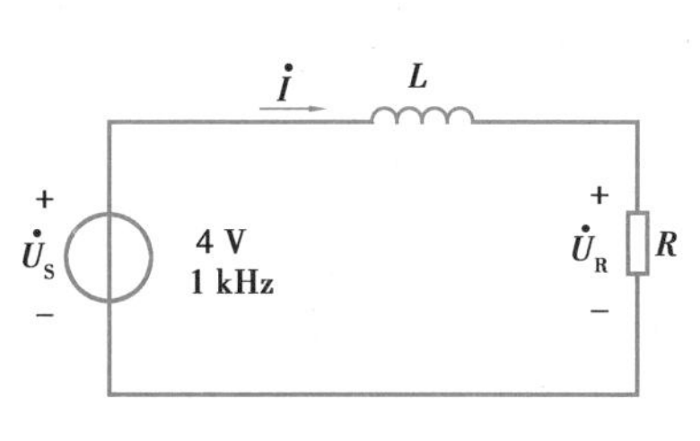

▲图 3.2.9　阻抗测量电路

3)阻抗的测量

对于正弦交流稳态电路,可以利用电压(阻抗)三角关系求解回路参数,如图 3.2.9 中的 X_L 可以通过分别测量出 $\dot{U}_S$ 和 $\dot{U}_R$,按照 $\dot{U}_S=\sqrt{\dot{U}_L^2+\dot{U}_R^2}$ 解出 $\dot{U}_L$,则 $X_L=\left|\frac{\dot{U}_C}{\dot{I}}\right|$,其中 $\dot{I}=\frac{\dot{U}_R}{R}$。

3.2.4　实验设备

函数信号发生器、双踪示波器、电阻器、电容器。

3.2.5　实验内容

1)掌握常用电子仪器的使用方法

①熟悉示波器、函数信号发生器、交流毫伏表等常用电子仪器面板上各主要开关和旋钮的名称及作用。

②示波器双踪显示,调出两条扫描线。注意当触发方式置于“常态”时,有无扫描线。

③用仪器自带的标准方波信号(f=1 kHz,U_{p-p}=2 V)校准面板刻度 t/div 和 V/div。

用示波器显示校准信号的波形,测量该电压的幅值、周期,并将测量结果与已知的校准信号幅值、周期相比较。结果填入表 3.2.1。

表 3.2.1　校准信号测量结果

校验挡位	Y 轴(幅值)		X 轴(每周期格数)	
	1 V/div	0.5 V/div	0.5 ms/div	0.2 ms/div
应显示的标准格数	2 格	4 格	2 格	5 格
实际显示的格数				

注:若实际显示的格数与理论显示的格数不一致,应检查 Y 轴灵敏度及时基旋钮的微调是否放至校准位置。

④相位差的测量。

按图 3.2.10 接线,函数信号发生器输出正弦波频率为 1 kHz,有效值为 3 V(由交流毫伏表测出)。用示波器测量在下列几组参数的情况下 u 与 u_C 间的相位差 φ。

a. $R=1\ \text{k}\Omega$, $C=0.1\ \mu\text{F}$。

b. $R=2\ \text{k}\Omega$, $C=0.1\ \mu\text{F}$。

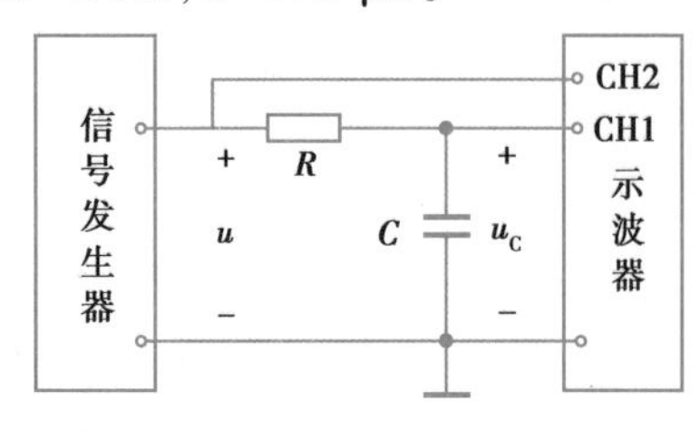

▲图 3.2.10　阻抗测量电路

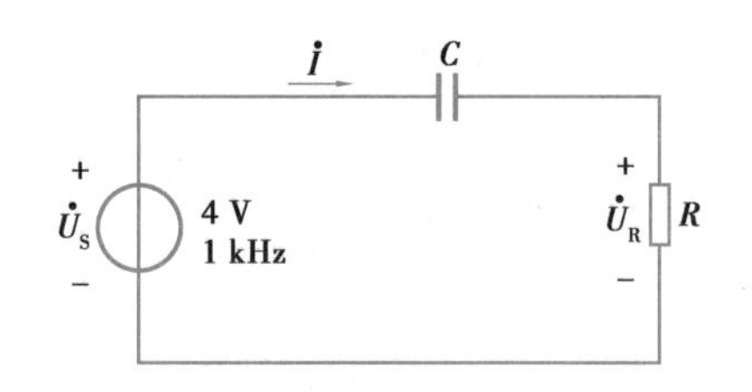

▲图 3.2.11　容抗测量电路

2) RC 一阶电路响应及 τ 值的测量

RC 一阶电路响应及时间常数测量仿真电路

实验电路如图 3.2.5 所示，$u_S(t)$ 为信号发生器输出的 $f=100$ Hz ~ 1 kHz(根据 τ 的大小自定)，$u_m=1$ V 的方波信号。将激励源 $u_S(t)$ 和响应 $u_C(t)$ 的信号分别连至示波器的两个输入端 CH1 和 CH2。在示波器的屏幕上观察并测试下列参数时激励与响应波形及 τ。

①$R=10\ \text{k}\Omega$, $C=3\ 300\ \text{pF}$。

②$R=10\ \text{k}\Omega$, $C=0.01\ \mu\text{F}$。

③$R=10\ \text{k}\Omega$, $C=0.1\ \mu\text{F}$。

RC 一阶电路(积分)仿真电路

3) 设计一阶积分电路

令 $C=0.1\ \mu\text{F}$, $R=10\ \text{k}\Omega$，设计一积分电路，用示波器观察输入输出波形，并测量电压的最大值及输入方波的频率。

4) 设计一阶微分电路

RC 一阶电路(微分)仿真电路

令 $C=0.1\ \mu\text{F}$, $R=10\ \text{k}\Omega$，设计一微分电路，用示波器观察输入输出波形，并测量电压的最大值。

5) 元件的交流阻抗测量

交流阻抗测量仿真电路

参考电路图 3.2.11，设计一个电容交流阻抗测量电路，并自行设定电阻参数。测量出该电容的容抗 $X_C=$________。(输入正弦波信号频率为 1 kHz，电容容量为 0.1 μF)

3.2.6　思考题

①若保持电路参数不变，仅改变输入信号 u_S 的幅度，响应会有什么变化？

②根据实验曲线的结果，说明电容器充放电时电流、电压变化规律及电路参数的影响。

3.2.7 实验报告要求

①在同一坐标平面上绘出实验内容 2）电路中的各响应曲线，标出零状态响应和零输入响应区域，说明参数对响应的影响。

②绘出实验内容 3）、4）电路中的各响应曲线，说明其电路的特点。

③根据实验曲线，测定实验内容 2）中三种情况下的时间常数，并与理论值相比较，分析产生误差的原因。

3.3 RC 网络频率特性研究

课件：RC 网络频率特性研究

3.3.1 预习要求

①画出实验电路图（包括用示波器观察相位的接线图）。

②拟订记录实验数据的表格。考虑应用对数坐标时，测试点应如何选取？

③估算出带通滤波电路的中心频率及双 T 网络平衡状态时的频率 f_0，并考虑如何用实验方法找出 f_0。

④准备对数坐标纸。

⑤完成下列选择题：

a. 在 RC 高通滤波电路中，当频率升高时，由于容抗 $\frac{1}{j\omega C}$ ____（减小、增加）而使输出 ____（增大、减小）。

b. 在 RC 低通滤波电路中，容抗随频率升高而 ________（减小、增加），所以输出电压亦随频率升高而 ________（减小、增加）。

3.3.2 实验目的

①掌握幅频特性和相频特性的测量方法。

②加深对常用 RC 网络幅频特性的理解。

③学会应用对数坐标来绘制频率特性曲线。

3.3.3 实验原理

1）网络频率特性的定义

网络的响应相量与激励相量之比是频率 ω 的函数，称为正弦稳态下的网络函数。表示为

$$H(j\omega)=\frac{\text{响应向量}}{\text{激励向量}}=|H(j\omega)|\ e^{j\varphi(\omega)}$$

其模 $|H(j\omega)|$ 随频率 ω 变化的规律称为幅频特性，辐角 $\varphi(\omega)$ 随 ω 变化的规律称为相频特性。为使频率特性曲线具有通用性，常以 ω/ω_0 作为横坐标。通常，根据 $|H(j\omega)|$ 随频率 ω 变化的趋势，将 RC 网络分为低通（LP）电路、高通（HP）电路、带通（BP）电路和带阻（BS）

电路。

(1)RC 低通网络

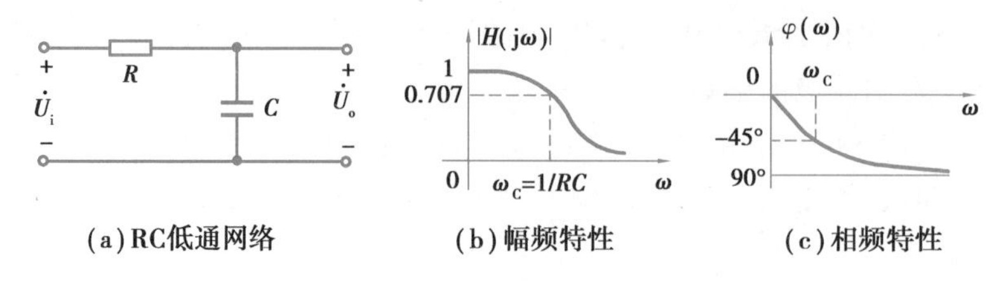

▲图 3.3.1 RC 低通网络及其频率特性

图 3.3.1(a)所示为 RC 低通网络,它的网络函数为

$$H(j\omega)=\frac{\dot{U}_o}{\dot{U}_i}=\frac{\frac{1}{j\omega C}}{R+\frac{1}{j\omega C}}=\frac{1}{1+j\omega RC}$$

其模为

$$|H(j\omega)|=\frac{1}{\sqrt{1+(\omega RC)^2}}$$

辐角

$$\varphi(\omega)=-\arctan(\omega RC)$$

显然,随着频率的增高,$|H(j\omega)|$将减小,这说明低频信号可以通过,高频信号被衰减或被抑制,当 $\omega=1/RC$ 时

$$|H(j\omega)|_{\omega=\frac{1}{RC}}=\frac{1}{\sqrt{2}}=0.707$$

即 $\dot{U}_o/\dot{U}_i=0.707$,通常把 $\dot{U}_o$ 降低到 $0.707\dot{U}_i$ 时的角频率 ω 称为截止角频率 ω_C。即

$$\omega=\omega_C=\frac{1}{RC}$$

图 3.3.1(b)、(c)分别为 RC 低通网络的幅频特性和相频特性曲线。

(2)RC 高通网络

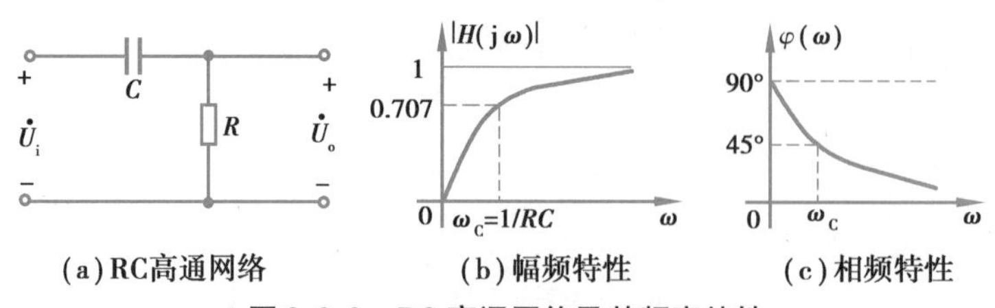

▲图 3.3.2 RC 高通网络及其频率特性

图 3.3.2 (a)所示为 RC 高通网络,它的网络传递函数为

$$H(j\omega)=\frac{\dot{U}_o}{\dot{U}_i}=\frac{R}{R+\frac{1}{j\omega RC}}$$

其模为
$$|H(\mathrm{j}\omega)|=\frac{1}{\sqrt{1+\left(\frac{1}{\omega RC}\right)^2}}$$

辐角
$$\varphi=90^\circ-\arctan(\omega RC)$$

可见，$|H(\mathrm{j}\omega)|$随着频率的降低而减小，说明高频信号可以通过，低频信号被衰减或被抑制。网络的截止频率仍为 $\omega_C=1/RC$，因为 $\omega=\omega_C$ 时，$|H(\mathrm{j}\omega)|=0.707$。它的幅频特性和相频特性分别如图 3.3.2(b)、(c)所示。

(3) RC 带通网络(RC 选频网络)

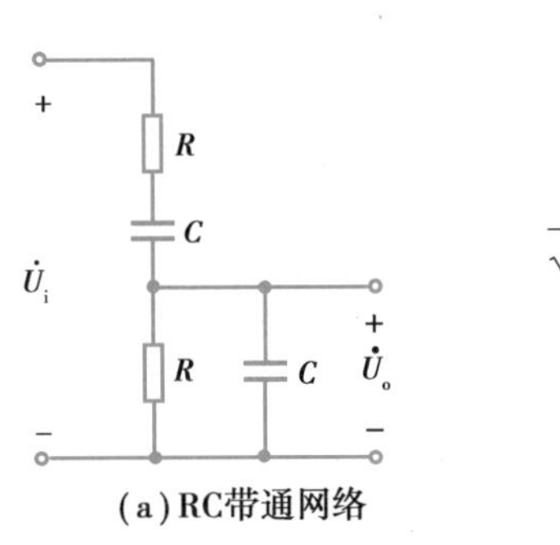

(a) RC带通网络

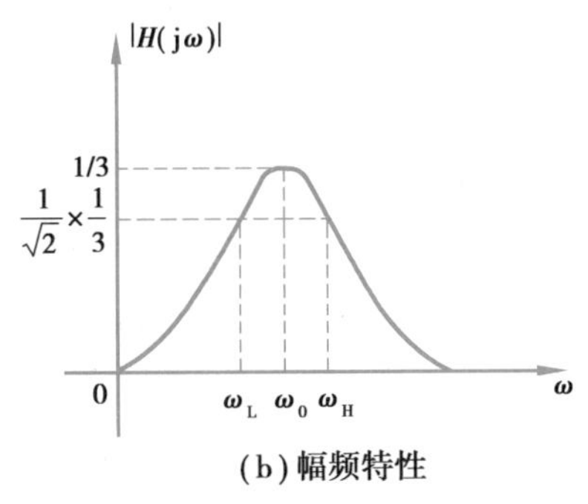

(b) 幅频特性

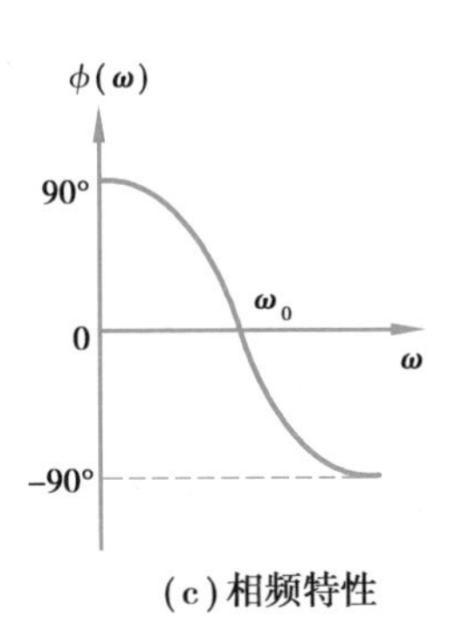

(c) 相频特性

▲图 3.3.3　RC 带通网络及其频率特性

图 3.3.3(a)所示 RC 带通滤波电路的输入和输出分别为电压 $\dot{U}_i$ 和 $\dot{U}_o$，网络传递函数为

$$H(\mathrm{j}\omega)=\frac{\dot{U}_o}{\dot{U}_i}=\frac{\frac{R}{1+\mathrm{j}\omega RC}}{R+\frac{1}{\mathrm{j}\omega C}+\frac{R}{1+\mathrm{j}\omega RC}}=\frac{1}{3+\mathrm{j}\left(\omega RC-\frac{1}{\omega RC}\right)}$$

其模为

$$|H(\mathrm{j}\omega)|=\frac{1}{\sqrt{9+\left(\omega RC-\frac{1}{\omega RC}\right)^2}}$$

辐角

$$\varphi(\omega)=\arctan\frac{\frac{1}{\omega RC}-\omega RC}{3}$$

可以看出，当信号频率为 $\omega_0=\frac{1}{RC}$，即 $f_0=\frac{1}{2\pi RC}$时，模$|H(\mathrm{j}\omega)|=\frac{1}{3}$为最大，$\varphi(\omega)=0$，即输出与输入间相移为零。信号频率偏离 $\omega=1/RC$ 越远，信号被衰减或阻塞越厉害。说明 RC 网络允许以 $\omega=\omega_0=1/RC(\neq 0)$为中心的一定频率范围(频带)内的信号通过，而衰减或抑制其他频率的信号，即对某一窄带频率的信号具有选频通过的作用。因此，将它称为带通网络或选频网络，而将 ω_0 或 f_0 称为中心频率。当$|H(\mathrm{j}\omega)|=\frac{1}{\sqrt{2}}|H(\mathrm{j}\omega)|_{\max}$ 时，所对应的两个频率也称截止频率，用 ω_H 和 ω_L 表示。它的幅频特性和相频特性分别如图 3.3.3(b)、(c)所示。

（4）RC 双 T 网络（RC 带阻网络）

图 3.3.4 所示电路称为 RC 双 T 网络。它的特点是在一个较窄的频率范围内具有显著的带阻特性，网络传递函数为

$$H(\mathrm{j}\omega)=\frac{\dot{U}_{\mathrm{o}}}{\dot{U}_{\mathrm{i}}}=\frac{1}{1+\mathrm{j}\dfrac{4\omega RC}{1-(\omega RC)^2}}$$

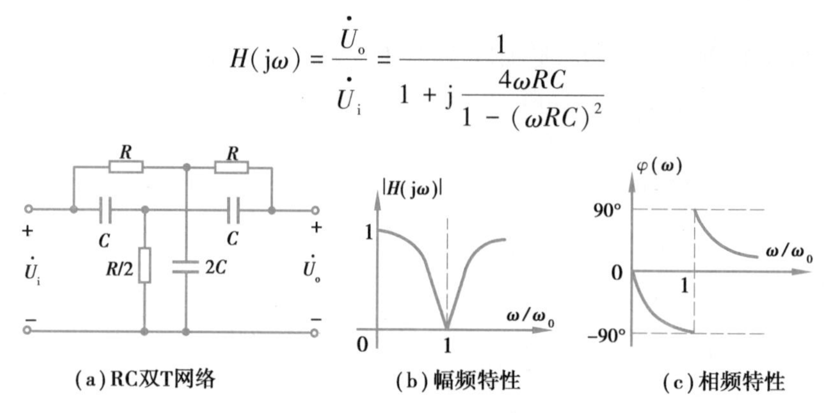

▲图 3.3.4 RC 双 T 网络及其频率特性

当信号频率 $\omega=1/RC$ 时，对应的模为

$$|H(\mathrm{j}\omega)|=\left.\frac{1}{\sqrt{1+\left(\dfrac{4\omega RC}{1-(\omega RC)^2}\right)^2}}\right|_{\omega=\frac{1}{RC}}=0$$

辐角

$$\varphi(\omega)=\arctan\frac{4\omega RC}{(\omega RC)^2-1}$$

以 $\omega_0=\dfrac{1}{RC}\left(f_0=\dfrac{1}{2\pi RC}\right)$ 为中心的某一窄带频率的信号受到阻塞，不能通过，即网络达到“平衡状态”。ω 大于或小于 ω_0 以外频率的信号允许通过。具有这种频率特性的网络称为带阻网络。RC 双 T 网络是一个典型的带阻网络，它的幅频特性及相频特性如图 3.3.4（b）、（c）所示。

2）网络频率特性测量方法

（1）逐点法

接好电路后，首先根据电路频率特性曲线的特点找出特征频率点 f_0 进行测量，然后在 f_0 两侧依次选取若干个点再进行测量。测量中，用交流毫伏表测量电压相量的有效值，用双踪示波器测量响应与激励波形的相位差 φ，并监测激励相量电压。峰-峰值（$U_{\mathrm{p\text{-}p}}$）不变。

（2）扫频法

利用频率特性测试仪可以直接显示电路幅频特性曲线，但其相位差仍需用示波器测出。

3）对数频率坐标的概念

在绘制频率特性曲线时，涉及的频率范围较宽，若采用均匀分度的频率坐标，势必使低频部分被压缩，而高频部分又相对展得较宽，从而使所绘制的频率特性曲线在低频段不能充分清晰地展示其特点。若采用对数分度的频率轴，就不会出现这种情况，如图 3.3.5 所示。应当注意，对数坐标是将轴按对数规律进行刻度，并非对频率取对数。

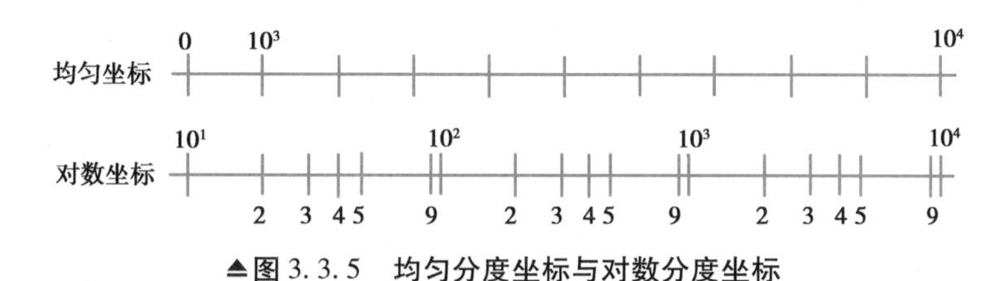

▲图 3.3.5　均匀分度坐标与对数分度坐标

同一电路的频率特性曲线,随坐标选取方式不同,曲线形状也会有所不同,可以根据实际需要适当选择,以突出需要表达的部分。

如 RC 带通滤波器的中心频率为 1 600 Hz,测试范围为 20 kHz,若横坐标采用均匀分度,则低频段就压缩在很小的范围内;如将横坐标比例放大,缩小测试范围,则高频段就不能充分展现。若采用对数坐标,横坐标以对数标尺刻度,就可在很宽的范围内将频率特性清楚地展现出来,如图 3.3.3(b)、(c)采用的是对数尺度的横坐标,而图 3.3.6 则采用的是均匀分度横坐标。

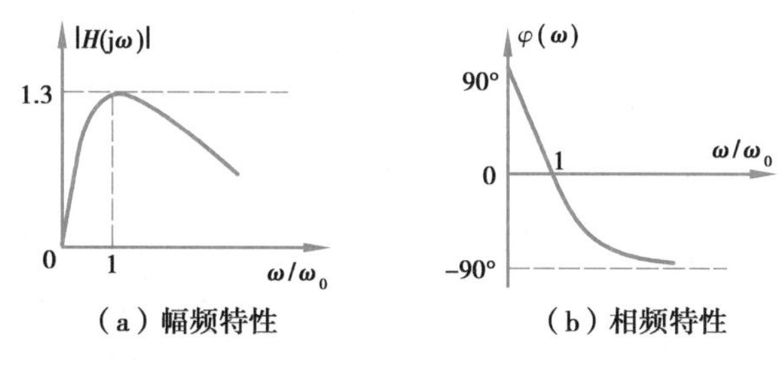

▲图 3.3.6　RC 带通网络频率特性

4)电平的概念

在研究滤波器、衰耗器、放大器等电路时,通常并不直接考察电路中某点的电压,而是要了解各个环节的增益或衰耗,即传输电压比。因为电压比本身是无量纲的,且往往数量级太大不便于作图或计算,特别是在通信系统的测试中,因为人耳听觉与声音的强度不是线性关系,而是对数关系,所以在工程上引入了电平的概念,其定义如下:

当输入电压 U_1(或电流 I_1)与输出电压 U_2(或电流 I_2)相差 e(2.718)倍时,称 U_2 相对于 U_1 的电平为 1 Np(奈培),即

$$\alpha=\ln\frac{U_2}{U_1}=\ln\frac{I_2}{I_1}(\text{Np})$$

电平的单位为奈培。当 $U_1(I_1)$取任意值时,α 称为 U_2 相对于 U_1 的相对电平。

如果不取自然对数,而采用以 10 为底的常用对数,则电平的单位称为分贝(dB),此时有

$$20\lg\frac{U_2}{U_1}=10\lg\frac{P_2}{P_1}(\text{dB})$$

分贝与奈培之间的关系为:1 dB =0.115 1 Np 或 1 Np=8.686 dB。

电平是一个相对量,要进行电平的测量就必须确定一个基准功率或基准电压。基准功率规定为在 600 Ω 电阻上消耗 1 mW 的功率,并用 P_0 表示,所以功率电平为

$$10\lg\frac{P_2}{P_1}=10\lg P_x(\text{dB})$$

该式表示的电平称为 P_2 的绝对功率电平。若电路中某点的功率为 1 mW,此点的功率电平即为 0 dB。

由 $P_0=U_0^2/R, R=600\ \Omega$,可知 $U_0=0.775$ V,即基准电压为 0.775 V,所以电压电平为

$$20\lg\frac{U_2}{U_0}=20\lg\frac{U_2}{0.775}(\mathrm{dB})$$

该式表示的电平称为 U_2 的绝对电压电平。显然,若电路中某点的电压为 0.775 V,则此点的绝对电压电平为 0 dB。

当电压大于 0.775 V 时,电压电平为正值,小于 0.775 V 的电压电平为负值。例如,某点电压为 3 V,其绝对电压电平为 11.76 dB;电压为 0.5 V,则绝对电压电平为-3.8 dB。

网络分析仪、毫伏表等许多测量仪表都可以直接进行电平测量。电平测量实质上也就是电压测量,只是刻度不同而已。

3.3.4 实验内容

1)测量一阶 RC 低通电路的频率特性

一阶 RC 低通仿真电路

电路如图 3.3.1(a)所示,图中 $R=5.1\ \mathrm{k\Omega}$, $C=0.01\ \mu\mathrm{F}$。电路的输入端输入一个电平为 0 dBm(即 0.775 V)的正弦信号,频率范围可选为 50 Hz ~ 20 kHz。测量低通电路的频率特性,其幅频特性用 dB 表示,相频特性用"度"表示,所有原始测量数据均记录在表 3.3.1 中。

按图连接好电路后,首先改变信号源的频率(从低到高),用毫伏表或示波器观测输出端电压的变化,粗略地看一下电路是否具有低通特性;找出-3 dB 截止频率点。然后再逐点法测量。

2)测量一阶 RC 高通电路的频率特性

一阶 RC 高通仿真电路

电路如图 3.3.2(a)所示。图中 $R=5.1\ \mathrm{k\Omega}$, $C=0.01\ \mu\mathrm{F}$。频率范围可选为 50 Hz ~ 40 kHz,输入电压为 1 $V_{\mathrm{p\text{-}p}}$ 的正弦信号。其幅频特性用"倍"数表示,相频特性用"度"表示,所有原始测量数据均记录在表 3.3.2 中。

测试时连接好实验电路,首先改变信号源的频率,用毫伏表或示波器观测输出端电压的变化,粗略地看一下电路是否具有高通特性,然后再逐点测量。

表 3.3.1 低通滤波器参数记录表

	50 Hz	$\frac{1}{10}f_C$	$\frac{1}{2}f_C$	f_C	$2f_C$	$10f_C$
f/Hz	—					
u_o/V						
u_o/dB						
Φ/(°)						

表 3.3.2　高通滤波器参数记录表

	$\frac{1}{10}f_C$	$\frac{1}{2}f_C$	f_C	$2f_C$	$10f_C$	40 kHz
f/Hz						——
u_o/V						
u_o/dB						
Φ/(°)						

3）测定 RC 带通滤波电路的幅频特性及相频特性

RC 带通仿真电路

按图 3.3.3(a)所示连接电路，取 $R=1\ \text{k}\Omega$，$C=0.1\ \mu\text{F}$。输入端接函数信号发生器，保持输入正弦电压 $\dot{U}_i=3\ \text{V}_{p\text{-}p}$ 不变，改变频率(200 Hz～20 kHz)，用毫伏表测量输出电压 u_o；同时用示波器观察并记录 $\dot{U}_o$ 和 $\dot{U}_i$ 的相位差，并测定其中心频率 f_0 及两个截止频率 f_H、f_L，填入表格 3.3.3。

表 3.3.3　带通滤波器参数记录表

	$\frac{1}{10}f_L$	$\frac{1}{2}f_L$	f_L	f_0	f_H	$2f_H$	$10f_H$
f/Hz							
u_o/V							
u_o/dB							
Φ/(°)							

4）测定双 T 网络的幅频特性及相频特性

双 T 网络仿真电路

取 $R=1\ \text{k}\Omega$，$C=0.1\ \mu\text{F}$，按图 3.3.4 所示连接电路。保持输入电压 $u_i=3\ \text{V}_{p\text{-}p}$ 不变，改变频率(200 Hz～20 kHz)，测量输出电压 u_o，观察并记录 u_o 和 u_i 的相位差，自拟表格记录数据。

3.3.5　注意事项

①在测试过程中低通电路在改变频率后要始终保持输入电平为 0 dB，高通电路在改变频率后要保持输入电压为 1 V_{rms}。

②测量带通和带阻频率特性时，须先测出中心频率 f_0，然后在两侧依次选取 5 个以上测试点，测试频率的选取应注意对数坐标的刻度，频率范围应使 f/f_0 不小于 0.1～10。

③测试过程中，当改变函数信号发生器的频率时，其输出电压有时将发生变化，因此，测试时，需用毫伏表监测函数信号发生器的输出电压，使其保持不变。

④测量相频特性时，双迹法测量误差较大，操作、读数应力求仔细、合理。要调节好示波

器的聚焦，使线条清晰，以减小读数误差。

3.3.6 思考题

①在 RC 带通滤波电路的实验过程中，当 $\dot{U}_o$ 与 $\dot{U}_i$ 同相时，其电压比值是否等于 1/3，如果不是，请分析原因。

②从双 T 网络实验所测得数据中，可看出，当 $f=f_0$ 时，u_o 并不为零，为什么？

3.4 铂电阻温度计的设计

3.4.1 预习要求

课件：铂电阻温度计的设计

①阅读实验原理与说明，完成电阻温度计的设计任务。

②列出所需要的元件和参数，并说明理由。

③选择实验所需的仪器设备。

④确定实验步骤、校验方法和制作过程。画好所需的数据表格。

⑤进一步改进设想。

3.4.2 实验目的

①熟悉和掌握惠斯通直流单电桥的测量电路。

②了解非电量转变为电量的一种实现方法。

③培养自行设计电路、调试和工程制作的能力。

3.4.3 实验原理

1)铂电阻介绍

(1)铂电阻特性

电阻式温度传感器(Resistance Temperature Detector，RTD)是一种热敏材料做成的电阻，它会随温度的上升而改变电阻值。如果它随温度的上升而电阻值也跟着上升，则称为正温度系数，如果它随温度的上升而电阻值反而下降，则称为负温度系数。

(2)铂电阻与温度的关系

PT100 温度传感器是一种以铂(Pt)做成的电阻式温度传感器，属于正温度系数电阻，在 0～600 ℃范围内其电阻和温度变化的关系式如下：

$$R_t=(1+\alpha t+\beta t^2)R_o$$

$$\alpha=3.90\times10^{-3}℃^{-1},\beta=-5.84\times10^{-7}℃^{-2}$$

在 0～100 ℃范围 β 值作用不显著，R_t 与 t 近似呈线性关系，即

$$R_t=(1+\alpha t)R_o \tag{3.4.1}$$

其中，PT100 的 $R_o=100\ \Omega$，其阻值和温度的关系见表 3.4.1。

2）非平衡电桥的测温原理

平衡电桥（惠斯通电桥）可以准确测量电阻。如果平衡电桥电路中的待测电阻换成一个电阻型传感器。先调节电桥平衡，当外界条件改变时，传感器阻值会发生相应变化，使电桥失去平衡，桥路两端的电压随之而变。由于桥路的非平衡电压能反映出桥臂电阻的微小变化，因此可以通过测量非平衡电压检测外界物理量的变化。

不同温度 T，对应不同 $U_o(t)$，通过数字万用表显示的 $U_o(t)$ 值就可确定对应温度 T 值，这就是非平衡电桥测量温度原理。但数字万用表显示值与温度是非线性的，这给温度标定和显示带来困难，可以通过恰当方法进行线性化和数字化处理，如使数字万用表显示毫伏数的十倍就代表温度值即 $U_o(t)=T/10$ mV，并且保证显示温度误差 $|\Delta T|<0.5$ ℃。

表 3.4.1　PT100 分度表（0～99 ℃）

温度/℃	0	1	2	3	4	5	6	7	8	9
	电阻值/Ω									
0	100.00	100.39	100.78	101.17	101.56	101.95	102.34	102.73	103.12	103.51
10	103.90	104.29	104.68	105.07	105.46	105.85	106.24	106.63	107.02	107.40
20	107.79	108.18	108.57	108.96	109.35	109.73	110.12	110.51	110.90	111.29
30	111.67	112.06	112.45	112.83	113.22	113.61	114.00	114.38	114.77	115.15
40	115.54	115.93	116.31	116.70	117.08	117.47	117.86	118.24	118.63	119.01
50	119.40	119.78	120.17	120.55	120.94	121.32	121.71	122.09	122.47	122.86
60	123.24	123.63	124.01	124.39	124.78	125.16	125.54	125.93	126.31	126.69
70	127.08	127.46	127.84	128.22	128.61	128.99	129.37	129.75	130.13	130.52
80	130.90	131.28	131.66	132.04	132.42	132.80	133.18	133.57	133.95	134.33
90	134.71	135.09	135.47	135.85	136.23	136.61	136.99	137.37	137.75	138.13

如图 3.4.1 所示，设电桥供电电源输出电压为 E，四个桥臂电阻分别为 $R_t(t)$、R_2、R_3、R_4，其中 R_2 为电位器，用于调节静态平衡。$R_t(t)$ 为铂电阻传感元件，其阻值随温度而变化，若 $R_2R_3 \neq R_tR_4$，则电桥有电压 $U_o(t)$ 输出，大小可用 mV 数字万用表显示，忽略数字万用表分流（即 $r_g=\infty$），$U_o(t)$ 可表示为

$$U_o(t)=\left[\frac{R_t(t)}{R_t(t)+R_3}-\frac{R_2}{R_2+R_4}\right]E \qquad (3.4.2)$$

令

$$I_1=\frac{E}{R_3+R_t} \qquad (3.4.3)$$

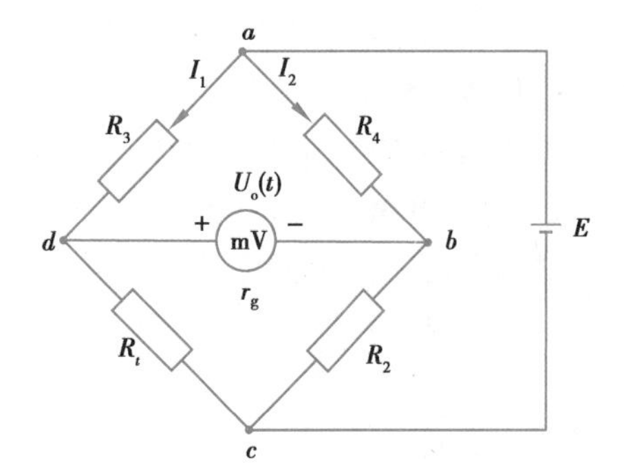

▲图 3.4.1　惠斯通电桥测温电路

$$I_2 = \frac{E}{R_2 + R_4} \tag{3.4.4}$$

则有

$$U_o(t) = I_1 R_t(t) - I_2 R_2 \tag{3.4.5}$$

如果取 $R_3 = R_4$，且 $R_3 \gg R_t$，$R_4 \gg R_2$，则有

$$I_1 \approx I_2 \tag{3.4.6}$$

$$U_o(t) = I_1 [R_t(t) - R_2] \tag{3.4.7}$$

令 R_2 取铂电阻在 0 ℃时的阻值 R_o，并将式(3.4.1)代入上式，则有

$$U_o(t) = I_1 R_o \alpha T \tag{3.4.8}$$

可知，如果检测 $U_o(t)$ 的电压表内阻 r_g 足够大，非平衡电桥输出电压 $U_o(t)$ 和温度的改变量 T 近似呈线性关系。

3）设计举例

例如通过改变电源电压和电阻，使温度与电压的比例系数为一个整十数，设计过程如下：

令

$$U_o = I_1 \times R_o \times \alpha \times T = 0.1 \times T(\text{mV})$$

得

$$\frac{E}{R_3 + R_o} \times R_o \times \alpha = 0.1 \times 10^{-3}$$

$$R_3 = \frac{E \times R_o \times \alpha}{0.1 \times 10^{-3}} - R_o$$

根据公式选择适当电阻值，设计出所需电子温度计。对于其他 U-T 比值关系可以参照上述过程计算。

3.4.4 实验设备

直流稳压电源、电阻箱或精密电位器、热水杯、实验板、铂电阻（PT100）、标准温度计、数字万用表。

3.4.5 实验内容

铂电阻温度计设计仿真电路

采用铂电阻设计一个基于非平衡电桥、测温范围 20～60 ℃的电阻数字温度计。利用数字万用表 mV 电压挡作为温度显示器，要求数字万用表显示毫伏数的十倍就代表温度值，即 $U_o(t) = T/10$ mV。

①采用 PT100 铂电阻，据其与温度的对应关系、设计要求设计电路，自行选择电路中的元件参数、进行调试和改进。已知电源电压 $E=5$ V，铂电阻允许最大电流 $I_{max} \leqslant 2.5$ mA。

②用水银（煤油）温度计作标准，用一杯开水逐渐冷却的温度作被测对象，逐点校准自制的温度计。温度每隔 5 ℃记录不同温度时的 T 和 U_o 值。将测试数据填入表 3.4.2。

表 3.4.2 实验数据记录

温度 T/℃	60	55	50	45	40	35	30	25	20
U_o/V									

③进一步改进自制的温度计，提高测量的准确度。

④用万用表测量实验室实际温度下的铂电阻值，通过查阅分度表，测试出实验室的温度。并与标准温度计的示数进行对比。

3.4.6　注意事项

①注意选择直流电源 E，确保热敏电阻 R_t 在额定工作电压和工作电流范围内工作。

②注意合理选择电桥电路中各元件参数，保证满足其平衡条件。

③加温过程中小心操作，避免热水溅到人身上、电学仪器上或桌面上。实验结束后，将水倒掉，整理好有关器具。

④铂电阻传感器外壳为不锈钢，测量液体温度时，应使传感器的80%浸入液体内。仪器响应时间一般为几秒至几十秒，待温度计数字稳定方可读值。

⑤用万用电表测定桥路端电压时，注意红黑表笔的接法，保持读数为正值。

3.4.7　思考题

①制作电阻温度计如何选择温度传感器。能够用微安表代替毫伏表吗？如果能，能否写出电流与温度的关系？

②能否用负温度系数的热敏电阻制作电阻温度计？如果可行，试说明制作的方法。

③使用温度传感器要注意什么问题？实验得到的 U-T 图可能是平滑的曲线，在实际温度测量时，是曲线好还是直线好？为什么？

④如果将此实验的原理应用改装成铂电阻数字温度计，你认为设计中关键应注意哪些问题？

3.4.8　实验报告要求

①简述设计过程中各元件参数选取的依据。

②调试制作过程中遇到的问题和解决的思路及方法。

③画出自制温度计的温度修正曲线，作出电压和温度关系的 U-T 曲线图。

④列出实验所用的仪器设备的型号和规格。

3.5　EDA软件在电路实验中的应用——谐振电路

3.5.1　预习要求

LC串联谐振仿真电路

①自行学习 Multisim 软件基本功能，熟悉操作菜单和主要虚拟仪器的使用。

②阅读指导书，复习 RLC 串联谐振和并联谐振时的电路特性。

③了解电路参数对谐振曲线形状及谐振频率的影响。

④完成下列选择题：

a. 在 RLC 串联电路中，当 $f_0 =$ ____时，电路达到谐振状态称为______（串联谐振、并联谐振)，此时，电路呈____性(电阻、电感、电容)，总阻抗 Z_0 = ______(最大、最小)，总电流____(最大、最小)，品质因数 Q = ______，通频带 BW = ____。

b. 在 RLC 并联电路中，当 f_0 = ____时，电路达到谐振状态称为____(串联谐振、并联谐振)，此时，电路呈____性(电阻、电感、电容)，品质因数 Q = ____，通频带 BW = ____。

3.5.2 实验目的

①熟悉 Multisim 的使用方法。

②练习通过 EDA 软件观察串联电路谐振现象，加深对其谐振条件和特点的理解。

③测定串联谐振电路的频率特性曲线、通频带及 Q 值。

④观察并联电路谐振现象，加深对其谐振条件和特点的理解。

3.5.3 实验原理

1) RLC 串联谐振

图 3.5.1 所示 RLC 串联电路的阻抗为 $Z=R+\mathrm{j}\left(\omega L-\frac{1}{\omega C}\right)$，电路电流为 $\dot{I}=\frac{\dot{U}_S}{Z}=\frac{\dot{U}_S}{R+\mathrm{j}\left(\omega L-\frac{1}{\omega C}\right)}$，式中电阻 R 应包含电感线圈的内阻 r_L，即 $R=r_L+R_1$，当调节电路参数(L 或 C)或改变电源的频率，使 $\omega_L=\frac{1}{\omega C}$时，电路处于串联谐振状态，谐振频率为

$$\omega_0=\frac{1}{\sqrt{LC}}$$

即

$$f_0=\frac{1}{2\pi\sqrt{LC}}$$

此时电路呈电阻性，电流 $I_0=\frac{U_0}{R}$达到最大，且与输入电压同相。

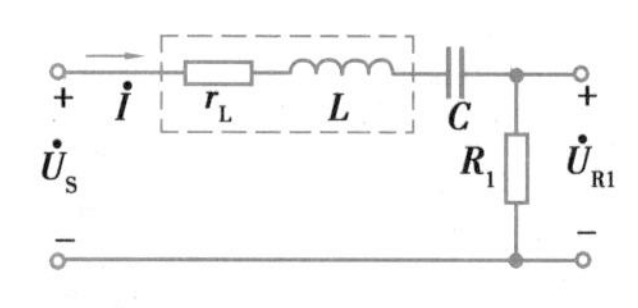

▲图 3.5.1 RLC 串联谐振电路

显然，谐振角频率 $\omega_0(f_0)$ 仅与元件参数 LC 的大小有关，而与电阻 R 的大小无关。当 $\omega<\omega_0$ 时，电路呈容性，阻抗角 $\varphi<0$；当 $\omega>\omega_0$ 时，电路呈感性，$\varphi>0$。只有当 $\omega=\omega_0$ 时，$\varphi=0$，电路呈电阻性，电路产生谐振。

谐振时电感或电容两端电压与电源电压之比值用品质因数 Q 表示，Q 值同时为谐振时感抗或容抗与回路电阻之比，即

$$Q=\frac{U_L}{U_S}=\frac{U_C}{U_S}=\frac{\omega_0 L}{R}=\frac{1}{\omega_0 RC}=\frac{1}{R}\sqrt{\frac{L}{C}}$$

式中 $\sqrt{\frac{L}{C}}$——谐振电路的特征阻抗，在串联谐振电路中 $\sqrt{\frac{L}{C}}=\omega_0 L=\frac{1}{\omega_0 C}$。

RLC 串联电路中,电流的大小与激励源角频率之间的关系,即电流幅频特性的表达式为

$$I(\omega)=\frac{U_S}{\sqrt{R^2+\left(\omega L-\frac{1}{\omega C}\right)^2}}=\frac{U_S}{R\sqrt{1+Q^2\left(\frac{\omega}{\omega_0}-\frac{\omega_0}{\omega}\right)^2}}$$

根据上式可以定性画出,$I(\omega)$ 随 ω 变化的曲线,如图 3.5.2 所示,称为谐振曲线。

令 $\frac{U_S}{R}=I_o$,I_o 是谐振时电路中电流的有效值,因此得

$$\frac{I}{I_o}=\frac{1}{\sqrt{1+Q^2\left(\frac{\omega}{\omega_0}-\frac{\omega_0}{\omega}\right)^2}}$$

当电路的 L 和 C 保持不变时,改变 R 的大小,可以得到不同的 Q 值时的电流谐振曲线如图 3.5.2 所示。显然,Q 值越大,曲线越尖锐。

为了具体说明电路对频率的选择能力,规定 $\frac{I}{I_o}\geqslant\frac{1}{\sqrt{2}}$ 的频率范围为电路的通频带,$I=\frac{I_o}{\sqrt{2}}$ 时的频率分别称为上限频率 f_H 及下限频率 f_L,则通频带

$$BW=f_H-f_L=\frac{f_0}{Q}$$

或

$$BW=\omega_H-\omega_L=\frac{\omega_0}{Q}$$

在定性画出通用幅频特性曲线(图 3.5.3)后,可从曲线上找出对应 I/I_o 为 0.707 的两点,从而计算 Q 值。显然,Q 值越高,通频带越窄,曲线越尖锐。

图 3.5.3 所示为不同 Q 值下的通用谐振曲线,由图可见,在谐振频率 f_0 附近电流较大,离开 f_0 则电流很快下降,所以电路对频率具有选择性。而且 Q 值越大,则谐振曲线越尖锐,选择性越好。

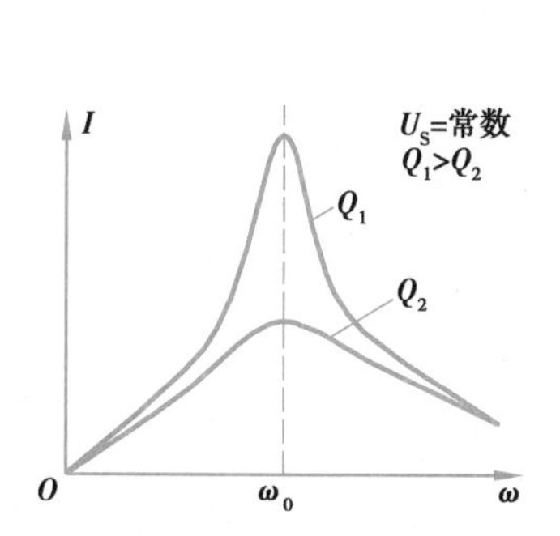

▲图 3.5.2　RLC 串联电路幅频率特性

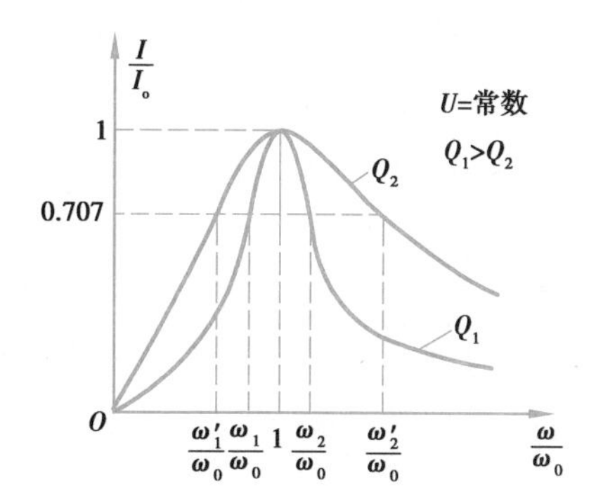

▲图 3.5.3　RLC 串联电路的通用幅频率特性

2)RLC 并联谐振

理想电感与电阻串联后(即实际的电感线圈模型)和电容器并联的电路如图 3.5.4 所示,电路的等效阻抗为

$$Z=\frac{-\mathrm{j}\frac{1}{\omega C}(r_{\mathrm{L}}+\mathrm{j}\omega L)}{r_{\mathrm{L}}+\mathrm{j}\left(\omega L-\frac{1}{\omega C}\right)}=\frac{L}{r_{\mathrm{L}}C}\cdot\frac{1-\mathrm{j}\frac{r_{\mathrm{L}}}{\omega L}}{1+\mathrm{j}\left(\frac{\omega L}{r_{\mathrm{L}}}-\frac{1}{\omega r_{\mathrm{L}}C}\right)}$$

当$\frac{r_{\mathrm{L}}}{\omega_0 L}=\frac{1}{\omega_0 r_{\mathrm{L}}C}-\frac{\omega_0 L}{r_{\mathrm{L}}}$，即 $\omega_0 C=\frac{\omega_0 L}{(\omega_0 L)^2+r_{\mathrm{L}}^2}$时，电路呈电阻性，形成并联谐振状态。此时等效阻抗为 $Z_0=\frac{L}{r_{\mathrm{L}}C}$，并联谐振频率为

$$f_0=\frac{1}{2\pi}\sqrt{\frac{1}{LC}-\frac{r_{\mathrm{L}}^2}{L^2}}=\frac{1}{2\pi\sqrt{LC}}\sqrt{1-\frac{r_{\mathrm{L}}^2 C}{L}}$$

上式表明，由于线圈中具有电阻 r_{L}，RL（实际电感模型）与 C 并联谐振频率要低于串联谐振频率，而且在电阻值 $r_{\mathrm{L}}\geqslant\sqrt{\frac{L}{C}}$ 时，将不存在 f_0，电路不会发生谐振（即电压与电流不会同相）。

并联谐振电路的品质因数就是电感线圈（含电阻 r_{L}）的品质因数，即

$$Q=\frac{\omega_0 L}{r_{\mathrm{L}}}=\sqrt{\frac{L}{r_{\mathrm{L}}^2 C}-1}$$

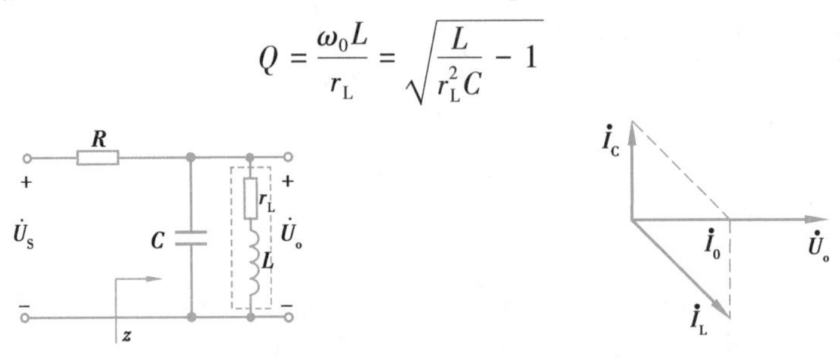

▲图 3.5.4 RLC 并联谐振实验电路　　▲图 3.5.5 RLC 并联谐振电路相量图

在并联谐振时，电路的向量关系如图 3.5.5 所示。此时电路的总阻抗呈电阻性，但不是最大值。可以证明当电路总阻抗为最大值时的频率为

$$f'=\frac{1}{2\pi\sqrt{LC}}\sqrt{1+\frac{2r_{\mathrm{L}}^2 C}{L}}-\frac{r_{\mathrm{L}}^2 C}{L}$$

显然，f'稍大于f_0，此时电路呈电容性。

通常电感线圈的电阻较小，当电阻 $r_{\mathrm{L}}\leqslant 0.2\sqrt{\frac{L}{C}}$ 时，可以认为$\frac{r_{\mathrm{L}}^2 C}{L}\ll 1$，即电阻对频率的影响可以忽略不计，此时的谐振频率$f_0$ 与f'相同，即

$$f_0\approx f'\approx\frac{1}{2\pi\sqrt{LC}}$$

谐振电路的品质因数为 $Q=\frac{\omega_0 L}{r_{\mathrm{L}}}=\frac{1}{r_{\mathrm{L}}}\sqrt{\frac{L}{C}}$，表达式与串联谐振电路相同。谐振电路并联部分的等效阻抗为

$$Z\approx\frac{L}{r_{\mathrm{L}}}\frac{1}{1-\mathrm{j}\left(\frac{1}{\omega r_{\mathrm{L}}C}-\frac{\omega L}{r_{\mathrm{L}}}\right)}=\frac{L}{r_{\mathrm{L}}C}\frac{1}{1-\mathrm{j}Q\left(\frac{\omega_0}{\omega}-\frac{\omega}{\omega_0}\right)}=Z_0\frac{1}{1+\mathrm{j}Q\left(\frac{\omega}{\omega_0}-\frac{\omega_0}{\omega}\right)}$$

在电感线圈电阻对频率的影响可以忽略的条件下，$L(r_L)$ 与 C 并联谐振电路的幅频特性可用等效阻抗幅值随频率变化的关系曲线表示，称为 RLC 并联谐振曲线，若曲线坐标以相对值 $|Z|/Z_0$ 及 ω/ω_0 表示，所作出的曲线为通用谐振曲线，则有

$$\frac{|Z|}{Z_0}=\frac{1}{\sqrt{1+\left(\frac{\omega L}{r_L}-\frac{1}{\omega r_L C}\right)^2}}=\frac{1}{\sqrt{1+Q^2\left(\frac{\omega}{\omega_0}-\frac{\omega_0}{\omega}\right)^2}}$$

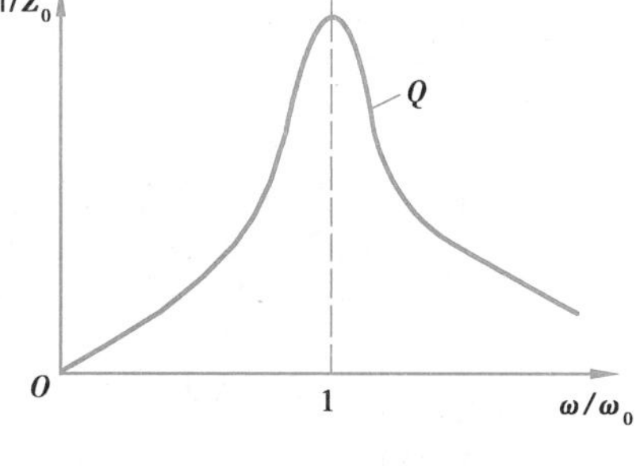

▲图 3.5.6　RLC 并联谐振曲线

所作出的谐振曲线如图 3.5.6 所示，由图可见，其形状与串联谐振曲线相同，其差别只是纵坐标不同，串联谐振时为电流比，并联谐振时为阻抗比，当 $\omega=\omega_0$ 时，阻抗 $|Z|$ 达到最大值。同样，谐振回路 Q 值越大，则谐振曲线越尖锐，即 $|Z|$ 对频率的选择性越好。当激励源为电流源时，谐振电路的端电压对频率具有选择性，这一特性在电子技术中得到广泛应用。

RLC 并联谐振的实验电路如图 3.5.4 所示，图中电感线圈内阻 r_L 极小，近似计算时可以忽略。为了测定谐振电路的等效阻抗，电路中串入了取样电阻 R，由于 $R \ll Z_0$。所以信号源电压 U_S 可以看作是谐振电路的端电压，并有 $|Z|=U_S R/U_R$。

3.5.4　实验内容

1）串联谐振电路的测量

（1）谐振曲线的测定

在 Multisim 仿真环境中按图 3.5.7 连接实验电路。其中 $R_1=100\ \Omega$、$C=220$ pF、$L=0.5$ mH、$r_L(R_2)=10\ \Omega$。信号发生器选择安捷伦公司的 33120A，输出正弦信号加在电路的输入端，保持信号的输出电压 $u_S=1$ V 不变，通过键盘和频率调节钮改变信号频率 f，用交流电压表测量 R_1 上的电压 u_R，使交流电压表指示达最大值时对应的 f 即为 f_0，在谐振频率 f_0 两侧改变信号频率，按表 3.5.1 设定频率数据，将测试数据填入表 3.5.1。

为了取点合理，可以通过计算找出谐振频率 f_0，然后，根据理论频率选取测试频率点，进行正式测量。

（2）测定谐振频率 f_0、品质因素 Q 及通频带 $BW=f_H-f_L$

电路同上，保持正弦信号电压 u_S 不变，改变频率在电路达到谐振时，用交流电压表测量电容电压 u_C 以及信号源电压 u_S，计算电路的通频带 BW 及 Q 值。

（3）重复测试

保持 u_S 和 L、C 值不变。改变电阻值，取 $R_1=10\ \Omega$（即改变电路的 Q 值），重复上述测试。

（4）使用波特图仪进行自动测量

将信号源更换为理想信号源，按照图 3.5.8 连接电路，设置波特图仪的相关参数，自动测量出该电路的频率特性曲线，并和手动测量的数据进行对比。

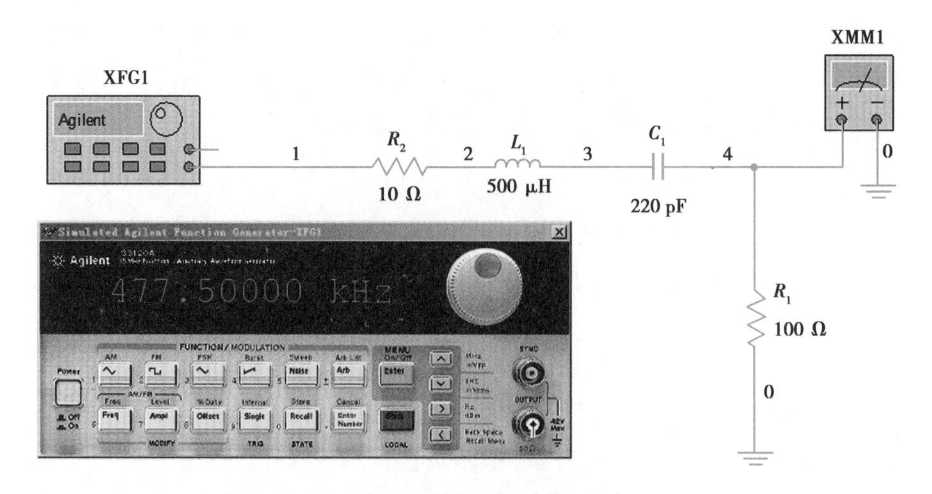

▲图 3.5.7　Multisim 仿真实验电路图

表 3.5.1　实验数据记录

f/kHz	$\frac{1}{10}f_L$	$\frac{1}{2}f_L$	f_L	f_0	f_H	$2f_H$	$10f_H$
u_{R1}/V							
u_{R1}/dB							

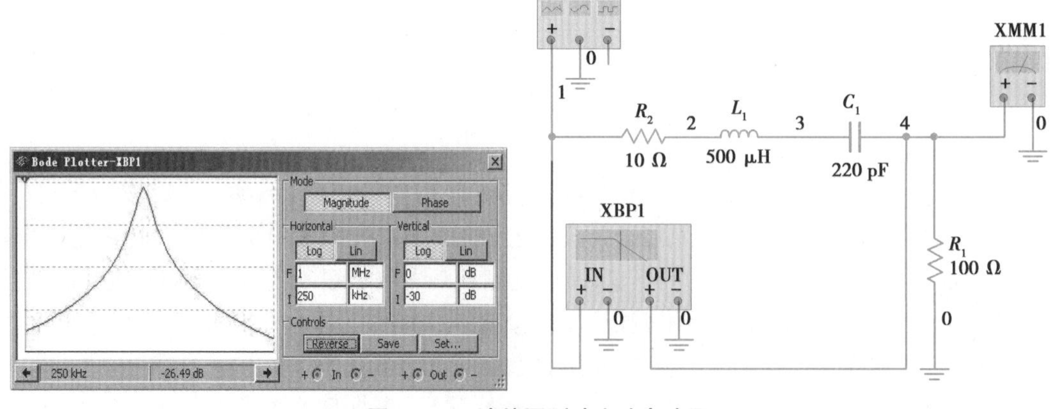

▲图 3.5.8　波特图测试实验电路图

2)测定 RLC 并联电路的谐振曲线

①实验电路同图 3.5.4,元件取值同任务 1,给定正弦信号 $u_S=1$ V,$R=51$ kΩ,按表格 3.5.2 测量不同频率(300～600 kHz)时的 u_o,同时用 Multisim 虚拟示波器测量 u_S 与 u_o 的相位差 Φ。首先调节信号频率,使电路达到谐振状态,此时输出 u_o 为最大。然后维持信号源电压为 1 V,调节信号频率 f 值,读取 u_o,数据记入表 3.5.2,并根据数据作出谐振曲线。

表 3.5.2 实验数据记录

f/kHz	$\frac{1}{10}f_L$	$\frac{1}{2}f_L$	f_L	f_0	f_H	$2f_H$	$10f_H$
u_{R1}/V							
u_{R1}/dB							
Φ/(°)							

②在电路输出端并入 $R_L = 10\ \mathrm{k\Omega}$ 电阻重复①的测试内容。

3.5.5 思考题

①实验中,当 RLC 串联电路产生谐振时,是否有 $u_R = u_S$,线圈电压 $u_L = u_C$,分析其原因。

②在 $f>f_0$ 及 $f<f_0$ 时,电路中电流、电压的相位关系如何? Q 值不同的电路,其相频特性有何不同? 在实验中用示波器观察时,能否看出其不同点呢?

③图 3.5.4 所示电路中,在考虑 r_L 的情况下,改变 f 使电路产生谐振,试问谐振时,电路中的电流是否为最小值? 为什么? 若忽略 r_L,结论又怎样?

④图 3.5.4 所示电路中,若 u_S、L、r_L、C 参数不变,R 改变时,对并联电路的 Q 有何影响?

3.5.6 实验报告要求

①根据所测实验数据,在同一坐标上绘出不同 Q 值时串联谐振电路的通用幅频特性曲线(即$\frac{I}{I_0} \sim \frac{\omega}{\omega_0}\left(\frac{f}{f_0}\right)$ 关系曲线)。

②根据所测实验数据,在坐标上绘出并联谐振电路的通用幅频特性曲线(即$\frac{Z}{Z_0} \sim \frac{\omega}{\omega_0}\left(\frac{f}{f_0}\right)$关系曲线)。

③根据记录数据及曲线,确定在串联谐振电路和并联谐振电路中不同 R 值时的谐振频率 f_0,品质因数 Q 及通频带 BW,与理论计算值进行比较分析,从而说明电路参数对谐振特性的影响。

3.6 衰减及阻抗匹配网络的设计

3.6.1 实验目的

①了解衰减器和网络匹配的特点。

②学习常用衰减器和匹配网络的设计方法。

③学习特性阻抗的测量。

科学好比一棵大树,一个人怎么也抱不住。——非洲谚语

3.6.2 实验原理

衰减器的主要用途：在信号源与负载之间插入衰减器，使信号通过它产生一定大小或可以调节的衰减，以满足负载或下一级网络在正常工作时对输入信号幅度的要求。常用的衰减网络结构有倒L形、T形、π形和桥T形等几种。

常用衰减器的衰减量有连续可调和按步级衰减两种。其衰减量(即衰减倍数)可直接用输入、输出电压比表示，也可用dB数表示。图3.6.1所示为两种按分压器原理工作的衰减器，其中(a)是一个电位器，它的分压比连续可调；(b)是一种按$\sqrt{10}$:1规律衰减的步级衰减器。图3.6.1可等效成倒L形网络，输入特性阻抗和输出特性阻抗不等，且随衰减量的不同而变化，此类衰减器常用在对匹配要求不高的场合，并且要求负载电阻越大越好。

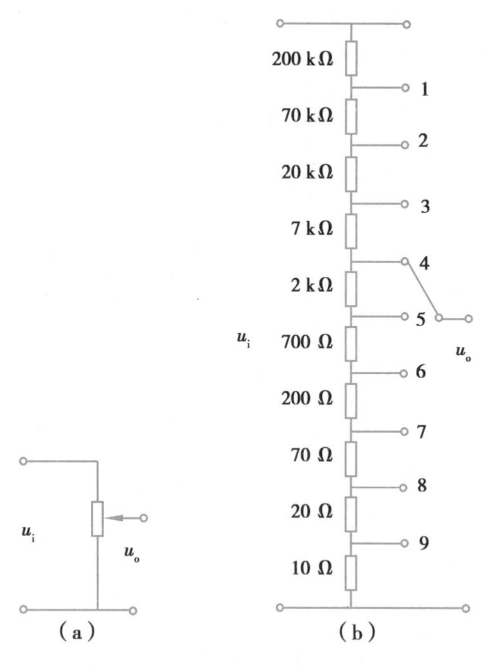

▲图3.6.1 衰减器示意图

当要求衰减器的插入不改变前后级匹配状况时，常采用如图3.6.2所示T形和π形对称网络衰减器。该对称网络的特点是输入、输出特性阻抗一致，且不随衰减挡级而变化。

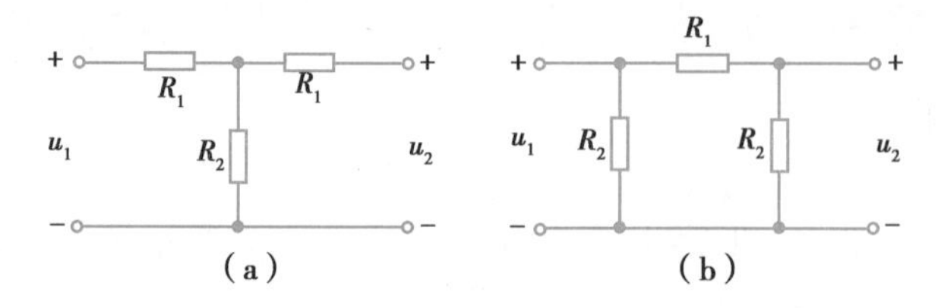

▲图3.6.2 T形和π形对称网络衰减器

当衰减器的电压衰减倍数$N\left(\dfrac{u_1}{u_2}\right)$和特性阻抗$Z_C$给定，则元件参数可由式(3.6.1)或式(3.6.2)决定。

对于π形衰减器

$$R_1 = Z_C \frac{N^2 - 1}{2N}$$
$$R_2 = Z_C \frac{N + 1}{N - 1} \tag{3.6.1}$$

对于T形衰减器

$$R_1 = Z_C \frac{N - 1}{N + 1}$$
$$R_2 = Z_C \frac{2N}{N^2 - 1} \tag{3.6.2}$$

科学家的天职叫我们应当继续奋斗，彻底揭示自然界的奥秘，掌握这些奥秘以便能在将来造福人类。——居里夫人用多个相同的衰减器级联可构成一个步级衰减器，如图3.6.3所示（三级）。两只R_2并联，可用一只$R_2/2$来代替，故此还可以用图3.6.4所示梯形电路构成衰减器。由于是对称网络，级联后输入输出特性阻抗不变，而总衰减量为各级衰减量相乘或dB数之和。

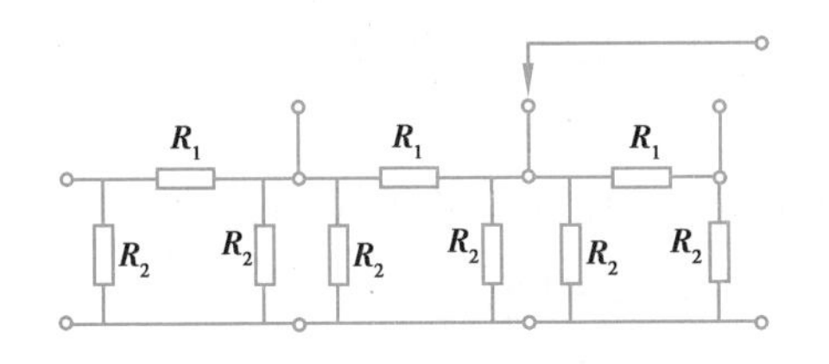

▲图3.6.3 步级衰减器

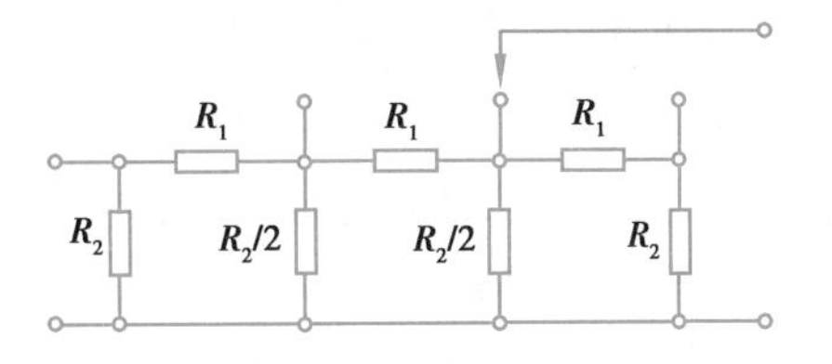

▲图3.6.4 梯形电路构成的衰减器

当前后级或信号源与负载网络不匹配时，可以插入一倒L形网络，使之成为匹配传输网络（倒L形网络本身是衰减器，因此在匹配的同时也产生衰减），如图3.6.5所示。设信号源内阻为R_S，负载电阻为R_L，而倒L形网络特性阻抗$Z_T(Z_{c1})$和$Z_\pi(Z_{c2})$与R_1、R_2之间的关系，由式(3.6.3)和式(3.6.4)决定。

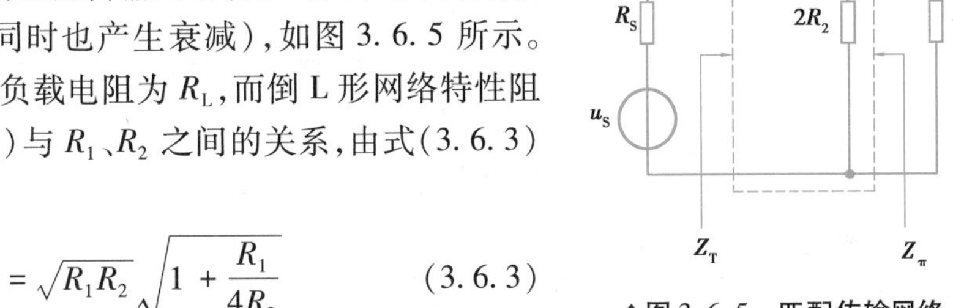

▲图3.6.5 匹配传输网络

$$Z_T = \sqrt{R_1R_2}\sqrt{1+\frac{R_1}{4R_2}} \tag{3.6.3}$$

$$Z_\pi = \frac{\sqrt{R_1R_2}}{\sqrt{1+\frac{R_1}{4R_2}}} \tag{3.6.4}$$

由于$Z_T>Z_\pi$，故如果$R_S>R_L$，就应将Z_T一端与R_S相连，Z_π一端与R_L相连。由此，$Z_T=R_S$和$Z_\pi=R_L$，解得

$$\frac{R_1}{2} = \sqrt{R_SR_L}\sqrt{\frac{R_S}{R_L}-1} \tag{3.6.5}$$

$$2R_2 = \frac{\sqrt{R_SR_L}}{\sqrt{\frac{R_S}{R_L}-1}} \tag{3.6.6}$$

3.6.3 实验设备

实验设备按实验电路选用。

3.6.4 实验内容

①按预习思考题设计的结果，制作各种阻值的电阻（阻值必须准确，取4位有效数字）。按图3.6.5、图3.6.6所示完成制作匹配器、衰减器的电路连接。

②将按图3.6.5制作的匹配网络插入$u_S=5$ V（$R_S=600\ \Omega$），$f=150$ kHz的信号源和$R_L=150\ \Omega$的负载之间，测试其衰减量以及信号源u_S发出和负载R_L吸收的功率。

③将按图3.6.6制作的衰减器插入$u_S=3$ V（$R_S=50\ \Omega$），$f=100$ kHz的信号源和负载电

阻 R_L 之间，分别测试 $R_L=50\ \Omega$ 和 $R_L=150\ \Omega$ 各级衰减量、输入阻抗。

3.6.5 思考题

①用倒 L 形网络设计一匹配器，如图 3.6.5 所示，其中 $R_S=600\ \Omega$，$R_L=150\ \Omega$，如何计算各元件值？

②设计一衰减器，它由两级 π 形对称网络级联而成，特性阻抗 $Z_C=50\ \Omega$，如图 3.6.6 所示，一级衰减量为 5 dB，另一级衰减量为 10 dB，如何确定各元件值？

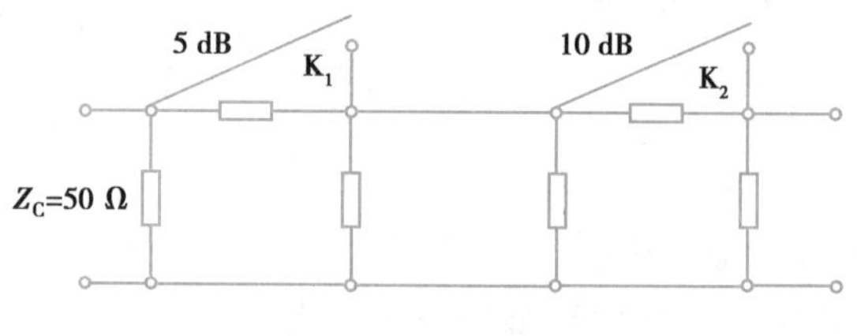

▲图 3.6.6 衰减器设计电路

3.6.6 实验报告要求

①整理设计过程和测试结果。

②计算插入匹配网络后，负载吸收的最大功率，并与实测值进行比较，计算插入匹配网络后电路的效率。

③将测量的各级衰减量、输入阻抗与理论值进行比较，计算其误差。

④写出设计与测试报告。

3.7 三表法测量电路等效参数

三表法测量电路等效参数仿真电路

3.7.1 实验目的

①学会用交流电压表、交流电流表和功率表测量元件的交流等效参数的方法。

②学会功率表的接法和使用。

3.7.2 实验原理

1）三表法

正弦交流信号激励下的元件值或阻抗值，可以用交流电压表、交流电流表及功率表分别测量出元件两端的电压 U、元件流过的电流 I 和它所消耗的功率 P，然后通过计算得到所求的各值，这种方法称为三表法，是测量 50 Hz 交流电路参数的基本方法。

计算的基本公式为：

阻抗的模 $|Z|=\dfrac{U}{I}$　　　　电路的功率因数 $\cos\varphi=\dfrac{P}{UI}$

等效电阻 $R=\dfrac{P}{I^2}=|Z|\cos\varphi$　　等效电抗 $X=|Z|\sin\varphi$

或　$X=X_L=2\pi f_L$　　$X=X_C=\dfrac{1}{2\pi f_C}$

2)阻抗性质的判别方法

在被测元件两端并联电容或串联电容的方法来加以判别,方法与原理如下:

①在被测元件两端并联一只适当容量的试验电容,若串接在电路中电流表的读数增大,则被测阻抗为容性,电流减小则为感性。

图3.7.1(a)中,Z为待测定的元件,C'为试验电容器。图3.7.1(b)是(a)的等效电路,图中G、B为待测阻抗Z的电导和电纳,B'为并联电容C'的电纳。在端电压有效值不变的条件下,按下面两种情况进行分析:

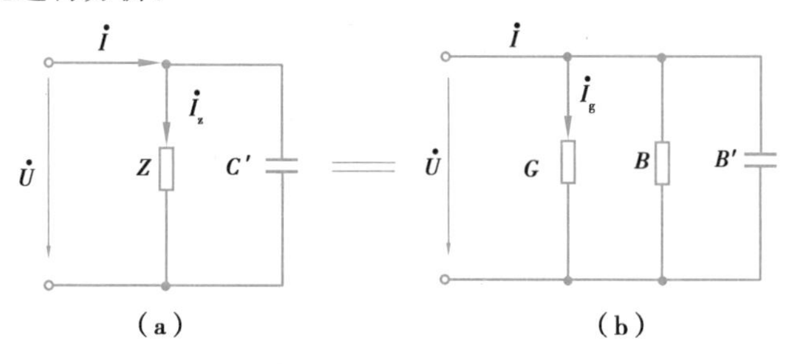

图3.7.1 并联电容测量法

a.设$B+B'=B''$,若B'增大,B''也增大,则电路中电流I将单调地上升,故可判断B为容性元件。

b.设$B+B'=B''$,若B'增大,而B''先减小而后再增大,电流I也是先减小后上升,如图3.7.2所示,则可判断B为感性元件。

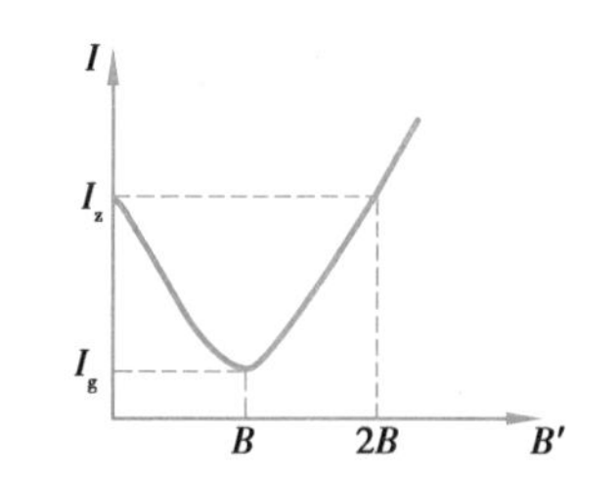

图3.7.2 B'与I的关系曲线

由上分析可见,当B为容性元件时,对并联电容C'值无特殊要求;而当B为感性元件时,$B'<|2B|$才有判定为感性的意义。$B'>|2B|$时,电流单调上升,与B为容性时相同,并不能说明电路是感性的。因此$B'<|2B|$是判断电路性质的可靠条件,由此得判定条件为$C'<|2B/\omega|$。

②与被测元件串联一个适当容量的试验电容,若被测阻抗的端电压下降,则判为容性,端电压上升则为感性,判定条件为$1/\omega C'<|2X|$,式中X为被测阻抗的电抗值,C'为串联试验电容值,此关系式可自行证明。

判断待测元件的性质,除上述借助于试验电容C'测定法外,还可以利用该元件电流、电压间的相位关系,若I超前于U,为容性;I滞后于U,则为感性。

3)说明

本实验所用的功率表为智能交流功率表,其电压接线端应与负载并联,电流接线端应与负载串联。

3.7.3 实验设备

实验设备见表3.7.1。

表3.7.1 实验设备

序号	名称	型号与规格	数量	备注
1	交流电压表	0~450 V	1	
2	交流电流表	0~5 A	1	
3	功率表	0~500 W	1	
4	自耦调压器	0~220 V	1	
5	电感线圈	40 W 日光灯配用	1	
6	电容器	4.7 μF/500 V	2	
7	白炽灯	15 W(或25 W)/220 V	3	

3.7.4 实验内容

1)测量 R、L、C 及LC串并联的等效参数

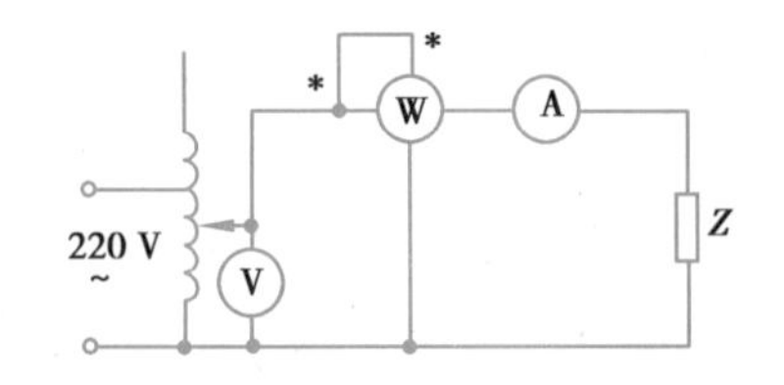

▲图3.7.3 三表法测电路等效参数

①按图3.7.3连接好电路。

②分别测量15 W白炽灯(R:3.2 kΩ),40 W日光灯镇流器(L:300 Ω,1.6 H)和电容器(C:4.7 μF),及其串并联的等效参数,并记入表3.7.2。

表3.7.2 R、L、C及LC串并联的等效参数

被测阻抗	测量值				计算值		电路等效参数		
	U /V	I /A	P /W	cos φ	Z /Ω	cos φ	R /Ω	L /mH	C /μF
15 W白炽灯 R									
电感线圈 L									
电容器 C									
LC串联									
LC并联									

2)验证用串、并试验电容法判别负载性质的正确性

实验线路同图 3.7.3,但不必接功率表,按表 3.7.3 内容进行测量和记录。

表 3.7.3　串并联电容参数

被测元件	串 4.7 μF 电容		并 4.7 μF 电容	
	串前端电压/V	串后端电压/V	并前电流/A	并后电流/A
R(三只 15 W 白炽灯)				
C(4.7 μF)				
L(1 H)				

3.7.5　注意事项

①本实验直接用市电 220 V 交流电源供电,实验中要特别注意人身安全,不可用手直接触摸通电线路的裸露部分,以免触电,进实验室应穿绝缘鞋。

②自耦调压器在接通电源前,应将其手柄置在零位上,调节时,使其输出电压从零开始逐渐升高。每次改接实验线路、换拨黑匣子上的开关及实验完毕,都必须先将其旋柄慢慢调回零位,再断电源。必须严格遵守这一安全操作规程。

③实验前应详细阅读智能交流功率表的使用说明书,熟悉其使用方法。

3.7.6　思考题

①在 50 Hz 的交流电路中,测得一只铁心线圈的 P、I 和 U,如何算得它的阻值及电感量?

②如何用串联电容的方法来判别阻抗的性质? 试用 I 随 X'_C(串联容抗)的变化关系作定性分析,证明串联实验时,C'满足 $1/\omega C' < |2X|$。

3.7.7　实验报告要求

①根据实验数据,完成各项计算。

②完成思考题任务。

③根据实验观察测量结果,分别作出等效电路图,计算出等效电路参数并判定负载的性质。

④心得体会及其他。

3.8 受控源电路设计及特性研究

3.8.1 实验目的

①学习运算放大器的使用方法,形成有源器件的概念。

②理解、掌握受控源的外特性。

③了解运算放大器组成受控源的基本原理。

3.8.2 实验原理

1)运算放大器

运算放大器是一种有源三端元件,图 3.8.1(a)为运放的电路符号。它有两个输入端,一个输出端和一个对输入和输出信号的参考地线端。"+"端称为同相输入端,信号从同相输入端输入时,输出信号与输入信号对参考地线来说极性相同。"-"端称为反相输入端,信号从反相输入端输入时,输出信号与输入信号对参考地线端来说极性相反。运算放大器的输出端电压 $u_{od}=A_{od}(u_P-u_N)$,其中 A_{od} 是运算放大器的开环电压放大倍数。在理想情况下,A_{od} 和输入电阻 R_{id} 均为无穷大,因此有

$$u_P \approx u_N;\ i_P = \frac{u_P}{R_{id}} \approx 0; i_N = \frac{u_N}{R_{id}} \approx 0$$

上述式子说明:

①运算放大器的"+"端与"-"端之间等电位,通常称为"虚短路"。

②运算放大器的输入端电流等于零,称为"虚断路"。

此外,理想运算放大器的输出电阻为零。这些重要性质是简化分析含运算放大器电路的依据。除了两个输入端、一个输出端和一个参考地线端外,运算放大器还有相对地线端的电源正端和电源负端。运算放大器的工作特性是在接有正、负电源(工作电源)的情况下才具有的。

运算放大器的理想电路模型为一受控电源,如图 3.8.1(b)所示。在它的外部接入不同的电路元件可以实现信号的模拟运算或模拟变换,它的应用极其广泛。含有运算放大器的电路是一种有源网络,在电路实验中主要研究它的端口特性以了解其功能。本次实验将要研究由运算放大器组成的几种基本受控源电路。

根据控制量与受控量电压或电流的不同,受控源可分为四种情况:电压控制电压源(VCVS)、电压控制电流源(VCCS)、电流控制电压源(CCVS)、电流控制电流源(CCCS)。

2)电压控制电压源(VCVS)

图 3.8.2 所示的电路是一个电压控制型电压源(VCVS)。由于运算放大器的"+"和"-"端为虚短路。有

$$u_P = u_N = u_i$$

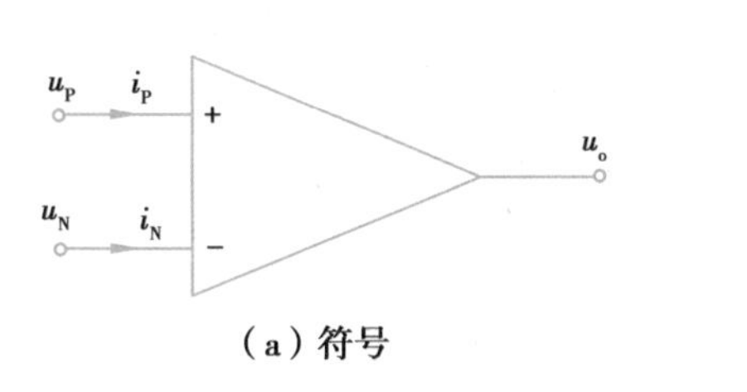

（a）符号

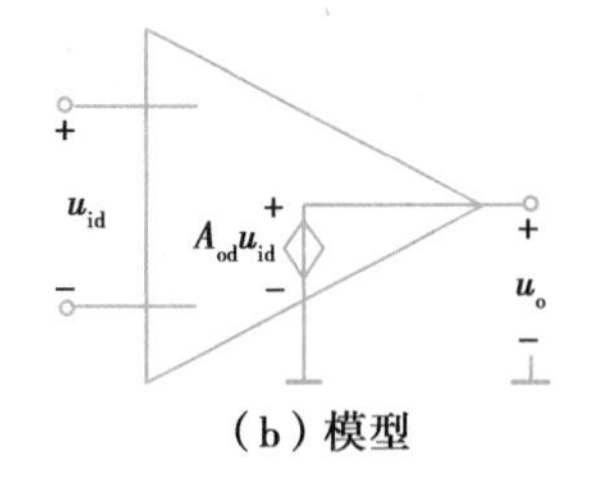

（b）模型

▲图 3.8.1　运算放大器的电路符号及其理想电路模型

故

$$i_{R2}=\frac{u_P}{R_2}=\frac{u_i}{R_2}$$

又

$$i_{R1}=i_{R2}$$

所以

$$u_o=i_{R1}R_1+i_{R2}R_2=i_{R2}(R_1+R_2)=\frac{u_i}{R_2}(R_1+R_2)=\left(1+\frac{R_1}{R_2}\right)u_i$$

即运算放大器的输出电压 u_o 受输入电压 u_i 的控制，它的理想电路模型如图 3.8.3 所示。其电压比 $\mu=\frac{u_o}{u_i}=1+\frac{R_1}{R_2}$。

μ 无量纲，称为电压放大倍数。该电路是一个同相比例放大器，其输入和输出端均有公共接地点。这种连接方式称为共地连接。

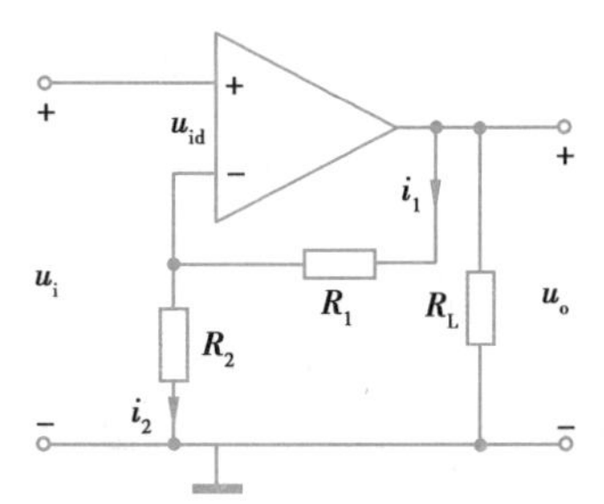

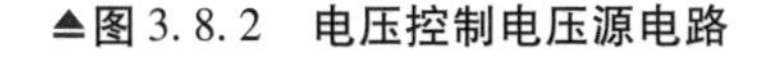

▲图 3.8.2　电压控制电压源电路

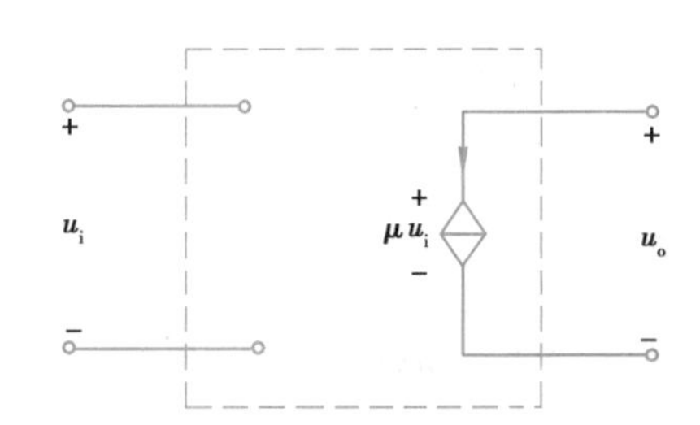

▲图 3.8.3　电压控制电压源模型

3）电压控制电流源（VCCS）

若图 3.8.2 电路中的 R_1 看作一个负载电阻，这个电路就成为一个电压控制电流源（VCCS），如图 3.8.4 所示。运算放大器的输出电流

$$i_o=i_R=\frac{u_P}{R}=\frac{u_i}{R}$$

即输出电流 i_o 只受输入电压 u_i 的控制，与负载电阻 R_L 无关。图 3.8.5 是它的理想电路模型。比例系数为

$$g_m=\frac{i_o}{u_i}=\frac{1}{R}$$

式中　g_m——具有电导的量纲，称为转移电导。

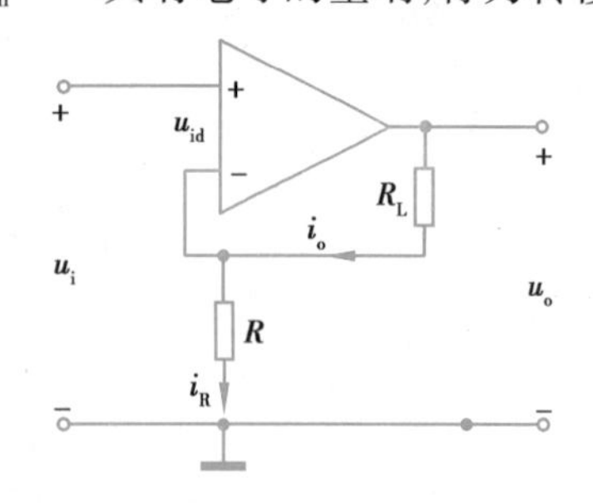

▲图 3.8.4　电压控制电流源电路

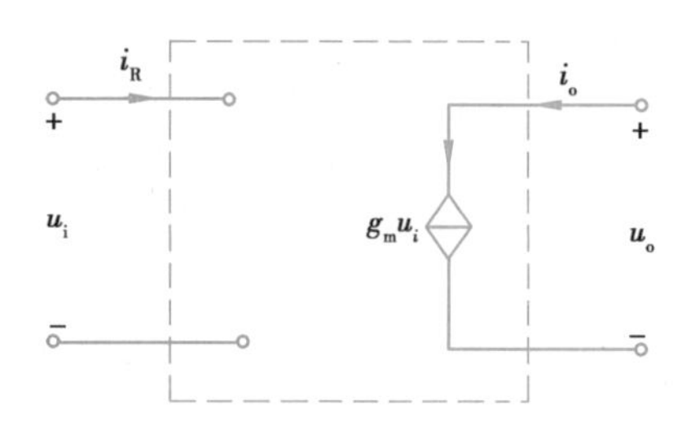

▲图 3.8.5　电压控制电流源模型

4）电流控制电压源（CCVS）

一个简单的电流控制电压源（CCVS）电路如图 3.8.6 所示。由于运算放大器的“+”端接地，即 $u_P=0$，所以“-”端电压 u_N 也为零，在这种情况下，运算放大器“-”端称为“虚地点”，显然流过电阻 R_f 的电流即为网络输入端口电流 i_i，运算放大器的输出电压 $u_o=-i_fR_f$，它受电流 i_f 所控制。图 3.8.7 是它的原理电路模型。其比例系数为：

$$r_m=\frac{u_o}{i_f}=-R_f$$

式中　r_m——具有电阻的量纲，称为转移电阻，连接方式为共地连接。

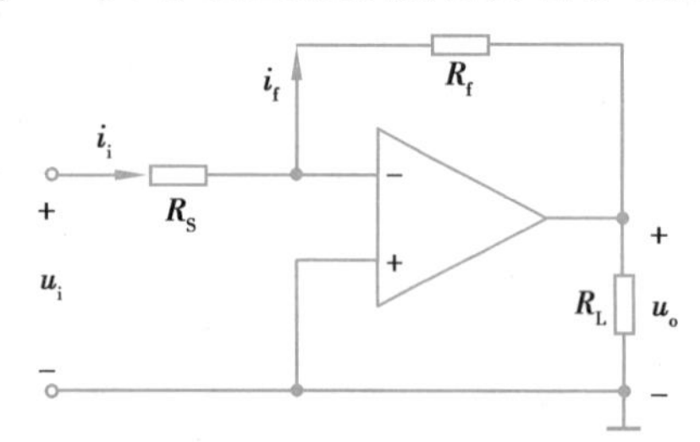

▲图 3.8.6　电流控制电压源电路

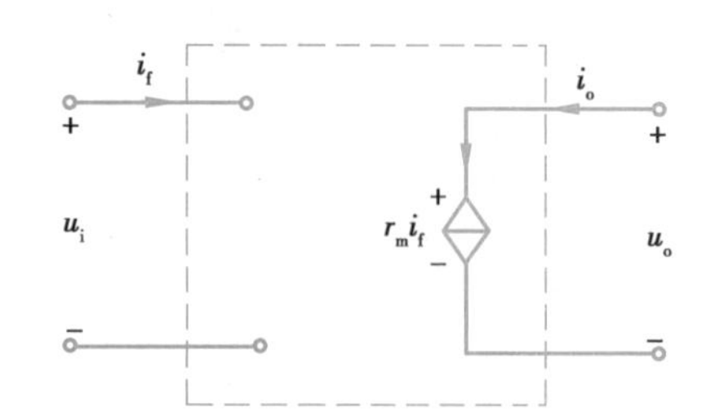

▲图 3.8.7　电流控制电压源模型

5）电流控制电流源（CCCS）

如图 3.8.8 所示的运算放大电路即为一个简单的电流控制电流源电路。由于同相输入端“+”接地，“-”端虚地，电路中，$i_i=i_f$，u_{Rf} 的电压为 $u_{Rf}=i_fR_f=i_1R_1$，电流为 $i_1=i_f\frac{R_f}{R_1}$，输出端电流为 $i_o=i_f+i_1=i_f+i_f\frac{R_f}{R_1}=\left(1+\frac{R_f}{R_1}\right)i_f$，即输出电流 i_o 受输入电流 i_i 控制，与负载电阻 R_L 无关。它的理想电路模型如图 3.8.9 所示。输出电流比为 $\alpha=\frac{i_o}{i_f}=1+\frac{R_f}{R_1}$。

α 无量纲，称为电流放大系数，受控源全部采用交流电源激励（输入），对于直流电源激励和其他电源激励，实验结果完全相同。由于运算放大器的输出电流较小，因此测量电压时必须用高内阻电压表，如万用表等。

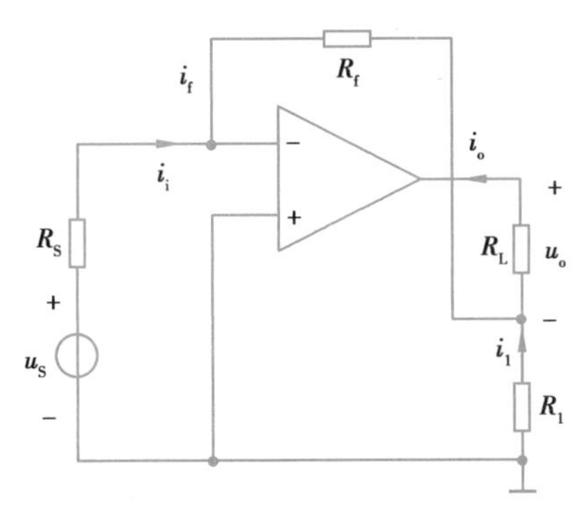

▲图 3.8.8　电流控制电流源电路

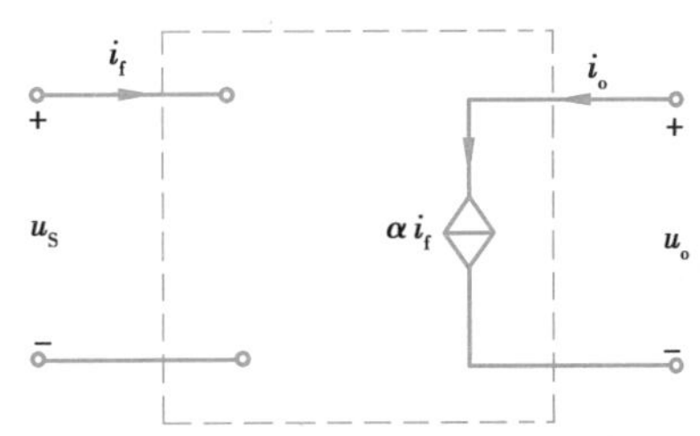

▲图 3.8.9　电流控制电流源模型

3.8.3　实验内容与步骤

1）测试电压控制电压源的特性

按图 3.8.10 所示搭建实验电路，给定 $R_1=R_2=2\ \text{k}\Omega$。

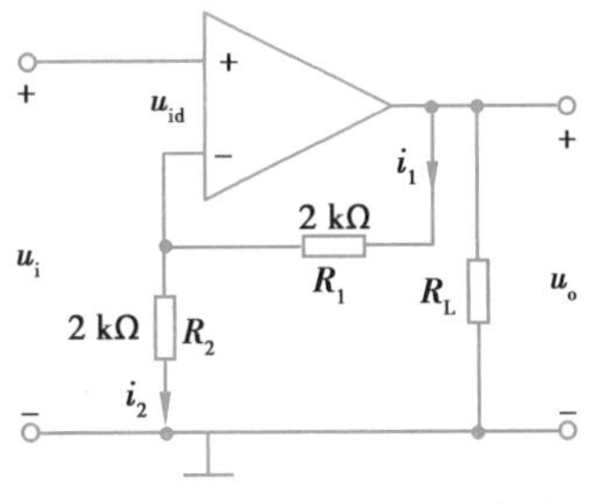

▲图 3.8.10　VCVS 实验电路

电压控制电压源仿真电路

①电路连接好后，先不给激励电源 u_i，将运算放大器的“+”端对地短路，接通电源，工作正常时，应有 $u_o=0$、$i_2=0$。

②按表 3.8.1 依次改变输入的激励电源电压，测量对应输入时的 u_o 的值，测量数据记入表 3.8.1，并计算电压放大系数 μ。

表 3.8.1　VCVS 数据记录 1

给定值		u_i/V	0	0.5	1	1.5	2	$R_1=R_2=2\ \text{k}\Omega$
VCVS	测量值	u_o/V						计算值 $\mu=1+\frac{R_1}{R_2}$
	实测值	$\mu=\frac{u_o}{u_i}$						

③在输出端将 R_1 换成可调电阻器，R_2 不变仍为 2 kΩ，改变电阻器的阻值，保持输入激励源 $u_i=1.0$ V 不变，测量电压控制型电压源的输出电压 u_o，并计算 μ，将测量值填入表 3.8.2。

表 3.8.2　VCVS 数据记录 2

给定值		R_1/kΩ	1	2	3	4	5
VCVS	测量值	u_o					
	测量值	$\mu=\frac{u_o}{u_i}$					
	计算值	$\mu=1+\frac{R_1}{R_2}$					

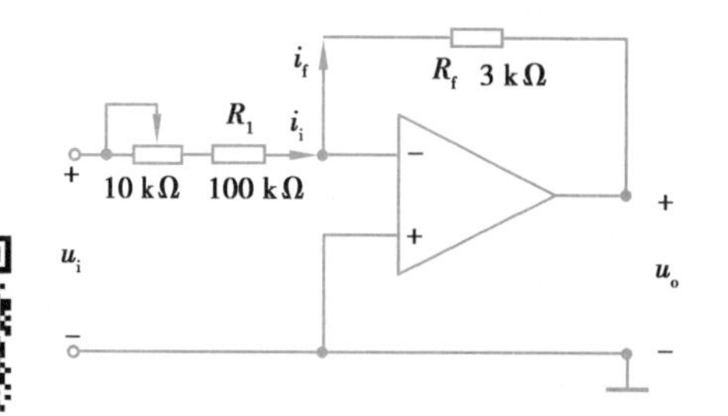

电流控制电压源仿真电路

▲图 3.8.11 CCVS 实验电路

2)测试电流控制电压源的特性

按图 3.8.11 所示搭建实验电路,给定 u_i=3 V, R_f= 3 kΩ。

①u_i 输入 3 V,接入一个 3 kΩ 的负反馈电阻 R_f。

②按表 3.8.3 所示依次改变电位器 R_1 的阻值,测量对应阻值时的输入电流 i_i(这里我们测量 R_1 的电压值除以相对应电阻值)和输出电压 u_o 的值,测量数据记入表 3.8.3,并计算放大系数 r_m。

表 3.8.3 CCVS 数据记录 1

给定值		R_1/kΩ	1	2	3	4	5	u_i=3 V、R_f=3 kΩ
CCVS	测量值	i_i/mA						
	测量值	u_o/V						
	计算值	r_m/S						

③将 R_1 换成 1 kΩ 电阻,使 u_i=3 V,R_f=3 kΩ,在输出端接入可调电阻箱 R_L,改变 R_L 的值,测量对应阻值时的输入电流 i_i 和输出电压 u_o 的值,并计算 r_m,将测量值填入表 3.8.4。

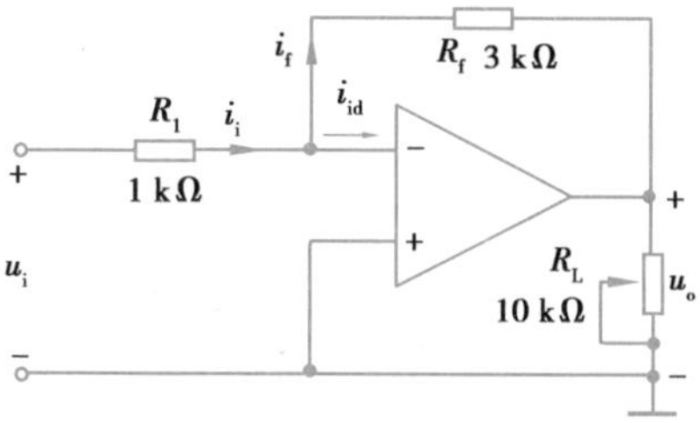

▲图 3.8.12 CCVS 实验电路 2

3.8.4 注意事项

①在做此实验前,应检查运算放大器是否正常工作。

②运算放大器输出端不能与地短路,且输出电压不宜过高。

表 3.8.4 CCVS 数据记录 2

给定值		R_L/kΩ	1	2	3	4	5	8
CCVS	测量值	i_i/mA						
	测量值	u_o/V						
	计算值	r_m/S						

模拟电路基础实验

※学习目标

1. 能根据实验任务要求，进行简单小系统设计，达到实验要求的技术指标。
2. 学会运用仿真软件模拟实现实验电路的功能，完成元器件参数设计。
3. 能利用元器件装配所设计的电路，并对装配电路进行测试，学会波形观察、数据记录、关键数据分析处理。
4. 学会实验报告文档的规范撰写。

※思政导航

教学内容	思政元素	思政内容设计
晶体管电路分析与设计	创新精神 使命意识	晶体管的发明是电子技术发展史上的里程碑事件。电子技术的飞速发展为当代科技插上了腾飞的翅膀，20世纪80年代以来，电子技术成了国家关键基础设施和经济增长的新引擎。美国、日本、韩国，以及欧盟很多发达国家都是依靠科技进步实现和保持了快速发展，科技创新已成为国际战略博弈的主要战场。我国电子技术高速发展也为国家的高质量发展注入蓬勃新动能。 晶体管电路分析与设计实验中的动态与静态分析方法，将抽象问题进行分解分离，易于理解与处理，让我们领略到了前人的智慧、创新精神，当代大学生当站在前人的肩膀上勇于探索、主动创新、“心怀使命、科技报国”
集成运算放大器应用电路设计	辩证思维 科研精神	一个运算放大器，如果把同相端和反相端交换就不再是工作在线性，而是非线性状态，变成比较器了，从这个知识点我们要学会从不同的角度来理解事物变化的本质，能够用科学的知识及辩证思维来解决生活中的问题，培养严谨的逻辑思维方式、扎实的科研态度。 集成电路产业涉及国家诸多领域的自主可控，是衡量国家综合实力的一个重要标志、信息产业的核心、实现信息安全的基石；为突破芯片制约，吾辈当以祖国强盛为己任，为自主知识产权而发奋学习

续表

教学内容	思政元素	思政内容设计
电源电路设计	创新精神 时代精神	自2005年以来，国务院、国家发展和改革委员会、国家能源局等多部门都陆续印发了支持、规范新能源行业的发展政策，内容涉及新能源行业的发展技术路线、产地建设规范、安全运行规范、能源发展机制和上网电价等内容；通过能源革命引导学生树立"人类命运共同体"意识，倡导解放思想、求真务实、积极探索、顽强拼搏、敢于胜利的改革创新为核心的时代精神
信号产生、光通信电路设计	科学素养 社会责任	通信系统发展史：1986年，第一代移动通信系统在芝加哥诞生，移动通信进入1G时代，那时候中国没有参与其中，丧失了良好的发展机会。几十年来，我国移动通信经历了1G空白、2G跟随、3G突破、4G开始走向领先的发展过程，如今5G技术已经开始商用，6G的步伐也在到来，我国创新性企业华为等让我国在通信技术的发展中有了较大的竞争力。吾辈当努力学习、学成为国效力

模拟电子技术基础实验，是根据教学或工程实际的具体要求，进行电路的设计、安装和调试。通过模拟电路实验，既要验证模拟电路理论的正确性和实用性，又要从中发现理论的近似性和局限性。同时，还可以发现新问题，形成新思路，产生新设想，从而进一步促进模拟电路理论和应用技术的发展。在这一过程中，不仅要巩固深化基础理论和基础概念并付诸实践，更要培养理论联系实际的学风、严谨求实的科学态度和基本工程素质，其中应特别注意动手能力的培养，以适应将来实际工作的需要。

随着电子技术的迅速发展，新器件、新电路不断涌现，要认识和应用门类繁多的新器件和新电路，最有效的方法就是实验。可见，掌握模拟电路实验技能，对从事电子技术的人员是至关重要的。

1）模拟电子技术基础实验的分类

按实验目的与要求模拟电子技术基础实验可分为以下两类：

（1）基本设计性实验

能够根据技术指标的要求，设计构成具有各种功能的单元电路，并用实验方法进行分析、修正，使之达到所规定的技术指标。通过基本设计性实验，既要验证电路基本原理，又要检测器件或电路的性能（即功能）指标，学会基本电量的测量方法。

（2）综合设计性实验（课程设计）

在完成模拟电子技术基础验证实验和基本设计性实验的基础上，综合运用有关知识设计、安装与调试自成系统与工程实际接轨的具有一定实用价值的电子线路装置。

2）模拟电子技术基础实验的方法

（1）直接电路实验法

设计者根据课题技术指标要求设计出各种功能的电路后，在实验中用元器件装配设计电路,并对装配电路进行观察、测试、分析,反复调整元器件进行测试,最终达到课题技术指标的要求。直接电路实验法的优点是:直观、简洁,技术方法简单,实验结果可靠;在工程实践中是一种普遍采用的实验研究方法。它存在的缺点是:元器件和材料消耗大,实验周期长,难以模拟电路中的某些故障,难以胜任大规模和超大规模集成电路的设计性实验任务。

(2)计算机软件仿真法

计算机软件仿真法是利用计算机速度快、存储容量大的特点,在计算机这一现代化“实验装置”上采用模拟实验的方法,运用各种软件直接模拟电子线路的功能,完成各种电路性能分析和技术指标的测量。目前,在模拟电子技术基础这一范畴里,常采用 Multisim 软件和 PSpice 软件完成电路的仿真。由于 Multisim 具有界面直观、形象,操作方法与真实实验环境较为接近等特点,所以在模拟电子技术基础实验中主要用它来进行电路仿真分析与测试。

建议先利用计算机软件仿真法对所设计的电路进行仿真,然后采用直接电路实验法装配调试电路,完成电子产品的制作。

3)电路调试中应注意的问题

测量结果的正确与否直接受测量方法和测量精度的影响,因此,要得到正确的测量结果,应该选择正确的测量方法,提高测量精度,为此,在电路调试中,应该注意以下几点:

(1)正确使用仪器的接地端

在电路的调试过程中,仪器的接地端是否连接正确,是一个很重要的方面。如果接地端连接不正确,或者接触不良,会直接影响测量精度,甚至影响测量结果的正确与否。在实验中,所有的仪器的地端都应尽量直接接在电路的地端,另外在模拟、数字混合的电路中,数字“地”与模拟“地”应该分开连接,“热地”用隔离变压器,以免引起互相干扰。

(2)屏蔽线的使用

在信号比较弱时,尽量使用屏蔽线连接,屏蔽线的外层连至电路的公共地端。例如在作高频实验时,使用带衰减的探头,以减少分布电容的影响。在做数字电路实验时,示波器的输入阻抗对计数器的输出影响很大,这时,使用带衰减的探头,就会减少这种影响,得到正确的结果。

(3)电源去耦电路

在模拟电路实验中,往往会由于安装时的引线电阻、电源和信号源的内阻,使电路产生自激振荡,也称为寄生振荡。消除引线电阻的方法是改变布线方式,尽量使用比较短的导线。对于电源内阻引起的寄生振荡,消除的方法是采用 RC 去耦电路, R 一般应选 100 Ω 左右的电阻,不能过大,以免降低电源电压或形成超低频振荡。在数字电路中,在电源端常常加电容器滤波,用以消除纹波干扰和外界信号的干扰。

(4)静态调试

在模拟与高频实验中,静态调试是指在不加输入信号的条件下,所进行的直流调试和调整,例如测试交流放大器的直流工作点等。在数字电路中,静态调试是指给电路的输入端加入固定的高、低电平值,测试输出的高、低电平值,输出可以用指示灯或数码管显示来观察电路工作是否正常。

正确对待前人理论,学百家之长,自主创新。——陈国达

(5)动态调试

动态调试是以静态调试为基础的。静态调试正确后,给电路输入端加入一定频率和幅度的信号,用示波器观察输出端信号,再用仪器测试电路的各项指标是否符合实验要求。如果出现异常,应查找出现故障的原因,予以排除后继续调试。在数字电路中,动态调试是指用示波器观察输入、输出信号波形,以此判断电路时序是否正确。

在进行比较复杂的系统性实验的调试时,应该连接一级电路调试一级,其中包括静态调试和动态调试,正确后,再将上一级电路的输出加至下一级电路的输入,接着调试下一级电路,这样直到最后一级,如果每一级的结果都正确,最后应该能够得到正确的结果。这样做,可以解决电路一次连接起来,由于导线过多,调试起来比较困难的问题,不但节省时间,还可以减少许多麻烦。

4)检查故障和排除故障的一般方法

在实验操作调试过程中,要认真查找故障原因,千万不能一遇到故障解决不了就拆掉线路重新安装,这是许多人做实验时的通病,既浪费时间,还学不到真正的实验技能。遇到故障不一定是坏事,通过查找故障直至排除,可以提高查找和排除故障的能力,使实验技能得到进一步提高。如果实验一帆风顺,反而得不到锻炼和提高。再者,重新安装的电路,仍然可能存在各种问题,如果是原理上的错误,重新安装也起不了什么作用。正确的做法是认真检查电路,查找故障,运用所学的知识分析故障原因,达到解决问题的目的,最后得到正确的结果。分析、检查和排除故障是每一个电气工程人员必须具备的基本技能。

对于一个比较复杂的系统,要在连接了很多元器件的电路中,分析、查找与排除故障,是一件很不容易的事情,关键是要透过现象,分析故障产生的原因,对照电路原理图,采取一定的方法,逐步找出故障,检查故障的方法很多,这里列出一些常用的方法:

(1)不通电检查

首先对照电路原理图,用万用表欧姆挡检查电路中应该连接的点是否连通,是否有漏线和错线,特别是电源到地有没有短路现象。

(2)通电检查

使用万用表电压挡将电源电压测量准确后,加至电路中,测量电源到地的电压是否正确,如果是集成电路,直接测量管脚上的正、负电源是否正确。检查完实验线路后,进入调试阶段。调试包括静态调试与动态调试。在调试前,应先观察电路有无异常现象,包括有无冒烟,是否有异常气味,用手摸摸元器件是否发烫,电源是否有短路现象等。如果出现异常情况,应该立即切断电源,排除故障后再加电。

5)模拟电子技术基础实验的教学目的

通过模拟电子技术基础实验,应达到以下教学目的:

①能读懂基本电路图,具备分析电路功能的能力。

②具备设计、安装和调试具有一定功能电路的能力。

③会查阅和利用技术资料,并具备根据实际情况合理选用元器件构成系统电路的能力。

④具备分析和排除故障的能力,独立分析和解决问题的能力。

⑤能够独立组织实验，掌握常用电子测量仪器的选择与使用方法和基本电量的测试方法。

⑥能够独立拟定实验步骤，写出严谨的、实事求是的、有理论分析或独特见解、文字通顺及字迹端正的实验报告。

课件：阻容耦合放大器的设计与调测

4.1　阻容耦合放大器的设计与调测

4.1.1　实验目的

①能根据一定的技术指标要求设计出单级放大电路。

②研究单级低频小信号放大器静态工作点的意义。

③掌握放大器主要性能指标的测试方法。

④掌握用射随器提高放大器负载能力的方法。

4.1.2　实验原理与设计方法

在晶体管放大器的三种组态中，由于共射极放大器既有电流放大，又有电压放大，所以在以信号放大为目的时，一般用共射放大器。分压式电流负反馈偏置是共射放大器广为采用的偏置形式，如图 4.1.1 所示。它的分析计算方法，调整技术和性能的测试方法等，都带有普遍意义，并适用多级放大器。

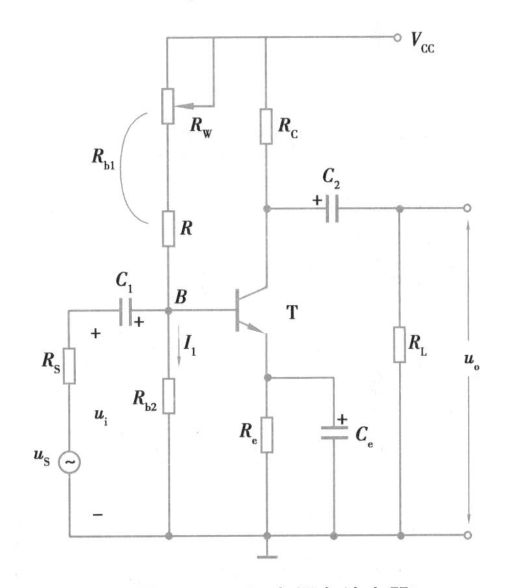

▲图 4.1.1　阻容耦合放大器

电路中由 R_{b1}、R_{b2} 组成分压电路，并在发射极接入电阻 R_e，以稳定放大器的静态工作点。发射极交流旁路电容 C_e 是用来消除 R_e 对信号增益的影响，隔直电容 C_1、C_2 是将前一级输出的直流隔断，以免影响后一级的工作状态，同时将前一级输出的交流信号耦合到后一级。

1）静态工作点的设置

静态工作点选择是否合理，将直接影响放大特性的好坏。为了获得不失真的输出电压，放大器的工作点一般选在线性区的中点。但在小信号放大器中，由于输入信号小，动态范围也小，工作点可选低一些，以减少直流功耗。

通常，为了使工作点稳定，应先稳定 I_{CQ}，而 $I_{CQ} \approx I_{EQ}$，因此，只要稳定了 I_{EQ} 也就稳定了 I_{CQ}，如能满足 $I_1 \gg I_{BQ}$，$V_B > V_{BE}$，则 $V_B = \dfrac{V_{CC}R_{b2}}{R_{b1}+R_{b2}}$ 几乎与晶体管的参数无关，可近似值看成是恒定的。而

$$I_{EQ}=\frac{V_{EQ}}{R_e}=\frac{V_{BQ}-U_{BE}}{R_e}\approx\frac{V_{BQ}}{R_e}$$

这样 I_{EQ} 可以看成是稳定的。

在选择偏置电路元件参数时，既要考虑到满足工作点稳定的条件，同时又要兼顾电路其他方面（如放大倍数）的性能，因此，一般选取

$$I_1\geqslant(5\sim10)I_{BQ}$$

$$I_{BQ}=\frac{I_{CQ}}{\beta}$$

$$V_{BQ}\geqslant(5\sim10)U_{BE} \tag{4.1.1}$$

$$I_{CQ}=\beta I_{BQ}$$

$$U_{CEQ}=V_{CC}-I_{CQ}R_C-V_{EQ} \tag{4.1.2}$$

由电路可得偏置元件的计算公式

$$R_{b2}=\frac{V_{BQ}}{I_1}=\frac{V_{BQ}}{(5\sim10)I_{BQ}}$$

$$R_{b1}=\frac{V_{CC}-V_{BQ}}{I_1}$$

$$R_e=\frac{V_{EQ}}{I_{EQ}}\approx\frac{V_{BQ}-U_{BE}}{I_{CQ}} \tag{4.1.3}$$

实际中 R_{b1} 通常用一固定电阻与电位器串联，以便调整工作点 I_{BQ}。

2）动态范围（最大输出幅度）

放大器的最大不失真输出信号的峰值称为放大器的动态范围，即

$$U_{opp}=2U_{om}=2\sqrt{2}U_o$$

动态范围的大小，与 V_{CC}、R_C 及工作点均有关系。只要选择适当，就能保证得到所需的动态范围。

（1）选择电源电压的动态范围

如设计要求有一定的动态范围，应根据 R_L、u_{omm}、V_E 来选择放大器的工作状态。即

$$V_{CC}\geqslant1.5(2U_{om}+U_{CES})+V_E \tag{4.1.4}$$

因 U_{CES} 为晶体管的反向饱和压降，一般小于 1 V，计算时可取为 1 V。V_E 为晶体管的射极电位，如果 $V_{CC}=12$ V，一般锗管取（1～2）V，硅管取（2～3）V。

（2）选择直流负载 R_C

计算 R_C 的原则是满足放大倍数要求，保证不产生饱和失真，一般以输出电压 U_o、放大倍数 A_u 为指标要求。R_C 可由下面公式求出：

输入电压的峰值：$U_{im}=\dfrac{U_{om}}{A_u}$；　基极电流的峰值：$I_{bm}=\dfrac{U_{im}}{r_{be}}$

$$R'_L=\frac{U_{om}}{I_{om}}=R_C//R_L \qquad I_{cm}=\beta I_{bm}$$

$$R_C=\frac{R_LR'_L}{R_L-R'_L} \qquad U_{CEQ}\geqslant U_{om}+1\ \text{V}$$

考虑到不产生截止失真 I_C 值取为

$$I_{CQ} > I_{cm} \qquad I_{CQ} = 0.5\ \text{mA} + I_{cm}$$

计算出 U_{CEQ} 及 I_{CQ} 后，应作直流与交流负载线，如果选择的 Q 点不符合要求，可在 V_{CC} 的选择上作出修改，计算出的 R_C 也要作相应的修改。

3）频率特性

阻容耦合放大器，由于耦合电容 C_1、C_2 及旁路电容 C_e 的存在，以及分布电容、分布电感及晶体管结电容的存在等因素，将直接影响放大器的增益 A_u，使 A_u 随输入信号频率而变化，其变化曲线称为频率响应曲线，如图 4.1.2 所示。

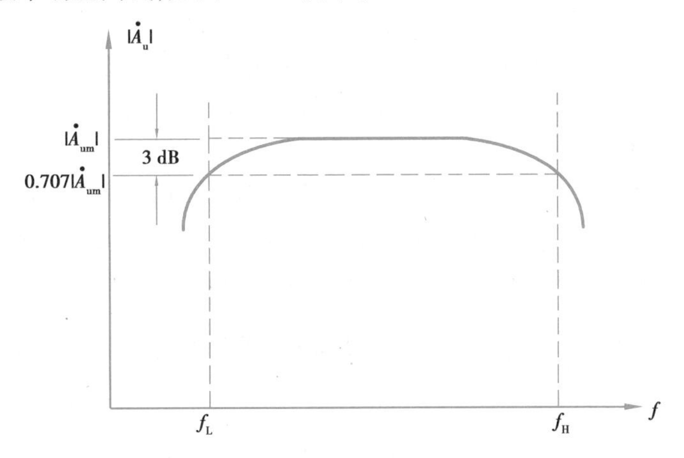

▲图 4.1.2　频率特性曲线

对于低频放大器的设计，高频特性的考虑只要在选择晶体管时，满足 $f_\beta \geqslant f_H$ 就可以了。重点考虑低频特性满足技术的要求。因此，在计算耦合电容和旁路电容时，可按下列公式计算（在 $R_b \geqslant r_{be}$ 的情况下）。

$$C_1 = \frac{1}{\omega_L(R_S + r_{be})} \times (3 \sim 10) \tag{4.1.5}$$

$$C_2 = \frac{1}{\omega_L(R_C + R_L)} \times (3 \sim 10) \tag{4.1.6}$$

$$C_e = (1 + \beta)\frac{1}{\omega_L(R_S + r_{be})} \tag{4.1.7}$$

4）放大器的主要性能指标及其测量方法

（1）放大倍数

放大倍数是反映放大电路对信号放大能力的一个参数，有电压放大倍数、电流放大倍数之分，电压放大倍数是指输入，输出电压的有效值（或峰值）之比：

$$A_u = \frac{u_o}{u_i}$$

由图 4.1.1 的等效电路可得

$$A_{us} = \frac{\beta R'_L}{R_S + r_{be}} \tag{4.1.8}$$

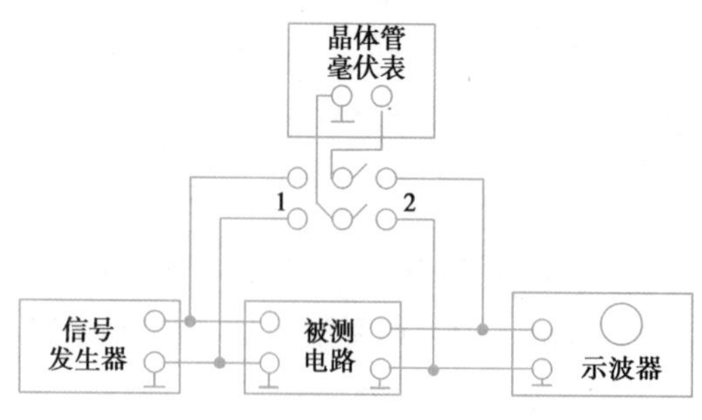

▲图 4.1.3 测量放大倍数的方框图

放大倍数的测量，实际上是交流电压的测量，对于低频正弦电压，可用晶体管毫伏表直接测量 u_i 及 u_o，而对非正弦电压可通过示波器比较法进行测量。测量仪器连接如图 4.1.3 所示。

为了避免不必要的机壳间的感应和干扰，必须将所有仪器的接地端连接在一起。

示波器接在放大器的输出端，用于观察输出信号是否有失真（对于正弦波电压，应无明显的削波现象），因而，测量放大倍数，必须是在输出信号不失真的条件下进行。

(2) 输入电阻 R_i 的测量

图 4.1.4 是伏安法测试放大电路的连接图。其在输入回路中串接一辅助电阻 R_1，输入信号设定在放大电路的中频段，幅度大小调整到输出不失真的情况，输出端接示波器监视其波形，用晶体管毫伏表分别测 R_1 两端对地的交流电压 u_S 与 u_i，这样求得 R_1 两端的电压为 $u_{R1} = u_S - u_i$，流过电阻 R_1 的电流 $i_R = \frac{u_{R1}}{R_1} = \frac{u_S - u_i}{R_1}$，该电流实际就是放大电路的输入电流 i_i。根据输入电阻的定义 $R_i = \frac{u_i}{i_i}$，得

$$R_i = \frac{u_i}{\frac{u_S - u_i}{R_1}} = \frac{u_i R_1}{u_S - u_i}$$

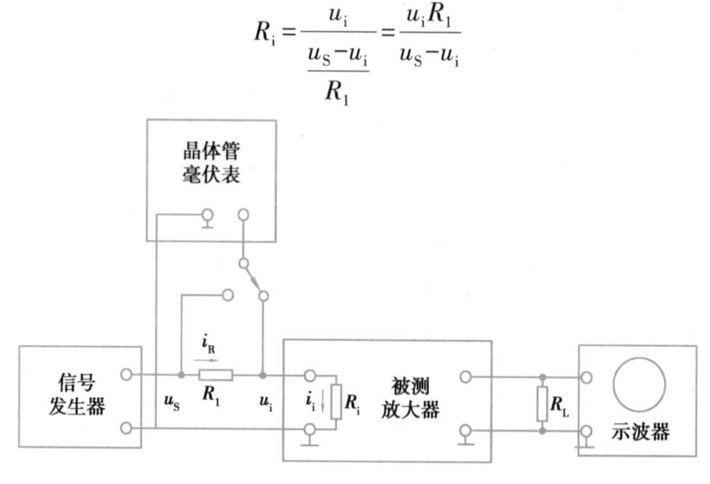

▲图 4.1.4 伏安法测输入电阻方框图

(3) 输出电阻 R_o 的测量

放大器输出阻抗的大小，反映了该放大器带负载的能力。用伏安法测试放大电路的输出阻抗的测试电路如图 4.1.5 所示。

输入信号的频率仍选择在放大电路的中频段，输入信号的大小仍调整到确保输出信号不失真为条件，因此仍须用示波器监视输出信号的波形。

第一步在不接负载 R_L 的情况下，用毫伏表测得输出电压 u_{oc}。

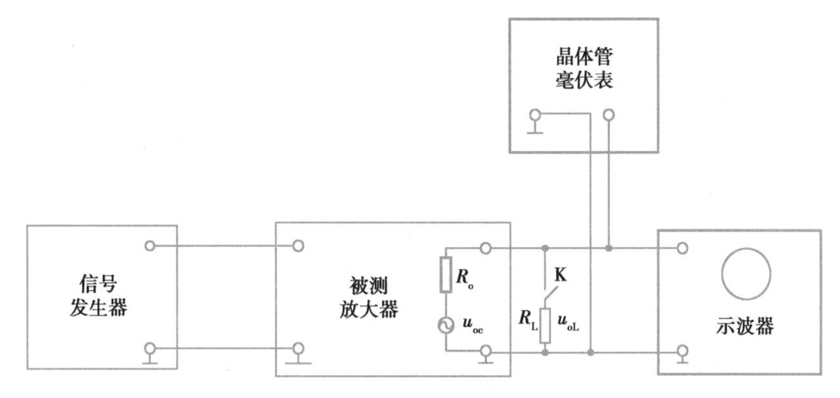

▲图4.1.5　伏安法测输出电阻方框图

第二步在接上负载 R_L 的情况下，用毫伏表测得输出电压 u_{oL}。

则：

$$u_{oL}=\frac{u_{oc}}{R_o+R_L}\cdot R_L$$

$$R_o=\left(\frac{u_{oc}}{u_{oL}}-1\right)R_L$$

(4)放大器的幅频特性测量

一般采用逐点法测量幅频特性，保持输入信号电压 u_i 的幅值不变，逐点改变输入信号的频率，测量放大器相应的输出电压 u_o，由 $A_u=u_o/u_i$计算出对应不同频率下放大器的电压增益，从而得到放大器增益的幅频特性。

通常当电压增益下降到中频增益0.707倍时(按功率分贝下降3 dB)所对应的上下限截止频率用 f_H 和 f_L 表示，如图4.1.2所示，则 f_H 和 f_L 之差就称为放大电路的通频带 BW，即

$$BW=f_H-f_L$$

用晶体管毫伏表测出中频区的电压放大倍数，然后分别调节信号发生器的频率到放大器频响的低端和高端，当 A_u 下降到中频区放大倍数的0.707倍时，所对应的频率便是 f_L、f_H。每改变一次频率，测一次放大倍数，在低频段和高频段放大倍数 A_u 变化大，应多测几点，中频段 A_u 变化较小，可少测几个点。

5)设计步骤

通常是根据技术指标的要求，选择晶体管，确定电路形式、确定静态工作点、电源电压和电路元件数值，进行复核验算，直到达到要求，然后通过实验调试修改电路参数来达到指标要求。其具体步骤如下：

①选择晶体管。首先要考虑两点，其一，晶体管的 $f_\beta \geq f_H$(可在手册上查找)，其二，根据对动态范围的要求，应保证晶体管 $U_{BR}>2U_{om}$，最大的集电极电流 $I_{cm}>2I_{CQ}$，若为多级放大器，则末级的最大耗散功率 $P_{CM}>P_O$。

②确定电路形式。一般选取容易满足主要技术指标要求的某种类型的电路。

③根据放大倍数的公式，估算放大倍数，能满足要求就用单级，否则可考虑用多级。

④根据输出动态范围和发射极电压 V_E，按式(4.1.4)来确定电源电压 V_{CC}，在确定时注意规格化。通常用的有6 V、9 V、12 V、15 V、24 V、30 V等。

⑤选择基级电流 I_{BQ} 应考虑不使放大器产生截止失真。因为晶体管的输入特性曲线下面部分弯曲得很厉害,会产生严重失真。因此,最小电流应不小(10～20) μA。I_{BQ} 应满足 $I_{BQ}>I_{bm}+(10\sim20)\ \mu A$。$I_{bm}$ 为基极交流 i_b 的最大幅值,即

$$I_{bm}=\frac{u_i}{r_{be}}$$

⑥根据要求,计算偏置电路元件 R_{b1}、R_{b2}、R_e 等。

⑦选择直流负载电阻 R_C,R_C 对放大倍数、动态范围、通频带都有影响。可根据主要指标来选择。

⑧根据下限频率的要求,确定 C_1、C_2 及 C_e 等。

⑨计算出的电阻值、电容值应取标称系列值。

⑩复核验算,根据放大倍数公式及 $V_{CC}=U_{CEQ}+I_{CQ}(R_C+R_E)$,验算 A_u 和 V_{CC} 是否符合给定要求。

4.1.3 设计电路技术指标

1)基本要求

设计一个工作点稳定的阻容耦合放大器。

要求:$A_u\geq50$,动态范围 $U_{opp}=3$ V,通频带 BW 为 50 Hz～10 kHz。

已知:$R_L=3$ kΩ, $R_S=600$ Ω, $u_i=10$ mV, $r_{be}=1$ kΩ,晶体管用 9013,$\beta\geq200$,电位器 100 kΩ、47 kΩ。

2)扩展要求

在单级放大器中,若负载电阻太小,共发射极放大器的增益和动态范围将会变小,因此需要加一共集电极电路进行隔离(缓冲)。

①设计共集电极电路晶体管用 9013,负载电阻 $R_L=2$ kΩ,要求总增益不变, $R_o=500$ Ω。

②按设计参考电路进行计算机仿真实验,调整元件值达到设计要求。

③在单级放大器输出端加上共集电极电路组成两级放大器,在实验板上搭建电路,实际测试两级放大总的增益 A_u 以及 R_i、R_o。

4.1.4 实验设备

直流稳压电源、函数信号发生器、双踪示波器、晶体管毫伏表、万用表、实验箱。

4.1.5 实验内容

阻容耦合放大器的设计与调测仿真电路

1)静态工作点的测量与调试

(1)静态工作点的测量

实验电路如图 4.1.6 所示,接通电源后,在放大器的输入端不加交

流信号，即 $u_i=0$（可将放大器的输入端与地端短接）。测量晶体管静态集电极电流 I_{CQ} 和管压降 U_{CEQ}。用万用表的直流电压挡测量所设计电路中集电极对地、发射极对地的电压时，如果 $V_C=V_{CC}$，$V_E=0$ 则说明 $I_C=0$，晶体管工作在截止区；如果 V_C 太小，即 $V_C-V_E=U_{CE}\leqslant 0.5$ V，则说明 I_C 太大，使 R_C 上降压过大，晶体管工作在饱和区。上述两种情况都是静态工作点选择不合理。

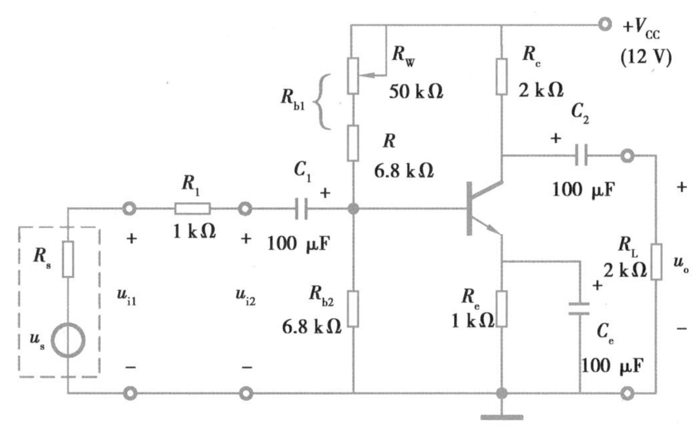

▲图 4.1.6　实验电路

(2)静态工作点的调试

为获得最大不失真输出电压，静态工作点应设置在输出特性曲线上交流负载线中点的附近。如果静态工作点过低会出现截止失真，过高会出现饱和失真。此时应调整实验电路中电阻 R_{b1}，使 U_{CE}、I_{CQ} 符合规定值。在判明放大器不截止也不饱和后，测量晶体管各极电压值，将数据填入表 4.1.1。

表 4.1.1　静态工作点数据

U_{BE}	V_C	V_E	U_{CE}	$I_{CQ}=\frac{V_E}{R_e}$

2)测量放大倍数 A_u，同时观察 R_L 改变时对电压放大倍数的影响

输入 $f=1\ 000$ Hz，$u_i=10$ mV 的信号接至放大器的输入端，用示波器观察输出波形，在波形不失真的情况下，用晶体管毫伏表测量出 u_i、u_o 的值，并计算放大倍数，将数据填入表 4.1.2。

表 4.1.2　测量放大倍数 A_u 数据

R_L/kΩ	1	2	10	空载
u_o/V				
$A_u=\frac{u_o}{u_i}$				

3)测量输入电阻和输出电阻

在信号源与放大器之间串入一个电阻 R_1 如图 4.1.6 所示。输入 $f=1\ 000$ Hz,$u_i=10$ mV 的信号接至放大器的输入端,用交流毫伏表测量出 u_{i1}、u_{i2}、u_{oc}、u_{oL} 的值,测量并计算出输入电阻和输出电阻的值填入表 4.1.3。

表 4.1.3 输入电阻和输出电阻

		R_i/kΩ				R_o/kΩ	
u_{i1}	u_{i2}	测量值	计算值(理论)	u_{oc}	u_{oL}	测量值	计算值(理论)

4)测量放大器的幅频特性曲线($R_L=2$ kΩ)

保持输入信号电压 u_i 的幅值不变逐点改变输入信号的频率,测量放大器相应的输出电压 u_o,由 $A_u=u_o/u_i$ 计算出对应不同频率下放大器的电压增益,从而得到放大器增益的幅频特性。

①用逐点法测量各频率点幅频特性的值,并填入表 4.1.4。

表 4.1.4 幅频特性

f/Hz	20	50	100	200	500	1 k	5 k
u_o/mV							
f/Hz	10 k	20 k	50 k	100 k	150 k	200 k	300 k
u_o/mV							
f/Hz	500 k	1 M	3 M	5 M			
u_o/mV							

②通频带 BW。通常当电压增益下降到中频增益 0.707 倍时(按功率分贝下降 3 dB)所对应的上下限截止频率用 f_H 和 f_L 表示,如图 4.1.2 所示,则 f_H 和 f_L 之差就称为放大电路的通频带 BW,即

$$BW=f_H-f_L$$

将测量值填入表 4.1.5。

表 4.1.5 通频带

	下限截止频率 f_L	上限截止频率 f_H	通频带 BW $BW=f_H-f_L$
f			
u_o			—

5）观察静态工作点的变化，对放大器输出波形的影响

保持 V_{CC}、R_C 及 u_i 不变，改变 R_w 值，使工作点偏低或偏高，用示波器观察并分别绘制放大器工作点偏低和偏高时输出电压的波形，并填入表 4.1.6。然后断开输入信号 u_i，测量此时的静态工作数据填入表 4.1.6。

表 4.1.6　失真状态下输出电压波形及静态工作点数据

R_w 的阻值	U_o 的波形	失真类型	U_{BEQ}	U_{CEQ}	$I_{CQ}=\frac{V_E}{R_e}$
过大	u_o t				
过小	u_o t				

4.1.6　思考题

①在测量过程中，为什么所有仪器的公共端（接地端）要连接在一起？

②在计算放大倍数 A_u 时，输入信号 u_i 用低频信号发生器输出端开路测量得的值和用低频信号发生器输入端接入放大器测得的值，有什么不同？在什么条件下，可以近似看成一样？

③单管放大器，在输入正弦信号不变的条件下：

a. 使其有最大不失真输出波形，应调整什么元件？

b. R_{b1} 变大，工作点如何变化？

c. V_{CC} 升高，工作点如何变化？

④判别放大器工作在截止或饱和的方法有哪些？

4.1.7　实验报告要求

①根据技术指标设计电路，写出设计过程并绘出电路图。

②用 EDA 技术对电路进行仿真，打印出仿真结果并与实验测试结果相比较。

③整理测量数据，并列成表格。

4.2　场效应管应用电路设计

课件：场效应管应用电路设计

4.2.1　实验目的

①掌握场效应管的特性和参数的测试方法。

②掌握场效应管应用电路的设计方法。

③掌握场效应管应用电路的调测方法。

4.2.2 实验原理与设计方法

1)场效应管的分类

场效应管(FET)是一种电压控制电流器件。其特点是输入电阻高,噪声系数低,受温度和辐射影响小。因而特别适用于高灵敏度、低噪声信号电路中。

场效应管的种类很多,按结构可分为两大类:结型场效应管(JFET)和绝缘栅场效应管(IGFET)。结型场效应管又分为N沟道和P沟道两种。绝缘栅场效应管主要指金属-氧化物-半导体(MOS)场效应管。MOS管又分为"耗尽型"和"增强型"两种,而每一种又分为N沟道和P沟道。

结型场效应管是利用导电沟道之间耗尽区的宽窄来控制电流的,输入电阻(10^5 ~ $10^{15}\Omega$)之间;绝缘栅型是利用感应电荷的多少来控制导电沟道的宽窄,从而控制电流的大小,其输入阻抗更高(其栅极与其他电极互相绝缘),以及它在硅片上的集成度高,因此在大规模集成电路中占有极其重要的地位。

2)场效应管的特性

下面以N沟道结型场效应管为例说明场效应管的特性。图4.2.1为场效应管的漏极特性曲线。输出特性曲线分为四个区:可变电阻区、恒流区、夹断区和击穿区。

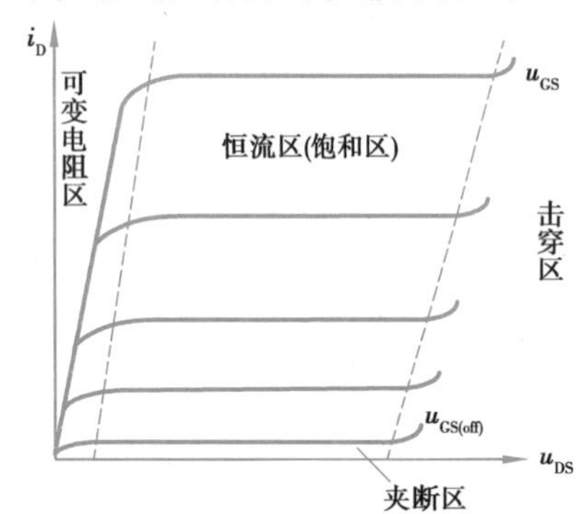

▲图4.2.1 结型场效应管漏极输出曲线

(1)可变电阻区

图中u_{DS}很小,曲线靠近左边。它表示管子预夹断前电压电流关系。

当u_{DS}较小时,由于u_{DS}的变化对沟道大小影响不大,沟道电阻基本为一常数,u_D基本随u_{GS}作线性变化。当u_{GS}恒定时,沟道导通电阻近似为一常数,从此意义上说,该区域为恒定电阻区;当u_{GS}变化时,沟道导通电阻的值将随u_{GS}变化而变化,因此该区域又可称为可变电阻区。利用这一特点,可用场效应管作为可变电阻器。

(2)恒流区

图中u_{DS}较大,曲线近似水平的部分是恒流区,它表示管子预夹断后电压电流的关系,即图4.2.1两条虚线之间即为恒流区(或称为饱和区),该区的特点是i_D的大小受u_{GS}可控,当u_{DS}改变时i_D几乎不变,场效应管作为放大器使用时,一般工作在此区域内。

(3)击穿区

当u_{DS}增加到某一临界值时,i_D开始迅速增大,曲线上翘,场效应管功耗急剧增加,甚至烧毁,场效应管工作时要避免进入此区间。

(4)夹断区

夹断区是指$u_{GS} \leqslant U_{GS(off)}$的区域,$i_D \approx 0$。

(5)场效应管特性曲线的测试

场效应管的特性曲线可以用晶体管图示仪测试,也可以用逐点测量法测试。图 4.2.2 是用逐点测量法测试场效应管特性曲线的原理图。场效应管的转移特性曲线是当漏源间电压 u_{DS} 保持不变,栅源间电压 u_{GS} 与漏极电流 i_D 的关系曲线,如图 4.2.3 所示。

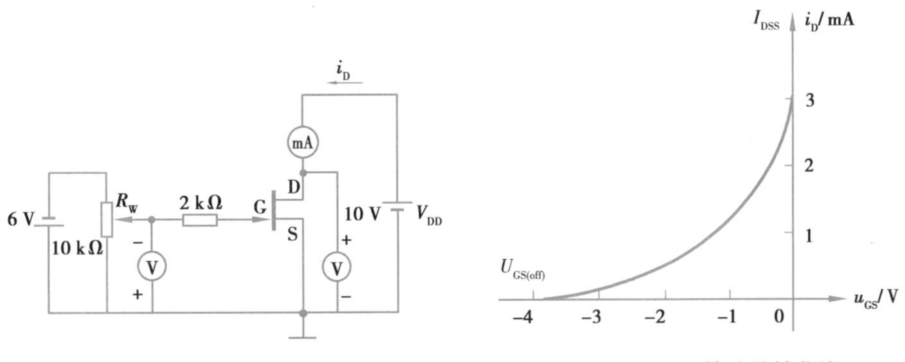

▲图 4.2.2　测试特性曲线的原理图

▲图 4.2.3　转移特性曲线

在图 4.2.2 中,先调节 V_{DD} 使 u_{DS} 固定在某个数值上,当栅源电压 u_{GS} 取不同的电压值时(调节 R_W),i_D 也将随之改变,利用测得的数据,便可在 $u_{GS} \sim i_D$ 直角坐标系上画出如图 4.2.3 所示的转移特性曲线。当 u_{DS} 取不同的数值时,便可得到另一条特性曲线。$i_D=0$ 时的 u_{GS} 值为场效应管的夹断电压 $U_{GS(off)}$,$u_{GS}=0$ 时的 i_D 值为场效应管的饱和漏极电流 I_{DSS}。g_m 为场效应管的跨导(即类同于三极管的 β),它的单位为毫西[门子](mS),是衡量场效应管控制能力的重要参数,其大小表征在工作点处栅源交流电压 u_{GS} 对漏极交流电流的控制作用,其典型值为 1~10 mS。g_m 越大,放大能力越强,g_m 可以在转移特性曲线上求出。因场效应管的跨导比较小,要提高 A_u,只有增大 R_D 和 R_L,但 R_D 和 R_L 的增大,相应地漏极电源电压必须提高。

漏极特性曲线是当栅源间电压 u_{GS} 保持不变时,漏极电流 i_D 与漏源间电压 u_{DS} 的关系曲线,当 u_{DS} 取不同的数值时便可测出与之对应的 i_D 值,对于不同的 u_{GS} 可以测得多条漏极特性曲线。

晶体管是电流控制器件,作放大器件用时,发射结必须正偏。场效应管是电压控制器件,N 沟道结型场效应管工作时 G、S 间必须加反向偏置。

3)场效应管的判别与实验测试

结型场效应管有三个电极,即源极、栅极和漏极,可以用指针式万用表测量电阻的方法,把栅极找出,而源极和漏极一般可对调使用,所以不必区分。引脚判别的依据是,源极和漏极之间为一个半导体材料电阻,用万用表在 $R\times1$ kΩ 量程挡,分别测量源极对漏极、漏极对源极的电阻值,它们应该相等。也可以根据栅极相对于源极和漏极都应为 PN 结,用测量二极管的办法,把栅极找出。一般 PN 结的正向电阻为 5~10 kΩ,反向电阻近似为无穷大。若黑表笔接栅极、红表笔分别接源极和漏极,测得 PN 结正向电阻较小时,则场效应管为 N 沟道型。

场效应管的种类和系列比较多,但它们的电路测试原理和测量方法基本相同。在测量和存放绝缘栅型场效应管时,由于其输入电阻非常高,一般将它的三只管脚短路,以免静电感应而击穿其绝缘层,待测试电路与其可靠连接后,再把短路线拆除,然后进行测量。测试操作过程应十分细心周密，稍有不慎，造成栅极悬空，很可能损坏晶体管。

4）场效应管的正确使用

场效应管主要用于前置电压放大、阻抗变换电路、振荡电路、高速开关电路等。不同类型的场效应管的偏置电压极性要求是不一样的，表 4. 2. 1 列出了各类场效应管的偏置极性要求。

表 4. 2. 1 场效应管的偏置极性

类型	u_{DS} 极性	u_{GS} 极性
N 沟道耗尽型	+	-或+
N 沟道增强型	+	+
P 沟道耗尽型	-	+或-
P 沟道增强型	-	-
N 沟道结型	+	-
P 沟道结型	-	+

结型场效应管的源、漏极可互换使用。在焊接管子时，一般使用 25 W 以下的内热式电烙铁，并有良好的接地措施，或在焊接时切断电烙铁电源。

5）场效应管的应用——感应式高压报警器

感应式高压报警器是电气工人检修高压线路必备的保安工具，当它接近未断电的高压线路时，会发出声光报警信号，从而可以避免被高压电击的事故。

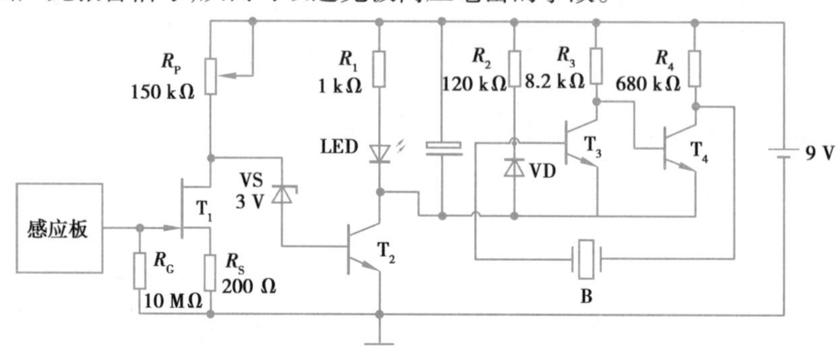

▲图 4. 2. 4 感应式高压报警器电路

感应式高压报警器电路见图 4. 2. 4 。T_1 是结型场效应管，利用其高输入阻抗及电压放大特性作为信号检测和放大。T_1 作电子开关管用，VS 为稳压管用来改善电子开关的特性。T_3、T_4 接成二级直耦式放大器，利用压电陶瓷片 B 的正反馈作用，使电路产生振荡，并驱动蜂鸣器 B 发声。平时场效应管 T_1 的漏、源极间呈现低电阻，VS 和 T_2 均截止，电路处于静止状态。当它靠近高压线路时，感应板就会感应到高压电场，T_1 的漏、源通道被夹断，漏极电位开始上升，当升至 VS 的击穿电压与 T_2 的 u_{BE} 之和时，VS 和 T_2 均导通，接通后续的音响和发光部分的电源，即 LED 发光，蜂鸣器 B 发声报警。电位器 R_P 可根据用途来调整电路报警启动的灵敏度。

T_1 可选用结型场效应管；T_2、T_3、T_4 均为双极型晶体三极管，B 为压电陶瓷片，可以制作一个共鸣腔以增大其发声的音量。感应板可用镀锡铁皮剪成 15 mm×15 mm 的小方块。

4.2.3 实验设备

直流稳压电源、函数信号发生器、双踪示波器、晶体管毫伏表、万用表。

4.2.4 实验内容

MOSFET 输出特性仿真电路

1)结型场效应管的特性曲线测试

(1)转移特性曲线测试

按图 4.2.2 接线，调节 V_{DD} 使 u_{DS}=5 V，然后调节 R_W(10 kΩ)，分别使 u_{GS} 为 0 V、-0.1 V、-0.2 V、-0.3 V、-0.4 V、-0.5 V，测出对应的各个漏极电流 i_D 并记录在表 4.2.2 中，并在坐标纸上画出一条 u_{DS}=5 V 的转移特性曲线。

表 4.2.2 场效应管转移特性数据

u_{GS}/V	0	-0.1	-0.2	-0.3	-0.4	-0.5
i_D/A						

(2)结型场效应管漏极特性曲线测试

调节 R_W 电位器，固定 u_{GS}=0 V，调节 V_{DD} 分别使场效应管漏源电压 u_{DS} 为 0 V、1 V、2 V、4 V、6 V、8 V、10 V，测出各对应的 i_D 值，将其填入表 4.2.3，然后在坐标纸上将各点连成一条光滑的曲线，即可得 u_{GS}=0 V 时的一条漏极特性曲线。

(3)调节 R_W，固定 u_{GS} 为-0.3 V，重复上述步骤，即可得出 u_{GS}=-0.3 V 时的另外一条特性曲线。

表 4.2.3 场效应管漏极输出特性数据

u_{DS}/V	0	1	2	4	6	8	10
i_D(u_{GS}=0 V)							
i_D(u_{GS}=-0.3 V)							

(4)跨导 g_m 的测试，根据转移特性曲线数值在中间段求出跨导：

$$g_m = \frac{\Delta i_D}{\Delta u_{GS}} = \frac{i_{D1} - i_{D2}}{u_{GS1} - u_{GS2}}$$

2)设计一个感应式高压报警器

要求：当感应金属板距交流 220 V 市电线 5～20 cm 就会发光发声报警。根据要求设计连接电路，测量并记录静态工作点 U_{GSQ}、U_{DSQ}、I_{DQ}、U_{BE1Q}、U_{CE1Q}、U_{BE2Q}、U_{CE2Q}、U_{BE3Q}、U_{CE3Q}，以及输入电阻 R_i 和蜂鸣器振荡频率 f_0，并将数据填写入表 4.2.4。

表 4.2.4 感应式高压报警器测试数据

U_{GSQ}	U_{DSQ}	U_{BE1Q}	U_{CE1Q}	U_{BE2Q}	U_{CE2Q}	U_{BE3Q}	U_{CE3Q}	R_i	f_0

4.2.5 思考题

①为什么场效应管电路具有很大的输入电阻？

②测量场效应管的输入电阻 R_i 时，应考虑哪些因素？为什么？

③简述结型场效应管分别工作在可变电阻区、恒流区的条件。

4.2.6 实验报告要求

①复习场效应管的内部结构、组成及特点。

②复习场效应管应用电路的工作原理。

③比较场效应管与晶体管的特点。

4.3 在线虚实结合实验 1——差动放大电路设计

4.3.1 实验目的

①掌握差动放大器的主要特性及其测试方法。

②学习带恒流源式差动放大器的设计方法和调试方法。

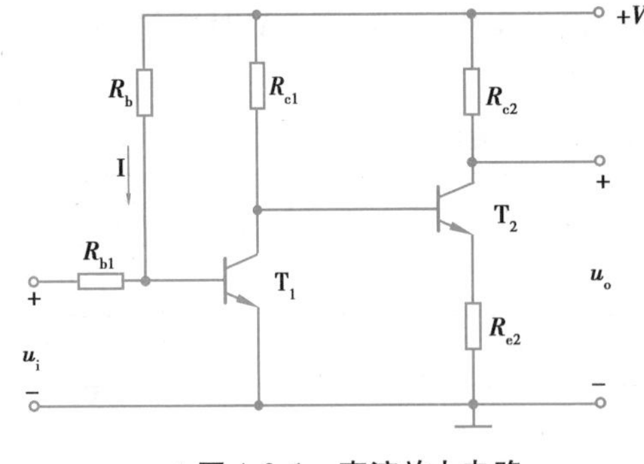

▲图 4.3.1 直流放大电路

4.3.2 实验原理

1)直流放大电路的特点

在生产实践中，常需要对一些变化缓慢的信号进行放大，此时就不能用阻容耦合放大电路。为此，若要传送直流信号，就必须采用直接耦合。图 4.3.1 所示的电路就是一种简单的直流放大电路。

由于该电路级间是直接耦合，不采用隔直元件(如电容或变压器)，便带来了新的问题。首先，由于电路的各级直流工作点不是互相独立的，便产生级间电平如何配置才能保证有合适的工作点和足够的动态范围的问题。其次是当直流放大电路输入端短路(输入信号为零)时，由于温度、电源电压的变化或其他干扰而引起的各级工作点电位的缓慢变化，都会经过各级放大使末级输出的电压变化不为零，这种现象称为零点漂移。这时，如果在输入端加入信号，则输出端不仅有被放大的信号，而且有零点漂移信号，是放大信号和零点漂移量的总和，严重的零点漂移量甚至会比真正的放大信号大得多，因此抑制零点漂移是研制直流放大电路的一个主要问题。差动式直流放大电路能较好地抑制零点漂移，因此在科研和生产实践中得到广泛的应用。

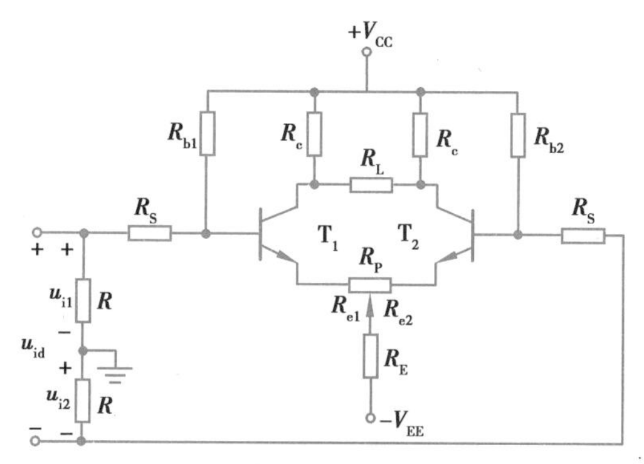

▲图 4.3.2 差动式直流放大电路

2)差动式直流放大电路

典型差动式直流放大电路如图 4.3.2 所示。它是一种特殊的直接耦合放大电路，要求电路两边的元器件完全对称，即两管型号相同、特性相同、各对应电阻值相等。

为了改善差动式直流放大电路的零点漂移，利用了负反馈能稳定工作点的原理，在两管公共发射极回路接入了稳流电阻 R_E 和负电源 V_{EE}，R_E 越大，稳定性越好。但由于负电源不可能用得很低，因而限制了 R_E 阻值的增大。为了解决这一矛盾，实际应用中常用晶体管恒流源来代替 R_E，形成了具有恒流源的差动放大器，电路如图 4.3.3 所示。具有恒流源的差动放大器，应用十分广泛。特别是在模拟集成电路中，常被用作输入级或中间放大级。图 4.3.3 中 T_1、T_2 差分对管常采用三极管，如 5G921、BG319 等，它与基极电阻 R_{b1}、R_{b2}、集电极电阻 R_{c1}、R_{c2} 及电位器 R_P 共同组成差动放大器的基本电路。T_3、T_4 与 R_{e3}、R_{e4}、R 共同组成恒流源电路，为差分对管的集电极提供恒定电流 I_o。电路中 R_1、R_2 是取值一致而且比较小的电阻，其作用是使在连接不同输入方式时加到电路两边的信号能达到大小相等、极性相反，或大小相等、极性相同，以满足差模信号输入或共模信号输入时的需要。晶体管 T_1、T_2 两个管子，电路参数应完全对称，同时，调节 R_P 可调整电路的对称性。

静态时，两输入端不加信号，即 $u_i=0$，由于电路两边电路参数、元件都是对称的，故两管的电流电压相等，即 $I_{b1}=I_{b2}$，$I_{c1}=I_{c2}$，$V_{CQ1}=V_{CQ2}$，此时输出电压 $u_o=V_{CQ1}-V_{CQ2}=0$，负载电阻 R_L 没有电流流过，而流过 R_E 中的电流为两管电流 I_E 之和。所以在理想情况下，当输入信号为零时，此差动直流放大电路的输出也为零。

当某些环境因素或干扰存在时，会引起电路参数变化。例如当温度升高时，三极管 u_{BE} 会下降，β 会增加，其结果使两管的集电极电流增加了 Δi_{CQ}。由于电路对称，故必有 $\Delta i_{CQ1}=\Delta i_{CQ2}=\Delta i_{CQ}$，使两管集电极对地电位也产生了一个增量 Δu_{CQ1} 和 Δu_{CQ2}，且数值相等。此时输出电压的变化量 $\Delta u_o=\Delta u_{CQ1}-\Delta u_{CQ2}=0$，这说明虽然由于温度升高，每个管子的集电极对地电位产生了漂移，但只要电路对称，输出电压取自两管的集电极，差动式直流放大电路是可以利

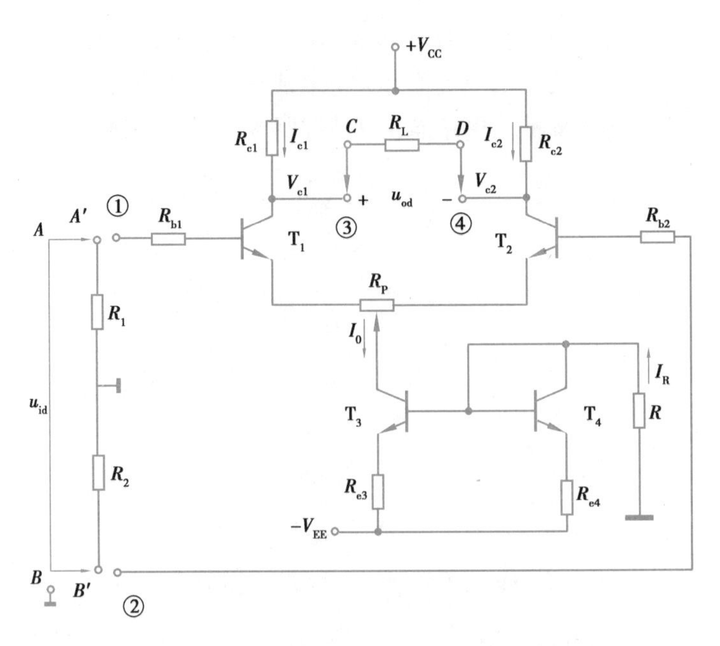

▲图 4.3.3 具有恒流源的差动放大器

用一根管子的漂移去补偿另一个管子的漂移,从而使零点漂移得到抵消,放大器性能得到改善。可见,差动放大器能有效地抑制零漂。

3)输入输出信号的连接方式

如图 4.3.3 所示,差分放大器的输入信号 u_{id} 与输出信号 u_{od} 可以有四种不同的连接方式:

(1)双端输入-双端输出

连接方式为①-A'-A,②-B'-B,③-C,④-D。

(2)双端输入-单端输出

连接方式为①-A'-A,②-B'-B;③或④接一电阻 R_L 到地。

(3)单端输入-双端输出

连接方式为①-A,②-B-地;③-C,④-D。

(4)单端输入-单端输出

连接方式为①-A,②-B-地;③或④接一电阻 R_L 到地。

连接方式不同,电路的特性参数也有所不同。

4)静态工作点的计算

静态时,差分放大器的输入端不加信号 u_{id},在图 4.3.3 中。对于恒流源电路

$$I_R = 2I_{b4} + I_{c4} = \frac{2I_{c4}}{\beta} + I_{c4} \approx I_{c4} = I_o$$

故称 I_o 为 I_R 的镜像电流,其表达式为

$$I_o = I_R = -\frac{-V_{EE} + 0.7\ \text{V}}{R + R_{e4}} \tag{4.3.1}$$

上式表明，恒定电流 I_o 主要由电源电压 $-V_{EE}$ 及电阻 R、R_{e4} 决定，与晶体管的特性参数无关。对于差分对管 T_1、T_2，则有

$$I_{c1} = I_{c2} = \frac{I_o}{2} \tag{4.3.2}$$

$$V_{c1} = V_{c2} = V_{CC} - I_{c1}R_{c1} = V_{CC} - \frac{I_o R_{c1}}{2} \tag{4.3.3}$$

可见差分放大器的静态工作点主要由恒流源电流 I_o 决定。

4.3.3　主要性能及其测试方法

1）差模特性

当差分放大器的两个输入端输入一对差模信号（大小相等、极性相反）时，与差分放大器四种接法所对应的差模电压增益 A_{ud}、差模输入电阻 R_{id}、差模输出电阻 R_{od} 的关系如表4.3.1所示。

表4.3.1说明，四种连接方式中，双端输出时的差模特性完全相同，单端输出时的差模特性也完全相同。不论是双端输入还是单端输入，其输入电阻 R_{id} 均相同。

差模电压增益 A_{ud} 的测量方法是：输入差模信号为 u_{id}，设差分放大器为单端输入—双端输出接法。用双踪示波器分别观测 u_{c1} 及 u_{c2}，它们应是一对大小相等、极性相反的不失真正弦波。用晶体毫伏表或示波器分别测量 u_{c1}、u_{c2} 的值，则差模电压增益为

$$A_{ud} = \frac{u_{c1} + u_{c2}}{u_{id}} \tag{4.3.4}$$

如果是单端输出，则

$$A_{ud} = \frac{u_{c1}}{u_{id}} = \frac{u_{c2}}{u_{id}} \tag{4.3.5}$$

如果 u_{c1} 与 u_{c2} 不相等，说明放大器的参数不完全对称。若 u_{c1} 与 u_{c2} 相差较大，应重新调整静态工作点，使电路性能尽可能对称。

差模输入电阻 R_{id} 与差模输出电阻 R_{od} 的测量方法与基本设计实验4.1的单管放大器输入电阻 R_{id} 及输出电阻 R_{od} 的测量方法相同。

表4.3.1　差分放大器四种接法的差模特性

差模特性 / 连接方式	差模电压增益 A_{ud}	差模输入电阻 R_{id}	差模输出电阻 R_{od}
双端输入-双端输出	$A_{ud}=\frac{-\beta R'_L}{R_{b1}+r_{be}}$ （忽略 R_P 的影响） $R'_L=R_C//\frac{R_L}{2}$	$R_{id}=2(R_{b1}+r_{be})$ （忽略 R_P 的影响） $r_{be}=r_{bb'}+(1+\beta)\frac{26\ \text{mV}}{I_{e1}}$	$R_{od}=2R_C$
单端输入-双端输出	同上	同上	同上

在自然科学中，创立方法，研究某种重要的实验条件，往往要比发现个别事实更有价值。——巴甫洛夫

续表

连接方式 \ 差模特性	差模电压增益 A_{ud}	差模输入电阻 R_{id}	差模输出电阻 R_{od}
双端输入-单端输出	$A_{ud}=\dfrac{-\beta R'_L}{2(R_{b1}+r_{be})}$ $R'_L=R_C//R_L$	同上	$R_0=R_C$
单端输入-单端输出	同上	同上	同上

2)共模特性

当差分放大器的两个输入端输入一对共模信号(大小相等、极性相同的一对信号,如漂移电压、电源波动产生的干扰等)u_{ic} 时,则:

①双端输出时,由于同时从两管的集电极输出,如果电路完全对称,则输出电压上 $u_{c1} \approx u_{c2}$,共模电压增益为

$$A_{uc}=\frac{u_{oc}}{u_{id}}=\frac{u_{c1}-u_{c2}}{u_{ic}}=0 \tag{4.3.6}$$

如果恒流源电流恒定不变,则 $u_{c1}=u_{c2}\approx 0$,则 $A_{uc}\approx 0$。说明差分放大器双端输出时,对零点漂移等共模干扰信号有很强的抑制能力。

②单端输出时,由于只从一管的集电极输出电压 u_{c1} 或 u_{c2},则共模电压增益为

$$A_{uc}=\frac{u_{oc}}{u_{ic}}=\frac{u'_{c2}}{u_{ic}}\approx\frac{R'_L}{2R'_e} \tag{4.3.7}$$

式中 R'_e——恒流源的交流等效电阻,即

$$R'_e=r_{ce3}\left(1+\frac{\beta_3 R_{e3}}{R_{be3}+R_b+R_{e3}}\right) \tag{4.3.8}$$

$$r_{be3}=r'_{bb}+(1+\beta)\frac{26\ \text{mV}}{I_{e3}} \tag{4.3.9}$$

$$R_b\approx R//R_{e4} \tag{4.3.10}$$

式中 r_{ce3}——T_3 的集电极输出电阻,一般为几百千欧。

由于 $R'_e \gg R'_L$,则共模电压增益 $A_{uc}<1$。所以差分放大器即使是单端输出,对共模信号也无放大作用,仍有一定的抑制能力。

常用共模抑制比 K_{CMR} 来表征差分放大器对共模信号的抑制能力,即

$$K_{CMR}=\left|\frac{A_{ud}}{A_{uc}}\right| \tag{4.3.11}$$

或

$$K_{CMR}=20\lg\left|\frac{A_{ud}}{A_{uc}}\right|\text{dB} \tag{4.3.12}$$

K_{CMR} 越大,说明差分放大器对共模信号的抑制力越强,放大器的性能越好。

共模抑制比 K_{CMR} 的测量方法如下:当差模电压增益 A_{ud} 的测量完成后,将放大器的①端与②端相连接,输入 $u_{ic}=500$ mV,$f_i=100$ Hz 的共模信号。如果电路的对称性很好,恒流源恒定不变,则 u_{c1}、u_{c2} 的值近似为零,示波器观测 u_{c1}、u_{c2} 的波形近似于一条水平直线。共模放大

倍数 $A_{uc} \approx 0$，则共模抑制比 K_{CMR} 为

$$K_{CMR} = \left| \frac{A_{ud}}{A_{uc}} \right| \approx \infty$$

如果电路的对称性不好，或恒流源不恒定，则 u_{c1}、u_{c2} 有共模信号输出，用交流毫伏表测量 u_{c1}、u_{c2}，则共模电压增益为(单端输出时)

$$A_{uc} = \frac{u_{c1}}{u_{ic}}$$

放大器的共模抑制比 K_{CMR} 为

$$K_{CMR} = 20\ \lg \left| \frac{A_{ud}}{A_{uc}} \right| \mathrm{dB}$$

由于 $A_{uc} \ll 1$，所以放大器的共模抑制比也可以达到几十分贝。在要求不高的情况下，可以用一固定电阻代替恒流源，T_1、T_2 也可采用特性相近的两只晶体管，而不一定要用对管，可以通过调整外参数使电路尽可能对称。

4.3.4　设计举例

设计一具有恒流源的单端输入-双端输出差动放大器。

已知：$+V_{CC}=12\ \mathrm{V}$，$-V_{EE}=-12\ \mathrm{V}$，$R_L=20\ \mathrm{k\Omega}$，$u_{id}=20\ \mathrm{mV}$。性能指标要求：$R_{id}>20\ \mathrm{k\Omega}$，$A_{ud} \geq 20$，$K_{CMR}>60\ \mathrm{dB}$。

1)确定电路连接方式及晶体管型号

题意要求共模抑制比较高，即电路的对称性要好，所以采用集成差分对管 BG319，其内部有4只特性完全相同的晶体管，引脚如图4.3.4所示。图4.3.5为具有恒流源的单端输入一双端输出差分放大器电路，其中 T_1、T_2、T_3、T_4 为 BG319 的4只晶体管，$\beta_1=\beta_2=\beta_3=\beta_4=60$。

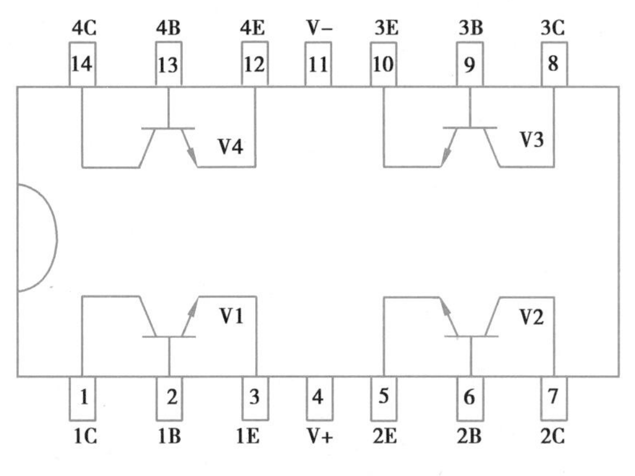

▲图4.3.4　BG319 引脚图

2)设置静态工作点计算元件参数

差动放大器的静态工作点主要由恒流源 I_o 决定，故一般先设定 I_o。I_o 取值不能太大，I_o 越小，恒流源越恒定，漂移越小，放大器的输入阻抗越高。但也不能太小，一般为1 mA左右。这里取 $I_o=1\ \mathrm{mA}$。

$$I_R = I_o = 1\ \mathrm{mA} \qquad I_{c1} = I_{c2} = \frac{I_o}{2} = 0.5\ \mathrm{mA}$$

$$r_{be} = 300\ \Omega + (1+\beta)\frac{26\ \mathrm{mV}}{\frac{I_o}{2}} = 3.4\ \mathrm{k\Omega}$$

要求 $R_{id}>20\ \mathrm{k\Omega}$，由表4.3.1可得

$$R_{id}=2(R_{b1}+r_{be})>20\ \mathrm{k\Omega}$$

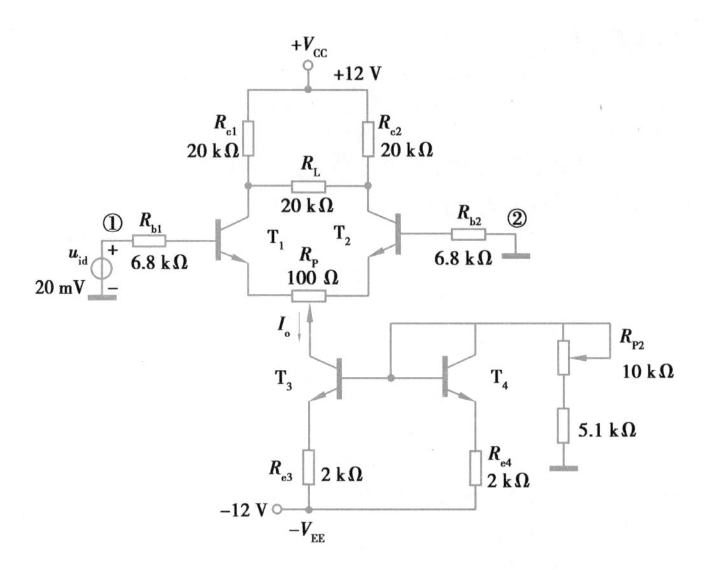

▲图 4.3.5 设计举例的实验电路

则
$$R_{b1}>6.6\ \text{k}\Omega$$
取
$$R_{b1}=R_{b2}=6.8\ \text{k}\Omega$$
要求 $A_{ud}>20$，由表 4.3.1 可得
$$A_{ud}=\left|\frac{-\beta R'_L}{R_{b1}+r_{be}}\right|>20$$
取
$$A_{ud}=30$$
则
$$R'_L=6.7\ \text{k}\Omega$$
由表 4.3.1 得
$$R'_L=R_C//\frac{R_L}{2}$$
则
$$R_c=\frac{R'_L\dfrac{R_L}{2}}{\dfrac{R_L}{2}-R'_L}=20.3\ \text{k}\Omega$$
取
$$R_{c1}=R_{c2}=20\ \text{k}\Omega$$
由式(4.3.3)得
$$V_{c1}=V_{c2}=V_{CC}-I_cR_c=2\ \text{V}$$
V_{c1}、V_{c2} 分别为 V_1、V_2 集电极对地的电位，而基极对地的电位 V_{b1}、V_{b2} 则为
$$V_{b1}=V_{b2}=\frac{I_c}{\beta}R_{b1}=0.08\ \text{V}\approx 0\ \text{V}$$
则
$$V_{e1}=V_{e2}\approx 0.7\ \text{V}$$
射极电阻 R_{P1} 不能太大，否则负反馈太强，使得放大器增益很小，一般取 100 Ω 左右的电位器，以便调整电路的对称性，现取 $R_{P1}=100\ \Omega$。

对于恒流源电路，其静态工作点和元件参数计算如下：

由式(4.3.1)得
$$I_R=I_o=-\frac{-V_{EE}+0.7\ \text{V}}{R+R_e}$$

则
$$R+R_e=11.3\ \text{k}\Omega$$
射极电阻 R_E 一般取几千欧，这里取 $R_{e3}=R_{e4}=2\ \text{k}\Omega$，则 $R=9\ \text{k}\Omega$。为调整 I_o 方便，R 用 5.1 kΩ 固定电阻与 10 kΩ 电位器 R_{P2} 串联。

3）静态工作点的调整方法

输入端①接地，用万用表测量差分对管 T_1、T_2 的集电极对地的电位 V_{c1}、V_{c2}。如果电路不对称，则 V_{c1} 与 V_{c2} 不等，应调整 R_{P1}，使其满足 $V_{c1}=V_{c2}$，再测量电阻 R_{c1} 两端的电压，并调节 R_{P2}，使 $I_o=2\dfrac{V_{R_{c1}}}{R_{c1}}$，以满足设计要求值（如 1 mA）。

4）测量 A_{ud}、A_{uc}、K_{CMR} 并与设计指标进行对比

调整好静态工作点 I_o 的值后。将输入端①输入差模信号 $u_{id}=20$ mV，测量 A_{ud}、A_{uc}、K_{CMR}。

4.3.5　实验内容

差分放大仿真电路

1）实验电路

实验电路如图 4.3.6 所示。

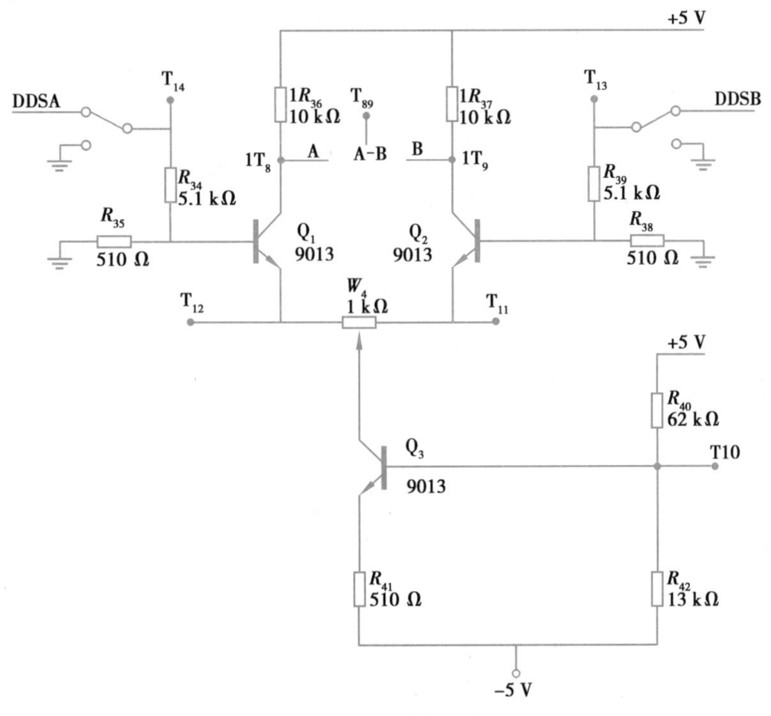

▲图 4.3.6　差动放大实验原理图

①登录"互联网+在线系统"，选择"模拟电路实验"，在实验项目界面选择"差动放大电路"实验，点击"在线实验"进入空闲设备选择。

如图 4.3.7，打钩的地方表示设备空闲可以使用，可以选择任意一空闲设备进入实验。

实验设备选择

显示 10 条

设备编号	设备名称	使用人	连接状态	锁定状态	操作
md03	md03		连接正常	未锁定	✓
md08	md08		连接正常	未锁定	✓
md09	md09		连接正常	未锁定	✓
md10	md10	学生6	连接正常	未锁定	

▲图 4.3.7　空闲设备选择

②按照图 4.3.7 进行器件摆放和连线(负载电阻先不接)。器件摆放规则,先选中放置区,当放置区呈高亮状态(底色变成粉红),从左侧元件库拖动原件到放置区,松开鼠标,即可完成放置。连线规则实心点只能跟空心点相连,实心点和实心点之间或者空心点和空心点之间不能进行连线,需通过转接点进行相连。单击需要进行连线的其中一个实心点或者空心点,然后会出来一根线条,将其拖动到需要相连的另外一个空心点或者实心点的中心位置,该点会呈现高亮状态,然后单击鼠标,即可完成连线。电路搭建完成后,打开电源开关。(同时单击界面右上角“保存电路”,以备后用)

实验界面如图 4.3.8 所示。

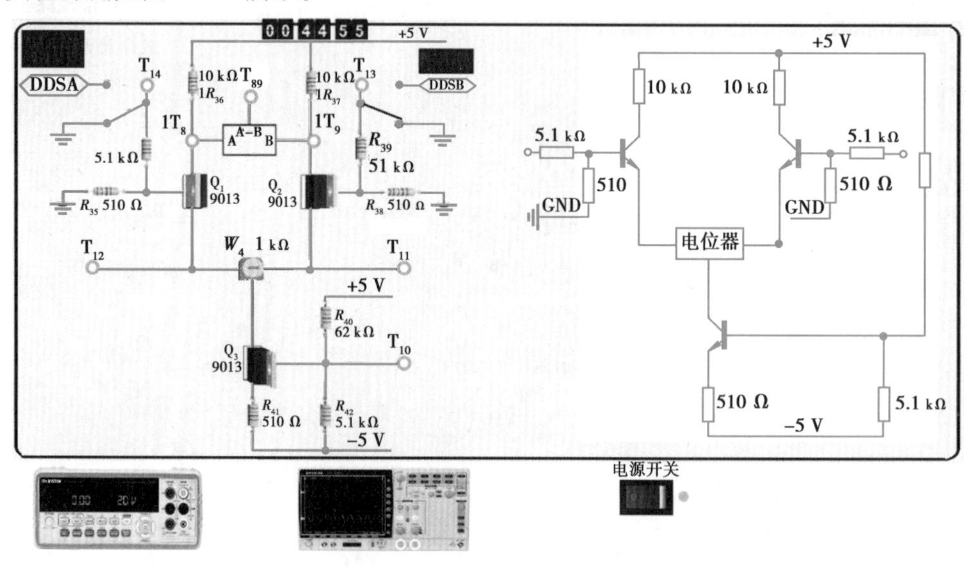

▲图 4.3.8　在线实验界面

2)测量静态工作点

(1)调零

将两个输入端开关拨到接地,调节电位器 W_4,使双端输出电压 $U_o=0$。

(2)测量静态工作点:测量 Q_1、Q_2、Q_3 各极对地电压并填入表 4.3.2。

表 4.3.2　测量静态工作点

对地电压	U_{c1}/U_{c2}	U_{b1}	U_{e1}	U_{b2}	U_{e2}	U_{b3}
测量值/V						

3)测量双端输入差模电压放大倍数

两个输入端分别接到信号源,信号源设置为DC直流输出,U_1 为1 V,U_2 为-1 V(输入端有衰减10倍电路,所以实际电压 $U_{I1}=0.1$ V、$U_{I2}=-0.1$ V),测量 $U_{c1}-U_{c2}=U_O$,计算 A_{ud} 并填写表4.3.3。

表4.3.3　双端输入差模电压放大倍数

测量值/V	计算值
U_o	A_{ud}

这里双端输入单端输出的差模电压放大倍数应用下式计算:

$$A_{ud}=\frac{U_{od}}{U_{I1}-U_{I2}}$$

4)测量双端输入共模抑制比 K_{CMR}

将两个输入端信号设为同样的值,1 V或-1 V(输入端有衰减10倍电路,所以实际输入电压0.1 V或-0.1 V),记共模输入 U_{IC}。测量、计算并填写表4.3.4。

表4.3.4　测量双端输入共模抑制比 K_{CMR}

输入(U_{IC})/V	测量值/V	计算值			
	U_{CO}	A_{uc1}	A_{uc2}	A_{uco}	K_{CMR}/dB
+0.1					
-0.1					

这里,双端输入单端输出的共模电压放大倍数应用下式计算:

$$A_{uc1}=\frac{U_{c1}}{U_{IC}}$$

5)测量单端输入双端输出差模电压放大倍数

将 U_{I2} 接地,U_{I1} 分别与信号源模块上+0.1 V、-0.1 V和频率 $f=1$ kHz,幅度为1 $V_{p\text{-}p}$ 的正弦信号相连,测量、计算并填写表4.3.5。

表4.3.5　单端输入差模电压放大倍数

输入	测量值/V	单端输入放大倍数
	U_{CO}	A_{ud}
直流+0.1 V		
直流-0.1 V		

续表

输入	测量值/V	单端输入放大倍数
	U_{CO}	A_{ud}
正弦信号		

4.3.6 思考题

①差动放大器中两管及元件对称对电路性能有何影响？

②为什么电路在工作前需进行零点调整？

③恒流源的电流 I_o 取大一些好还是取小一些好？

④可否用交流毫伏表跨接在输出端③与④之间（双端输出时）测差动放大器的输出电压 u_{od}？为什么？

4.4 在线虚实结合实验2——负反馈放大电路设计

4.4.1 实验目的

①研究负反馈对放大器性能的影响。

②掌握反馈放大器性能的测试方法。

4.4.2 实验准备

①计算机。

②互联网+电子技术基础在线平台。

③认真阅读实验内容要求，估计待测量内容的变化趋势。

④图 4.4.2 电路中晶体管 β 值 120，计算该放大器开环和闭环电压放大倍数。

4.4.3 实验原理

放大器中采用负反馈，在降低放大倍数的同时，可使放大器的某些性能大大改善，负反馈的类型很多，本实验以一个输出电压、输入串联负反馈的两级放大电路为例，如图 4.4.2 所示。C_F、R_F 从第二级 T_2 的集电极接到第一级 T_1 的发射极构成负反馈。

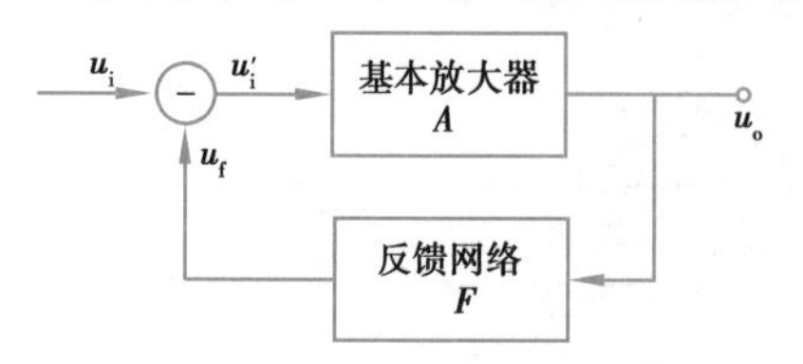

▲图 4.4.1 负反馈放大器框图

下面列出负反馈放大器的有关公式，供验证分析时做参考。

1）放大倍数和放大倍数稳定度

负反馈放大器可以用图 4.4.1 方框图来表示：

负反馈放大器的放大倍数为：$A_{uF}=\dfrac{A_u}{1+A_uF}$

式中　A_u——开环放大倍数。

反馈放大器反馈放大倍数稳定度与无反馈放大器反馈放大倍数稳定度有如下关系：

$$\frac{\Delta A_{uF}}{A_{uF}}=\frac{\Delta A_u}{A_u}\times\frac{1}{1+A_{uF}}$$

式中　$\frac{\Delta A_{uF}}{A_{uF}}$——负反馈放大器的放大倍数稳定度；

$\frac{\Delta A_u}{A_u}$——无反馈放大器的放大倍数稳定度。

由上式可知，负反馈放大器比无反馈的放大器的稳定度提高了$(1+A_uF)$倍。

2）频率响应特性

引入负反馈后，放大器的频响曲线的上限频率f_{HF}比无反馈时扩展$(1+A_uF)$倍，即

$$f_{HF}=(1+A_uF)f_H$$

而下限频率比无反馈时减小到$\frac{1}{1+A_uF}$倍，即

$$f_{LF}=\frac{f_L}{1+A_uF}$$

由此可见，负反馈放大器的频带变宽。

3）非线性失真系数

按定义：

$$D=\frac{U_d}{U_1}$$

式中　U_d——信号内容包含的谐波成分总和（$U_d=\sqrt{U_2^2+U_3^2+U_4^2+L}$，其中$U_2$，$U_3$……分别为二次、三次……谐波成分的有效值）；

U_1——基波成分有效值。

在负反馈放大器中，由非线性失真产生的谐波成分比无反馈时减小到$\left(\frac{1}{1+A_uF}\right)$倍，即$U_{df}=\frac{U_d}{1+A_uF}$。

同时，由于保持输出的基波电压不变，因此非线性失真系数D也减小到$\left(\frac{1}{1+A_uF}\right)$倍，即$D_f=\frac{D}{1+A_uF}$。

4.4.4　实验内容

分离元件多级负反馈仿真电路

负反馈放大器开环和闭环放大倍数的测试，实验电路如图 4.4.2 所示。

①登录“互联网+在线系统”，选择“模拟电路实验”，在实验项目界面

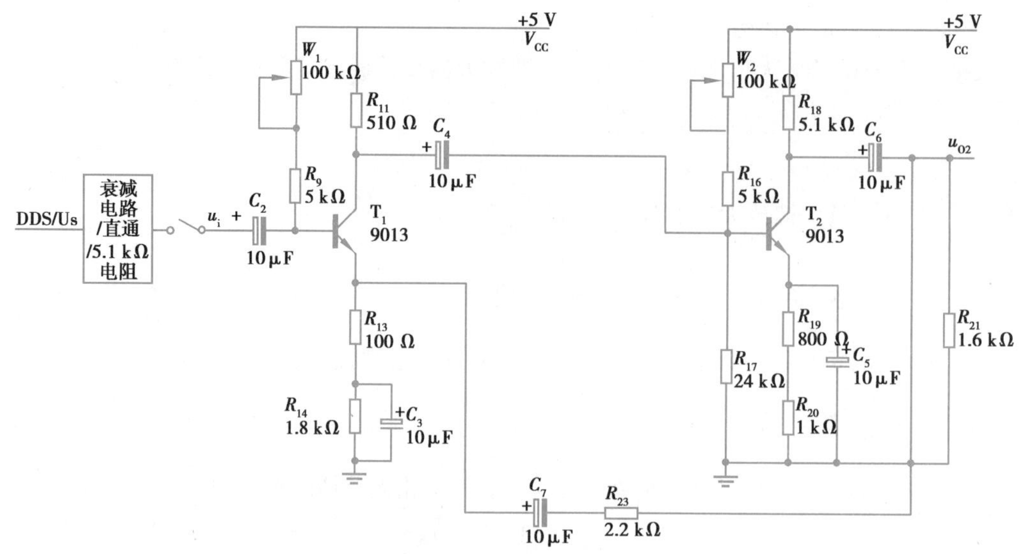

▲图 4.4.2　反馈放大电路

选择"负反馈放大电路"实验,单击"在线实验"进入空闲设备选择。

如图 4.4.3,打钩的地方表示设备空闲可以使用,可以选择任意一空闲设备进入实验。

实验设备选择

显示 10 条

设备编号	设备名称	使用人	连接状态	锁定状态	操作
md03	md03		连接正常	未锁定	✔
md08	md08		连接正常	未锁定	✔
md09	md09		连接正常	未锁定	✔
md10	md10	学生6	连接正常	未锁定	

▲图 4.4.3　空闲设备选择

②按照图 4.4.2 进行器件摆放和连线(负载电阻先不接)。器件摆放规则,先选中放置区,当放置区呈高亮状态(底色变成粉红)时,从左侧元件库拖动元件到放置区,松开鼠标,即可完成放置。连线规则实心点只能跟空心点相连,实心点和实心点之间或者空心点和空心点之间不能进行连线,需通过转接点进行相连。单击需要进行连线的其中一个实心点或者空心点,然后会出来一根线条,将其拖动到需要相连的另外一个空心点或者实心点的中心位置,该点会呈现高亮状态,然后单击鼠标,即可完成连线。电路搭建完成后,打开电源开关。(同时单击界面右上角"保存电路",以备后用。)

1)开环电路

①断开电阻 R_{23} 和电容 C_7。

②将低频信号设置为正弦波 $f=1$ kHz,峰-峰值为 300 mV。调整 W_1 和 W_2 电位器使输出不失真且无自激振荡。

③按表 4.4.1 要求进行测量并填表(用示波器测量 u_o 值)。

④根据实测值计算开环放大倍数 $A_u\left(A_u=\dfrac{u_o}{u_i}\right)$。

2）闭环电路

①接通电阻 R_{23} 和电容 C_7，信号源保持设置不变；

②按表4.4.1要求测量并填表，计算 A_{uf}（$A_{uf}=\frac{u_o}{u_i}$）。

表4.4.1 闭环放大倍数测试

	R_L/kΩ	u_i/mV	u_o/mV	A_{uF}
开环	∞	300		
	1.6	300		
闭环	∞	300		
	1.6	300		

3）负反馈对失真的改善作用

①将图4.4.2电路开环，即不接电阻 R_{23} 和电容 C_7，u_S 端送入 f=1 kHz的正弦波，逐步加大 u_S 幅度，使输出信号 u_o 出现失真（注意不要过分失真）记录输出波形失真时输入信号的幅度。

②将电路闭环，观察输出情况，并适当增加 u_S 幅度，使输出幅度 u_o 接近开环时失真波形幅度，记录输入信号幅度，并与开环输入幅度做比较。

③画出上述各步实验的波形图。

4）测放大器频率特性

①将图4.4.2电路先开环，选择 u_i 适当幅度（频率为1 kHz）使输出信号 u_o 在示波器上幅度最大且不失真。

②保持输入信号幅度不变逐步增加频率，直到波形减小为原来的70%，此时信号频率即为放大器的 f_H。

③条件同上，但逐渐减小频率，测得 f_L。

④将电路闭环，重复1~3步骤，并将结果填入表4.4.2（注意：电路闭环后，u_o 会减小，此时可增加输入信号 u_S 的幅度使 u_o 与开环时 u_o 相等）。

表4.4.2 通频带测试

	f_H/Hz	f_L/Hz
开环		
闭环		

4.4.5 实验报告要求

①将实验值与理论值比较，分析误差原因。

②根据实验内容总结反馈对放大电路的影响。

4.5 集成运放在信息运算方面的应用

4.5.1 实验目的

课件：集成运放在信息运算方面的应用

①加深对集成运放基本特性的理解。

②学习集成运放在基本运算电路中的设计、应用及测试。

4.5.2 实验原理与设计方法

集成运放是高增益的直流放大器，若在运算放大器的输入端与输出端之间加上适当的反馈网络，便可以实现不同的电路功能。例如，加入线性负反馈网络，可以实现信号的放大功能以及加、减、微分、积分等模拟运算功能；加入非线性负反馈网络，可以实现乘法、除法、对数等模拟运算功能。如果加入线性或者非线性正反馈网络（或将正、负两种反馈形式同时加入），就可以构成一个振荡器产生各种不同的模拟信号（如正弦波、三角波等）。由运算放大器和深度负反馈网络组成的模拟运算电路如图 4.5.1 所示。Z_n、Z_f、Z_p 分别为负反馈网络的阻抗，即反相输入端阻抗及同相端输入阻抗。R_b 为平衡电阻。运算放大器在加上负反馈网络以后的闭环增益 A_{uf} 要比其开环增益 A_{ud} 小得多，A_{uf} 可根据需要来设计。

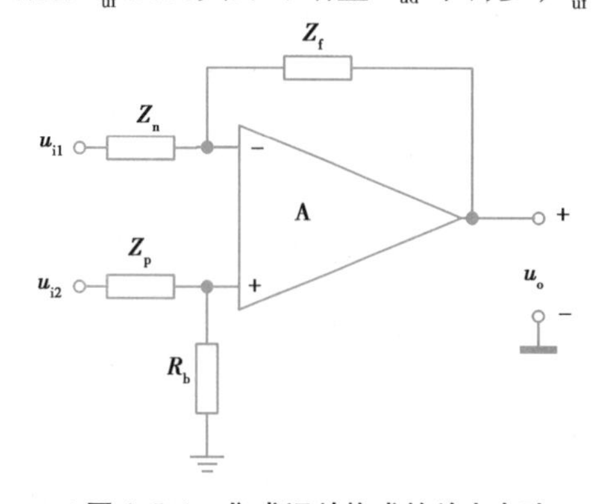

▲图 4.5.1 集成运放构成的放大电路

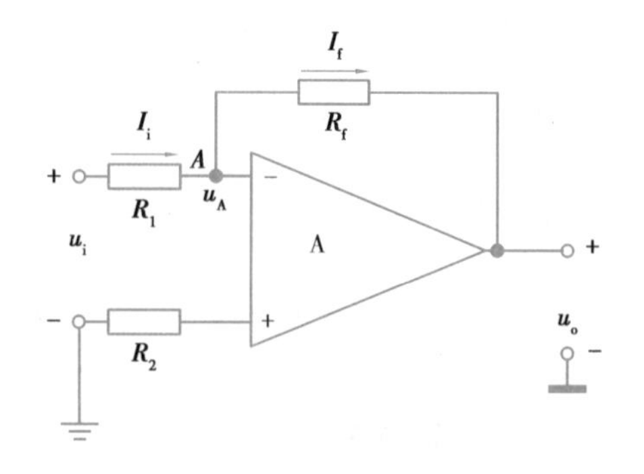

▲图 4.5.2 反相比例放大器

下面介绍运算放大器的几种基本应用电路。

1）反相比例放大器特性的研究

如图 4.5.2 所示，电路的输入信号与反馈信号在反相输入端并联，同相输入端接地，因此，反相比例运算放大器是具有深度并联负反馈放大电路。

由于集成运算放大器的开环增益高，A 点近似为地电位，一般称为虚地，因此，A 点对地的电压 $u_A \approx 0$。则

$$i_f = \frac{u_i - u_A}{R_1} \approx \frac{u_i}{R_1}$$

$$i_f = \frac{u_A - u_o}{R_f} \approx \frac{-u_o}{R_f}$$

$$i_i = i_f$$

$$A_{uf} = \frac{u_o}{u_i} = -\frac{R_f}{R_1} \tag{4.5.1}$$

$$u_o = -\frac{R_f}{R_1}u_I$$

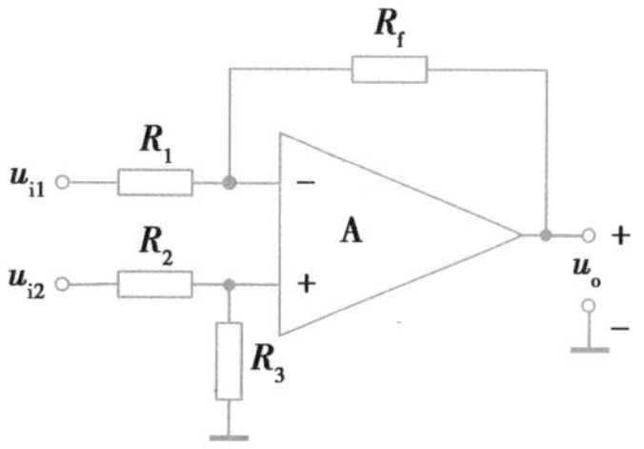

当改变 R_f/R_1 的比值,则可得到输出反相与输入电压有一定比例关系的电压值。当 $R_f = R_1$ 时,$u_o = -u_i$,电路成为一个反相跟随器。

▲图 4.5.3 减法器

2)减法器(差分运算)特性的研究

图 4.5.3 所示,输入信号 u_{i1} 和 u_{i2} 分别加到放大器的反相输入端和同相输入端。而同相输入端的电阻 R_2 和 R_3 组成分压器,将同相输入端的信号损耗一部分,以使得放大器对 u_{i1} 和 u_{i2} 的放大倍数的绝对值相等,以便有效地抑制输入信号的共模分量。由图可列出下列方程:

$$\frac{u_{i1} - u_-}{R_1} = \frac{u_o - u_-}{R_f}$$

$$\frac{u_{i2} - u_+}{R_2} = \frac{u_+}{R_3}$$

$$u_- = u_+$$

解方程组可得

$$u_o = \left(\frac{R_3}{R_2}u_{i2} - \frac{R_f}{R_1}u_{i1}\right) = -\left(\frac{R_f}{R_1}u_{i1} - \frac{R_3}{R_2}u_{i2}\right)$$

当 $R_1 = R_2 = R, R_f = R_3$ 时

$$u_o = \frac{R_f}{R}(u_{i2} - u_{i1}) = -\frac{R_f}{R}(u_{i1} - u_{i2}) \tag{4.5.2}$$

为实现精确的差分比例运算,外接电阻元件必须严格匹配,即 $R_1 = R_2 = R, R_f = R_3$。

差模放大倍数

$$A_{ud} = \frac{u_o}{u_{i2} - u_{i1}} = \frac{R_f}{R}$$

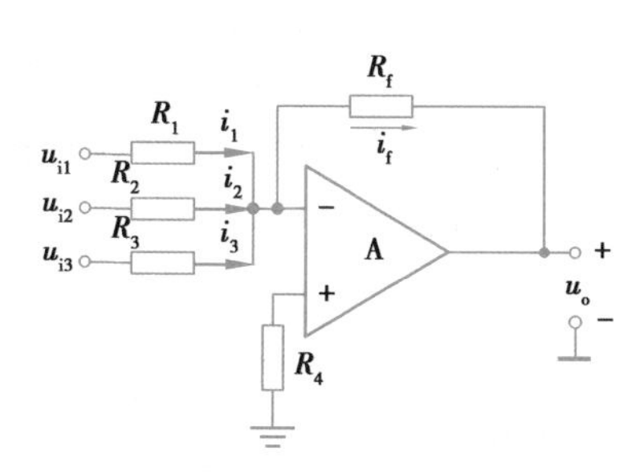

▲图 4.5.4 反相加法器

3)反相加法器特性研究

如图 4.5.4 所示,将 n 个模拟信号 $u_{i1},\cdots,u_{in}$ 分别通过电阻 $R_1,\cdots,R_n$ 加到运放的反相输入端,以便对 n 个输入信号电压实现代数加运算。

在反相加法器中,首先将各输入电压转换为电流,由反相端流向反馈回路电阻 R_f,经 R_f 转换为输出电压。由

图可得

$$i_1 = \frac{u_{i1}}{R_1}$$

$$i_2 = \frac{u_{i2}}{R_2}$$

$$i_n = \frac{u_{in}}{R_n}$$

$$i_f = -\frac{u_o}{R_f}$$

$$i_f = i_1 + i_2 + \cdots + i_n$$

解方程组可得

$$u_o = -R_f\left(\frac{u_{i1}}{R_1} + \frac{u_{i2}}{R_2} + \cdots + \frac{u_{in}}{R_n}\right)$$

当 $R_1 = R_2 = \cdots = R_n = R$ 时，则

$$u_o = -\frac{R_f}{R}(u_{i1} + u_{i2} + \cdots + u_{in}) \tag{4.5.3}$$

在运算放大器具有理想特性时，各相加项的比例因子仅与外部电路的电阻有关，而与放大器本身的参数无关，选择适当的电阻值，就能得到所需的比例因子，这种加法器可以达到很高的精度和稳定性。补偿电阻 R_4 用来保证电路的平衡对称，其值应选为

$$R_4 = R_f // R_1 // R_2 // \cdots // R_n$$

4）反相积分器特性研究

当输入电压为 u_i 时，在电阻 R_1 产生输入电流将向电容 C_f 充电；充电过程是输入电流在电容上随时间的电荷积累，而电容一端接在虚地点，另一端是积分器的输出，因此，输出电压 u_o 将反映输入信号对时间的积分过程。由图 4.5.5 可得

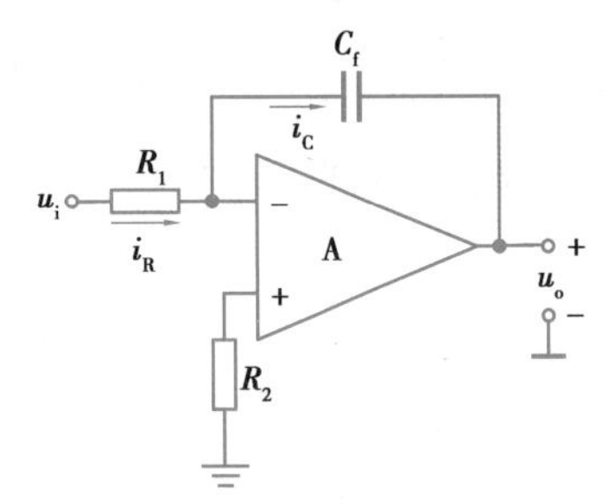

▲图 4.5.5 反相积分电路

$$i_R = i_C$$

$$\frac{u_i}{R_1} = -C_f\frac{du_o}{dt}$$

$$u_o = -\frac{1}{R_1C_f}\int_0^t u_i(t)\,dt \tag{4.5.4}$$

式中，$R_1 = R_2 = R$。

由此表明，输出电压正比于输入电压对时间的积分，其比例常数取决于反馈电路的时间常数，$\tau = RC_f$，而与放大器参数无关。

若输入电压 u_i 为直流电压 U_I，则

$$u_o = -\frac{1}{RC_f}U_I \cdot t$$

5）单电源供电运算放大器

在仅需放大交流信号时，若用运算放大器作放大器，为减少一个电源，运算放大器常常采用单电源（正电源或负电源）供电，如图 4.5.6 所示。其方法是以电阻分压方式将同相端偏置在 $V_{CC}/2$（或负电源 $V_{EE}/2$）。

▲图 4.5.6　单电源供电反相比例放大器

4.5.3　实验设备

直流稳压电源、函数信号发生器、双踪示波器、晶体管毫伏表、万用表。

4.5.4　实验内容

减法器仿真电路

反向加法器仿真电路

反相积分仿真电路

单电源反相、同相比例电路仿真

（1）减法运算电路

给定条件：电源电压为±12 V，R_f/R 的比值为 10。

①u_{i1} = 0.3 V，u_{i2} = 0.5 V，u_o = ______

②u_{i1} = 0.2 V，u_{i2} = −0.3 V，u_o = ______

（2）反相加法运算电路

给定条件：电源电压为±12 V，R_f/R 的比值为 10。

u_{i1} = 0.2 V，u_{i2} = −0.5 V，u_o = ______

（3）反相积分运算电路

给定条件：R = 10 kΩ，C_f = 0.01 μF，给积分电路输入 2 $V_{p\text{-}p}$、频率分别为 100 Hz、1 kHz、10 kHz 的方波，观察并在图 4.5.7 中记录输入、输出波形。

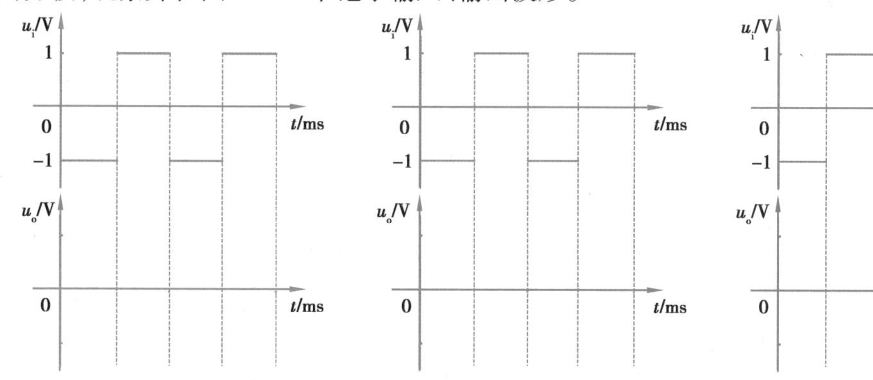

▲图 4.5.7　输入输出波形

（4）单电源供电的反相比例运算交流放大电路

给定条件：电源电压为+12 V，u_i 为交流正弦信号，f = 1 kHz，A_{uf} = −10，u_i 在 50 ~ 150 mV 范围内取值。

①测量不加交流正弦信号时运放的 U_+、U_-、U_O 值。

②测量加入交流信号时的 u_i、u_o、A_{uf}，将数据填入表 4.5.1。

表 4.5.1 单电源反相比例交流放大电路测试数据

U_+	U_-	U_O	u_i	u_o	A_{uf}

(5)单电源供电的同相比例运算交流放大电路

给定条件:电源电压+12 V,u_i 为交流正弦信号,$f=1$ kHz,$A_{uf}=11$,u_i 在 50 ~ 150 mV 范围内取值。

①测量不加交流正弦信号时运放的 U_+、U_-、U_O 值。

②测量加入交流信号时的 u_i、u_o、A_{uf},将数据填入表 4.5.2。

表 4.5.2 单电源同相比例交流放大电路测试数据

U_+	U_-	U_O	u_i	u_o	A_{uf}

(6)设计单电源供电的直流放大电路

给定条件:要求输入电压+0.5 ~ +1.5 V 范围内取值,直流放大倍数 5 倍。将数据填入表 4.5.3。

表 4.5.3 单电源供电直流放大电路测试数据

U_I	U_+	U_-	U_O	A_{uf}

4.5.5 思考题

①在同相比例放大电路中,设输入信号的幅度保持不变,运算放大器低频时输出电压分别为 0.4 V 和 4 V,在这两种情况下电路的上限截止频率是否相同?为什么?

②若要设计一个 $A=20$ 的反相放大电路,用于放大频率为 150 kHz 的正弦信号,运算放大器选用 NE5532 可以吗?选用 LM358 可以吗?为什么?若放大频率为 1 500 kHz 的正弦信号呢?

③单电源供电的反相比例运算放大器输入端 C_1 与输出端 C_2 的极性应该如何连接?

4.5.6 实验报告要求

①复习运算放大器应用理论。

②根据给定条件,设计上述运算应用电路,并绘出电路图。

③用 EDA 技术对电路进行仿真,将仿真结果与实验测试值相比较。

④自拟实验步骤及测试记录表格。

⑤将实验测试值与理论值进行比较,分别分析误差原因。

4.6　集成运放在信号处理方面的应用——有源滤波器的设计与调试

4.6.1　实验目的

①熟悉二阶有源滤波器的基本原理、电路结构和基本性能。
②学会二阶有源滤波器的基本设计方法。
③熟悉二阶有源滤波器的测量。

4.6.2　设计原理与参考电路

由运算放大器和 RC 元件组成的有源滤波器，具有不用电感元件、有一定增益、重量轻、体积小和调试方便等优点，可用于信息处理、数据传输和抑制干扰等方面，但因受运算放大器的频带限制，这类滤波器主要用于低频。根据对频率选择要求的不同，滤波器可分为低通、高通、带通与带阻四种，它们的幅频特性如图 4.6.1 所示。理想幅频特性的滤波器是很难实现的，只能用实际的滤波器的幅频特性去逼近理想的滤波器，常用的逼近方法是巴特沃斯和切比雪夫滤波电路。

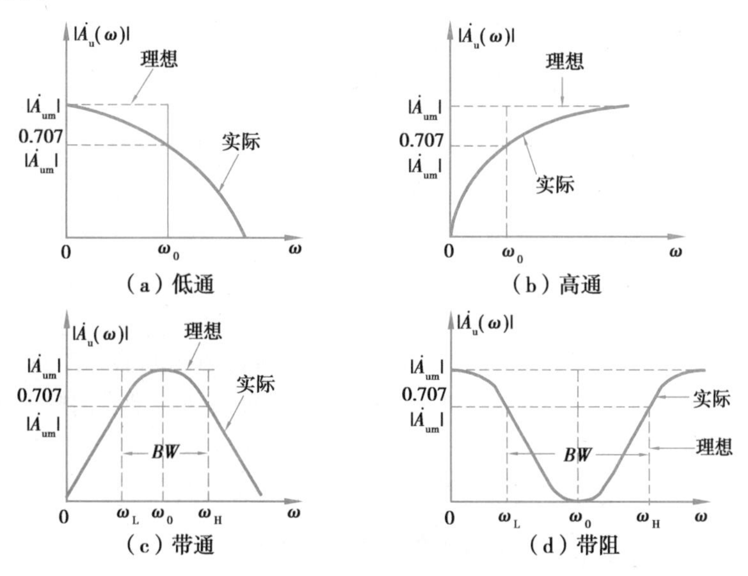

▲图 4.6.1　滤波器的幅频特性

一般来说，滤波器的阶数 n 越高，幅频特性衰减的速率越快，但 RC 网络的节数越多，元件参数计算越烦琐，电路调试越困难。虽然如此，因为任何高阶的滤波器均可以用较低阶的滤波器级联实现。所以这里主要介绍具有巴特沃斯响应的二阶有源滤波器的基本设计方法。

滤波器属于线性系统，其四种滤波器的传输函数式(4.6.1)—式(4.6.4)。
低通滤波器传输函数为

$$\dot{A}(S)=\frac{A_u\omega_n^2}{S^2+\frac{\omega_n}{Q}S+\omega_n^2} \tag{4.6.1}$$

高通滤波器传输函数为

$$\dot{A}(S)=\frac{A_uS^2}{S^2+\frac{\omega_n}{Q}S+\omega_n^2} \tag{4.6.2}$$

带通滤波器传输函数为

$$\dot{A}(S)=\frac{A_u\frac{\omega_n}{Q}S}{S^2+\frac{\omega_n}{Q}S+\omega_n^2} \tag{4.6.3}$$

带阻滤波器传输函数为

$$\dot{A}(S)=\frac{A_u(S^2+\omega_n^2)}{S^2+\frac{\omega_n}{Q}S+\omega_n^2} \tag{4.6.4}$$

式中 A_u——通带内的电压增益；

ω_n——低、高通滤波器的截止角频率；

ω_0——带通、带阻滤波器的中心角频率；

Q——品质因数，$Q=\frac{\omega_0}{BW}$；BW 是带通、带阻滤波器的带宽。

有源滤波电路的种类很多，如按通带的性能划分，可分为低通（LPF）、高通（HPF）、带通（BPF）、带阻（BEF 或 BSF）滤波器，下面着重讨论典型的二阶有源滤波器。

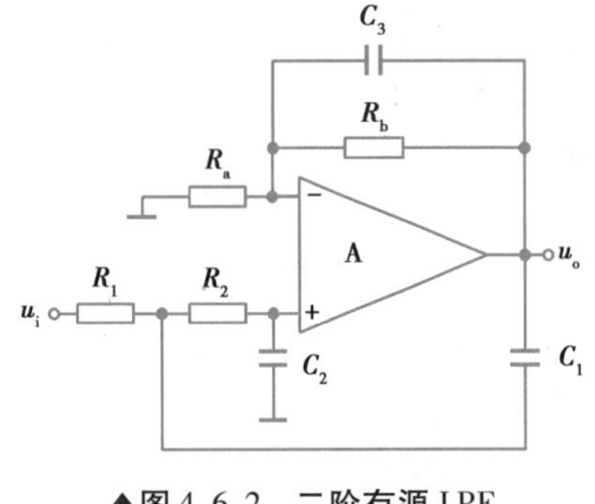

▲图 4.6.2 二阶有源 LPF

1）二阶有源 LPF

（1）基本原理

典型二阶有源低通滤波器如图 4.6.2 所示，为抑制尖峰脉冲，在负反馈回路可增加电容 C_3，C_3 的容量一般为 22 ~ 51 pF。该滤波器每节 RC 电路衰减 -6 dB/倍频程，每级滤波器-12 dB/倍频程。其传递函数的关系式为：

$$\dot{A}(S)=\frac{A_{uf}\omega_n^2}{S^2+\frac{\omega_n}{Q}S+\omega_n^2}$$

式中 A_{uf}、ω_n、Q 分别表示如下：

通带增益 $$A_{uf}=1+\frac{R_b}{R_a}$$

固有角频率
$$\omega_n=\frac{1}{\sqrt{R_1R_2C_1C_2}} \tag{4.6.5}$$

品质因数
$$Q=\frac{\sqrt{R_1R_2C_1C_2}}{C_2(R_1+R_2)+(1-A_{uf})R_1C_1}$$

(2)设计方法

下面介绍设计二阶有源 LPF 时选用 R、C 的两种方法。

方法一:设 $A_{uf}=1$,$R_1=R_2$,则 $R_a=\infty$,以及

$$Q=\frac{1}{2}\sqrt{\frac{C_1}{C_2}}$$

$$f_n=\frac{1}{2\pi R\sqrt{C_1C_2}}$$

$$C_1=\frac{2Q}{\omega_n R} \tag{4.6.6}$$

$$C_2=\frac{1}{2Q\omega_n R}$$

$$n=\frac{C_1}{C_2}=4Q^2(n\ \text{为阶数})$$

方法二:$R_1=R_2=R$,$C_1=C_2=C$,则

$$Q=\frac{1}{3-A_{uf}} \qquad f_n=\frac{1}{2\pi RC} \tag{4.6.7}$$

由式(4.6.7)得知 f_n、Q 可分别由 R、C 值和运放增益 A_{uf} 的变化来单独调整,相互影响不大,因此该设计法对要求特性保持一定 f_n 而在较宽范围内变化的情况比较适用,但必须使用精度和稳定性均较高的元件。在图 4.6.2 中,Q 值按照近似特性可有如下分类:

$$Q=\frac{1}{\sqrt{2}}\approx 0.71 \quad \text{为巴特沃思特性}$$

$$Q=\frac{1}{\sqrt{3}}\approx 0.58 \quad \text{为贝塞尔特性}$$

$$Q=0.96 \quad \text{为切比雪夫特性}$$

(3)设计实例

要求设计如图 4.6.3 所示的具有巴特沃思特性($Q\approx 0.71$)的二阶有源 LPF,已知 $f_n=1$ kHz。

按方法一和方法二两种设计方法分别进行计算,可得如下两种结果。

若按方法一:取 $A_{uf}=1$,$Q\approx 0.71$,选取 $R_1=R_2=R=160$ kΩ,由式(4.6.6)可得:

$$\frac{C_1}{C_2}\approx 2 \qquad R=\frac{1}{\omega_n C} \qquad C_1=\frac{2Q}{\omega_n R}=1\ 400\ \text{pF}$$

$$C_2=\frac{C_1}{2}=700\ \text{pF}(\text{取标称值 }680\ \text{pF})$$

若按方法二:取 $R_1=R_2=R=160$ kΩ,$Q\approx 0.71$,由式(4.6.7)可得

$$C_1 = C_2 = \frac{1}{2\pi f_n R} = 0.001\ \mu F$$

2)二阶有源 HPF

(1)基本原理

HPF 与 LPF 几乎具有完全的对偶性,把图 4.6.3 中的 R_1、R_2 和 C_1、C_2 位置互换就构成如图 4.6.4 所示的二阶有源 HPF。二者的参数表达式与特性也有对偶性,二阶 HPF 的传递函数为

$$\dot{A}(S) = \frac{A_{uf} S_n^2}{S^2 + \frac{\omega_n}{Q} S + \omega_n^2}$$

式中

$$A_{uf} = 1 + \frac{R_b}{R_a}$$

$$\omega_n = \frac{1}{\sqrt{R_1 R_2 C_1 C_2}} \tag{4.6.8}$$

$$Q = \frac{1/\omega_n}{R_2(C_1+C_2)+(1-A_{uf})R_2 C_2}$$

(2)设计方法

HPF 中 R、C 参数的设计方法也与 LPF 相似,有如下两种。

方法一:设 $A_{uf}=1$,取 $C_1=C_2=C$,根据所要求的 Q、$f_n(\omega_n)$,可得

$$R_1 = \frac{1}{2Q\omega_n C}$$

$$R_2 = \frac{2Q}{\omega_n C} \tag{4.6.9}$$

$$n = \frac{R_1}{R_2} = 4Q^2$$

方法二:设 $C_1=C_2=C$,$R_1=R_2=R$,根据所要求得 Q,ω,可得

$$A_{uf} = 3 - \frac{1}{Q} \tag{4.6.10}$$

$$R = \frac{1}{\omega_n C}$$

有关这两种方法的应用特点与 LPF 情况完全相同。

(3)设计实例

设计如图 4.6.3 所示的具有巴特沃斯特性的二阶有源 HPF($Q\approx0.71$),已知 $f_n=1$ kHz,计算 R、C 的参数。

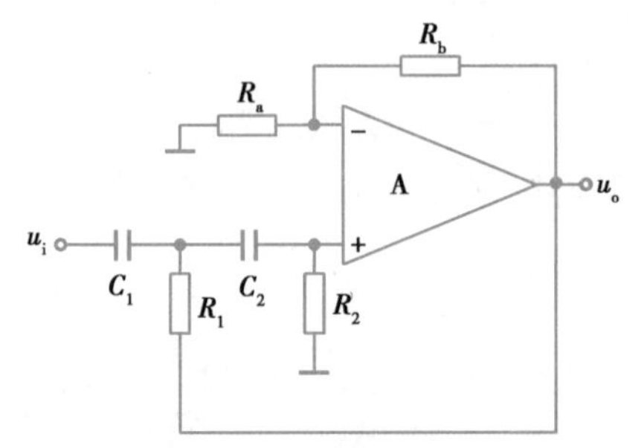

▲图 4.6.3 二阶有源 HPF

若按方法一:设 $A_{uf}=1$,选取 $C_1=C_2=C=$ 1 000 pF,求得 $R_1=112$ kΩ,$R_2=216$ kΩ,各选用 110 kΩ

与 220 kΩ 标称值即可。

若按方法二：选取 $R_1=R_2=R=160\ \text{k}\Omega$，求得 $A_{uf}=1.58$，$C_1=C_2=C=1\ 000\ \text{pF}$。

3)二阶有源带通滤波器

(1)基本原理

带通滤波器(BPF)能通过规定范围的频率，这个频率范围就是电路的带宽 BW，滤波器的最大输出电压峰值出现在中心频率 ω_0 的频率点上。带通滤波器的带宽越窄，选择性越好，也就是电路的品质因数 Q 越高。电路的 Q 值可用公式求出：

$$Q=\frac{\omega_0}{BW} \tag{4.6.11}$$

一般，高 Q 值滤波器有窄的带宽，大的输出电压；反之低 Q 值滤波器有较宽的带宽，输出电压相对较小。

(2)参考电路

BPF 的电路形式较多，图 4.6.4 为宽带滤波器的示例。

在满足 LPF 的通带截止频率高于 HPF 的通带截止频率的条件下，把 LPF 和 HPF 串接起来可以实现巴特沃斯通带响应，如图 4.6.4 所示。用该方法构成的带通滤波器的通带较宽，通带截止频率易于调整，可用于音频带通滤波器。如在电话系统中，采用图 4.6.4 所示滤波器，能抑制低于 300 Hz 和高于 3 000 Hz 的信号，整个通带增益为 8 dB，运算放大器为 LM324。

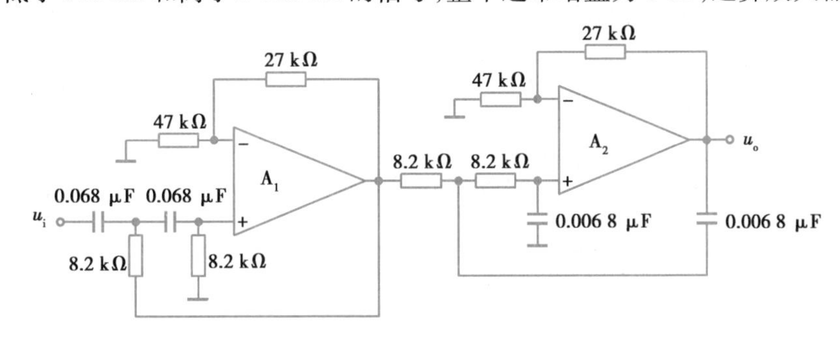

▲图 4.6.4　带通滤波器

4.6.3　实验内容

有源带通滤波器仿真电路

1)基本要求

根据前面介绍的方法计算电路的元件值、频率和增益，要求误差在±10%以内。

①设计一个二阶有源低通滤波器，要求截止频率 $f_c=3\ 000\ \text{Hz}$，$A_u=2$。

②设计一个二阶有源高通滤波器，要求截止频率 $f_c=300\ \text{Hz}$，$A_u=1$。

2)安装电路

根据计算的元件值，安装上述两种有源滤波器电路。

①在输入端加信号 $u_i=100\ \text{mV}$ 用点频法测各滤波器的幅频特性，在表 4.6.1 和表 4.6.2

中分别记录数据，并画出幅频特性曲线。

表 4.6.1 低通滤波器幅频特性测试数据

频率	50 Hz	$1/10f_c$	$1/2f_c$	f_c	$2f_c$	$10f_c$
u_o/mV						
u_o/dBm						

表 4.6.2 高通滤波器幅频特性测试数据

频率	$1/10f_c$	$1/2f_c$	f_c	$2f_c$	$10f_c$	20 kHz
u_o/mV						
u_o/dBm						

②实验调整、修改元件值，使性能参数、幅频特性满足要求。

给定条件：a. 电源电压±12 V；b. 运放：LM358。

3）扩展要求

设计一个二阶有源带通滤波器（语音滤波器），并测量相关技术指标。

要求：截止频率 f_H = 3 000 Hz，f_L = 300 Hz，A_u = 2，阻带衰减速率为−40 dB/10 倍频程（提示：一级二阶低通与一级二阶高通级联）。在输入端加信号 u_i = 100 mV 用点频法测滤波器的幅频特性，在表 4.6.3 中记录数据，并画出幅频特性曲线。

表 4.6.3 带通滤波器幅频特性测试数据

频率	$1/10f_L$	$1/2f_L$	f_L	f_o	f_H	$2f_H$	$10f_H$
u_o/mV							
u_o/dBm							

4.6.4 实验仪器

直流稳压电源、函数信号发生器、双踪示波器、晶体管毫伏表、万用表。

4.6.5 预习要求与实验报告

①复习运算放大器和滤波器的工作原理。

②预习有源滤波器的基本设计方法。

③复习幅频特性的测试方法。

④用 EDA 技术对设计电路进行仿真，将仿真结果与实验测试值相比较。

⑤拟出设计步骤及实验步骤。

⑥记录波形并分析性能指标是否满足设计要求，讨论分析误差原因。

4.6.6　实验研究与思考题

①有源滤波器有哪些优缺点？

②带通滤波器的上限频率受哪些因素影响？采取什么措施减小这些影响？

4.7　函数信号发生器电路设计

课件：函数信号发生器电路设计

4.7.1　实验目的

①通过实验掌握由运算放大器构成正弦波振荡电路的原理与设计方法。

②通过实验掌握由运算放大器构成方波和三角波振荡电路的原理与设计方法。

③通过实验了解函数信号发生器的调整和主要性能指标的测试方法。

4.7.2　实验原理

1）函数信号产生方案

对于函数信号产生电路，一般有多种实现方案，如模拟电路实现方案、数字电路实现方案、模数结合的实现方案等。

数字电路的实现方案，一般可事先在存储器里存储好函数信号波形，再用 D/A 转换器进行逐点恢复。这种方案的波形精度主要取决于函数信号波形的存储点数、D/A 转换器的转换速度，以及整个电路的时序处理等。其信号频率的高低，是通过改变 D/A 转换器输入数字量的速率来实现的。

模数结合的实现方案，一般是用模拟电路产生函数信号波形，而用数字方式改变信号的频率和幅度。如采用 D/A 转换器与压控电路改变信号的频率，用数控放大器或数控衰减器改变信号的幅度等，是一种常见的电路方式。

模拟电路的实现方案，是指全部采用模拟电路的方式，以实现信号产生电路的所有功能，本实验的函数信号产生电路采用全模拟电路的实现方案。

对于波形产生电路的模拟电路的实现方案，也有几种电路方式可供选择。本实验选用最常用的且线路比较简单的电路加以分析。如用正弦波发生器产生正弦波信号，然后用过零比较器产生方波，再经过积分电路产生三角波，其电路框图如图 4.7.1 所示。

2）RC 桥式正弦振荡电路

RC 桥式正弦振荡电路如图 4.7.2 所示。其中 R_1、C_1 和 R_2、C_2 为串、并联选频网络，接于运算放大器的输出与同相输入端之间，构成正反馈，以产生正弦自激振荡。R_3、R_W 及 R_4 组成负反馈网络，调节 R_W 可改变负反馈的反馈系数，从而调节放大电路的电压增益，使电压增益满足振荡的幅度条件。

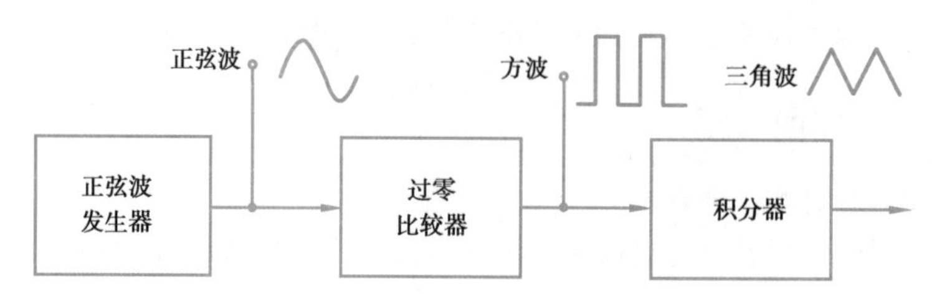

▲图 4.7.1 模拟电路实现方案框图

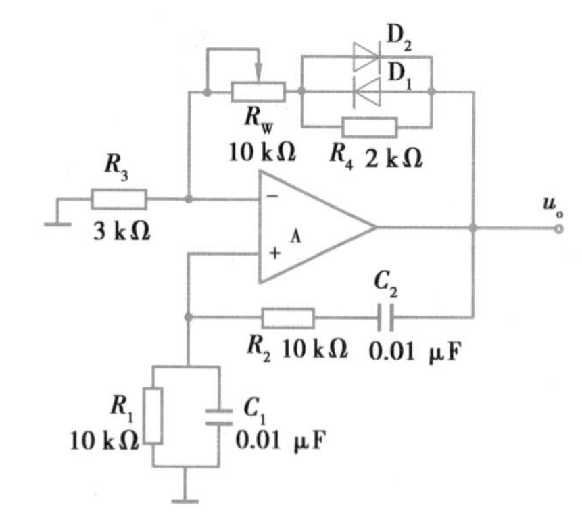

▲图 4.7.2 RC 桥式正弦振荡电路

为了使振荡幅度稳定，通常在放大电路的负反馈回路里加入非线性元件来自动调整负反馈放大电路的增益，从而维持输出电压幅度的稳定。图 4.7.2 中的两个二极管 D_1、D_2 便是稳幅元件。当输出电压的幅度较小时，电阻 R_4 两端的电压低，二极管 D_1、D_2 截止，负反馈系数由 R_3、R_W 及 R_4 决定；当输出电压的幅度增加到一定程度时，二极管 D_1、D_2 在正负半周轮流导通，其动态电阻与 R_4 并联，使负反馈系数加大，电压增益下降。输出电压的幅度越大，二极管的动态电阻越小，电压增益也越小，输出电压的幅度保持基本稳定。

另外 D_1、D_2 应采用硅管（温度稳定性好），且要求特性匹配，才能保证输出波形正、负半周对称。R_4 的接入是为了削弱二极管非线性的影响，以改善波形失真。

为了维持振荡输出，必须让 $1+R_f/R_3=3$。为了保证电路起振，应使 $1+R_f/R_3$ 略大于 3，即 R_f 略大于 R_3 的两倍，这可由 R_W 进行调整。式中，$R_f=R_W+(R_4//r_D)$，r_D 为二极管正向导通电阻

当 $R_1=R_2=R, C_1=C_2=C$ 时

电路的振荡频率： $$f=\frac{1}{2\pi RC}$$

起振的幅值条件： $$\frac{R_f}{R_3}\geqslant 2$$

调整电阻 R_W（即改变了反馈 R_f），使电路起振，且波形失真最小。如不能起振，则说明负反馈太强，应适当加大 R_f，如波形失真严重，则应适当减小 R_f。

改变选频网络的参数 C 或 R，即可调节振荡频率。一般采用改变电容 C 作频率量程切换（粗调），而调节 R 作量程内的频率细调。

3）比较器

迟滞比较器的电路图如图 4.7.3 所示。该比较器是一个具有迟滞回环传输特性的比较器。由于正反馈作用，这种比较器的门限电压是随输出电压 u_o 的变化而变化。在实际电路中为了满足负载的需要，通常在集成运放的输出端加稳压管限幅电路，从而获得合适

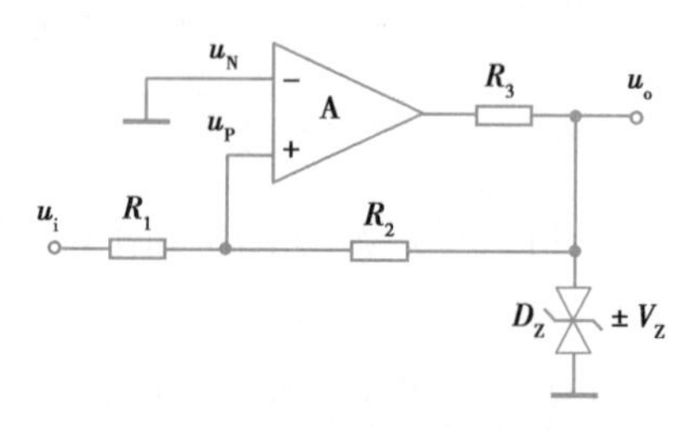

▲图 4.7.3 迟滞比较器

的 U_{oH} 和 U_{oL}。

由图 4.7.3 可知：

$$u_P=\frac{R_1}{R_2+R_1}u_o+\frac{R_2}{R_2+R_1}u_i$$

电路翻转时：

$$u_N\approx u_P=0$$

即得：

$$u_i=U_{th}=-\frac{R_1}{R_2}u_o$$

迟滞比较器电压传输特性如图 4.7.4 所示。

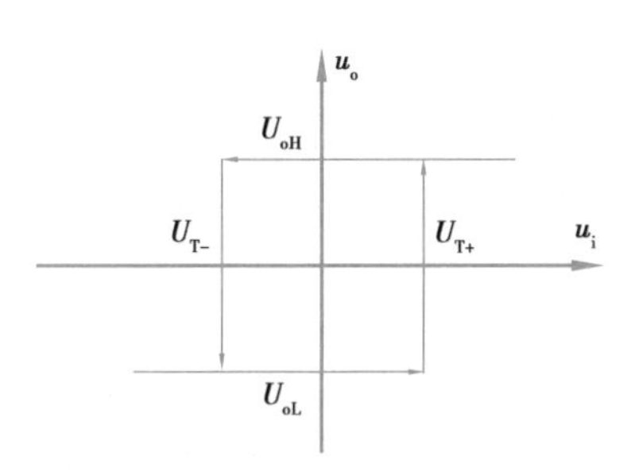

▲图 4.7.4　迟滞比较器电压传输特性

4)方波和三角波发生器

由集成运算放大器构成的方波和三角波发生器，一般均包括比较器和 RC 积分器两大部分。如图 4.7.5 所示为由迟滞比较器和集成运放组成的积分电路所构成的方波和三角波发生器。其工作原理如下：

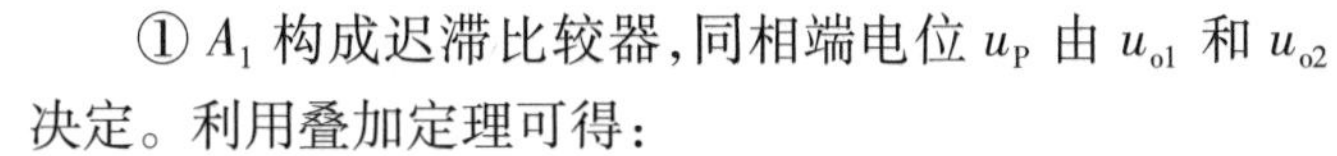

① A_1 构成迟滞比较器，同相端电位 u_P 由 u_{o1} 和 u_{o2} 决定。利用叠加定理可得：

$$u_P=\frac{R_1}{R_2+R_1}u_{o1}+\frac{R_2}{R_2+R_1}u_{o2}$$

当 $u_P>0$ 时，A_1 输出为正，即 $u_{o1}=+V_Z$；当 $u_P<0$ 时，A_1 输出为负，即 $u_{o1}=-V_Z$。

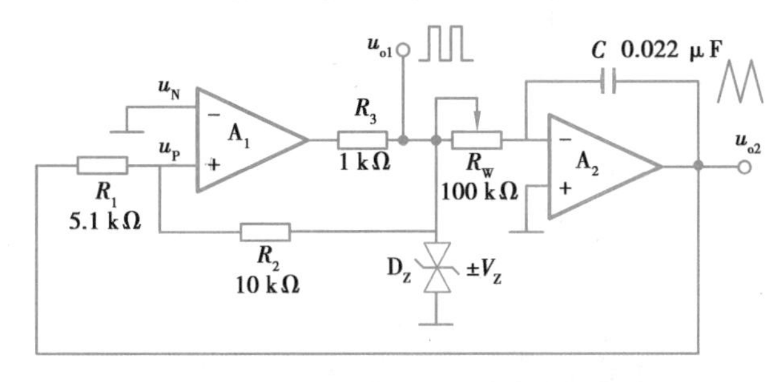

▲图 4.7.5　方波和三角波发生器电路

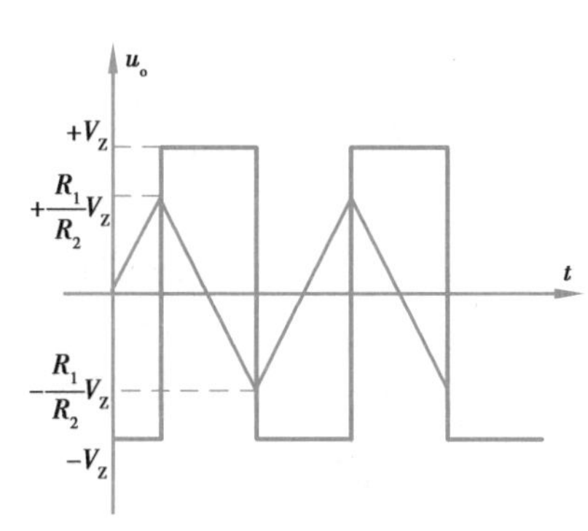

▲图 4.7.6　方波和三角波发生器输出波形

②A_2 构成反相积分器。u_{o1} 为负时，u_{o2} 向正向变化，u_{o1} 为正时，u_{o2} 向负方向变化。假设电源接通时 $u_{o1}=-V_Z$，u_{o2} 线性增加。

当 $u_{o2}=\frac{R_1}{R_2}V_Z$ 时，可得：

$$u_P=\frac{R_1}{R_2+R_1}(-V_Z)+\frac{R_2}{R_2+R_1}\left(\frac{R_1}{R_2}V_Z\right)=0$$

当 u_{o2} 上升到使 u_P 略高于 0 V 时，A_1 的输出翻转到 $u_{o1}=+V_Z$。同样 $u_{o2}=-\frac{R_1}{R_2}V_Z$ 时，当 u_{o2} 下降到使 u_P 略低于 0 V 时，$u_{o1}=-V_Z$。这样不断重复，就可以得到方波 u_{o1} 和三角波 u_{o2}。其输出波形如图 4.7.6 所示。

输出方波的幅值由稳压管 D_Z 决定，被限制在稳压值$\pm V_Z$ 之间。

电路的振荡频率 $f_0=\dfrac{R_2}{4R_1R_WC}$

方波幅值 $u_{o1}=\pm V_Z$

三角波幅值 $u_{o2}=\dfrac{R_1}{R_2}V_Z$

调节 R_W 可改变振荡频率，但三角波的幅值不随之变化。

5）实验参考电路

实验参考电路如图 4.7.7 所示。

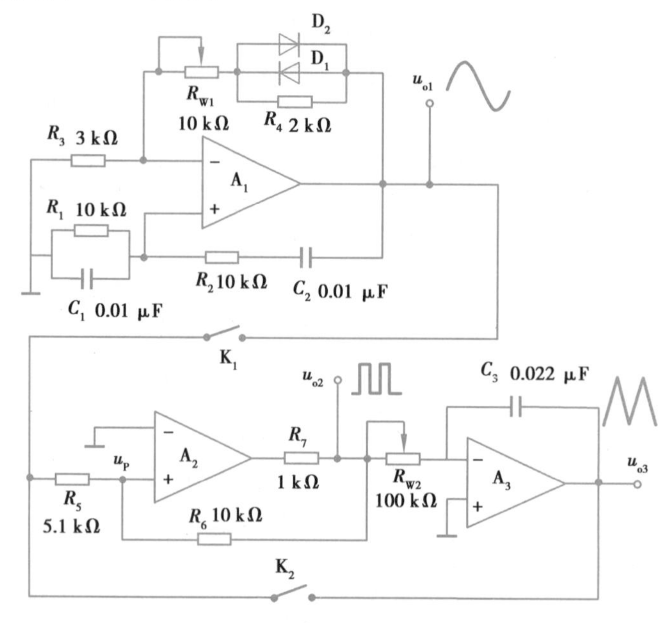

▲图 4.7.7 函数信号发生器实验电路

4.7.3 实验设备

直流电源（±12 V）、双踪示波器、交流毫伏表、频率计、集成运算放大器（LM5532）、D_1 和 D_2（1N4148）、电阻器、电容器若干只。

4.7.4 实验内容

RC 串并联网络振荡仿真电路

按图 4.7.7 所示连接电路，首先将 K_1 断开、K_2 闭合，分别进行 RC 桥式正弦波振荡器和方波、三角波发生器的调试。然后将 K_1 闭合、K_2 断开进行函数信号发生器电路的联调。

1）RC 桥式正弦波振荡器

①接通±12 V 电源，缓慢调节电位器 R_{W1} 使电路起振，输出波形从无到有，从有正弦波输

出到波形出现失真。并定性描绘出 u_{o1} 的波形。

②仔细调节电位器 R_{W1}，使电路输出较好的正弦波形，测出振荡频率和幅度以及相对应的 R_{W1} 值，将数据填入表 4.7.1，并分析负反馈强弱对起振条件及输出波形的影响。

表 4.7.1　正弦波测试数据

R_{W1}/kΩ	u_{o1} 振荡频率/kHz	u_{o1} 幅度/V

③在 R_1、R_2 或 C_1、C_2 上并接同值电阻或电容，用示波器观察输出电压波形，并测出相应频率，将数据填入表 4.7.2。

表 4.7.2　电路参数对正弦波的影响

参数变化	振荡频率(变大、变小或不变)	幅度(变大、变小或不变)
并联电阻		
并联电容		

④将两个二极管断开，观察输出波形有什么变化，并分析 D_1、D_2 的稳幅作用。

2)方波和三角波发生器

①将 R_{W2} 调到中点位置上，用双踪示波器观察 u_{o2}、u_{o3} 波形，并记录此时输出波形的幅值、频率及 R_{W2} 的值，将数据填入表 4.7.3。

方波、三角波发生器仿真电路

表 4.7.3　方波、三角波测试数据

R_{W2}/kΩ	u_{o2} 振荡频率/kHz	u_{o2} 幅度/V	u_{o3} 振荡频率/kHz	u_{o3} 幅度/V

②调整 R_{W2} 的位置，观察对 u_{o2}、u_{o3} 波形频率和幅值的影响；改变 R_5(或 R_6)的值，观察对 u_{o2}、u_{o3} 波形频率和幅值的影响，将以上数据填入表 4.7.4。

表 4.7.4　电路参数对方波、三角波的影响

参数变化	u_{o2} 振荡频率(变大、变小或不变)	u_{o2} 幅度(变大、变小或不变)	u_{o3} 振荡频率(变大、变小或不变)	u_{o3} 幅度(变大、变小或不变)
R_{W2} 变大时				
R_1 变大时				

3)联调

用双踪示波器观察 u_{o1}、u_{o2}、u_{o3} 的波形，并在表 4.7.5 中记录相关数据。

表 4.7.5 正弦波、方波、三角波联调测试数据

u_{o1} 振荡频率 /kHz	u_{o1} 幅度 /V	u_{o2} 振荡频率 /kΩ	u_{o2} 幅度 /V	u_{o3} 振荡频率 /kHz	u_{o3} 幅度 /V

4.7.5 预习要求

①复习有关 RC 正弦波振荡器、三角波及方波发生器的工作原理。

②设计实验表格。

③理解为什么在 RC 正弦波振荡电路引入负反馈支路？为什么要增加二极管 D_1 和 D_2？

4.7.6 思考题

①在图 4.7.5 所示的电路中，可否将运算放大器 A_1 的两个输入端互换？为什么？

②如果要分别改变三角波的幅度和频率应怎样修改图 4.7.5 所示的电路？

4.7.7 实验报告要求

①列表整理实验数据，画出波形，把实测频率与理论值进行比较。

②根据实验分析 RC 振荡器的振幅条件。

③讨论二极管 D_1、D_2 的稳幅作用。

④在同一张坐标纸上，按比例画出正弦波、方波及三角波的波形，并标明时间和电压幅值。

⑤分析并讨论 R_5、R_6 和 R_{W2} 的改变对三角波幅值和频率的影响。

4.8 电压比较器的应用——三极管 $\beta(h_{FE})$ 参数分选器的设计

4.8.1 实验目的

课件：电压比较器的应用

①了解电压比较器的工作原理。

②掌握过零比较器、滞回比较器和窗口比较器基本工作原理。

③学习集成比较器的应用。

④利用集成比较器设计晶体三极管直流放大倍数 h_{FE} 筛选器。

4.8.2 实验原理

电压比较器是集成运放非线性应用电路，它将一个模拟量电压信号和一个参考电压相比较，在二者幅度相等的附近，输出电压将产生跃变，相应输出高电平或低电平。在自动控制及

自动测量系统中,常常将比较器应用于越限报警、模/数转换以及各种非正弦波的产生和变换等。常用的电压比较器有单限比较器、滞回比较器、窗口比较器。

1)单限电压比较器

(1)过零比较器

处于开环工作状态的集成运放是最简单的过零比较器,电路如图 4.8.1(a)所示。其阈值电压 $U_T=0$ V,其输出电压为$+U_{OM}$ 或$-U_{OM}$。

当输入电压 $u_i>0$ 时 $u_o=-U_{OM}$;当 $u_i<0$ 时 $u_o=+U_{OM}$,其电压传输特性如图 4.8.1(b)所示。过零比较器结构简单,灵敏度高,但抗干扰能力差。

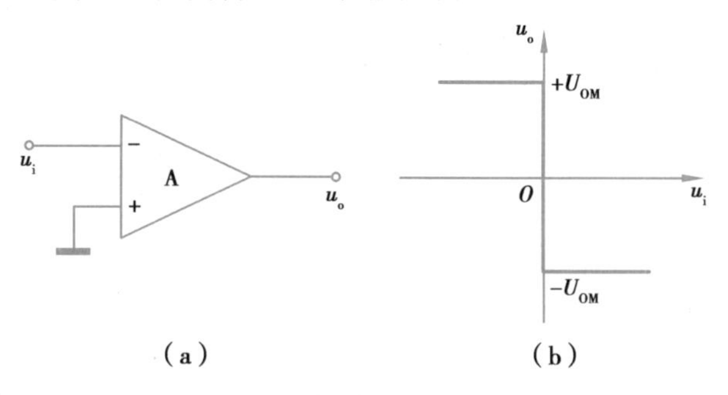

▲图 4.8.1　过零电压比较器

(2)单限比较器

如图 4.8.2 (a) 所示为单限比较器,U_{REF} 为外加参考电压。根据叠加原理,集成运放反相输入端电位为: $u_-=\dfrac{R_2}{R_1+R_2}U_{REF}+\dfrac{R_1}{R_1+R_2}u_i$

令 $u_-=u_P=0$ 得阈值电压:$U_T=-\dfrac{R_2}{R_1}U_{REF}$

当 $u_i<U_T$ 时,$u_-<u_P$, $u_o=U_{OH}=+U_Z$

当 $u_i>U_T$ 时,$u_->u_P$, $u_o=U_{OL}=-U_Z$

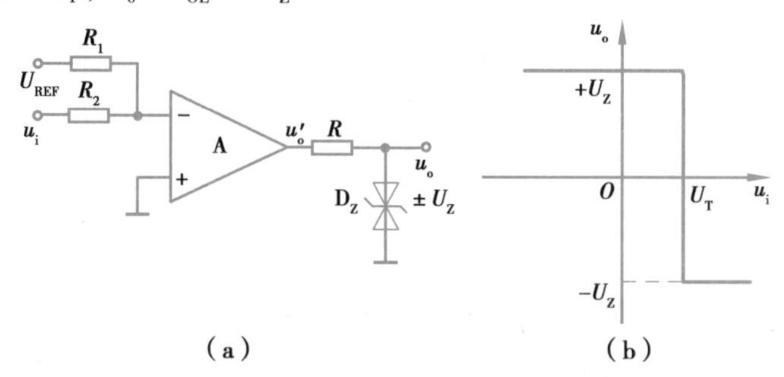

▲图 4.8.2　一般单限比较器及其电压传输特性

2)滞回比较器

虽然单限比较器灵敏度高,但抗干扰能力差。滞回比较器具有滞回特性,即具有惯性,因而一定的抗干扰能力。典型的滞回比较器如图 4.8.3(a)所示,滞回比较器电路中引入了正反馈。

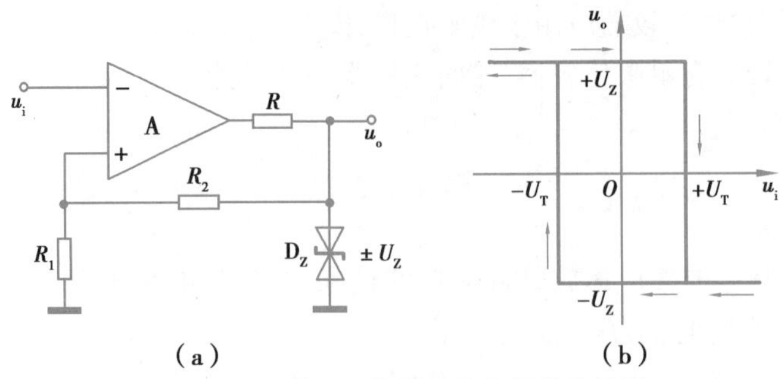

▲图 4.8.3　滞回比较器及其电压传输特性

(1)阈值电压

$$u_- = u_i,\quad u_P = \frac{R_1}{R_1 + R_2}u_o$$

令

$$u_- = u_P$$

得

$$\pm U_T = \pm \frac{R_1}{R_1 + R_2}U_Z$$

(2)工作原理

工作原理如图 4.8.3(b)所示。

设 $u_i < -U_T$,则 $u_- < u_P$, $u_o = +U_Z$。此时 $u_P = +U_T$,增大 u_i,直至$+U_T$,再增大, u_o 才从$+U_Z$ 跃变为$-U_Z$。

设 $u_i > +U_T$,则 $u_- > u_P$, $u_o = -U_Z$。此时 $u_P = -U_T$,减小 u_i,直至$-U_T$,再减小, u_o 才从$-U_Z$ 跃变为$+U_Z$。

(3)窗口比较器及其电压传输特性

典型的窗口比较器如图 4.8.4(a)所示,它有两个阈值电压,输入电压单调变化时输出电压跃变两次。U_{RH} 和 U_{RL} 为 u_i 设定的上限和下限电压,$U_{RH} > U_{RL}$。运放输出端各通过一个二极管后并联在一起,然后经稳压限幅电路输出, 以限定输出高电平幅度,即 $U_{OH} = U_Z$。

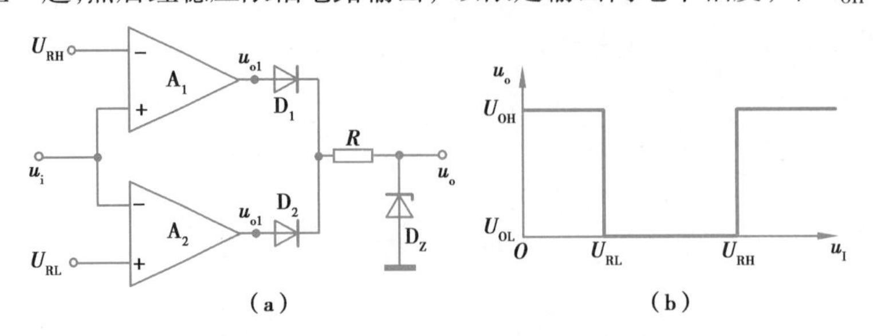

▲图 4.8.4　窗口比较器及其电压传输特性

当 $u_i > U_{RH}$ 时($U_{RH} > U_{RL}$),运放 A_1 输出高电平, 运放 A_2 输出低电平。因此,D_1 导通,D_2 截止; $u_o = U_Z$。

当 $u_i < U_{RL}$ 时($U_{RH} > U_{RL}$),运放 A_1 输出低电平, 运放 A_2 输出高电平。因此,D_1 截止,D_2 导通; $u_o = U_Z$。

当 $U_{RL} < u_i < U_{RH}$ 时,运放 A_1、A_2 输出低电平。因此,D_1、D_2 截止; $u_o = U_{OL} = 0$。

4.8.3 实验设备

直流电源、函数信号发生器、双踪示波器、数字万用表、交流毫伏表、集成运算放大器(LM324)。

4.8.4 实验内容

单限比较器仿真电路

迟滞比较器仿真电路

1)过零比较器

实验电路如图4.8.5所示。

①接通+12 V电源。

②测量 u_i 悬空时的 u_o 值。

③u_i 输入500 Hz、幅值为1 V的正弦信号,观察 $u_i \to u_o$ 波形并记录。

④改变 u_i 幅值,测量传输特性曲线。

2)反相滞回比较器

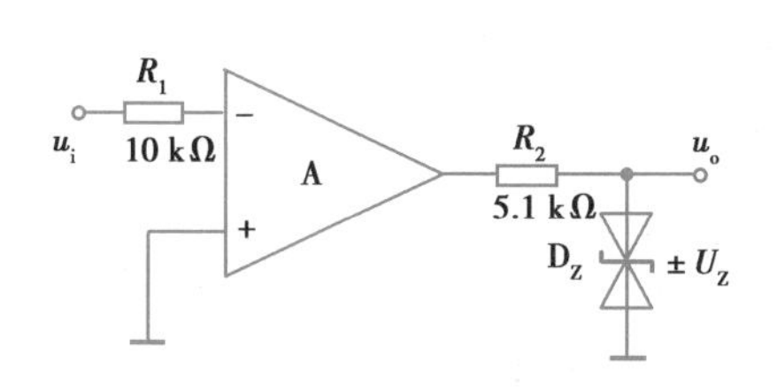

▲图4.8.5 过零比较器

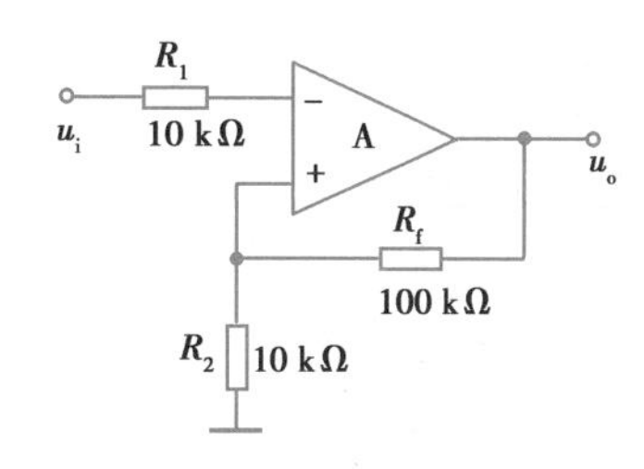

▲图4.8.6 反相滞回比较器

①实验电路如图4.8.6所示,LM324电源电压为±12 V,u_i 接+5 V可调直流电源,测出 u_o 由 $+U_{Omax} \to -U_{Omax}$ 时 u_i 的临界值。

②同上,测出 u_o 由 $-U_{Omax} \to +U_{Omax}$ 时 u_i 的临界值。

③u_i 接500 Hz,峰值为2 V的正弦信号,观察并记录 $u_i \to u_o$ 波形。

④将分压支路100 kΩ电阻改为47 kΩ,重复上述实验,测定传输特性。

3)窗口电压比较器——三极管 β(h_{FE})参数分选器的设计

参考电路如图4.8.7所示,用双电压比较器LM324设计一个 β 值分选电路,要求当被测三极管T的 $\beta<150$ 或 $\beta>250$,LED1、LED2中只有一个亮,表示不合格;当 $150\leqslant\beta\leqslant250$,LED1、LED2均亮,表示合格。已知电源电压 $V_{CC}=12$ V,三极管集电极电阻 $R_c=2$ kΩ。

①选择合适的三极管基极电阻 R_b、集电极电阻 R_c,然后计算窗口比较器的上门限电压 U_H 和下门限电压 U_L。

②接入不同 β 值的三极管,测量三极管集电极的电位,观察发光二极管LED1和LED2的状态,然后计算 β 值,并将数据填入表4.8.1。

4.8.5 实验要求

①根据题意要求,设计与计算 R_b 的阻值,调节 W_1 使 R_b 支路总阻值等于设定值并连接好电路。

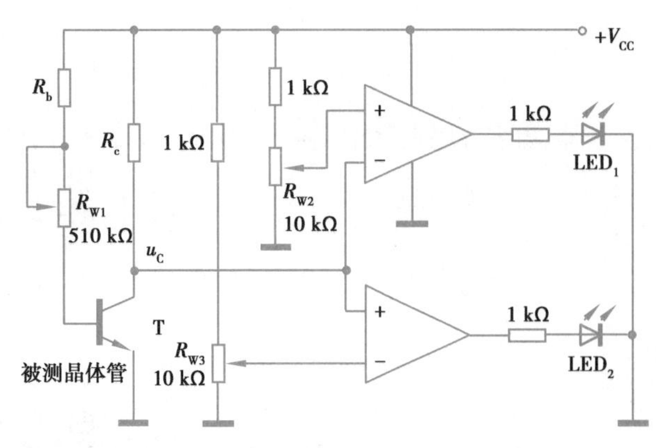

▲图 4.8.7 三极管 β (h_{FE}) 参数分选器

三极管(h_{FE})参数分选器的设计仿真电路

表 4.8.1 三极管 β (h_{FE}) 参数分选器测试数据

三极管	u_C	LED1(亮或灭)	LED2(亮或灭)	β
9013				
9014				
不接三极管				—

②根据 R_b 取值和被测晶体管 β 值范围计算出 u_C 的正常范围，按照 u_C 的变化范围在万用表帮助下调节 R_{W2}、R_{W3} 到设定的上门限电压 U_H=______与下门限电压 U_L=______ 。

③测量被测三极管的静态直流电压并记录，判断三极管是否处于放大状态，如不是放大状态则检查电路是否连接有误或 R_b 取值设计不当，接入一些已知直流 β 值的晶体三极管，验证电路工作情况。

4.8.6 思考题

电路中晶体管若为 PNP 型，电路应该如何设计？

4.9 直流稳压电源设计与测试

课件：直流稳压电源设计与测试

4.9.1 实验目的

①研究单相半波整流、桥式整流及滤波电路的特性。

②掌握串联型线性稳压电源的设计及主要技术指标的测试方法。

③掌握串联型开关稳压电源的设计及主要技术指标的测试方法。

4.9.2 实验原理

1)直流稳压电源的组成部分

直流稳压电源由电源变压器、整流、滤波和稳压电路四部分组成,其原理框图如图4.9.1所示。电网供给的交流电压 u_1(220 V,50 Hz)经电源变压器降压后,得到符合电路需要的交流电压 u_2,然后由整流电路变换成方向不变、大小随时间变化的脉动电压 u_3,再用滤波器滤去其交流分量,就可得到比较平直的直流电压 u_4。但这样的直流输出电压,还会随交流电网电压的波动或负载的变动而变化。在对直流供电要求较高的场合,还需要使用稳压电路,以保证输出直流电压更加稳定。

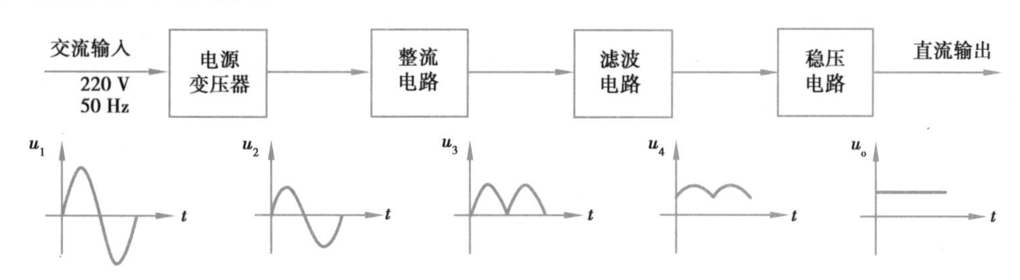

▲图4.9.1 直流稳压电源框图

2)单相半波整流电路

单相半波整流电路如图4.9.2(a)所示。它是最简单的整流电路,由变压器、整流二极管D及负载电阻 R_L 组成。其中 u_1、u_2 分别为变压器的原边和次边交流电压,电路的工作情况如下。

设变压器次边电压为:

$$u_2=\sqrt{2}U_2\sin(\omega t)$$

当 u_2 为正半周时,其极性为上正下负。即 a 点电位高于 b 点,二极管D因正向偏置而导通,此时流过负载的电流与二极管中流过的电流相等,即 $i_o=i_D$。忽略二极管的正向压降,则负载两端的输出电压等于变压器次边电压,即 $u_o=u_2$,输出电压 u_o 的波形与变压器次边电压 u_2 相同,如图4.9.2(b)中0~π所示。

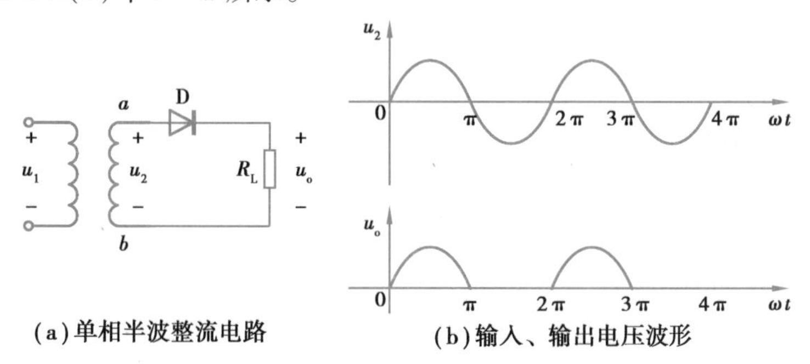

(a)单相半波整流电路 (b)输入、输出电压波形

▲图4.9.2 单相半波整流电路及其输出电压波形

当 u_2 为负半周时,其极性为上负下正。即 b 点电位高于 a 点,二极管D因加反向电压而截止。此时负载无电流流过,输出电压 $u_o=0$,如图6.2(b)中π~2π所示,变压器次边电压 u_2

全部加在二极管 D 上。

综上所述,在负载电阻 R_L 上得到的电压是如图 6.2(b)所示的单向脉动电压。

单相半波整流电压的平均值为

$$U_o = \frac{1}{2\pi}\int_0^{\pi}\sqrt{2}U_2\sin\omega t\mathrm{d}(\omega t) = \frac{\sqrt{2}}{\pi}U_2 = 0.45U_2 \tag{4.9.1}$$

流过负载电阻 R_L 的电流平均值为

$$I_o = \frac{U_o}{R_L} = 0.45\frac{U_2}{R_L} \tag{4.9.2}$$

整流二极管的电流平均值和承受的最高反向电压。流经二极管的电流平均值就是流经负载电阻 R_L 的电流平均值,即

$$I_D = I_o = \frac{U_o}{R_L} = 0.45\frac{U_2}{R_L} \tag{4.9.3}$$

二极管截止时承受的最高反向电压 U_{DRM} 就是整流变压器次边交流电压 u_2 的最大值,即

$$U_{DRM} = U_{2M} = \sqrt{2}U_2 \tag{4.9.4}$$

在实际应用中,根据 I_D 和 U_{DRM} 选择合适的整流二极管。二极管实际选用时,由于存在外部的噪声和冲击,因此元器件的参数必须留有较大裕量,其最大整流电流一般是 I_D 的 1.5~2 倍,二极管的反向耐压大致为 U_{DRM} 的 2 倍。

3)单相桥式整流电路

为了克服单相半波整流的缺点,常采用全波整流电路,其中最常用的是单相桥式整流电路。单相桥式整流电路是由四只整流二极管接成电桥的形式构成,如图 4.9.3(a)所示。图 4.9.3(b)所示为单相桥式整流电路的一种简便画法。

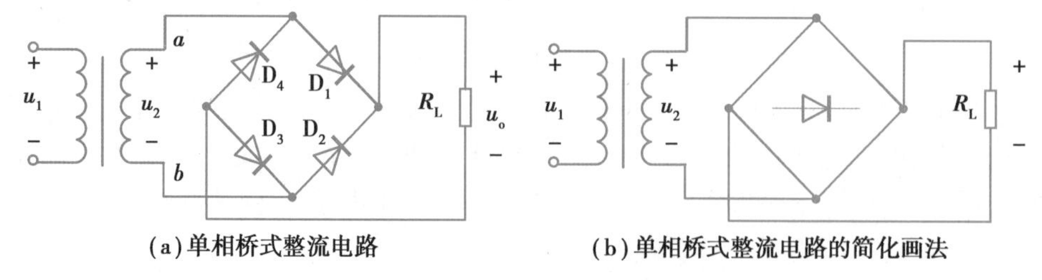

(a)单相桥式整流电路　　(b)单相桥式整流电路的简化画法

▲图 4.9.3　单相桥式整流电路

单相桥式整流电路的工作情况如下。

设整流变压器副边电压为:

$$u_2 = \sqrt{2}U_2\sin\omega t$$

①负载上电压平均值和电流平均值。其中,单相全波整流电压的平均值为

$$U_o = \frac{1}{\pi}\int_0^{\pi}\sqrt{2}U_2\sin\omega t d(\omega t) = \frac{2\sqrt{2}}{\pi}U_2 = 0.9U_2 \tag{4.9.5}$$

流过负载电阻 R_L 的电流平均值为

$$I_o = \frac{U_o}{R_L} = 0.9\frac{U_2}{R_L} \tag{4.9.6}$$

百闻不如一见。——《汉书 · 赵冲国传》

②整流二极管的电流平均值和承受的最高反向电压。因为桥式整流电路中，每两个二极管串联导通半个周期，所以流经每个二极管的电流平均值为负载电流的一半，即

$$I_D = \frac{1}{2}I_o = 0.45\frac{U_2}{R_L} \tag{4.9.7}$$

每个二极管在截止时承受的最高反向电压为 u_2 的最大值，即

$$U_{DRM} = U_{2M} = \sqrt{2}U_2 \tag{4.9.8}$$

③变压器副边电压有效值和电流有效值，其中：

变压器副边电压有效值为

$$U_2 = \frac{U_o}{0.9} = 1.1U_o$$

变压器副边电流有效值为

$$I_2 = \frac{U_2}{R_L} = 1.1\frac{U_o}{R_L} = 1.1I_o$$

4）电容滤波电路

实用滤波电路的形式很多，如电容滤波、电感滤波、复式滤波电路（包括倒 L 型、RC-π 型、LC-π 型滤波）等，如图 4.9.4 所示。

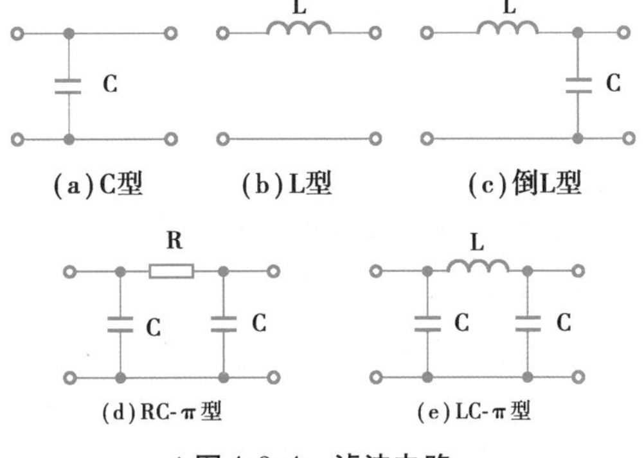

▲图 4.9.4　滤波电路

图 4.9.5 所示为桥式整流电容滤波电路。此时整流二极管工作在非线性区域，分析时要从二极管单向导电特性出发，特别注意电容两端电压对二极管工作特性的影响。当输出端接负载电阻 R_L 时，设电容两端初始电压零，在 $t=0$ 时刻接通电源，u_2 由零开始上升时，二极管 D_1、D_3 正偏导通，电源通过 D_1、D_3 向负载电阻 R_L 提供电流，同时向电容 C 充电，充电时间常数 $\tau_{充} = 2r_D C$，式中 r_D 为二极管的正向导通电阻，其值非常小。忽略 r_D 的影响，电容 C 两端的电压将按 u_2 的规律上升；当电源电压开始下降，并达到 $u_c \geq u_2$ 时，4 个二极管均反偏截止，电容经 R_L 放电，放电时间常数 $\tau_{放} = R_L C$。

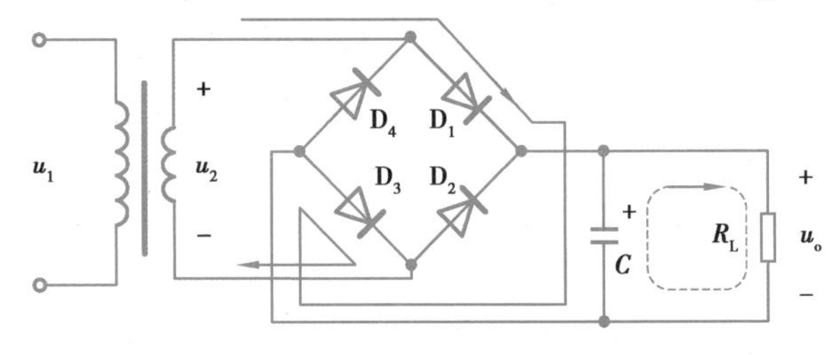

▲图 4.9.5　桥式整流电容滤波电路

一般 $\tau_{充} << \tau_{放}$，因此，电容两端电压 u_C 按指数规律缓慢下降，直到 $u_C = |u_2|$。在 u_2 的负半周，u_2 通过 D_2、D_4 向 C 充电。当 u_C 重新上升到接近 $|u_2|$ 的最大值时，4 个二极管再次截止，电容两端电压再次经 R_L 缓慢放电，如此周而复始，形成一个周期性的电容充放电过程，在

输出端得到一个近似为锯齿波的直流电压,如图 4.9.6 中实线所示。

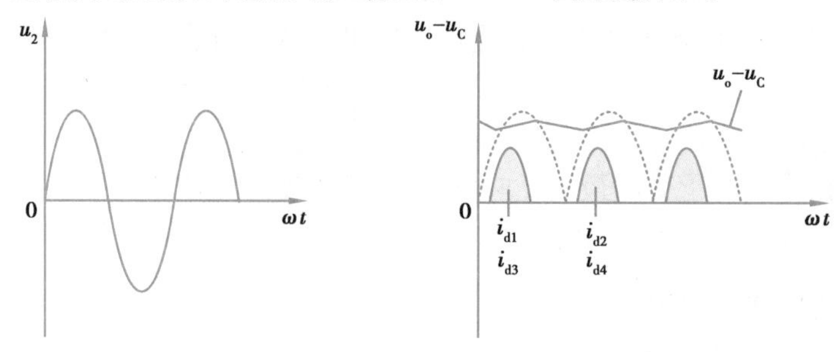

▲图 4.9.6 桥式整流电容滤波电路工作波形

当输出端空载时(即不接负载电阻 R_L 的情况),当电容充电到 u_2 的最大值$\sqrt{2}u_2$ 时,输出电压 u_o 极性如图 4.9.6 所示,由于二极管反偏截止,电容无放电回路,输出电压保持$\sqrt{2}u_2$ 恒定不变。

由上述分析可知,采用电容滤波后:

①负载直流平均电压升高,脉动程度大大降低。

②负载电压平均值有所提高,工程估算时按下式取值

$$U_o = 1.2u_2 \tag{4.9.9}$$

通常按下式确定滤波电容

$$\tau = R_L C \geqslant (3-5)\frac{T}{2} \tag{4.9.10}$$

式中,T 为交流电源的周期。

一般滤波电容是采用电解电容器,使用时电容器的极性不能接反。电容器的耐压应大于它实际工作时所承受的最大电压,即大于$\sqrt{2}U_2$。

③二极管导通时间减小,导通角 θ 总是小于 π。因为滤波电容是隔直通交,它的平均电流为零,故二极管的平均电流仍为负载电流的一半,但由于二极管导通时间缩短,故流过二极管的冲击电流较大。在选择二极管时应留有充分的电流裕量,通常按平均电流的 2~3 倍选二极管。

④整流滤波电路的输入电流并不按输入电压的正弦规律变化,在正弦波电压峰值附近形成很大的电流脉冲,因此,会对电网造成谐波干扰,导致电网供电性能恶化。

⑤外特性变差。负载 R_L 减小时,放电时间常数减小,负载电压脉动程度增大,并且负载平均电压降低。当 $R_L=\infty$ 时,$I_o=0$,$U_o=\sqrt{2}U_2$;R_L 很小时,放电很快,几乎没有滤波作用,故 $U_o=0.9U_2$,如图 4.9.7(a)所示。

当 I_o 增大(即 R_L 减小),负载电压的脉动程度增大。图 4.9.7(b)为脉动系数 S 随 I_o 变化的外特性曲线。

由此可见,电容滤波适用于负载电流较小,而且负载变动不大的场合。

5)串联型线性稳压电源

(1)基本结构

图 4.9.8 是分立元件和运放组成的串联型稳压电源的电路图。它由调整元件 T_1,比较放

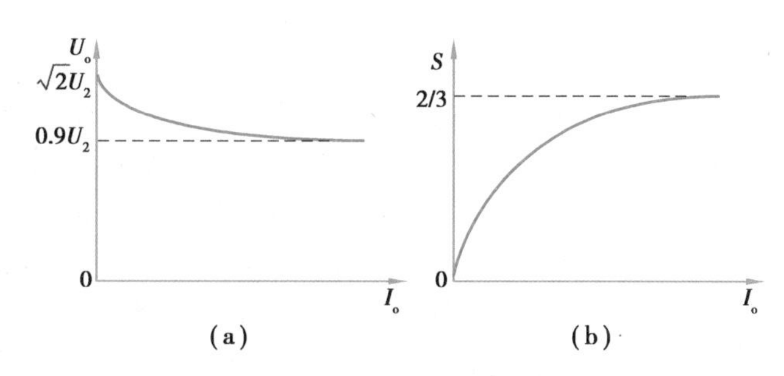

▲图 4.9.7　电容滤波的特性

大器 A_1，取样电路 R_1、R_2、R_W，基准电压 D_Z、R_3 等组成。

(2)稳压原理

整个稳压电路是一个具有电压串联负反馈的闭环系统，其稳压过程为：当电网电压波动或负载变动引起输出直流电压 U_O 发生变化时，取样电路取出输出电压的一部分 U_F 送入比较放大器，并与基准电压 V_{REF} 进行比较，产生的误差信号送至调整管 T_1 的基极，使调整管改变其管压降，以补偿输出电压的变化，从而达到稳定输出电压的目的。

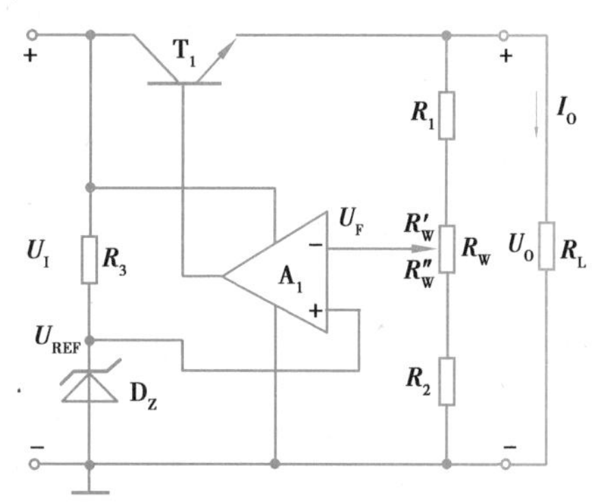

▲图 4.9.8　串联型稳压电源

例如当输入电压 U_i 增加(或 I_O 减小)时，导致输出电压 U_O 增加，反馈电压 U_F 随之增加，U_F 与 V_{REF} 相比较，其差值电压经比较放大后使 T_1 的 V_B 和 I_B、I_C 减小，调整管 T_1 的 *c-e* 间电压 U_{CE} 增大，使 U_O 下降，从而维持 U_O 基本稳定。

6)串联型开关稳压电源

串联型开关稳压电源组成原理框图如图 4.9.9 所示。

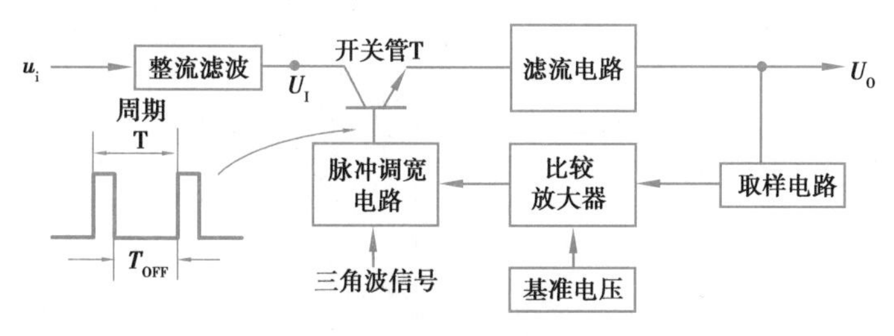

▲图 4.9.9　串联型开关稳压电源组成框图

开关晶体管串联在输入与负载之间，正常工作时，脉冲调宽电路驱动开关晶体管 T(开关晶体管可看作一个理想的开关)，使输入与输出之间周期性闭合与断开。在无滤波电路时，当晶体管导通，输出端电压近似为输入电压 U_I，在晶体管截止时，开关管输出端电压为零。开关管输出的周期性脉冲电压，再经过滤波后，获得直流电压 U_O。

输入的交流电压或负载电流变化会引起输出电压变化，通过输出电压采样与基准电压进行比较放大，控制推动级的输出脉冲宽度(即脉冲的占空比)，达到稳定直流输出电压的目的。

随着半导体工艺的发展，稳压电路也制成了集成器件。由于集成稳压器具有体积小，外接线路简单、使用方便、工作可靠和通用性好等优点,因此在各种电子设备中应用十分普遍,基本上取代了由分立元件构成的稳压电路。

线性集成稳压器的种类很多,应用最为普遍的是三端式串联型集成稳压器。78XX、79XX系列三端式集成稳压器的输出电压是固定的,在使用中不能进行调整。78XX 系列三端式稳压器输出正极性电压,一般有 5 V、6 V、9 V、12 V、15 V、18 V、24 V 七个档次,输出电流最大可达 1.5 A(加散热片)。同类型 78M 系列稳压器的输出电流为 0.5 A,78 L 系列稳压器的输出电流为 0.1 A。若要求负极性输出电压,则可选用 79XX 系列集成稳压器。

图 4.9.10 为 78XX 系列的外形和接线图,有三个引出端:1—输入端,3—输出端,2—公共端。使用时输入电压 U_I 一般要比输出电压 U_O 大 3 ~ 5 V,才能保证集成稳压器工作在线性区。

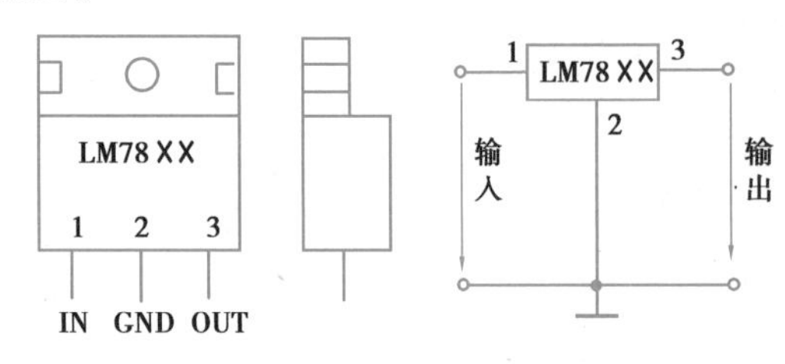

▲图 4.9.10 78XX 系列外形及接线图

除固定输出三端稳压器外,还有可调式三端稳压器,后者可通过外接元件对输出电压进行调整,以适应不同的需要,如 LM317、LM337 等。

图 4.9.11 是用三端式稳压器 7812 构成的单电源电压输出串联型稳压电源的电路图。其中滤波电容 C_1、C_2 一般选取几百至几千微法。当稳压器距离整流滤波电路比较远时,在输入端必须接入电容器 C_3(数值为 0.33 μF),以抵消线路的电感效应,防止产生自激振荡。输出端电容 C_4(0.1 μF)用以滤除输出端的高频信号,改善电路的暂态响应。

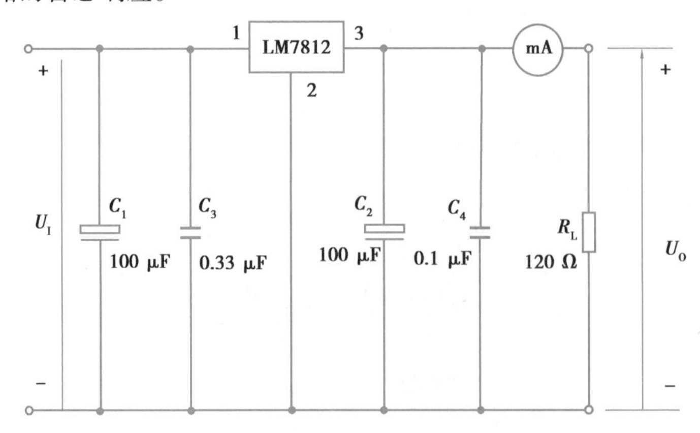

▲图 4.9.11 由 7812 构成的串联型稳压电源

MC34063 是一种常见的开关型稳压芯片,采用 DIP-8 和 SO-8 封装,内部包含 1.25 V 基准电压、比较器、振荡器、控制逻辑电路和输出驱动器等电路。引脚端 1(SC)为功率开关管集电极;引脚端 2(SE)为功率开关管发射极;引脚端 3 连接定时电容,调节 C_T 可使工作频率在 100 Hz ~ 100 kHz 范围内变化;引脚端 4(GND)为地;引脚端 5(FB)为比较器反相输入端;引脚端 6(V_{CC})为电源电压正端;引脚端 7 为负载峰值电流(I_{PK})取样端,6、7 脚之间电压超过 300 mV 时,芯片将启动内部过流保护功能;引脚端 8(DRI)为驱动器集电极。

MC34063 输入电源电压范围为 3 ~ 40 V,输出开关峰值电流为 1.5 A,工作温度范围为-40 ~ +85 ℃,静态工作电流为 1.6 mA,开关频率为 100 Hz ~ 100 kHz,可构成输出电压可调的升压式、降压式 DC/DC 变换器。

图 4.9.12 为 MC34063 构成的降压式 DC/DC 电压变换电路,比较器的反相输入端(脚 5)通过外接分压电阻 R_3、R_4 监测输出电压, $U_O=1.25(1+R_4/R_3)$ V,因 1.25 V 基准电压恒定不变,如果 R_3、R_4 阻值稳定,U_O 亦稳定。5 脚作为电压比较器反相输入端,同时也是输出电压取样端,使用时外接两电阻精度应不低于 1%。

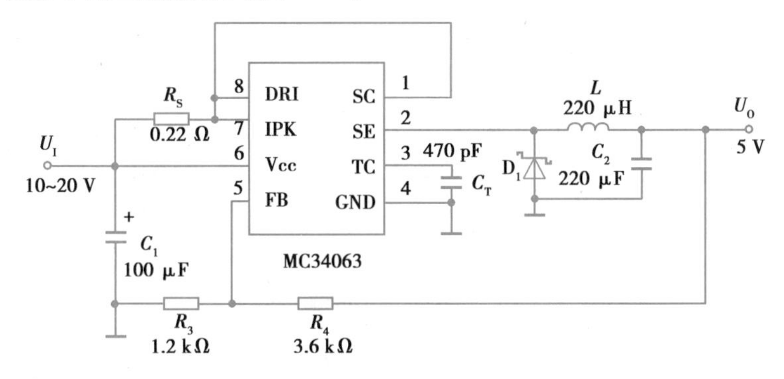

▲图 4.9.12　MC34063 构成的降压式 DC/DC 电压变换电路

7)稳压电源的主要性能指标

①图 4.9.8 所示稳压电路的输出电压为

$$U_O=\frac{R_1+R_W+R_2}{R_2+R''_W}(U_Z+U_{BE1}) \tag{4.9.11}$$

可见,调节 R_W 可以改变输出电压 U_O。

②最大负载电流 I_{Om},电路所能够连续输出的最大工作电流。

③输出电阻 R_O。其定义为:当输入电压 U_I(指稳压电路输入电压)保持不变,由于负载变化而引起的输出电压变化量与输出电流变化量之比,即

$$R_O=\left.\frac{\Delta U_O}{\Delta I_O}\right|_{U_I=常数} \tag{4.9.12}$$

④稳压系数 S_u(电压调整率)。其定义为:当负载保持不变,输出电压相对变化量与输入电压相对变化量之比,即

$$S_u=\left.\frac{\Delta U_O/U_O}{\Delta U_I/U_I}\right|_{R_L=常数} \tag{4.9.13}$$

由于工程上常把电网电压波动±10%作为极限条件,因此也有将此时输出电压的相对变化 $\Delta U_O/U_O$ 作为衡量指标,称为电压调整率。

⑤电流调整率 S_i(电流调整率)。输出电流从 0 变化到最大额定输出值时,输出电压的相对变化量被称为电流调整率。

$$S_i=\left.\frac{\Delta U_O}{U_O}\right|_{\Delta U_I=0}\times 100\% \tag{4.9.14}$$

⑥纹波电压。输出纹波电压是指在额定负载条件下,输出电压中所含交流分量的有效值(或峰值)。

在科学上,每一条道路都应该走一走。发现一条走不通的道路,就是对于科学的一大贡献。——爱因斯坦

4.9.3　实验设备

直流电源仿真电路

万用表、模拟电子综合实验箱、示波器、交流毫伏表。

4.9.4　实验内容

1)整流滤波、二极管稳压电路

(1)半波整流、桥式整流及滤波电路实验

①分别按图 4.9.13 和图 4.9.14 连线。当输入接入交流 16 V 电压后,调节 R_{f1}($R_L=R_{f1}+100\ \Omega$),使 $I_O=50$ mA 时,测出 U_O,同时用示波器观察并绘出输出波形,将测量值记入表 4.9.1。

②比较两种整流电路的特点。

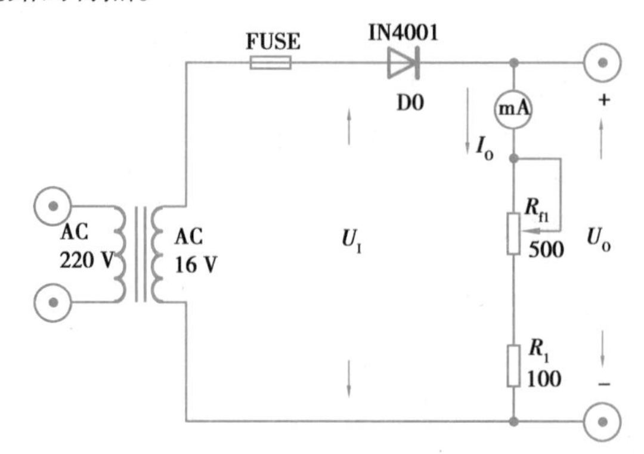

▲图 4.9.13　半波整流实验电路

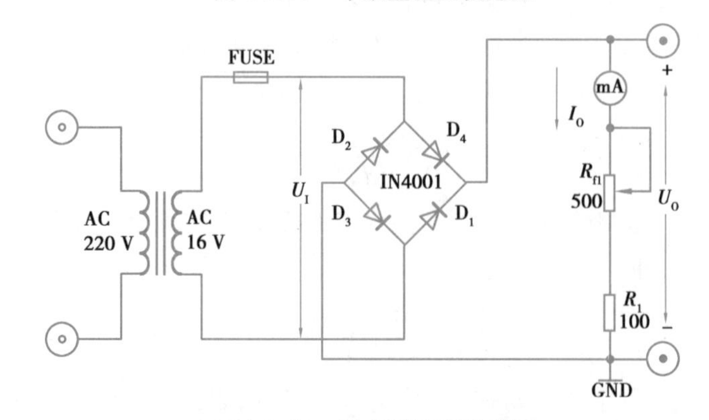

▲图 4.9.14　桥式整流实验电路

表 4.9.1　半波、桥式整流实验数据记录

	U_1/V	U_O/V	I_O/mA
半波			
桥式			

(2)电容型滤波电路实验

按图4.9.15连线。当R_{f1}不变时,测出$I_O=50$ mA时的输出电压U_O,同时用示波器观察并绘出输出波形,将测量值记入表4.9.2。

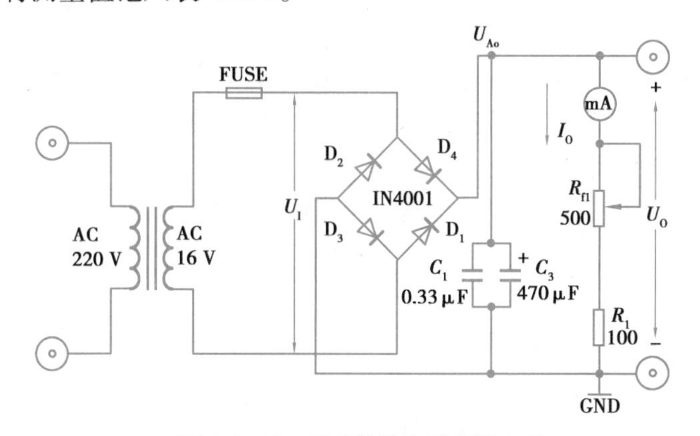

▲图4.9.15　桥式整流实验滤波电路

表4.9.2　桥式整流滤波实验数据记录

	U_I/V	U_O/V	I_O/mA
有C			
无C			

(3)二极管稳压电路实验

按图4.9.16连线。当输入接入交流16 V电压后,调节R_{f1}使$I_O=14$ mA、18 mA、22 mA时,测出U_{Ao},U_O同时用示波器观察并绘出输出波形,将测量值记入表4.9.3。

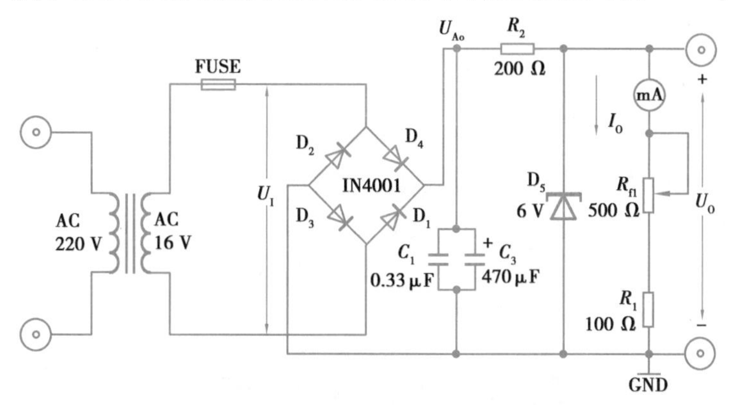

▲图4.9.16　桥式整流滤波实验电路

表4.9.3　桥式整流滤波实验数据记录

I_O/mA	U_I/V	U_{Ao}/V	U_O/V
14			
18			
22			

2)直流稳压电源的设计与性能指标测试

(1)直流稳压电源的设计

①当输入电压在 10 V±10% 时,输出电压从 4.5 ~9 V 可调,输出电流大于 100 mA。

②输出纹波电压小于 5 $mV_{p\text{-}p}$,稳压系数小于 5×10^{-3},输出内阻小于 0.5 Ω。

(2)参考设计电路和实验内容

①图 4.9.17 为具有过流保护功能的线性稳压电源的参考原理图,试分析工作原理,并说明 U_O 与参考电压(稳压管 D_1 的稳定电压)之间的关系。

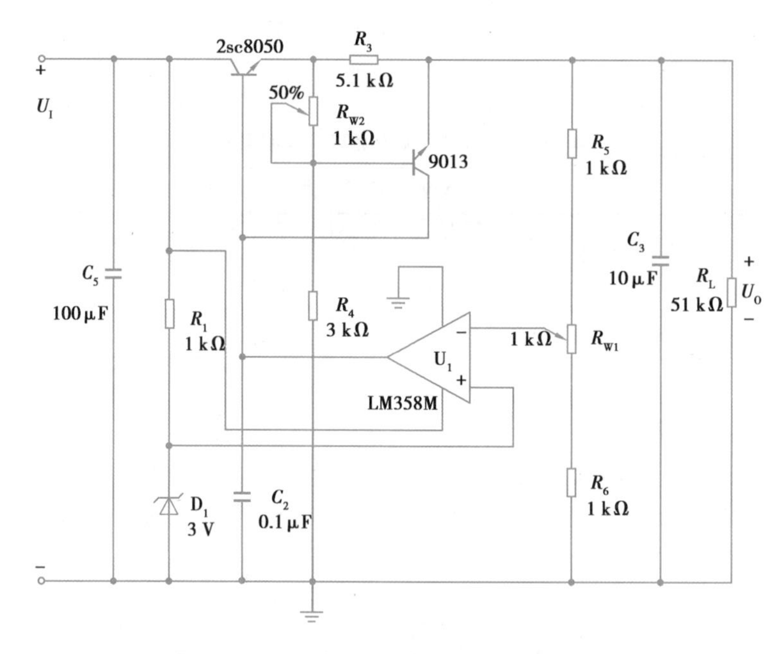

▲图 4.9.17 具有过流保护功能的线性稳压电源

安装调试图 4.9.17 所示稳压电路,测试并记录输出额定电压为 8 V 时电路的 S_u、S_i、R_O,及 U_{Omin}、U_{Omax} 等指标,并与理论进行对比,将数据填入表 4.9.4。

②按照图 4.9.18 连接一个由 MC34063 构成的降压式 DC/DC 电压变换电路,测试并记录该电路的 S_u、S_i、R_O,及 U_{Omin}、U_{Omax} 等指标,将数据填入表 4.9. 4。

表 4.9.4 稳压电路测试数据记录

稳压类型	S_u	S_i	R_O	U_{Omin}	U_{Omax}	η
线性						
开关						

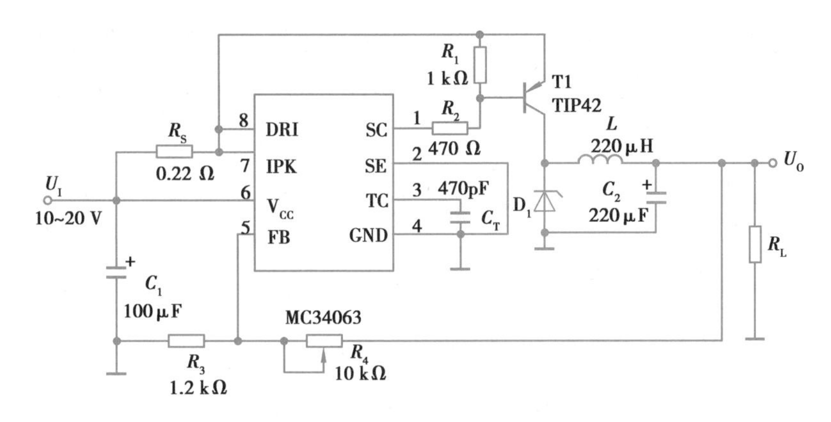

▲图 4.9.18　MC34063 构成的降压式 DC/DC 电压变换电路

4.9.5　实验报告要求

①设计一个包括变压器、桥式整流、滤波、稳压电路的直流稳压电源,并画出电路图。
②采用计算机辅助分析与仿真软件对电路进行模拟设计和参数计算。
③撰写设计、调试总结报告,对比分析分立元件和集成电路稳压电路的优缺点。

4.9.6　思考题

①峰-峰值为 1 V 的正弦波,它的有效值是多少?
②整流、滤波的主要目的是什么?
③简述稳压二极管稳压与串联型稳压的主要区别。
④串联型稳压电源的调试中,若稳压二极管接反会出现什么故障,如何迅速发现该故障?
⑤图 4.9.16 中 MC34063 构成的降压式 DC/DC 电压变换电路中的 D_1 有何作用?

4.10　声光控节电开关的设计

4.10.1　实验目的

①了解声光控开关电路工作原理。
②掌握声光控开关电路的设计方法。
③掌握声光控开关电路的测试方法。

课件:声光控节电开关的设计

4.10.2　实验原理

图 4.10.1 是声光控制报警器方框图,其中包含声音放大电路、光控电路、触发延迟控制电路和驱动电路。通常采用驻极体麦克风将声音转换成电信号,然后将微弱的电信号经过放大电路放大后送到触发延迟控制电路。能够感受光照强度变化的器件有光敏电阻、光敏二极管等,通过这些器件将光照强度的变化转换成电压的变化,将这个变化也送到触发延迟控制电路。触发延迟控制电路的作用是根据光照、声音来控制输出电平,只有当夜晚无光照且有

声音的时候输出高电平，由接口电路驱动灯亮。触发延迟控制电路通常利用 RC 充放电电路或单稳态触发器作为延时，因此灯亮一段时间可以自动熄灭，可以通过参数的设置来控制灯亮的时间长短。

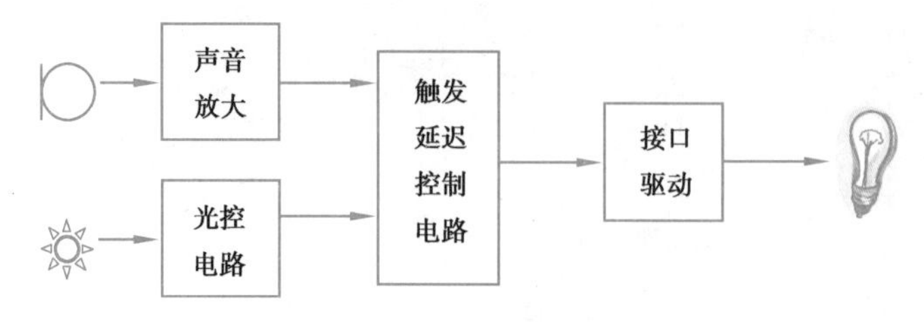

▲图 4.10.1　声光控制开关方框图

声光控开关电路的实现方案有很多，例如通过分立元器件、集成电路、模拟数字混合方法来实现。图 4.10.2 是一个由集成运放构成的直流声光控开关电路，其工作原理如下：

电路由两个运放及外围电路构成，其中，运放 U_{1A} 构成单电源供电同相比例放大器，用以放大麦克风 MK_1 拾取到的声音信号，该放大倍数 $A_u = 1+\frac{R_1}{R_2}$，U_{1B} 构成单限比较器。白天光敏电阻 R_1 阻值小，放大输出不足以使 D_1 导通，R_5 两端电压 $U_{R5}\approx 0$，调整 R_{W1} 使比较器 U_{1B} 的反向端电压大于同相端，电压比较器输出低电平，晶体管 Q_1 截止，用以模拟路灯的 LED 灯不亮；当夜晚到来，光线变暗，使得光敏电阻 R_1 阻值增大，声音信号经高倍数放大后送给 D_1 和 C_2 构成的整流和延时电路，声音信号的正半周使 D_1 导通为 C_2 充电，使比较器 U_{1B} 同相端电压高于反向端，7 脚输出高电平，Q_1 导通，D_2 点亮。此后 C_2 两端电压通过 R_5 缓慢放电，直到比较器 $U+<U-$ 时 LED 熄灭。由此可见调节 R_{W1} 门限电压可以调节电路触发后的延时时间，工作波形如图 4.10.3 所示。

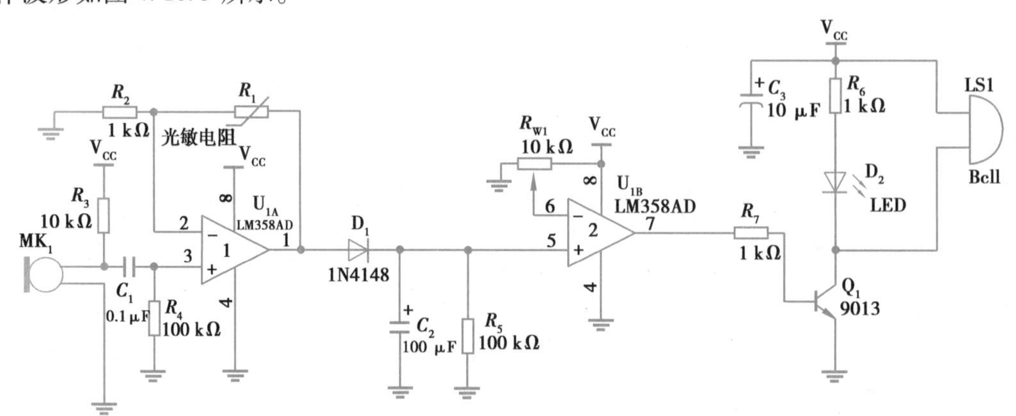

▲图 4.10.2　运放构成的直流声光控开关电路

4.10.3　实验内容

1）设计要求

设计、组装一个采用 12 V 供电直流声光控制开关，用声音和光照条件同时控制。即强光照（白天）声控不起作用，弱光照（夜晚）时用声音触发控制发光二极管（LED）发光，开关延迟

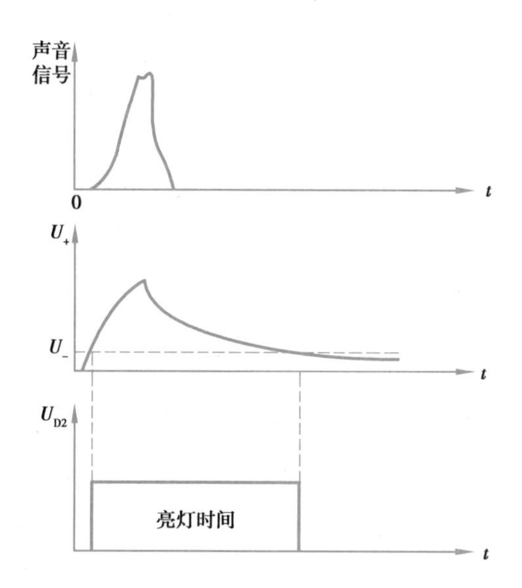

▲图 4. 10. 3　直流声光控控制电路各点主要工作波形

5 s 后 LED 自动熄灭。

2)设计内容

声光控节电开关的设计仿真电路

①对应图 4. 10. 2,断电状态下分别测量光敏电阻暗态阻值 = ______、亮态电阻值 = ______,估算第一级放大器的电压放大倍数,A_u = ________(亮)、A_u = ________(暗)。

②通电测量集成运放各引脚静态直流电压,数据记入表 4. 10. 1,调节 R_{W1} 到合适位置,使 U_{1B} 输出 7 脚为低电平。

③断开麦克风跳线 IN1,用 DDS 信号源给其送入一个 10 mV_{rms},1 kHz 的正弦信号,模拟麦克风拾取的声音信号,用示波器分别测量光敏电阻亮态和暗态下运放 U_{1A} 的 7 脚输出信号波形参数、R_5 两端的直流电压等。在光敏电阻暗态下调节 R_{W1} 改变比较器 U_{1B} 的参考电压,使 U_{1B} 输出 7 脚为高电平,LED 灯亮,将各数据记入表 4. 10. 2。

表 4. 10. 1　静态工作点测试数据

U_{1A} 静态参数	U_+ =	U_- =	U_O =
U_{1B} 静态参数	U_+ =	U_- =	U_O =

表 4. 10. 2　连续信号输入状态测量数据

U_{1A} 输出端 U_O 波形	U_{R5} 电压	U_{1B} 6 脚参考电压	U_{1B} 7 脚输出电压	LED 灯状态(亮/灭)

④拆掉信号源,插上 MK_1 跳线帽,用实际拍手声音触发灯控电路进行功能验证,调整 R_{W1},使每次触发延时大约为 5 s。

科学的不朽荣誉,在于它通过对人类心灵的作用,克服了人们在自己面前和在自然界面前的不安全感。——爱因斯坦

4.10.4 思考题

①晶体管 β 筛选电路中晶体管若为 PNP 型,电路应该如何设计?
②放大器 U_{1A} 的输出信号为何出现了失真?失真对功能实现有影响吗?
③如果路灯控制器负载为 100 W、220 V 的白炽灯,电路应如何改进?

4.10.5 实验报告要求

①方案设计,并说明方案选取依据。
②设计总体电路。
③单元电路设计与分析。
④实验数据分析与结论。
⑤收获和体会。
⑥参考文献。

4.11 拓展实验 1——VGA 可变增益放大器设计

4.11.1 实验目的

①了解自动增益控制的原理。
②更加深入了解放大与反馈电路的应用。

4.11.2 实验设备

示波器、数字万用表、实验箱。

4.11.3 预习要求

分析实验参考电路原理。

4.11.4 实验参考电路

实验参考电路如图 4.11.1 所示。

4.11.5 实验步骤

1)信号输入 1 kHz、200 mV 的正弦波信号

接 1VGA 时输出 OUT 有波形放大,测各点波形并自拟表格记录;调节电位器改变放大倍数,测各点波形并记入自拟表格。

接 2AGC 时输出 OUT 有波形放大,测各点波形并自拟表格记录;调节电位器改变放大倍数,测各点波形并记入自拟表格。

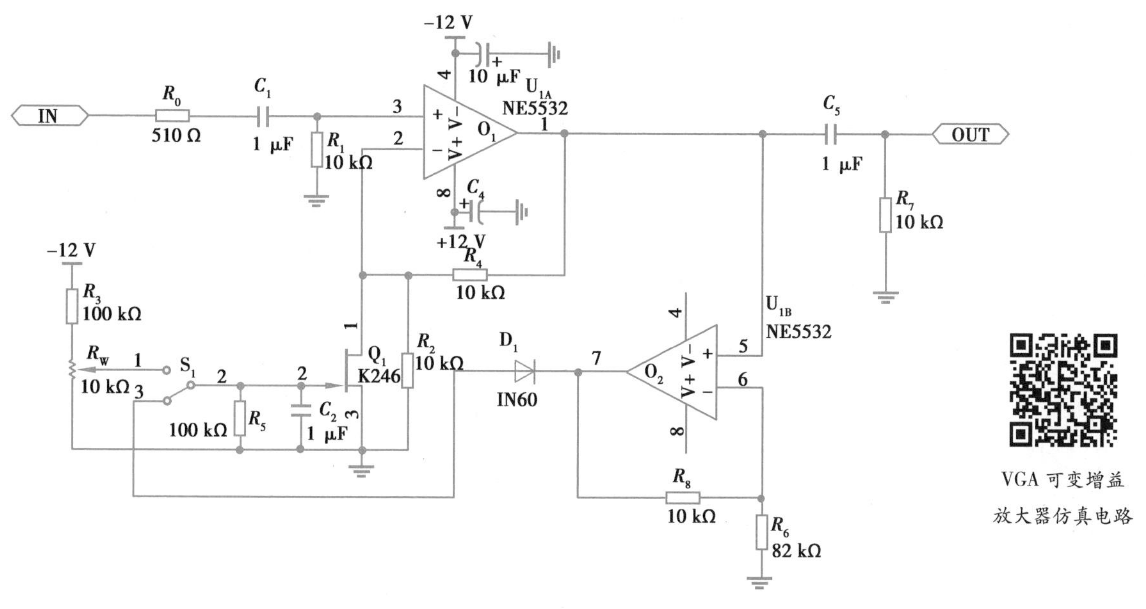

▲图 4.11.1　参考实验电路

2)信号输入 1 kHz、1 V 的正弦波信号

接 1VGA 时输出 OUT 有波形失真。

接 2AGC 时输出 OUT 有波形放大,测这个点的波形并自拟表格记录;调节电位器改变放大倍数,测这个点的波形并记入自拟表格。

4.11.6　实验报告要求

①准确记录实验测试数据。

②记录并分析实验过程中出现的问题和现象。

4.12　拓展实验 2——光通信实验设计

4.12.1　实验目的

①了解光通信的原理。

②熟悉载波发生与 PWM 调制解调的方法。

4.12.2　实验设备

示波器、数字万用表、实验箱。

4.12.3　预习要求

分析实验参考电路原理。

4.12.4 实验参考电路

实验参考电路如图 4.12.1 所示。

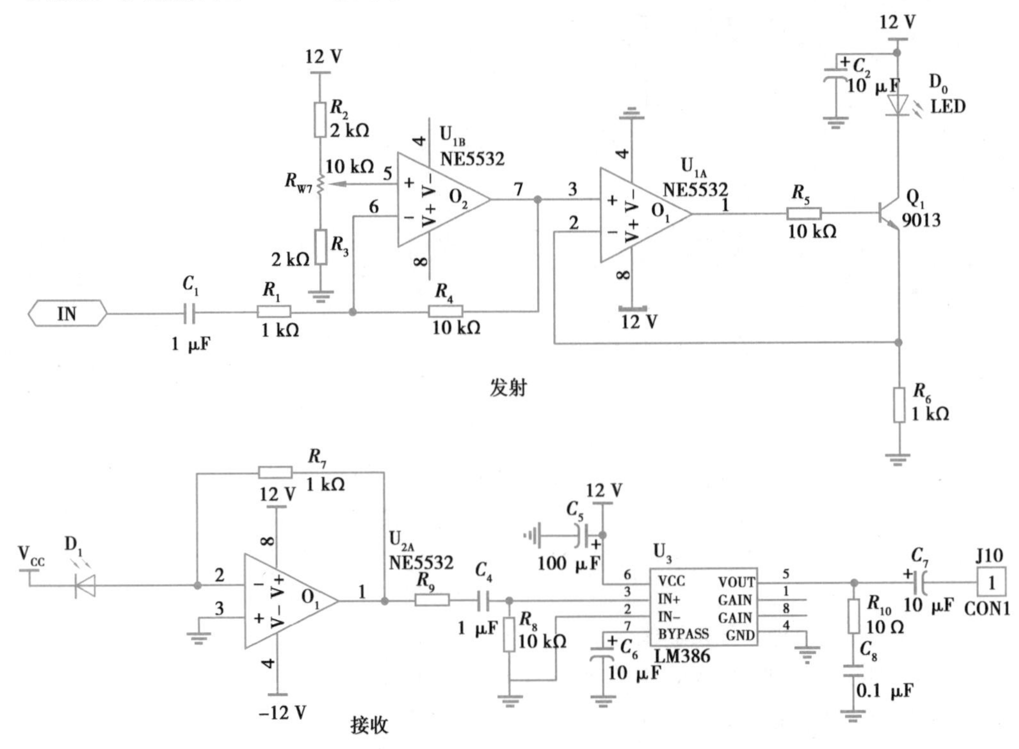

▲图 4.12.1 参考实验电路

4.12.5 实验步骤

输入 1 kHz、200 mV 的正弦波信号，调节电位器 R_{W7} 使 U_{1B} 放大的波形最大不失真输出，然后测试各级输入、输出波形并自拟表格记录数据与波形。

注：发射管与接收管对齐。

4.12.6 实验报告要求

①准确记录实验测试数据。

②记录并分析实验过程中出现的问题和现象。

4.13 拓展实验 3——精密绝对值整流和峰值检测电路设计

4.13.1 实验目的

①掌握集成运放的正确使用方法。

②掌握精密整流和峰值检测的工作原理。

4.13.2　实验设备

示波器、数字万用表、实验箱。

4.13.3　预习要求

分析参考实验电路，熟悉精密整流和峰值检测电路的设计。

4.13.4　实验参考电路

实验参考电路如图 4.13.1 所示。

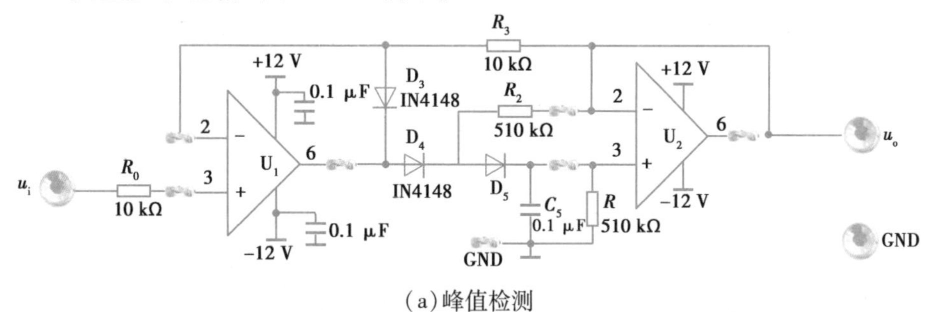

(a)峰值检测

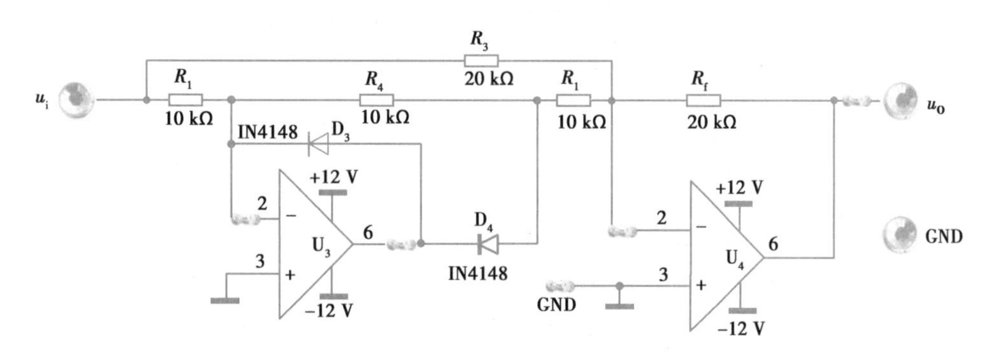

(b)精密整流

▲图 4.13.1　参考实验电路

4.13.5　实验步骤

峰值检测仿真电路

1)峰值检测

在峰值检测电路 u_i 端输入 1 kHz、1 V_{p-p} 的正弦波信号，用万用表可测得对应的峰值电压 u_o。

精密整流仿真电路

2)精密绝对值整流

在 u_i 端输入 1 kHz、300 mV_{p-p} 的正弦波信号，用示波器观 u_o 波形，再测各个点的波形，自拟表格并记录运放 U_3、U_4 的输入、输出波形。

4.13.6 实验报告要求

①准确记录实验测试数据。
②记录并分析实验过程中出现的问题和现象。

4.14 拓展实验 4——直流电机调速电路设计

4.14.1 实验目的

①掌握四象限桥式斩波电路的组成和工作原理。
②理解直流斩波 PWM 控制原理。

4.14.2 实验仪器

示波器、数字万用表、实验箱。

4.14.3 预习要求

分析参考实验电路,了解电机驱动电路组成及 PWM 控制原理。

4.14.4 实验参考电路

实验参考电路如图 4.14.1 所示。

4.14.5 实验步骤

①S_1 连接正转或反转,接通电源,观察直流电机正反转。

②调节电位器 R_{W1},控制直流电机转速;调节电位器 R_{W2},改变电机转速的输出波形,通过仪器观测转速。

4.14.6 实验报告要求

①准确记录实验测试数据。
②记录并分析实验过程中出现的问题和现象。

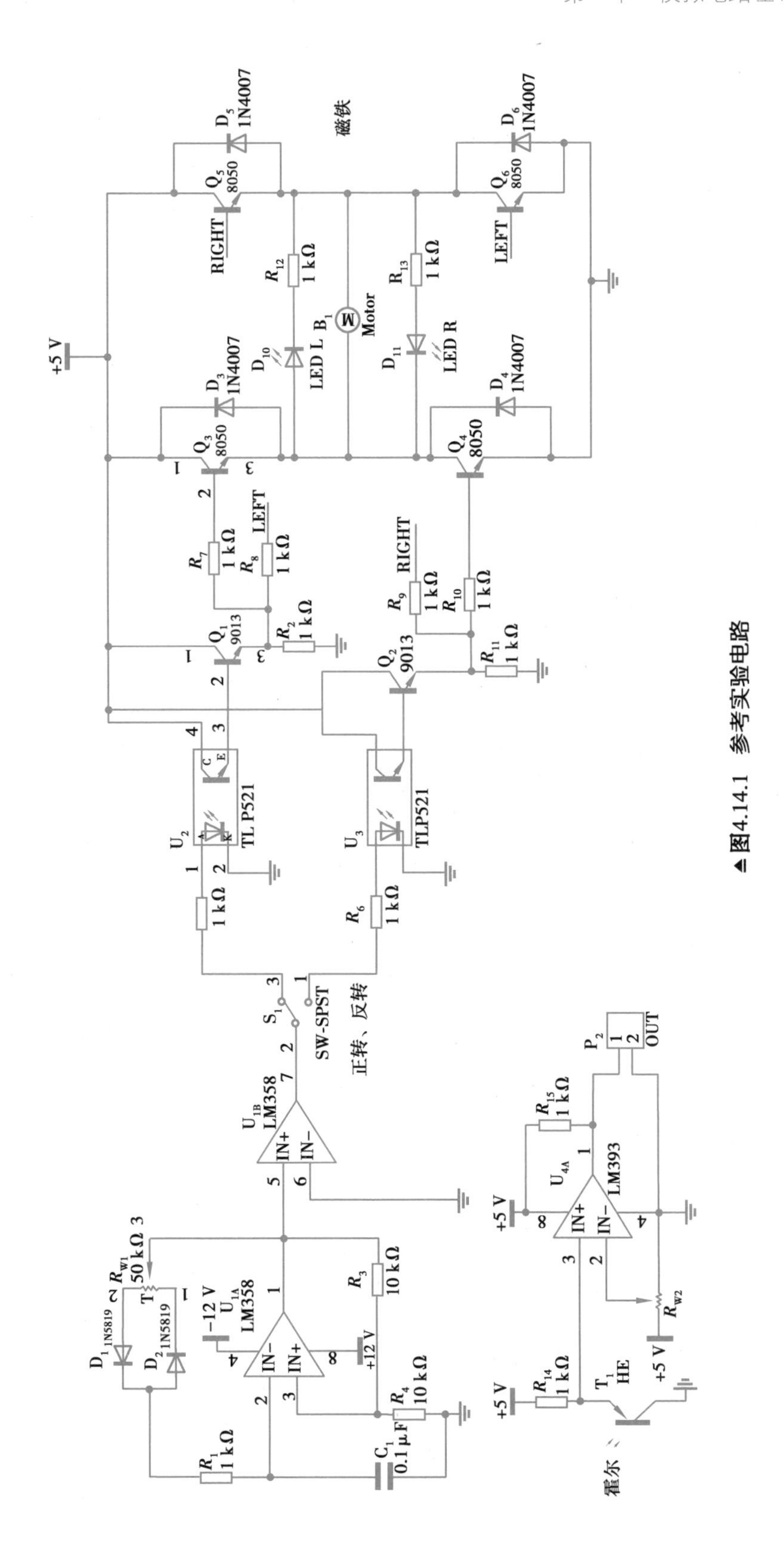

▲图4.14.1　参考实验电路

第三篇

电子技术课程设计

第5章

电子技术课程设计基础

※学习目标

1. 了解电子电路设计的一般方法与步骤。
2. 理解电子系统定义、构成、设计流程。
3. 了解常用电子设计自动化(EDA)设计工具。
4. 领会电子电路安装与调试方法。
5. 了解电子电路的故障分析与处理方法。

※思政导航

教学内容	思政元素	思政内容设计
电子电路的设计步骤和方法	科研素养 辩证思维	电子系统是一个复杂的系统,在设计电子系统时,可以将电子系统分成单元模块进行分别设计。对于初学嵌入式电子系统的学生来说,如何把电子系统分成若干个单元模块,并且把每一个单元模块连接成合理高效的工作链是一个难题。学生在平常的学习和生活中也会遇到各种问题,比如与家人、朋友的相处,学习上与导师沟通,撰写论文,找工作等。这么多事情带给年轻学子的手足无措感觉与电子设计中的毫无头绪感觉如此相同,教师在授课时会适时加以引导,把每一个单元模块比喻成生活中的每一个方面,相互依存,相对独立,指导学生合理设计每一个模块,分别设计好生活中的每一个方面,有条不紊地做好电子系统设计和成为人生赢家
元器件选型	创新精神 辩证思维	电子系统设计中有一个重要的步骤是元器件选型,即综合考虑设计目标、经费、实际用途挑选合适的芯片。教师在授课时,会让学生从功能简单的芯片开始学起,深刻理解这些芯片的可用之处,然后逐渐扩展芯片的功能,让学生体会到电子科技的飞速进步。但是有些学生会进入一些误区,觉得直接选功能最强大的芯片就可以了,其实不然。功能强大的芯片在运行期间的配置参数、接口设计、程序调试中势必庞大而烦琐,如果只是用来处理一个简单的工程需求,不仅是浪费,而且会徒增工程设计的工作量,只有物尽其用才能充分利用芯片的功能,才能展示学习的精深程度

古来一切有成就的人,都很严肃地对待自己的生命,当他活着一天,总要尽量多劳动,多工作,多学习,不肯虚度年华,不让时间白白地浪费掉。——邓拓

续表

教学内容	思政元素	思政内容设计
EDA 行业发展历史、现状、应用领域	爱国热情 创新精神	通过适时引入电子领域的科学家事迹,引起学生共鸣。通过阐述我国的 EDA 技术发展现状,让大家看到我国和其他发达国家的差距,激发大家的爱国热情和为祖国科技建设奋斗终身的信念

实验课、课程设计和毕业设计是大学阶段既相互联系又互有区别的三大实践性教学环节。实验课着眼于通过实验验证课程的基本理论,并培养学生的初步实验技能。而课程设计则是针对某一门课程的要求,对学生进行综合性训练,培养学生运用课程中所学到的理论与实践紧密结合,独立地解决实际问题。毕业设计虽然也是一种综合性训练,但它不是针对某一门课程,而是针对本专业的要求所进行的更为全面的综合训练。“电子技术课程设计”它是电子技术课程的实践性教学环节,是对学生学习电子技术的综合性训练,这种训练是通过学生独立进行某一课题的设计、安装和调试来完成的。然而,要完成一个课题将涉及许多方面的知识,既要涉及许多理论知识(设计原理与方法),还要涉及许多实际知识与技能(安装、调试与测量技术)。本章将把电子技术课程设计所涉及的主要基础知识做全面的介绍,以帮助学生解决入门之难。

5.1 课程设计的目的与要求

电子技术课程设计应达到如下基本要求:

①综合运用电子技术课程中所学到的理论知识去独立完成一个设计课题。

②通过查阅手册和文献资料,培养学生独立分析和解决实际问题和复杂工程的能力。

③进一步熟悉常用电子器件的类型和特性,并掌握合理选用的原则。

④学会电子电路的安装与综合调试技能。

⑤进一步熟悉电子仪器的正确使用方法。

⑥学会撰写课程设计总结报告。

⑦培养严肃认真的工作作风和严谨的科学态度。

5.2 课程设计的教学过程

(1)设计与计算阶段(预设计阶段)

学生根据所选课题的任务、要求和条件进行总体方案的设计,通过论证与选择,确定总体方案。此后是对方案中单元电路进行选择和设计计算,包括元器件的选用和电路参数的计算,最后画出总体电路图(原理图和布线图)。此阶段约占课程设计总学时的 30%。

(2)安装与调试阶段

预设计经指导教师审查通过后,学生即可向实验室领取所需元器件等材料,并在实验箱上或实验板上组装电路。此后是运用测试仪表进行电路调试,排除电路故障,调整元器件,修改电路,使之达到设计指标要求。

此阶段往往是课程设计的重点与难点所在,所需时间约占总学时的 50%。

(3)撰写总结报告阶段

总结报告是学生对课程设计全过程的系统总结。学生应按规定的格式编写设计报告。主要内容有:①课题名称;②设计任务和要求;③方案选择与论证;④方案的原理框图,总体电路图、布线图,以及它们的说明;单元电路设计与计算说明;元器件选择和电路参数计算的说明等;⑤电路调试,对调试中出现的问题进行分析,并说明解决的措施,测试、记录、整理与结果分析;⑥收获体会、存在问题和改进意见等。

(4)答辩

学生对所做课题做一个简要介绍,之后指导教师针对学生所设计的整体的原理、特点、工作过程,各单元电路的工作原理、性能,主要元器件的选择依据,安装调试后答辩组教师针对学生所做设计提出问题,学生作答。

(5)评分

课程设计结束后,教师将根据以下几方面来评定成绩:①设计方案的正确性与合理性;②实验动手能力(安装工艺水平、调试中分析解决问题的能力,以及创新精神等);③总结报告;④答辩情况(课题的论述和回答问题的情况);⑤设计过程中的学习态度、工作作风和科学精神。

5.3　电子电路设计的一般方法与步骤

5.3.1　电子系统定义

通常将由电子元器件或部件组成的能够产生、传输、采集或处理电信号及信息的客观实体称之为电子系统。例如,通信系统、雷达系统、计算机系统、电子测量系统、自动控制系统等等。这些应用系统在功能与结构上具有高度的综合性、层次性和复杂性。

典型电子系统框图如图 5.3.1 所示,其中系统的定义是指相互联系、互相制约单元构成,完成一定功能综合体。

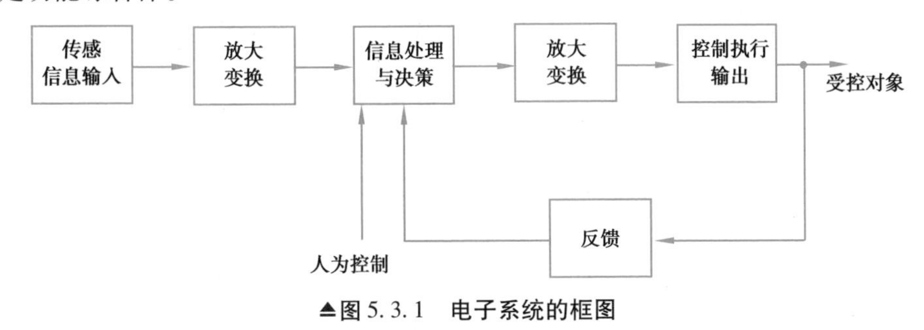

▲图 5.3.1　电子系统的框图

有一件事情是十分清楚的:创新思想不是那些专门从事开发创新思想的人的专有领地。——斯威尼

5.3.2 电子系统构成

①模拟子系统(传感、放大、模/数变换、执行等)。

②数字子系统(信息处理、决策、控制、数字计数显示电路)。

③模拟、数字混合子系统。

④微处理器子系统(核心 CPU、MCU、DSP、FPGA)。

现代复杂、大型电子信息系统包括上述类型子系统,基于微处理器的嵌入式(子)系统是现代主流。

5.3.3 电子系统综合设计的方法

1)自顶向下法(Top-Down)

自顶向下法(主导)结合自底向上法-现代电子大规模设计方法,所谓底是指物理构成、基本元器件,所谓顶是指系统的功能,如图 5.3.2 所示。

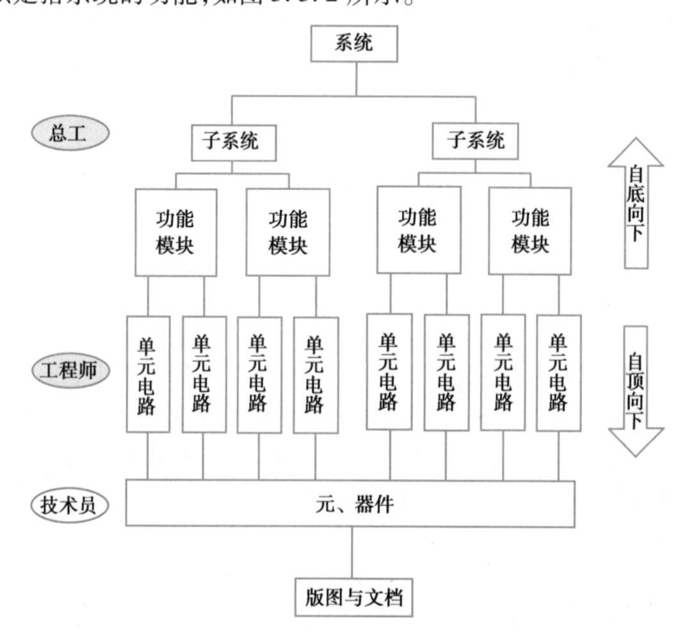

▲图 5.3.2 电子系统设计的两种方法

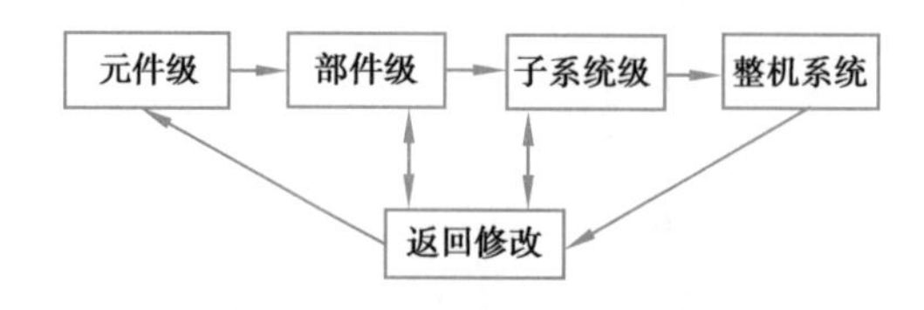

▲图 5.3.3 小型电子系统的设计流程

2)自底向上法(Bottom-Up)

自底向上法适用于小型实际设计制作。步骤包括采购器件、设计印刷电路板,装配、调试,在组装和调试过程中,可利用已有的设计成果。其设计流程如图 5.3.3 所示。

自底向上的缺点:部件设计在先,设计系统时将受这些部件的限制,影响系统性、易读性、可靠性、可维护性。

自底向上的优点:在系统组装和调试过程中有效、可利用已有的设计成果。

5.3.4　电子电路/系统设计流程

1)传统设计流程

传统电子系统的设计流程如图 5.3.4 所示。

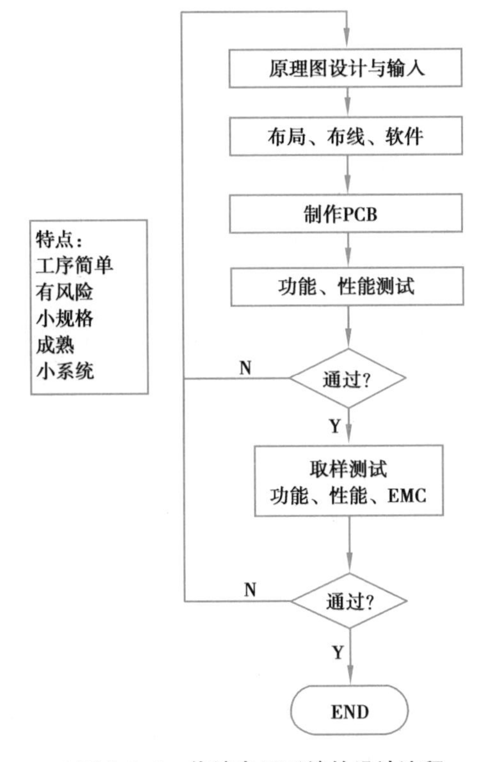

▲图 5.3.4　传统电子系统的设计流程

2)现代电子系统的设计流程

现代电子企业都有一套严格的生产管理流程,如图 5.3.5 所示。产品的设计过程中大量使用高级仿真工具对设计生产过程的前、中、后阶段均进行评估论证,并在设计生产过程中设置了多个质量监控点,保证了产品的一次成功率和质量。

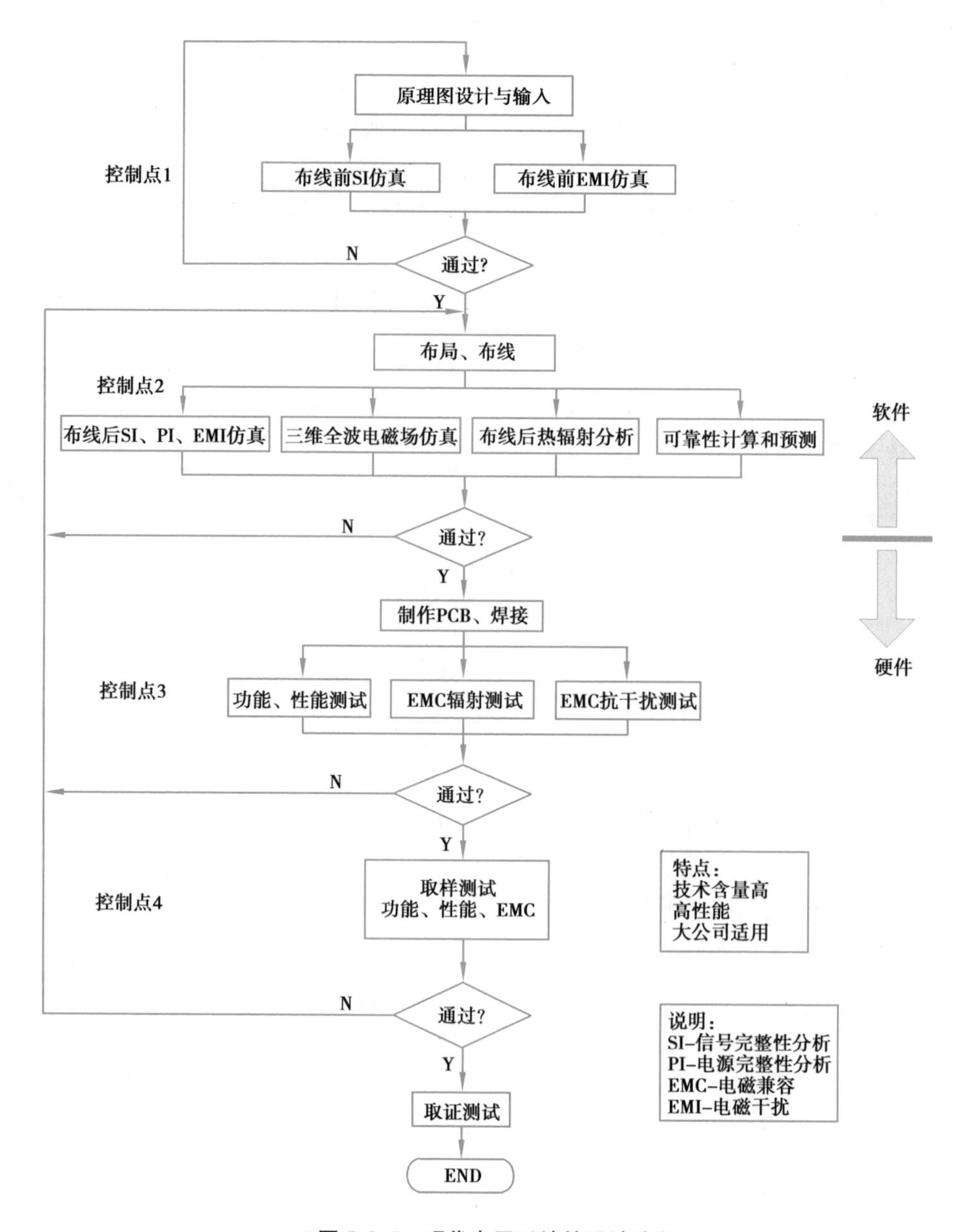

▲图 5.3.5　现代电子系统的设计流程

3）小型电子电路系统的设计制作流程

小型电子电路系统的设计制作流程如图 5.3.6 所示。

5.3.5　电子系统设计的步骤

总体可以分为行为描述与设计、结构描述与设计和物理描述与设计三个步骤。

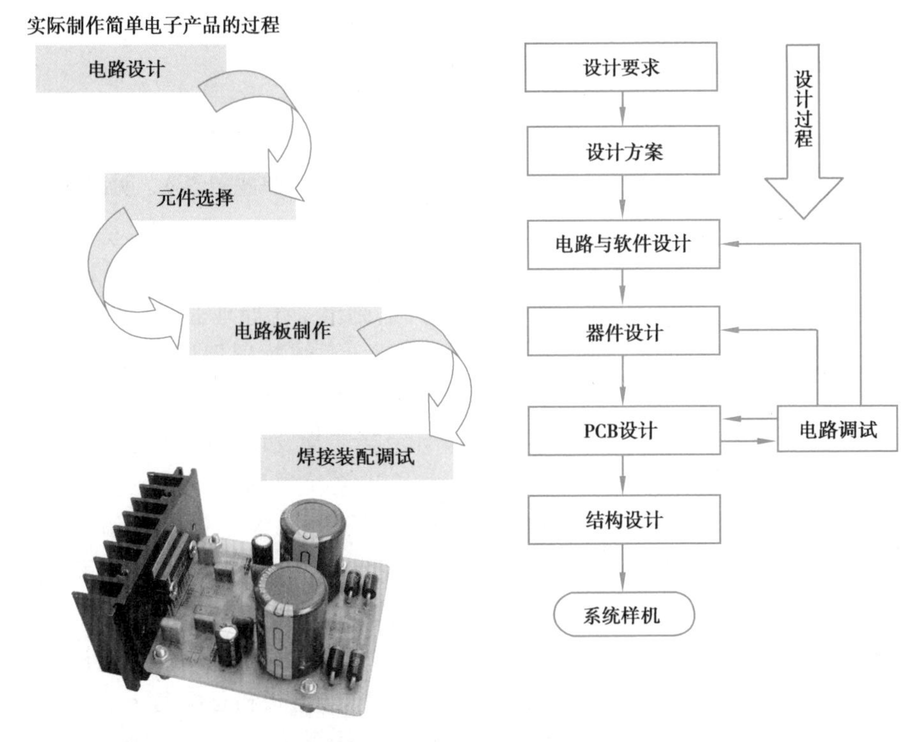

▲图5.3.6　小型电子电路的设计流程

1)行为描述与设计

描述系统的各项功能、各个单元的输入输出关系、各种技术指标。

例如在移动电话设计中行为描述包括：

移动电话的功能——通话功能、来电显示、存储、时钟、网络、触屏、声控、游戏、流媒体播放。

性能指标——接收/发射频率、调制方式、天线结构、待机时间、连续通话时间、电池电压、尺寸重量等。

2)结构描述与设计

描述各单元之间的互连关系或协议。

①系统的结构设计：确定系统与外部系统的互连方式与协议。

②子系统、模块级的设计：功能框图、电路图、文字说明。

③模拟仿真验证。

3)物理描述与设计

描述实现结构的具体形式、技术、工艺等内容。包括：

①传统的PCB电路板。

②PLD逻辑器件。

③VLSI(超大规模集成电路)。

④版图、外形尺寸、材料、散热等。

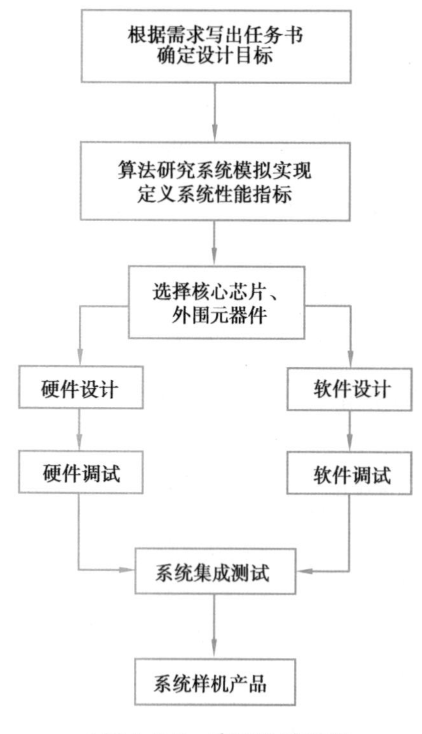

▲图 5.3.7 产品设计流程

4)传统设计步骤

传统设计步骤如图 5.3.7 所示。

①调查研究(需求课题分析),明确设计任务,确定设计目标。

②方案设计与论证,算法模拟,确定性能指标和功能结构分配,画出系统原理框图、功能模块框图。

③单元电路、系统软硬件设计与计算,硬件设计包括功能设计、结构化设计、物理设计,以及选择核心芯片和外围元器件及设计核心单元外围电路应用软硬件等。并绘出系统电路图。此外还包括单元级联接口、配合、协议等。

④器件选择。从某种意义上讲,电子电路的设计就是选择最合适的元器件,并把它们最好地组合起来。因此在设计过程中,经常遇到选择元器件的问题,不仅在设计单元电路和总体电路及计算参数时要考虑选哪些元器件合适,而且在提出方案、分析和比较方案的优缺点时,有时也需要考虑用哪些元器件以及它们的性能价格比如何等。电子元件种类繁多,新产品不断出现,这就需要经常关心元器件的信息和新动向,多查资料。

电阻和电容是两种常用的分立元件,它们的种类很多,性能各异。阻值相同、品种不同的两种电阻或容量相同、品种不同的两种电容用在同一电路中的同一位置,可能效果大不一样;此外,价格和体积也可能相差很大。设计者应当熟悉各种常用电阻和电容的种类、性能和特点,以便根据电路的要求进行选择。无源器件中对电阻器(电位器)等器件要充分考虑其阻值、精度、功率、温度、适用频率等。对电容器要注意其容量、精度、耐压、工作温度、绝缘电阻、损耗、适用频率等。对于电感器(变压器)则要考虑电感量、品质因数、额定电流、变比、功率等要素。

有源器件中的半导体分立器件需要注意其用途、功率、耐压、频率、放大倍数等。而集成电路需了解其多种功能、型号、封装、电压、功耗、频率、温度等参数并优先选用,会查手册资料里的关键指标,能够提出功能代用品。

一般优先选用集成电路,集成电路的应用越来越广泛,它不但减小了电子设备的体积、成本,提高了可靠性,安装、调试比较简单,而且大大简化了设计,使数字电路的设计非常方便。现在各种模拟集成电路的应用也使得放大器、稳压电源和其他一些模拟电路的设计比以前容易得多。例如:+5 V 直流稳压电源的稳压电路,以前常用晶体管等分立元件构成串联式稳压电路,现在一般都用集成三端稳压器 LM7805 构成。二者相比,显然后者比前者简单得多,而且很容易设计制作,成本低、体积小、质量小、维修简单。但是,不要以为采用集成电路一定比用分立元件好,有些功能相当简单的电路,只要一只二极管或三极管就能解决问题,若采用集成电路反而会使电路复杂，成本增加。例如 5 ~ 10 MHz 的正弦信号发生器，用一只高频三极管构成电容三点式 LC 振荡器即可满足要求。若采用集成运放构成同频率的正弦波信号发生器，由于宽频带集成运放价格高，成本必然高。因此在频率高、电压高，电流大或要求噪声极低等特殊场合仍需采用分立元件，必要时可画出两种电路进行比较。

选用集成电路时，除以上所述外，还必须注意以下几点：

a. 应熟悉集成电路的品种和几种典型产品的型号、性能、价格等，以便在设计时能提出较好的方案，较快地设计出单元电路和总电路。

b. 选择集成运放和集成电路，在保证性能指标的前提下，应尽量选择通用型产品。

c. 器件使用前要仔细阅读产品的数据手册（Data Sheet），了解参考电路和外围器件设计。

d. 集成电路的常用封装方式有三种：即 SMD 贴装式、直立式和双列直插式，为便于安装、更换、调试和维修，一般情况下，应尽可能选用双列直插式集成电路，在对体积有要求时可以考虑使用 SMD 表面贴装器件。

⑤组装调测（焊接、装配、硬件和软件调试、试验、系统集成和测试结果）。

⑥总结报告（成果）产品化设计和认证。

由于电子电路种类繁多，千差万别，设计方法和步骤也因情况不同而各异，因而上述设计步骤需要交叉进行，有时甚至会出现反复。因此在设计时，应根据实际情况灵活掌握。

5.3.6　电子设计自动化（EDA）设计工具

1）元器件电路级仿真软件

①电子工作平台（Multisim 等），详细介绍见第四篇相关内容。

②PSpice/8.0/9.0 软件。可用于设计、分析模拟电路、数字电路、数模混合电路，其主要功能有：直流分析、交流小信号分析、瞬态分析、灵敏度分析、温度特性分析、容差分析、优化设计等。

2）电路图/PCB 设计工具

Cadence/Altium Designer/嘉立创 EDA 等，可用于电路原理图（Schematic）和印刷电路板（PCB）设计。

3）系统级设计与算法设计工具

（1）仿真软件（MATLAB/Simulink）

可用于电子系统、信号系统、通信系统的研究开发、设计分析。

（2）系统仿真软件（System View）

可用于动态系统设计、分析、仿真，支持信号、处理、通信、控制、模拟、数字、线性、非线性、混合系统开发。

（3）Proteus

Proteus 软件是英国 Labcenter Electronics 公司出版的 EDA 工具软件。它不仅具有其他 EDA 工具软件的仿真功能，还能仿真单片机及外围器件。Proteus 是世界上著名的 EDA 工具（仿真软件），从原理图布图、代码调试到单片机与外围电路协同仿真，一键切换到 PCB 设计，真正实现了从概念到产品的完整设计。

4)可编程器件开发技术/设计工具

该类软件用于可编程器件(PLD/CPLD/FPGA)可编程技术开发工具实现硬件设计软件化,可以方便地开发数字电路和系统。其具体内容详见第四篇。

5)嵌入式系统开发工具

①单片机系统集成开发环境:ARM/C51 IDE,IAR 等。

②DSP(数字信号处理)集成开发环境:TI CCS (Code Composer Studio)。

③嵌入式系统软件开发调试环境:ARM Code Warrior 集成开发环境等。

5.3.7 计算参数

在电子电路的设计过程中,常常需要计算一些参数。如主要电路中 U、I、W、f、T、R、C 等数据。我们在设计积分电路时,不仅要求计算出电阻值和电容值,而且还要估算出集成运放的开环电压放大倍数、差模输入电阻、转换速率、输入偏置电流、输入失调电压和输入失调电流及温漂,才能根据计算结果选择元器件。至于计算参数的具体方法,主要在于正确运用在“模拟电子技术基础”和“数字电子技术基础”中已经学过的分析方法,搞清电路原理,灵活运用计算公式。对于一般情况,计算参数应注意以下几点:

①各元器件的工作电压、电流、频率和功耗等应在允许的范围内,并留有适当裕量,以保证电路在规定的条件下,能正常工作,达到所要求的性能指标。

②对于环境温度、交流电网电压等工作条件,计算参数时应按最不利的情况考虑。

③涉及元器件的极限参数(例如整流桥的耐压)时,为保证器件安全,必须留有足够的裕量,需对其参数降额使用,元件的额定电压、电流、功率等指标至少大于 1.5 倍实际工作值。例如,如果实际电路中三极管 c、e 两端的电压 U_{CE} 的最大值为 20 V,挑选三极管时应按 $U_{(BR)CEO} \geq 30$ V 考虑。

④电阻值尽可能选在 1 MΩ 范围内,最大一般不应超过 10 MΩ,其数值应在常用电阻标称值系列之内,并根据具体情况正确选择电阻的品种。

⑤非电解电容尽可能在 100 pF ~ 0.1 μF 范围内选择,其数值应在常用电容器标称值系列之内,并根据具体情况正确选择电容的品种。

⑥在保证电路性能的前提下,尽可能设法降低成本,减少器件品种,减小元器件的功耗和体积,为安装调试创造有利条件。

⑦应把计算确定的各参数值标在电路图的恰当位置。

5.4 电子电路安装与调试

电子电路设计完毕以后,需要进行电路安装。电子电路的安装技术与工艺在电子工程技术中占有十分重要的位置,不可轻视。安装技术与工艺的优劣,不仅影响外观质量,而且影响电子产品的性能,并且影响到调试与维修,因此,必须给予足够的重视。

错误同真理的关联,就像睡梦同清醒的关联一样。一个人从错误中醒来,就会以新的力量走向真理。—— 歌德

5.4.1 电子电路的安装

备好按总体电路图所需要的元器件以后，如何把这些元器件按电路图组装起来，电路各部分应放在什么位置，是用一块电路板，还是用多块电路板组装，一块板上电路元件又是如何布置等，这都属于电路安装布局的问题。

电子电路安装布局分电子装置整体结构布局和电路板上元器件安装布局两种。

1)整体结构布局

这是一个空间布局的问题。应从全局出发，决定电子装置各部分的空间位置。例如，电源变压器、电路板、执行机构、指示与显示部分、操作部分，以及其他部分等，在空间尺寸不受限制的场合，这些都比较好布局；而在空间尺寸受到限制且组成部分多而复杂的场合时，布局是十分艰难的，常常要对多个布局方案进行比较，多次反复是常有的事。

整体结构布局没有一个固定的模式，只有一些应遵循的原则：

①注意电子装置的重心平衡与稳定。为此，变压器和大电容等比较重的器件应安装在装置的底部，以降低装置的重心，还应注意装置前后、左右的重量平衡。

②注意发热部件的通风散热。为此，大功率管应加装散热片，并布置在靠近装置的外壳，且开凿通风孔，必要时加装小型排风扇。

③注意发热部件的热干扰。为此，半导体器件、热敏器件、电解电容等应尽可能远离发热部件。

④注意电磁干扰对电路正常工作的影响，容易接受干扰的元器件(如高放大倍数放大器的第一级等)应尽可能远离干扰源(如变压器、高频振荡器、继电器、接触器等)。当远离有困难时，应采取屏蔽措施(即将干扰源屏蔽或将易受干扰的元器件屏蔽起来)。此外，输入级也应尽可能远离输出级。

⑤注意电路板的分块与布置。如果电路规模不大或电路规模虽大但安装空间没有限制，则尽可能采用一块电路板，否则采用多块电路板。分块的原则是按电路功能分块，不一定一块一个功能，可以一块有几个功能的电路。电路板的布置可以卧式，也可以立式布置，这要视具体空间而定。不论采用哪一种，都应考虑到安装、调试和检修的方便。此外，与指示和显示有关的电路板最好是安装在面板附近。

⑥注意连线的相互影响。强电流线与弱电流线应分开走，输入级的输入线应与输出级的输出线分开走。

⑦操作按钮、调节按钮、指示器与显示器等都应安装在装置的面板上。

⑧注意安装、调试和维修的方便，并尽可能注意整体布局的美观。前述七项布局的原则是从技术角度出发提出来的，在尽量满足这些原则的前提下，应特别注意安装、调试和维修方便，以及整体美观。否则，不是一个好的整体布局，甚至是一个无法实现的整体布局。

2)电路板结构布局

在一块板上按电路图把元器件组装成电路，其组装方式通常有两种：插接方式和焊接方式。插接方式是在面包板上进行，电路元器件和连线均接插在面包板的孔中；焊接方式是在印刷板上进行,电路元器件焊接在印刷板上,电路连线则为特制的印刷线。

不论是哪一种组装方式,首先必须考虑元器件在电路板上的结构布局问题。布局的优劣不仅影响到电路板的走线、调试、维修以及外观,也对电路板的电气性能有一定影响。

电路板结构布局也没有固定的模式,不同的人所进行的布局设计有不同的结果,这不足为奇,但有如下一些供参考的原则:

①首先布置主电路的集成块和晶体管的位置。安排的原则是,按主电路信号流向的顺序布置各级的集成块和晶体管。当芯片多,而板面有限时,则布成一个"U"字形,"U"字形的口一般应尽量靠近电路板的引出线处,以利于第一级的输入线、末级的输出线与电路板引出线之间的连线。此外,集成块之间的间距(即空余面积)应视其周围元器件的多少而定。

②安排其他电路元器件(电阻、电容、二极管等)的位置。其原则是,按级就近布置。换句话说,各级元器件围绕各级的集成块或晶体管布置。如果有发热量较大的元器件,则应注意它与集成块或晶体管之间的间距应足够大些。

③连线布置。其原则是,第一级输入线与末级的输出线,强电流线与弱电流线、高频线与低频线等应分开走,其间距离应足够大,以避免相互干扰。

④合理布置接地线。为避免各级电流通过地线时产生相互间的干扰,特别是末级电流通过地线对第一级的反馈干扰,以及数字电路部分电流通过地线对模拟电路产生干扰,通常采用地线割裂法使各级地线自成回路,然后再分别一点接地,如图 5.4.1(a)所示。换句话说,各级的地是割裂的,不直接相连,然后再分别接到公共的一点地上。

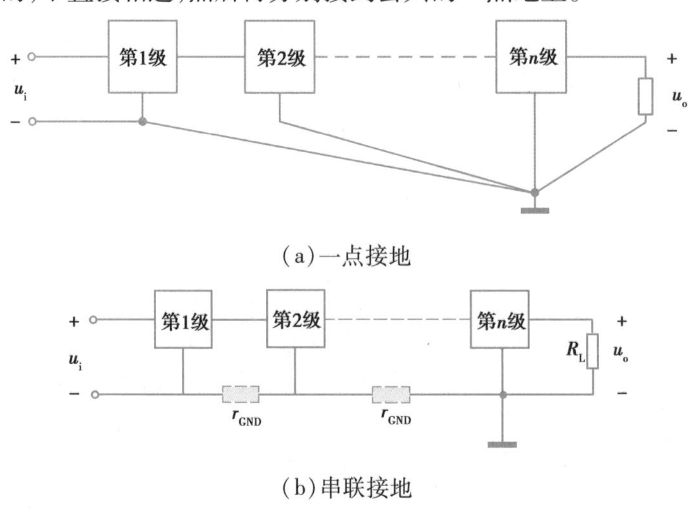

(a)一点接地

(b)串联接地

▲图 5.4.1 地线布置

根据上述一点接地的原则,布置地线时应注意如下几点:

a. 输出级与输入级不允许共用一条地线。

b. 数字电路与模拟电路不允许共用一条地线。

c. 输入信号的"地"应就近接在输入级的地线上。

d. 输出信号的"地"应接公共地,而不是输出级的"地"。

e. 各种高频和低频退耦电容的接"地"端应远离第一级的地。

显然,上述单点接地的方法可以完全消除各级之间通过地线产生的相互影响,但接地方式比较麻烦，且接地线比较长，容易产生寄生振荡。因此，在印刷电路板的地线布置上常常采用另一种地线布置方式，即串联接地方式，如图5.4.1(b)所示，各级地一级级直接相连后再接到公共的地上。

在这种接地方式中，各级地线可就近相连，接地比较简单，但因存在地线电阻(如图中虚线所示)，各级电流通过相应的地线电阻产生干扰电压，影响各级的工作。为了尽量抑制这种干扰，常常采用加粗和缩短地线的方法，以减小地线电阻。

⑤电路板的布局还应注意美观和检修方便。为此，集成块等元器件的安置方式和方向应尽量一致。

3)关于电源回路的布线

电源地线首先连接到最大电流的那一级，然后向电流低的各级按电流大小逐级供电；各级电流供电回路都需要接入退耦电路，如图5.4.2所示。

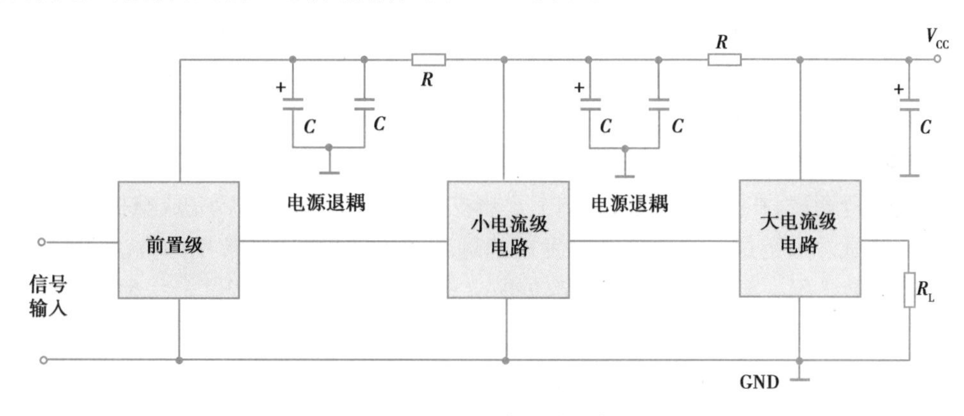

▲图5.4.2　多级电路的供电方式

5.4.2　电子电路的调试

电子电路的调试在电子工程中占有重要地位，是对设计电路的正确与否及性能指标的检测过程，也是初学者实践技能培养的重要环节。

调试过程是利用符合指标要求的各种电子测量仪器，如示波器、万用表、信号发生器、频率计、逻辑分析仪等，对安装好的电路或电子装置进行调整和测量，以保证电路或装置正常工作，同时判别其性能的好坏、各项指标是否符合要求等。因此，调试必须按一定的方法和步骤进行。

1)调试的方法和步骤

(1)不通电检查

电路安装完毕后，不要急于通电，应首先认真检查接线是否正确，包括多线、少线、错线等，尤其是电源线不能接错或接反，以免通电后烧坏电路或元器件。查线的方式有两种：一种是按照设计电路接线图检查安装电路，在安装好的电路中按电路图一一对照检查连线；另一种方法是按实际线路，对照电路原理图按两个元件接线端之间的连线去向检查。无论哪种方法,在检查中都要对已经检查过的连线做标记,使用万用表检查连线很有帮助。

(2)直观检查

连线检查完毕后,直观检查电源、地线、信号线、元器件接线端之间有无短路,连线处有无接触不良,二极管、三极管、电解电容等有极性元器件引线端有无错接、反接,集成块是否插对。

(3)通电检查

把经过准确测量的电源电压加入电路,但暂不接入信号源信号。电源接通之后不要急于测量数据和观察结果,首先要观察有无异常现象,包括有无冒烟、有无异常气味、触摸元件是否有发烫现象、电源是否短路等。如果出现异常,应立即切断电源,排除故障后方可重新通电。

(4)分块调试

分块调试包括测试和调整两个方面。测试是在安装后对电路的参数及工作状态进行测量;调整则是在测试的基础上对电路的结构或参数进行修正,使之满足设计要求。

为了使测试能够顺利进行,设计的电路图上应标出各点的电位值、相应的波形以及其他参考数值。

调试方法有两种:第一种是采用边安装边调试的方法,也就是把复杂的电路按原理图上的功能分块进行调试,在分块调试的基础上逐步扩大调试的范围,最后完成整机调试,这种方法称为分块调试。采用这种方法能及时发现问题和解决问题,这是常用的方法,对于新设计的电路更为有效。另一种方法是整个电路安装完毕后,实行一次性调试。这种方法适用于简单电路或定型产品。这里仅介绍分块调试。

分块调试是把电路按功能分成不同的部分,把每个部分看成一个模块进行调试。比较理想的调试程序是按信号的流向进行,这样可以把前面调试过的输出信号作为后一级的输入信号,为最后的联调创造条件。分块调试分为静态调试和动态调试。

静态调试一般指在没有外加信号的条件下测试电路各点的电位。如测试模拟电路的静态工作点,数字电路的各输入、输出电平及逻辑关系等,将测试获得的数据与设计值进行比较,若超出指标范围,应分析原因,并进行处理。

动态调试可以利用前级的输出信号作为后级的输入信号,也可利用自身的信号来检查电路功能和各种指标是否满足设计要求,包括信号幅值、波形的形状、相位关系、频率、放大倍数、输出动态范围等。模拟电路比较复杂,而对数字电路来说,由于集成度比较高,一般调试工作量不大,只要元器件选择合适,直流工作点状态正常,逻辑关系就不会有太大问题。一般是测试电平的转换和工作速度等。

把静态和动态的测试结果与设计的指标进行比较,经进一步分析后对电路参数实施合理的修正。

(5)整机联调

对于复杂的电子电路系统,在分块调试的过程中,由于是逐步扩大调试范围,故实际上已完成了某些局部联调工作。只要做好各功能块之间接口电路的调试工作,再把全部电路接通,就可以实现整机联调。整机联调只需要观察动态结果,即把各种测量仪器及系统本身显示部分提供的信息与设计指标逐一比较,找出问题,然后进一步修改电路参数,直到完全符合设计要求为止。

调试过程中不能单凭感觉和印象，要始终借助仪器观察。使用示波器时，最好把示波器的信号输入方式置于“DC”挡，它是直流耦合方式，同时可以观察被测信号的交、直流成分。被测信号的频率应处在示波器能够稳定显示的频率范围内，如果频率太低，观察不到稳定波形时，应改变电路参数后测量。

2）调试注意事项

①测试之前要熟悉各种仪器的使用方法，并仔细加以检查，避免由于仪器使用不当或出现故障而作出错误判断。

②测试仪器和被测电路应具有良好的共地，只有使仪器和电路之间建立一个公共的参考点，测试的结果才是准确的。

③调试过程中，发现器件或接线有问题需要更换或修改时，应关断电源，待更换完毕认真检查后方可重新通电。

④调试过程中，不但要认真观察和检测，还要认真记录。包括记录观察的现象、测量的数据、波形及相位关系，必要时在记录中应附加说明，尤其是那些和设计不符合的现象更是记录的重点。依据记录的数据才能把实际观察的现象和理论预计的结果加以定量比较，从中发现问题，加以改进，最终完善设计方案。通过收集第一手资料可以帮助自己积累实际经验，切不可低估记录的重要作用。

⑤安装和调试自始至终要有严谨的科学作风，不能抱有侥幸心理。出现故障时，不要手忙脚乱，马虎从事，要认真查找故障原因，仔细作出判断，切不可一遇到故障解决不了时就拆线重新安装。因为重新安装的线路仍然存在各种问题，况且原理上的问题也不是重新安装电路就能解决的。

5.4.3　电子电路的故障分析与处理

在实践、训练过程中，电路故障常常不可避免。分析故障现象、解决故障问题可以提高实践和动手能力。分析和排除故障的过程，就是从故障现象出发，通过反复测试，作出分析判断、逐步找出问题的过程。首先要通过对原理图的分析，把系统分成不同功能的电路模块，通过逐一测量找出故障所在区域，然后对故障模块区域内部加以测量并找出故障，即从一个系统或模块的预期功能出发，通过实际测量，确定其功能的实现是否正常来判断是否存在故障，然后逐步深入，进而找出故障并加以排除。

假如是原来正常运行的电子电路，使用一段时间出现故障，其原因可能是元器件损坏，或连线发生短路，也可能是使用条件的变化影响电子设备的正常运行。

1）调试中常见的故障原因

①实际电路与设计的原理图不符。

②元器件使用不当。

③设计的原理本身不满足要求。

④误操作等。

青年人首先要树雄心，立大志；其次要度衡量力，决心为国家人民作一个有用的人才；为此就要选择一个奋斗的目标来努力学习和实践。——吴玉章

2)查找故障的方法

查找故障的通用方法是把合适的信号或某个模块的输出信号引到其他模块上,然后依次对每个模块进行测试,直到找到故障模块为止。查找的顺序可以从输入到输出,也可以从输出到输入,遵循"由表及里""先易后难""先电源后负载""先静态后动态"的原则。找到故障模块后,要对该模块产生故障的原因进行分析、检查。查找模块内部故障的步骤如下:

①检查用于测量的仪器是否使用得当。

②检查安装的线路与原理是否一致,包括连线、元件的极性及参数、集成电路的安装位置是否正确等。

③测量元器件接线端的电源电压。使用接插板做实验出现故障时,应检查是否因接线端不良而导致元器件本身没有正常工作。

④断开故障模块输出端所接的负载,可以判断故障来自模块本身还是负载。

⑤检查元器件使用是否得当或已经损坏。在实验、实习中大量使用的是中规模集成电路,由于它的接线端比较多,使用时会将接线端接错,从而造成故障。在电路中,由于安装前经过调试,元器件损坏的可能性很小。如果怀疑某个元器件损坏,必须对它进行单独测试,并对已损坏的元器件进行更换。

⑥反馈回路的故障判断是比较困难的,因为它是把输出信号的部分或全部以某种方式送到模块的输入端口,使系统形成一个闭环回路。在这个闭环回路中只要有一个模块出故障,则整个系统都存在故障现象。查找故障需要把反馈回路断开,接入一个合适的输入信号使系统成为一个开环系统,然后再逐一查找发生故障的模块及故障元器件等。

前面介绍的通用方法对一般电子电路都适用,但它具有一定的盲目性,效率低。对于自己设计的系统或非常熟悉的电路,可以采用观察判断法,通过仪器、仪表观察到结果,直接判断故障发生的原因和部位,从而准确、迅速地找到故障并加以排除。

在电路中,当某个元器件静态正常而动态有问题时,往往会认为这个元器件本身有问题,其实有时并非如此。遇到这种情况不要急于更换器件,首先应检查电路本身的负载能力及提供输入信号的信号源的负载能力。把电路的输出端负载断开,检查是否工作正常,若电路空载时工作正常,说明电路负载能力差,需要调整电路。如断开负载电路仍不能正常工作,则要检查输入信号波形是否符合要求。

由于诸多因素的影响,原来的理论设计可能要做修改,选择的元器件需要调整或改变参数,有时可能还要增加一些电路或元器件,以保证电路能稳定地工作。因此,调试之后很可能要对前面的"选择元器件和参数计算"一步中所确定的方案再作修改,最后完成实际的总体电路,制作出符合设计要求的电子设备。

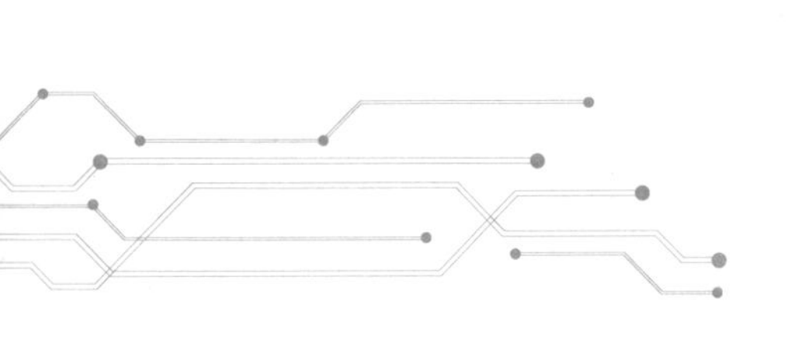

第6章

电子系统的设计与应用举例

※学习目标

1. 掌握模拟电子电路设计方法。
2. 领会集成运算放大器应用电路的设计原则。
3. 领会功率电子电路的设计与调试经验。
4. 了解数字电路应用系统的设计方法。
5. 能够分析八路移存型彩灯控制器、低频数字频率计工作原理。

※思政导航

教学内容	思政元素	思政内容设计
数控可调直流电流源的模电、数电、单片机三种实现方案	辩证思维 创新精神	数控可调直流电流源的模电、数电、单片机三种实现方案，从这个知识点我们要学会用不同的方法来实现设计目标，能够用科学的知识及辩证思维来解决问题，培养严谨的逻辑思维方式、扎实的科研态度。 同时，通过数控可调直流电流源的设计，知道直流稳压电源能够把交流电网提供的能量转换成直流电提供给电子设备，但与此同时也对电网产生了谐波污染，从而引导学生得出“任何事物都具有多面性”的哲学结论，鼓励学生用科学发展观全面看待问题
模拟电路和数字电路设计	辩证思维 工匠精神	三极管工作在截止区和饱和区时，可作为开关器件用于数字电路，而工作在放大区时可用于模拟电路起放大电压或电流的作用，因此模拟电路和数字电路从组成器件上来讲并无本质区别，从而回答了“数字时代为何还要学模电”这个问题，帮助学生了解本课程在学科中的重要基础地位，明确学习目标；并由此发散出去，带领学生温习“透过现象看本质”的马克思主义思想，鼓励学生追求“知其然且知其所以然”的工匠精神
电路调试	科学素养 勇攀高峰	在电路调试的过程中，往往会出现输出波形含有高频干扰信号的情况，必须根据具体情况采取有针对性的措施予以滤除。当前高校部分学生学习效果不佳，很重要的一个原因就是外界干扰太多，由此展开，提醒学生必须具备强大的学习定力，保持良好的学习状态和稳定的学习情绪，才能提高学习效率

6.1 模拟电子电路设计方法

6.1.1 典型模拟电子系统的组成

模拟电子系统又叫模拟电子装置，它是由一些基本功能的模拟电路单元组成的。通常人们所用到的音响设备、温度控制器、电子交流毫伏表、电子示波器等，都是一些典型的模拟电子装置。尽管它们各有不同的结构原理和应用功能，但就其结构部分而言，都是由一些基本功能的模拟电路单元有机组成的一个整体，其电路主要特点是：

①工作在模拟领域中单元电路的种类多。例如，各种传感器电路、电源电路、放大电路、音响电路、视频电路，性能各异的振荡、调制、解调等。

②要求电路实现规定的功能，更要达到规定的指标。模拟电路一般要求工作在线性状态，因此电路的工作点选择、工作点的稳定，运行范围的线性程度，单元之间的耦合等都很重要。

③系统的输入单元与信号源之间的匹配、系统的输出单元与负载（执行机构）之间匹配。模拟系统的输入单元要考虑输入阻抗匹配，提高信噪比，抑制各种干扰和噪声。输出单元与负载的匹配，且输出最大功率和提高效率等。

④调试电路的难度。一般来说模拟系统的调试难度要大于数字系统的调试难度，特别是对于高频系统或高精度的微弱信号系统难度更大。这类系统中的元器件布局、连线、接地、供电、去耦等对性能指标影响很大。要想完成模拟系统的设计，除了设计正确外，设计人员具备细致的工作作风和丰富的实际工作经验显得非常重要。

⑤人工设计在模拟系统设计中仍起着重要的作用。当前电子系统设计工作的自动化发展很快，但主要在数字领域，而模拟系统的自动化设计进展比较缓慢。

假设一个电子系统对获得的模拟信号不需要作复杂处理，也不作远距离传送，最后的执行机构也用模拟信号驱动，在这样的系统中用模拟技术处理比较合理。

一般情况下，一个典型的模拟电子电路系统，都是由图 6.1.1 所示的几个功能框图构成。

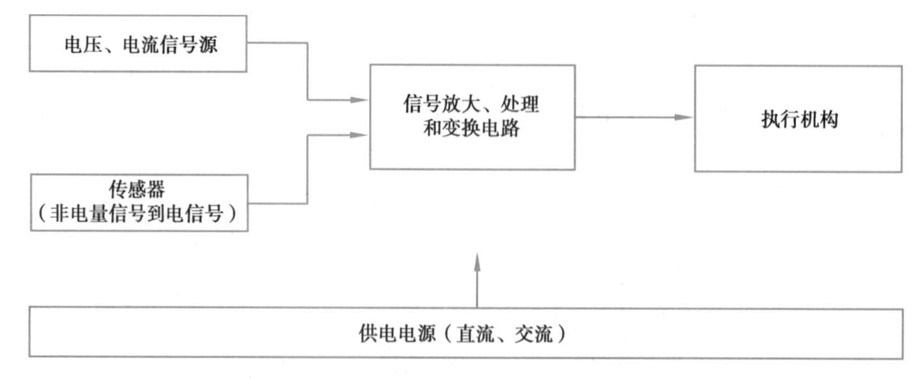

▲图 6.1.1 典型模拟电子系统的组成框图

系统的输入部分一般有两种情况：一是非电模拟物理量（如温度、压力、位移、固体形变、流量等)通过传感器和检测电路变换成模拟电信号作为输入信号;二是直接由信号源(直流信号源或波形发生器作为交变电源)输入模拟电压或电流信号。

系统的中间部分大多是信号的放大、处理、传送和变换等模拟单元电路,使其输出满足驱动负载的要求。

系统的输出部分为执行机构(执行元件),通常称为负载。它的主要功能是把输入符合要求的信号变换成其他形式的能量,以实现人们所期望的结果。比如扬声器发声、继电器、电动机动作、光电显示等。

系统的供电部分——提供各种电子单元电路的直流电流和做信号变换处理的有一定频率一定幅值的交流电源(信号源)。

由于系统的输入部分和输出部分涉及其他的学科内容,这部分的理论知识只要求"拿来我用"即可,不做重点研究。设计的重点则放在信号的放大、传送、变换、处理等中间部分的设计,另外为保证系统中间部分正常工作,供电电源的设计也是我们要讨论的内容。

综上所述,模拟电子系统的设计,所包含的主要内容如下:

①模拟信号的检测、变换及放大电路。

②波形的产生、变换及驱动电路系统。

③模拟信号的运算及组合模拟运算系统。

④直流稳压电源系统。

⑤不同功率的可控整流和逆变系统等。

6.1.2　模拟电路的设计

模拟电路知识告诉我们,任务复杂的电路,都是由简单的电路组合而成的,电信号的放大和变换也是由一些基本功能电路来完成的,所以要设计一个复杂的模拟电路可以分解成若干具有基本功能的电路,如:放大器、振荡器、整流滤波稳压器,及各种波形变换器电路等,然后分别对这些单元电路进行设计,使一个复杂任务变成简单任务,利用已学过的知识即可完成。

1)模拟系统设计步骤

(1)总体方案设计

对系统功能、性能、体积、成本等多方面作权衡比较,确定方案。有分立器件、功能级集成电路、系统级集成电路,直至 ASIC 电路,它们都可能适用系统设计。

划分功能块,设计总框图:根据系统功能、总体指标,按信号流向划分功能块。应考虑指标分配、装配连接合理性等因素。

(2)功能电路设计

根据各功能电路的功能和指标,完成功能电路的设计。设计功能电路时应首选集成电路,计算该集成电路外部电路的参数。例如,扩音系统的设计——可划分成前置放大器、音调控制放大器和功率放大器。前置放大器完成对输入信号的匹配,频率特性均衡;音调控制放大器完成音调的调节;功率放大器完成功率输出。在功能块设计时,应将扩音系统总增益分配到各单元增益设计中。

又例如,数据采集系统的前向通道设计——通常划分为输入放大器、滤波器、采样/保持电路、多路模拟开关、A/D 转换器等,每个功能块是根据每个单元完成一个特定功能划分。在采集系统的前向通道设计中,要把总误差合理地分配到各功能块。

(3)系统原理图设计

系统原理图的设计需要解决两个方面的问题,单元电路之间的耦合和整体电路的配合。

(4)设计印刷电路板布线图,考虑测试方案,设置测试点

由于模拟系统的特殊性,元件布置和印刷电路板布线显得更为重要。例如,有用输入信号很小,小到微伏级,且各单元电路大都处于线性工作状态,对干扰的影响极为敏感。最终设计的模拟系统能否达到预期要求,要经过调试和测量才能得出。

2)模拟系统设计与数字系统设计的区别

①模拟系统自动化设计工具少,器件种类多,实际因素影响大,其人工设计成分比数字系统大得多,对设计者的知识面和经验要求高。

②由于客观环境的影响,模拟电路特别是小信号、高精度电路以及高频、高速电路的实现远不可能单由理论设计解决。它们与实际环境、元器件性能、电路结构等有着密切关系。因此在设计模拟系统时,不单单是设计电路,还要选用正确的元器件设计实现电路结构(如印刷板设计),才能达到设计要求。

3)基本单元模拟电路

(1)放大器

集成运算放大器、数据放大器、可编程放大器、隔离放大器等。

(2)滤波器

有源滤波器、无源滤波器、高通滤波器、低通滤波器、LC 滤波器、螺旋滤波器、声表面波滤波器等。

(3)接口电路

A/D 转换器、D/A 转换器、采样保持电路、传感器电路、稳压电源等。

(4)电源电路

模拟线性稳压电源、数控稳压电源、数控稳流电源、开关稳压电源等。

(5)波形发生与变换电路

波形发生电路:正弦波振荡电路、非正弦波振荡电路、石英晶体振荡电路。

波形变换电路:正弦波变方波、方波变三角波、三角波变方波、三角波变正弦波、三角波变锯齿波等。

在各种基本功能电路中,放大器应用得最普遍,也是最基本的电路形式,所以掌握放大器的设计方法是模拟电路设计的基础。另外,由于单级放大器性能往往不能满足实际需要,因此在许多模拟系统中,采用多级放大电路,显然,多级放大电路是模拟电路中的关键部分,它又具有典型性,是课程设计经常要研究的内容。

随着生产、工艺水平的提高,线性集成电路和各种具有专用功能的新型元器件迅速发展起来,它给电路设计工作带来了很大的变革,许多电路系统已渐渐由线性集成电路直接组装而成,因此,必须十分熟悉各种集成电路的性能和指标,注意新型器件的开发和利用,凭借基

本的公式和理论,以及工程实践经验,适当地选取集成元件,经过联机调试,即可完成系统设计。

由于分立元件的电路目前还在大量使用,而且分立元件的设计方法比较容易为初学设计者所掌握,有助于学生熟悉各种电子器件,以及电子电路设计的基本程序和方法,学会布线、焊接、组装、调试电路基本技能。

为此,本章首先选择分立元件模拟电路的设计,帮助学生逐步掌握电路的设计方法,然后重点介绍集成运算放大器应用电路和集成稳压电源的设计。

6.2　放大电路的一般设计方法

6.2.1　分立元件放大器的设计

1)单级放大电路的设计

从已学过的电路知识可知,单级放大电路的基本要求是:放大倍数要足够大,通频带要足够宽,波形失真要足够小,电路温度稳定性要好,所以设计电路时,主要以上述指标为依据。

[例 1]　设计一个分压偏置式共射极放大电路,用以放大 $f=20\ \text{Hz} \sim 200\ \text{kHz}$ 低频信号(原理如图 6.2.1 所示)。

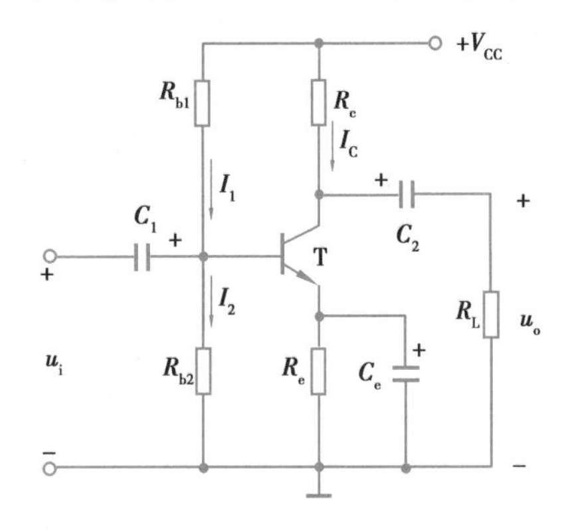

▲图 6.2.1　典型放大单元

给出的技术指标要求为:

电压放大倍数 $|A_u|=100$;输入信号电压 $u_i=20\ \text{mV}$,$f=1\ \text{kHz}$;负载电阻 $R_L=3\ \text{k}\Omega$。

设计方法与步骤:

(1)选择半导体三极管

从给出的技术要求可知,该电路工作在低频小信号场合,工作温度范围又较宽,故可选择热稳定性较好的低频硅小功率三极管 9014,从手册上查出它的主要参数是 $P_{CM}=400\ \text{mW}$,$I_{CM}=100\ \text{mA}$,$U_{(BR)CEO}\geqslant 45\ \text{V}$,对该管进行实测得 $\beta=200$。

(2)确定电源电压 V_{CC}

为保证放大输出信号幅度的动态范围 u_{om} 内不会产生非线性失真,一般取 $V_{CC}\leqslant U_{(BR)CEO}$。

由于输入信号电压幅值为 $u_{im}=\sqrt{2}u_i=1.41\times 20\ \text{mV}=28.2\ \text{mV}$

则输出信号电压幅值为 $u_{om}=|A_u|\cdot u_{im}=100\times 28.2\ \text{mV}=2.82\ \text{V}$

若取三极管饱和压降的临界值 $U_{CES}\approx 1\ \text{V}$,则静态集射压降设置在

$$U_{CEQ}\geqslant u_{om}+U_{CES}=3.82\ \text{V}$$

又由于这种典型放大单元静点的工程(估算)条件是

$$I_1\approx I_2\gg I_B \text{ 和 } V_B\gg U_{BE}$$

一般取 $I_1=I_2=(5\sim 10)I_B$ 和 $V_B=(5\sim 10)U_{BE}$　$\begin{cases}\text{锗管 } V_B=1\sim 3\ \text{V}\\ \text{硅管 } V_B=3\sim 5\ \text{V}\end{cases}$

若近似取 $V_E \approx V_B = 4\ V$

再按 $V_{CC} \leqslant 2u_{om} + V_E + 2U_{CES} = 2\times 3.82\ V + 4\ V = 11.6\ V$，考虑留有余量取 $V_{CC} = 12\ V$（标准等级电压）。

(3)计算和确定集电极电阻 R_C

由放大电路的静、动态分析可知，R_C 是决定静态工作点和满足电压增益 $|A_u|$ 要求的一个关键元件。一般应从输入至输出逐步推算。

先确定输入回路的动态范围——基极信号动态电流的幅值为

$$i_{bm} = \frac{u_{im}}{r_{be}},\text{估算 } r_{be} = 3\ k\Omega$$

则

$$i_{bm} = \frac{28.2\ mV}{3\times 10^3\ \Omega} = 9.4\ \mu A$$

为了使输入动态信号不出现非线性失真，即信号动态工作不进入输入特性下面的弯曲部分，通常取最小基极电流

$$i_{b\,min} \geqslant 10\ \mu A$$

则静态基极电流

$$I_B \geqslant i_{bm} + i_{b\,min} = 9.4\ \mu A + 10\ \mu A = 19.4\ \mu A \quad \text{取 } I_B = 20\ \mu A$$

再在输出回路进行静态计算——管子的电流放大作用有

$$I_{CQ} = \beta I_B = 200\times 20\ \mu A = 4\ mA$$

又由于 $V_{CC} = I_{CQ}R_C + U_{CEQ} + V_E$　若取 $U_{CEQ} = V_E = 4\ V$，则

$$R_C = \frac{V_{CC} - U_{CEQ} - V_E}{I_C} \approx \frac{12\ V - 4\ V - 4\ V}{4\ mA} = 1\ k\Omega,\text{取标称值 }1\ k\Omega。$$

(4)计算确定射极电阻 R_E

$$R_E = \frac{V_B - U_{BE}}{I_E} \approx \frac{4\ V - 0.6\ V}{4\ mA} = 0.85\ k\Omega,\text{取标称值 }820\ \Omega。$$

(5)计算确定 R_{b1}、R_{b2}

由 $I_1 \approx I_2 = (5\sim 10)I_{BQ}$，取 $I_1 = I_2 = 10I_{BQ} = 10\times 20\ \mu A = 0.20\ mA$。

再按 $R_{B2} = \frac{V_B}{I_2} = \frac{4\ V}{0.2\ mA} = 20\ k\Omega$，取标称值 20 kΩ。

$R_{B1} = \frac{V_{CC} - V_B}{I_1} = \frac{12\ V - 4\ V}{0.2\ mA} = 40\ k\Omega$，取标称值 39 kΩ。

以上所确定的各电阻元件的阻值后，还要检验它们的额定功率，即

$$P_{RC} \geqslant I_C^2 R_C = 4\ mA\times 4\ mA\times 1\ k\Omega \approx 0.016\ W,\text{取}\frac{1}{8}W\text{ 电阻}$$

$$P_{RE} \geqslant I_C^2 R_E = 4\ mA\times 4\ mA\times 0.85\ k\Omega \approx 0.014\ W,\text{取}\frac{1}{8}W\text{ 电阻}$$

$$P_{RB1} \geqslant 0.2\ mA\times 0.2\ mA\times 39\ k\Omega \approx 0.0016\ W,\text{取}\frac{1}{16}W\text{ 电阻}$$

$$P_{RB2} \geqslant 0.2\ mA\times 0.2\ mA\times 20\ k\Omega \approx 0.0008\ W,\text{取}\frac{1}{16}W\text{ 电阻}$$

(6)确定耦合电容和射极旁路电容 C_1、C_2 和 C_E

工程计算式分别为

$$C_1 \geqslant (3 \sim 10)\frac{1}{2\pi f_L(R'_S + R_i)}$$

$$C_2 \geqslant (3 \sim 10)\frac{1}{2\pi f_L(R_o + R_L)}$$

$$C_3 \geqslant (1 \sim 3)\frac{1}{2\pi f_L R'_E}$$

式中下限频率 $f_L \geqslant 20$ Hz,信号源内阻 R_S 为几欧至几十欧,输入电阻 $R_i \approx r_{be}$,输出电阻 $R_o \approx R_C$,R'_E 为与 C_E 构成回路的等效电阻,且 $R'_E = R_E // \frac{R'_S + r_{be}}{1+\beta}$,$R'_S = R_S // R'_B$,$R'_B = R_{B1} // R_{B2}$。

如放大电路是用于放大低频信号(f=20 Hz~200 kHz),则耦合电容和射极旁路电容的容量可不必按上式计算,可直接取经验近值:

$$\left.\begin{aligned} C_1 = C_2 = 1 \sim 25\ \mu\text{F} \\ C_E = 50 \sim 200\ \mu\text{F} \end{aligned}\right\} \text{取标称值} \begin{aligned} C_1 = C_2 = 10 \sim 20\ \mu\text{F/16 V} \\ C_E = 50 \sim 100\ \mu\text{F/16 V} \end{aligned}$$

(7)校验 $|A_u|$

由于

$$r_{be} = 200 + (1+\beta)\frac{26}{I_E} \approx 200 + 201 \times \frac{26}{4} = 1\ 507\ \Omega$$

$$R'_L = R_C // R_L = 1.5 // 3 = 1\ \text{k}\Omega$$

所以

$$|A_u| = \frac{\beta R'_L}{r_{be}} = \frac{200 \times 1\ \text{k}\Omega}{1.507\ \text{k}\Omega} = 132 > 100$$

符合指标要求,设计完毕。否则须再按上述计算步骤重新设计计算,直至 $|A_u| \geqslant 100$ 为止。

2)多级放大器的设计要点

(1)多级放大器的组成

多级放大电路其基本构成如图 6.2.2 所示。

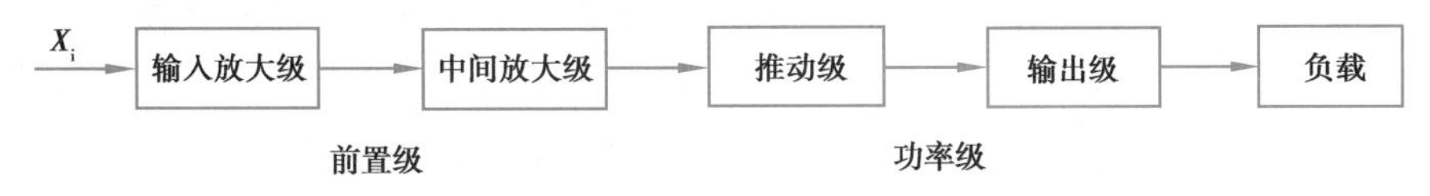

▲图 6.2.2　多级放大器组成框图

其中输入和中间放大级称前置级,主要用来放大微小的电压信号;而推动级和输出级又称为功率级,主要用来放大信号以获得负载要求的最大功率信号输出。

由于放大电路中引入负反馈,可以改善放大器诸多方面的性能,故在多级放大器中几乎毫无例外地都引入了负反馈。注意:负反馈引入后使放大器的放大倍数下降,因此在设计多级放大器时总是事先将其开环放大倍数设计得足够大,有选择引入本级或级间负反馈后,使其放大倍数降低至系统指标要求的水平上。在具体设计时应合理配置好。

(2)多级放大器级数的确定

将规定的总增益变换成闭环增益后,若增益$|A_u|$为几十倍时,采用一级或至多两级;若增益$|A_u|$为几百倍时,采用二级或三级;若增益$|A_u|$为几千或上万倍时,采用三级或四级。

这里特别指出的是,多级放大器在进行级联时,往往在两级之间串插一级电压跟随器,尽管它本身电压增益$|A_u|\approx 1$,但它具有缓冲和阻抗匹配作用,对多级放大器的稳定工作和提高总增益是有利的。

(3)电路形式的确定

电路形式包括各级电路的基本形式,偏置电路形式、耦合方式、反馈方式及各级是采用分立元件电路还是集成运放电路等。

至于选择哪一种基本形式电路,按各级所处的位置、任务和要求来确定:

①输入级——主要根据被放大的信号源(x_S)来确定。比如信号源为电压源 u_S,则应选择高输入阻抗的放大级;信号源为电流源 i_S,则应选择低输入阻抗放大级。

又由于输入级工作的信号电平很低,噪声影响很大,因此应尽可能采用低噪声系数的半导体器件(比如 N_F 小的场效应管或集成运放)和热噪声小的金属膜电阻 RJJ 元件,并尽可能减小该级的静态工作电流。

②中间级——主要得到尽可能高的放大倍数。大多采用共射(共源)电路形式,或采用具有恒流负载的共射(共源)电路形式。

③输出级——主要是向负载提供足够大的信号功率。电路形成的选择视负载阻抗而定,负载阻抗高可采用共射(共源)或共基电路;负载阻抗低则采用电压跟随器(共集、共漏或集成运放的电压跟随器)、VMOS 共漏电路和互补对称 OCL、OTL 电路及变压器耦合输出的最佳阻抗匹配型功率放大电路。

(4)级间耦合方式的选择

耦合电路的选择原则是让频率信号能不损失不失真的顺利传递,并且使前、后级静态尽可能独立设置。一般常用的有阻容耦合、直接耦合、变压器耦合等方式。其中直接耦合方式还应有特殊的电平转移电路,以保证前、后级均具有合适的静态偏置要求。

(5)直流供电电源电压等级的确定

在多级放大器中,直流供电电源电压标准系列等多级有 1.5 V、3 V、6 V、9 V、12 V、15 V、18 V、24 V 等。

分立元件放大电路,供电电压的选择是依据该放大电路输出信号电压的幅值 U_{om} 和管子的耐压 $U_{(BR)CEO}$、$U_{(BR)DSO}$ 来确定,由下式

$$U_{(BR)CEO} > V_{CC} \geqslant (1.2 \sim 1.5) \times 2(u_{om} + u_{ce\,min}) + V_E$$

式中,最小集-射极压降 $U_{ce\,min} \geqslant U_{CES}$。

但是一个由几级放大单元构成的多级放大器,既可用同一大小的电压供电,也可以由输出至输入级逐级降低供电电压,以减小静态功耗,一般采用降压去耦电路来实现。

(6)各级静态工作点的选择和确定

静态工作点设置得如何,直接影响放大器的性能,一般是依据各放大级所处的位置和放大性能不同要求来合理选定。又因为一个多级放大器各个单级的供电电源不是一个电压等级,所以不同级的静态工作点要设置在不同基准上。

①前置级:为保证最小失真和足够大的增益,静态工作点一般设置在特性曲线线性部分的下半部,为了减小噪声和静态功耗,静态电流不宜过大。

②输入级:若供电电压 $V_{CC}=3\sim6$ V,则静态电流值范围为

$$I_C=\begin{cases}0.1\sim1\ \text{mA}\ (\text{锗三极管})\\0.2\sim2\ \text{mA}\ (\text{硅三极管})\end{cases}$$

$$U_{CE}=1\sim3\ \text{V}\quad \text{即}\quad U_{CE}\approx\left(\frac{1}{3}\sim\frac{1}{2}\right)V_{CC}$$

③中间级:若供电电压 $V_{CC}=6$ V,则静态值范围为

$$I_C=1\sim3\ \text{mA}\ (\text{锗三极管稍小些}),U_{CE}=2\sim3\ \text{V}$$

④输出级:为获得最大的动态范围和最小的静态功耗,静态工作点选择按下述原则进行:

甲类放大电路静态工作点设置在交流负动线的中点附近,供电电源为单电源;推挽或互补对称电路工作时,供电电源选用±6 V、±12 V、±15 V 或±24 V。在消除交越失真的前提下,尽量选取小的静态电流。其中大功率管静态电流取 $I_C=20\sim30$ mA。

计算电路元件(R、C)的参数,要选取规格式型号和系列标称值,并尽量选用同型号、同规格化的元件,以减少备件种类,具体的计算选择,见本节前例。

3)低频功率放大电路的设计

功率放大电路主要考虑三个指标,即输出功率 P_O、效率和非线性失真。

功率放大器按其与负载的耦合方式和推动信号倒相方式的不同分为变压器耦合功率放大器和无变压器互补对称功率放大器(OTL 和 OCL 电路)。由于变压器的体积与重量大、频率响应差、不能集成化等原因,从 20 世纪 70 年代开始,逐渐为互补对称电路所取代,因此常用互补对称电路的设计。

在进行电子应用设计时,尽量选用集成电路方案,集成电路功率放大器具有更高的性价比,可以大大简化制作与调试的工作量。目前市面上已经有功率从几十毫瓦到几百瓦的集成功率放大器可供选择,工作电压低于 1.8 V 的小型功率放大器件已经大量使用在手机、电脑等便携式多媒体设备上。在采用电池供电的环境中还可以考虑使用 D 类功率放大器件,它具有更高的效率,可以延长电池使用时间。

6.2.2 集成运算放大器应用电路的设计原则

1)运算放大器的选择

①通用运算放大器:能适用大多数场合,但是满足不了一些特殊场合的要求。

②缓冲放大器:要求有非常高的输入阻抗和非常低的输出阻抗。

③差模或差分放大器:差模放大电路有外部电阻和电容,所以它们的输入阻抗不高。但是能有效地抑制共模噪声。当信号电路的输出电阻与差模电路的输入电阻相当时差模放大电路不再适用。

④仪表放大器:仪表放大器具有非常高的输入阻抗以及高的共模抑制比,不存在电阻匹配问题。

仪表放大器的缺点:成本较高,引入了额外的信号延时,减小了输入共模电压范围。

⑤电流反馈型放大器(CFA)。

特点:有很宽的带宽,能达到吉赫兹。(VFA 最高频率一般只能达到 400 MHz)

缺点:输入阻抗低,最大电压摆低,性能不稳定,对寄生电容敏感。

⑥高频放大器(WFGA):高频放大器往往是固定增益放大器,适用于固定的结构,带宽能达到 10 GHz。

⑦全差分放大器(FDA):将一个离散的单端信号变换为差分信号。

优点:(相对传统电路)元器件减少,降低了成本,为 ADC 提供了一个共模输出电压(公共参考地)。

⑧功率放大器(PA):当一个运放输出一定电压,并提供超过几百毫安的驱动电流的时候,就要考虑使用 PA。

⑨音频放大器:特殊的功率放大器。

2)运算放大电路外围电阻的选择

精密应用时,应选用千欧姆级的电阻,其主要原因是:

①多数精密运放的输出电流驱动能力在数十毫安,难以带动百欧级以下的反馈电阻。

②功耗也是重要的原因,电阻越小,U^2/R 会导致更大的功耗,精密信号运算往往是要求低功耗的,而且减小功耗可以避免分立元件和运放发热,从而可以减少温度漂移的影响。

③在反相放大器和差分放大器中,要充分考虑信号源和运放的输入阻抗,由于反馈电阻网络的作用,使得运放的输入阻抗降低,此时选择 10 kΩ 还是 100 kΩ 的电阻要看信号源的阻抗。

④之所以双极型运放的电阻可选 10 kΩ,JFET 和 CMOS 型的可选 100 kΩ,主要是双极型运放的输入偏置电流比 JFET 和 CMOS 型的大(一般是 nA 与 pA 的差别),输入偏置电流与输入和反馈电阻作用后会产生失调电压。

⑤运放的外接电阻也不是越大越好,大的电阻其热噪声也大,对于小信号放大极为不利。

高速应用时,一般选择百欧或十欧级的电阻,其主要原因是:输入和输出寄生电容和大电阻作用后会大大降低运放的有效带宽,甚至在反馈系数中引入低频极点,使得电路工作不稳定。此外,高速、高频电路使用的运放带负载能力也比较强,且高频电路的输入输出阻抗一般为 50 Ω(75 Ω),为了满足阻抗匹配的要求,外围电阻也不能太大。

3)模拟系统设计举例——数控可调直流电流源

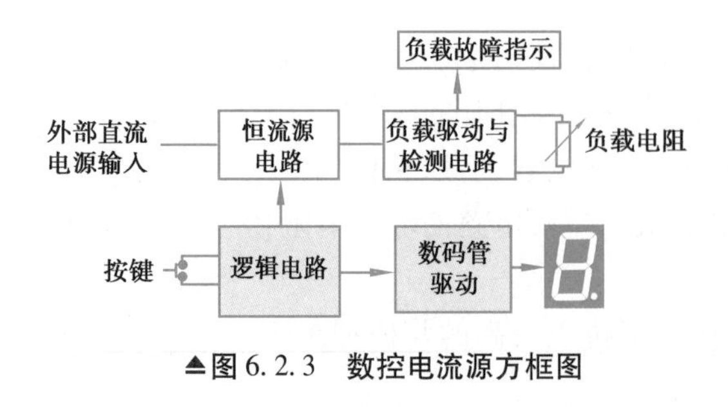

▲图 6.2.3 数控电流源方框图

(1)设计任务

①如图 6.2.3 所示,设计一个实用数控直流电流源,可通过一个按键循环设定输出电流值,电流范围 0.1 A、0.2 A、0.3 A、0.4 A、0.5 A、0.6 A、0.7 A、0.8 A 共八挡,并通过一位数码管(或液晶)显示当前电流值的挡位,负载电阻 1 ~ 10 Ω 可调。

②整个电路只能采用单12 V直流电源供电。

(2)方案论证

①由于题目要求电流源输出电流较大,可直接使用三端集成稳压器构成电流源,其电路原理如图6.2.4和图6.2.5所示。

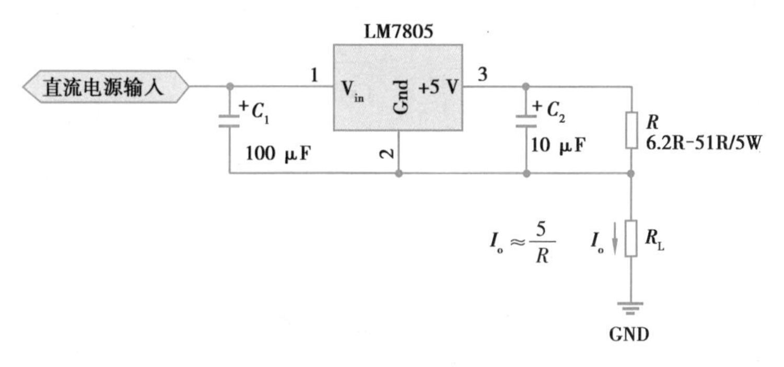

▲图6.2.4　LM7805构成电流源

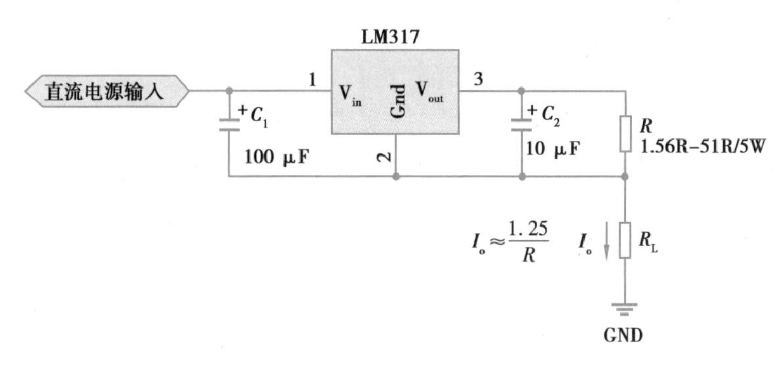

▲图6.2.5　LM317构成电流源

②可以使用运放构成V-I转换型电流源,但由于普通运放输出电流较小,后端需要使用功率扩流电路。其基本原理如图6.2.6所示,该电路负载电阻R_L不能接地,实际使用中还可以使用改进电流源电路,如图6.2.7所示,增加扩流电路后的改进电流源如图6.2.8所示,图中TIP122是一个最大输出电流可达5 A的达林顿晶体管,电流放大倍数β>1 000,运放仅需输出很小的驱动电流就得到设定的大电流I_o,其主要特性如图6.2.9所示。

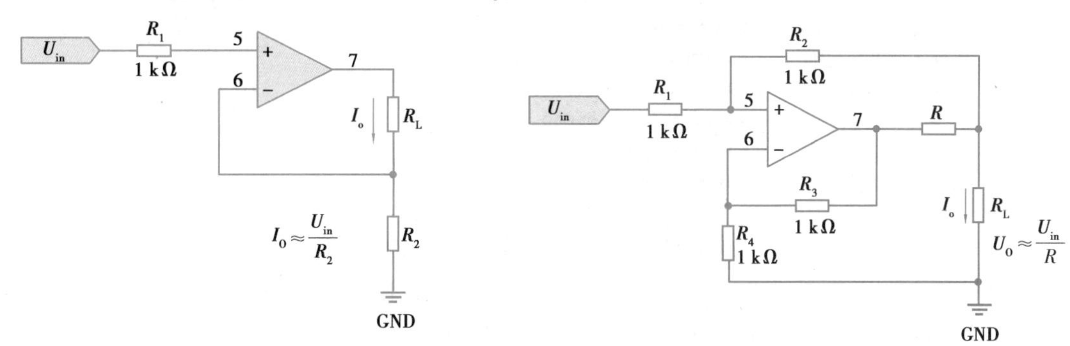

▲图6.2.6　运放构成的基本恒流源　　▲图6.2.7　改进型电流源电路

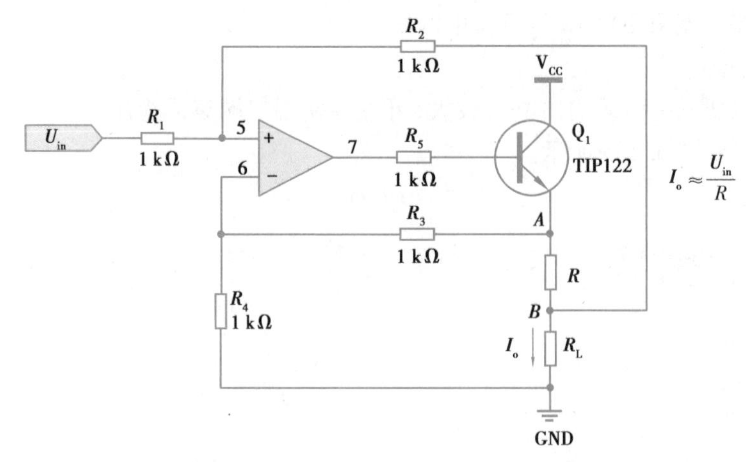

▲图 6.2.8 带扩流的大电流恒流源电路

NPN型外延达林顿晶体管
NPN EPITAXIAL DARLINGTON TRANSISTOR

TIP122

主要参数 MAIN CHARACTERISTICS

I_C	SA
V_{CEO}	100 V
P_C(TO-220C)	65 W

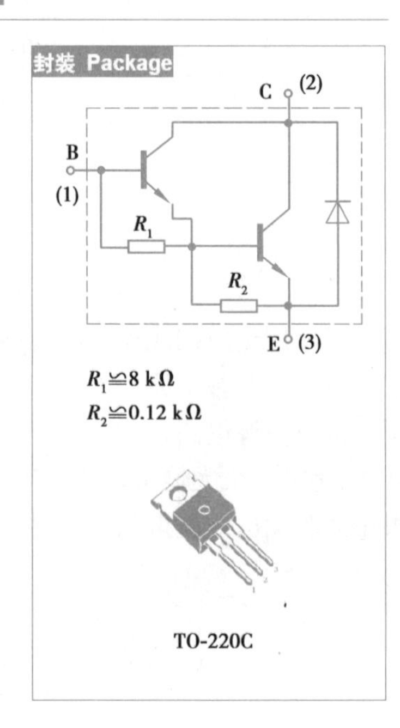

用途 / **APPLICATIONS**

- 发动机点火 / Engine ignition
- 高频开关电源 / High frequency switching power supply
- 高频功率变换 / High frequency power transform
- 一般功率放大电路 / Commonly power amplifier circuit

产品特性 / **FEATURES**

- 与TIP127互补 / Complementary to TIP127
- 高电流容量 / High current capability
- 高开关速度 / High switching speed
- 高可靠性 / High reliability
- 环保(RoHS) 产品 / RoHS product

▲图 6.2.9 功率晶体管 TIP122 主要特性

③数控方案。题目要求能够通过按键数控电流源输出电流，由于电流分挡不多，可以使用继电器或电子开关切换输入电压（或参考电阻 R）等方式实现。也可以使用微处理器或硬件逻辑电路加数模转换器 DAC 实现。在图 6.2.10 中，使用继电器 J1-J8 切换不同阻值的参考电阻 $R_{(1)}$ 至 $R_{(8)}$，得到不同的输出电流，图中“A”“B”两端和图 6.2.8 中的参考电阻 R 的“A”“B”端相连，晶体管基极控制信号来自计数器或单片机微处理器。图 6.2.11 是使用 DAC

倘能生存，我当然仍要学习。——鲁迅

输出模拟电压加到 U_{in} 端实现输出电流调整的目的，该方案一般需要单片机或数据编码器，DAC0832 是一个八位数模转换器，外部电路通过 DI0-DI7 端口输入数据，在后端运放 U_{in2} 端口得到和数据成正比的模拟电压，将该电压加到前述各电流源电路 U_{in} 端即可实现数控调节。

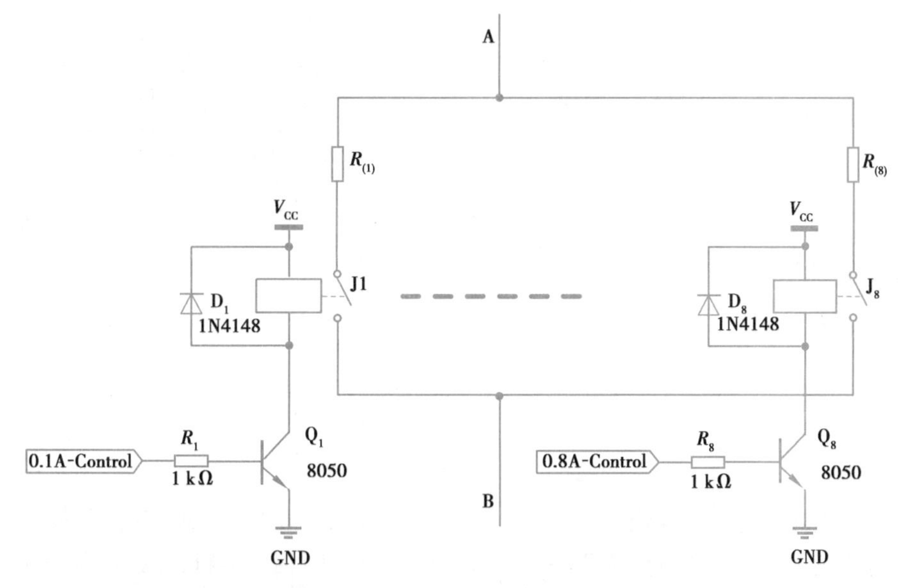

▲图 6.2.10　继电器实现数控调节电路

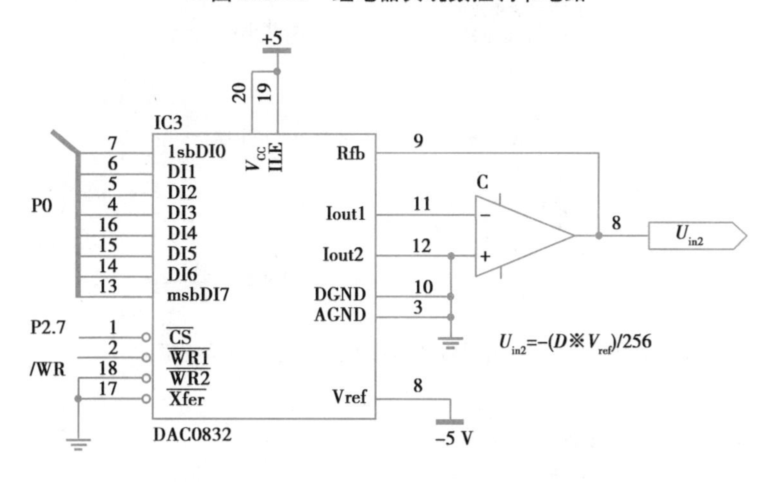

▲图 6.2.11　使用 DAC 的输出电流控制电路

④计数器与保护电路设计。为显示输出电流挡位，可以使用一个计数器和数码管构成，其中计数器可以使用 74LS160，如图 6.2.12 所示，利用其输出的 Q_3—Q_0 四位 BCD 编码经 R_2—R_5 四个电阻构成的权电压转换电路转换成与数据大小对应的模拟电压 U_{out}，该电压加到前述恒流源电路的 U_{in} 控制端，实现输出电流数控调节，同时利用其输出的 BCD 数据经 74LS47 七段译码器驱动一位共阳极数码管可以实现电流挡位显示。图中 C_1 为防键抖动器件，R_6 为数码管限流电阻。

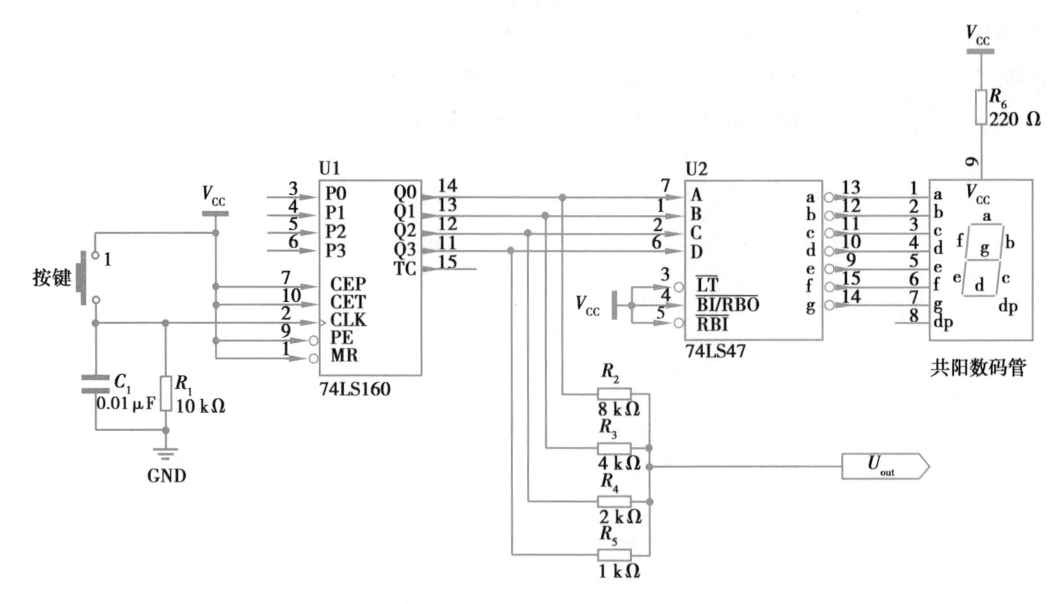

▲图 6.2.12　按键和显示电路

⑤使用单片机的方案。本设计中也可以使用单片机加 DAC 来实现,其框图如图 6.2.13 所示,该方案具有更大的灵活性,关于单片机开发流程请参阅相关资料,此处不再赘述。

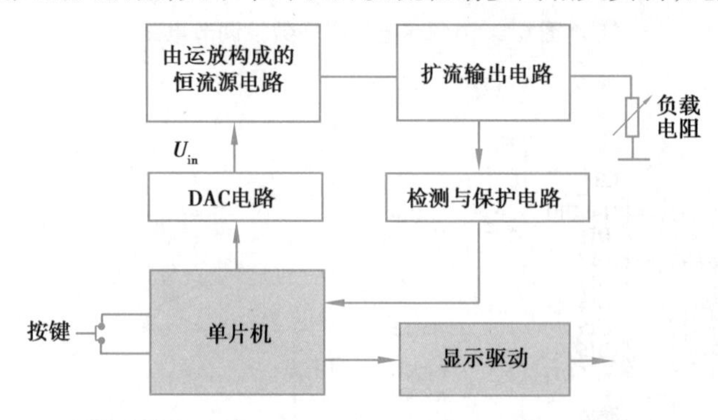

▲图 6.2.13　使用微处理器的数控电流源系统框图

6.3　功率电子电路的设计与调试经验

功率电子电路包括电源、功率放大器、变频器、控制器等。功率电路中往往存在较高电压和较大电流回路,元件本身的耗散功率也大,所以在电路设计、器件选择、电路布局、安装调试等方面和小信号电路都有较大区别。

①电路设计时需要考虑在重要部位加上过压、过流、过热、短路等保护措施,防止出现故障时引起更大的损失。

②分散设置发热组件。大部分的高功率电路组件都会产生大量热能,因此必须借助散热器散热。如果将发热组件集中在相同部位很容易造成局部温升问题,影响元器件使用寿命,所以理论上希望尽量分散设置发热组件。

③功率电路的电路布局和走线要合理,严格区分大信号和小信号,大信号线的线宽要足

够减少线路损耗和防止干扰，尽量采用一点接地方式。走线电流密度可以按照常用线路板铜皮厚度为 35 μm，走线可按照 1 A/mm 经验值取电流密度值，为保证走线机械强度，原则线宽应大于或等于 0.3 mm(其他非电源线路板可能最小线宽会小一些)。铜皮厚度为 70 μm 线路板也常见于一些功率电路中，那么电流密度可更高些。

④高电压电路中要注意走线的爬电距离和人体安全保护措施，元件功率和耐压必须符合要求。

⑤功率电路、输出电路要远离前置小信号电路和输入级，以防止自激。电路板上的高阻抗信号线要越短越好，可以采用地线包围信号线的走线方式减少干扰。最好把小信号供电回路和大信号分开，如果实在要共用电源必须采取可靠的电源退耦措施。

⑥调试时可以采取逐步提高电源电压直到正常值的方法，通电时密切监视供电电流和元器件的温升情况，发现异常立即断电。

6.4　数字电路应用系统的设计方法

时序逻辑电路的种类也很多，有各种控制型的时序逻辑电路，各种寄存器，各种计数器及各种脉冲分配器等。大多也有现成的中规模集成芯片供选用。对有些特殊用途的时序逻辑电路，需要进行设计。

不论哪一种时序逻辑电路，都是由相应的触发器和若干逻辑门构成必要的控制逻辑综合而成。

6.4.1　时序逻辑电路设计的一般方法

时序逻辑电路设计方法及步骤基本如下：

①根据项目所提要求，确定输入、输出及状态数，从而确定组成该时序逻辑电路所需的触发器的个数。

②根据该时序逻辑电路中触发器工作状态转换要求，列出各位触发器的状态转换真值表。

③由状态转换真值表可写出各位触发器的激励函数式，并利用卡诺图或逻辑代数公式进行化简。

④对照所选用的触发器的特征方程写出各触发器的驱动方程和输出方程，选用相应的逻辑门和触发器综合而成该时序逻辑电路图。

6.4.2　数字电子电路设计举例——八路移存型彩灯控制器

节日的彩灯五彩缤纷，彩灯的控制电路种类繁多，该题目要求用移位寄存器为核心元件，设计一个 8 路彩灯控制器。

1)设计任务及要求

(1)设计任务

设计一个彩灯控制电路。

(2)具体要求

①彩灯控制电路要求控制 8 个彩灯。

②要求彩灯组成 2 种以上花型。每种花型连续循环 2 次,各种花型轮流交替。

2)总体方案设计

该彩灯控制器的总体框图如图 6.4.1 所示,下面以 8 个彩灯 2 种花型为例介绍电路设计过程。

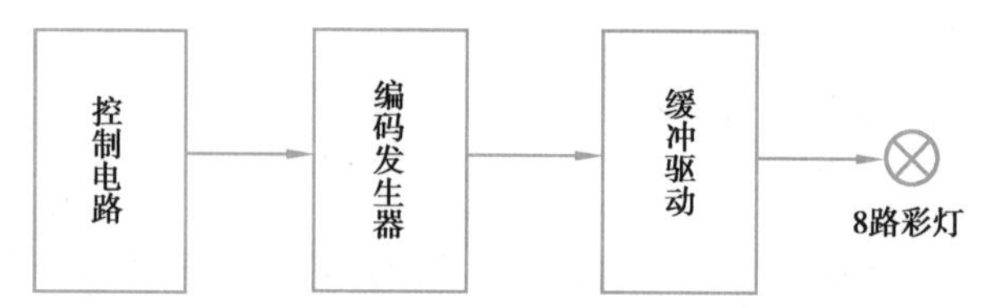

▲图 6.4.1 彩灯控制总体框图

3)单元电路设计

(1)编码发生器

编码发生器要求根据花型按节拍送出 8 位状态编码信号,以控制彩灯按规律亮灭,因为彩灯路数少,花型要求不多,该题宜选用移位寄存器输出 8 路数字信号控制彩灯发光。

编码发生器建议采用两片四位通用移位寄存器 74LS194 来实现。74LS194 具有异步清除和同步置数,左移,右移,保持等多种功能,控制方便灵活,它的功能表和端子图如图 6.4.2 所示。

输入				功能说明
$\overline{CR}$	M1	M0	CP	
0	×	×	×	异步置零
1	×	0	×	保持
1	1	1	↑	同步置数
1	0	1	↑	右移
1	1	0	↑	左移

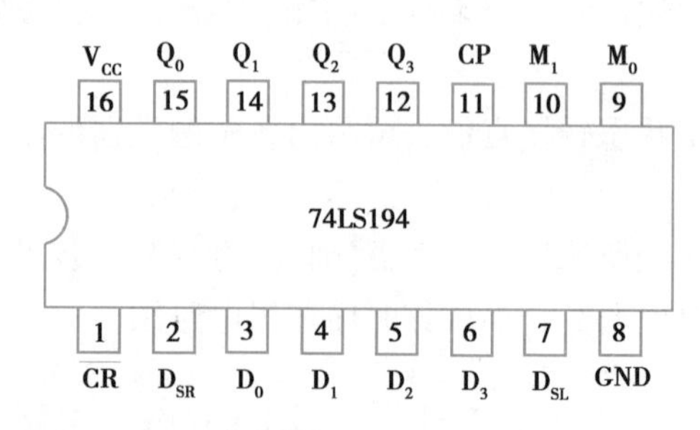

▲图 6.4.2 74LS194 功能表和引脚图

移位寄存器的 8 个输出端,通过驱动器和继电器控制彩灯(也可直接送至 LED 发光二极管)。编码器中数据输入端和控制端的接法由花型决定。此外选择下列两种花型。

花型Ⅰ——由中间到两边对称性依次亮,全亮后仍由中间向两边依次灭。

花型Ⅱ——8 路灯分两半,从左至右顺次亮,再顺次灭。

根据选定的花型,可列出移存器(编码发生器)的输出状态编码,见表 6.4.1。

表6.4.1　输出状态编码表

节拍脉冲	编码　$Q_AQ_BQ_CQ_DQ_EQ_FQ_GQ_H$	
	花型Ⅰ	花型Ⅱ
0	0 0 0 0 0 0 0 0	0 0 0 0 0 0 0 0
1	0 0 0 1 1 0 0 0	1 0 0 0 1 0 0 0
2	0 0 1 1 1 1 0 0	1 1 0 0 1 1 0 0
3	0 1 1 1 1 1 1 0	1 1 1 0 1 1 1 0
4	1 1 1 1 1 1 1 1	1 1 1 1 1 1 1 1
5	1 1 1 0 0 1 1 1	0 1 1 1 0 1 1 1
6	1 1 0 0 0 0 1 1	0 0 1 1 0 0 1 1
7	1 0 0 0 0 0 0 1	0 0 0 1 0 0 0 1
8	0 0 0 0 0 0 0 0	0 0 0 0 0 0 0 0

(2)控制电路

控制电路为编码器提供所需要的节拍脉冲和驱动信号,同步整个系统工作。控制电路的功能有二,一是按需要产生节拍脉冲,二是产生移位寄存器所需要的各种驱动信号。控制电路设计通常按下述步骤进行。

①分析单一花型运行时移位寄存器的工作方式和驱动要求,现以花型Ⅱ为例说明之。

花型Ⅱ是8拍一循环,第九拍自动清零,这样74LS194清零端就不需要特别控制,可以始终接"1",两块74LS194需要实现的都是Q_0向Q_3循环右移,两块74LS194的D_{SR}分别接$\overline{Q_D}$、$\overline{Q_H}$,D_{SL}都可以是任意电平,模式控制端M_1、M_0都应接"0""1",具体如图6.4.3所示。

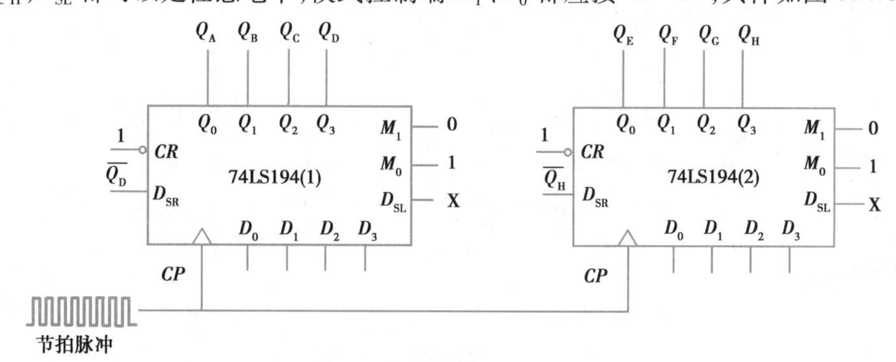

▲图6.4.3　花型Ⅱ接线图

同样,花型Ⅰ为8拍一循环,自动清零,状态变化两半对称,将74LS194(1)接成4位左移扭环计数器,74LS194(2)接成4位右移扭环计数器,就可实现,控制端接线如下:

74LS194(1)　M_0→"0",M_1→"1"　$D_{SL}=\overline{Q_A}$　D_{SR}→X

74LS194(2)　M_0→"1",M_1→"0"　$D_{SR}=\overline{Q_H}$　D_{SL}→X

花型Ⅰ接线如图 6.4.4 所示。

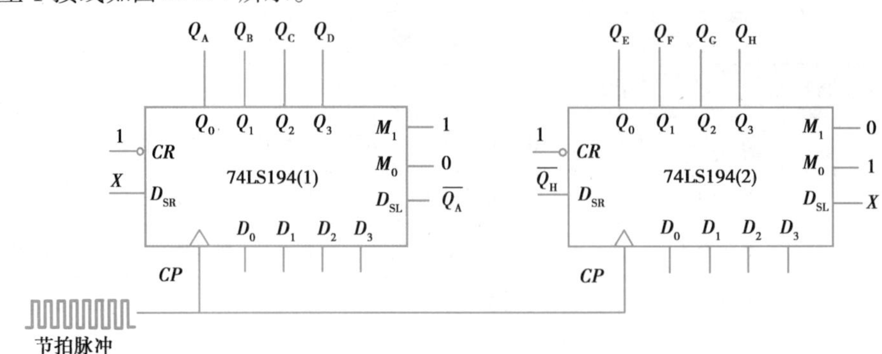

▲图 6.4.4　花型Ⅰ接线图

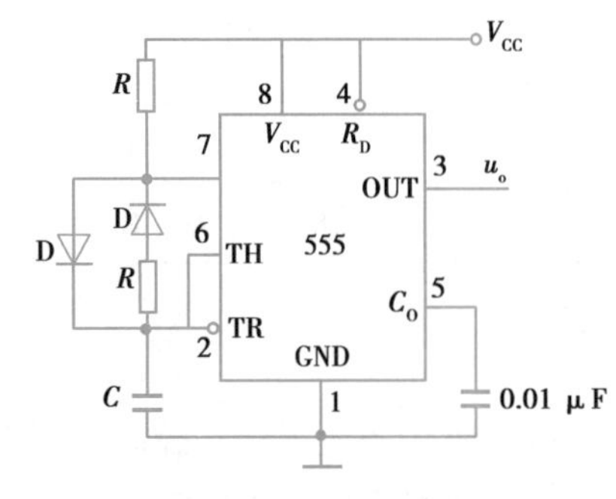

▲图 6.4.5　555 多谐振荡器

②节拍控制脉冲的产生。

基本节拍脉冲可用“555”定时芯片构成多谐振荡电路，设每盏彩灯亮 0.5 s，即多谐振荡电路频率 $f=$ 2 Hz 电路，如图 6.4.5 所示。

此电路充电回路时间常数 $\tau_{充电}=RC$，因此电路输出是一个方波，占空比为 $Q=50\%$，频率可由公式 $f=1.43/2RC$ 来计算。

设 $C=4.7\ \mu\text{F}$，计算出

$$R=\frac{1.43}{2\times 2\ \text{Hz}\times 4.7\times 10^{-6}\ \text{F}}=76\ \text{k}\Omega$$

按照上面分析可知，每种花型 8 拍一循环，一种长型 2 次需要 16 拍，实现一个大循环共需 32 拍，因此节拍控制脉冲电路需要提供的信号有：

基本节拍脉冲，16 拍的节拍脉冲，32 拍的节拍脉冲，可以使用 74LS161 加法计数器来实现，节拍脉冲产生电路如图 6.4.6 所示。

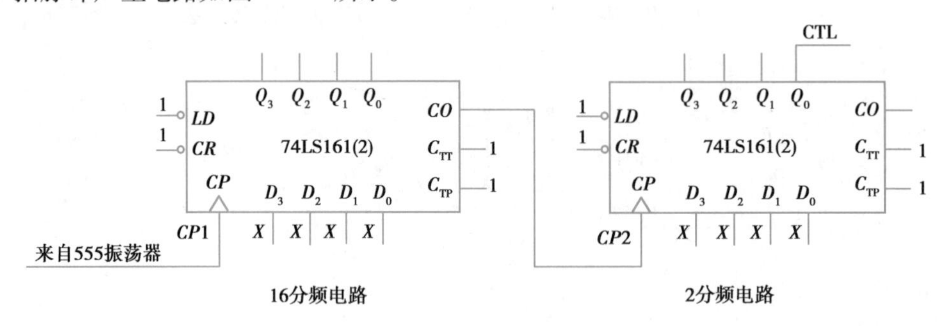

▲图 6.4.6　节拍脉冲产生电路

节拍脉冲时序图如图 6.4.7 所示。74LS194 移存器所需的控制信号和节拍脉冲的相应关系如表 6.4.2 所示。

将 CTL 信号经过非门反相后成为 $\overline{\text{CTL}}$，这两个信号分别去控制第一块 74LS194 的 M_0 和 M_1，即可达到题目要求。

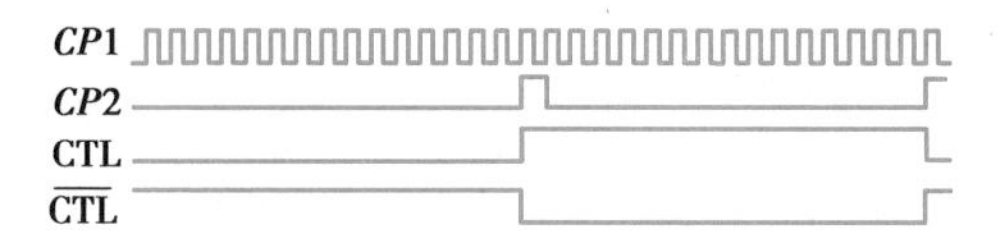

▲图 6.4.7　脉冲节拍时序

表 6.4.2　控制端子和信号的关系

工作模式	控制端子	花型Ⅰ	花型Ⅱ
74LS194(1)	M_0	CTL	$\overline{CTL}$
	M_1	$\overline{CTL}$	CTL
	D_{SR}	X	$\overline{Q_D}$
	D_{SL}	$\overline{Q_A}$	X
74LS194(2)	M_0	1	1
	M_1	0	0
	D_{SR}	$\overline{Q_H}$	$\overline{Q_H}$
	D_{SL}	X	X

八路移存型彩灯控制器 Multisim 仿真电路图 6.4.8 所示(不含时钟振荡)。

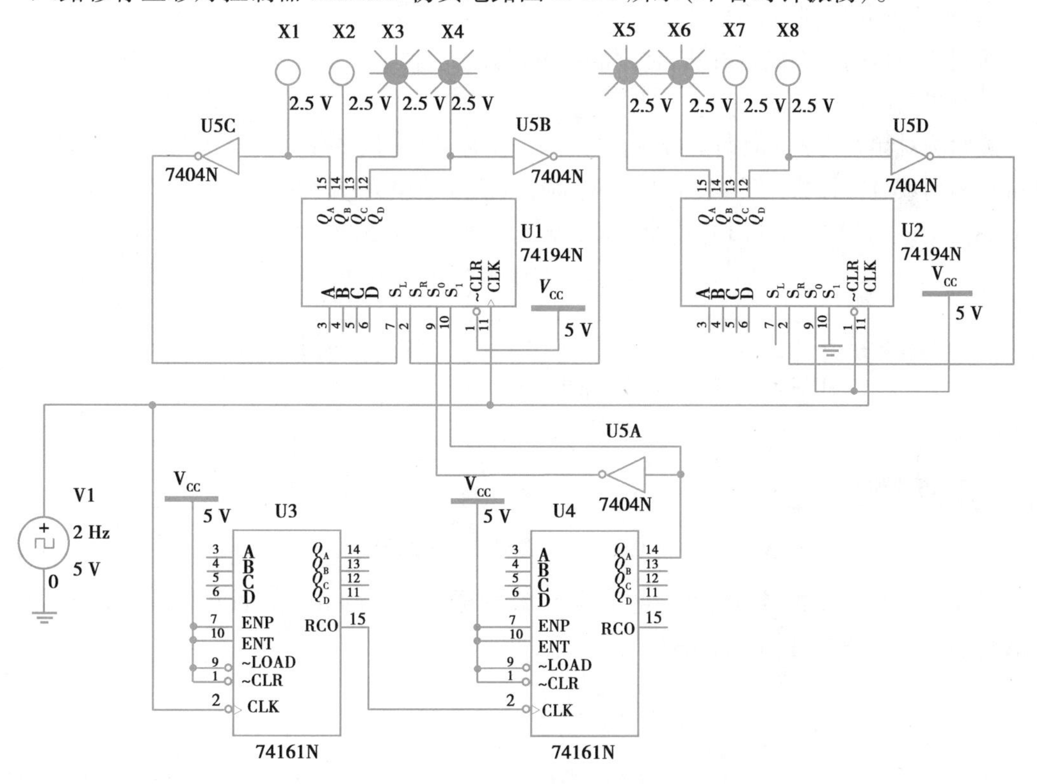

▲图 6.4.8　八路移存型彩灯控制器仿真图

6.4.3 数字电子电路设计举例——低频数字频率计

1)设计项目名称——低频数字频率计

数字频率计是一种用十进制数字显示被测信号频率的数字测量仪器,它的基本功能是测量正弦信号、方波信号、尖脉冲信号以及其他各种单位时间内变化的物理量,因此,它的用途十分广泛。

2)性能与技术指标

①测量频率范围: 10 ~9 999 Hz。

②测量信号:函数信号发生器输出的方波,方波峰值为 3 ~5 V(与 TTL 兼容)。

③闸门时间:0.1 s,1 s,脉冲波峰值为 3 ~5 V。

④频率测量误差小于等于 1% 。

为了保证信号频率的测量精度,要求与函数信号发生器一样,把频率测量范围分成三个频段,其最大显示数分别为:99.9 Hz,999 Hz 和 9.99 kHz。测量结果用三位 LED 数码管显示,要求显示数码稳定清晰。为此,需要控制频率显示的小数点位置,及频率显示单位 Hz 或 kHz。

3)方案讨论

(1)频率测量原理与方法

对周期信号的频率测量方法,常用的有下述几种方法。

①测频法(M 法)。

测频法对频率为 f 的周期信号测量,是用一个标准闸门信号(闸门宽度为 T_G)对被测信号的重复周期数进行计数,当计数结果为 N_1 时,其信号频率为:$f_1 = N_1/T_G$,式中 T_G 为标准闸门宽度(s),N_1 是由计数器计出的脉冲个数(重复周期数),如图 6.4.9 所示。

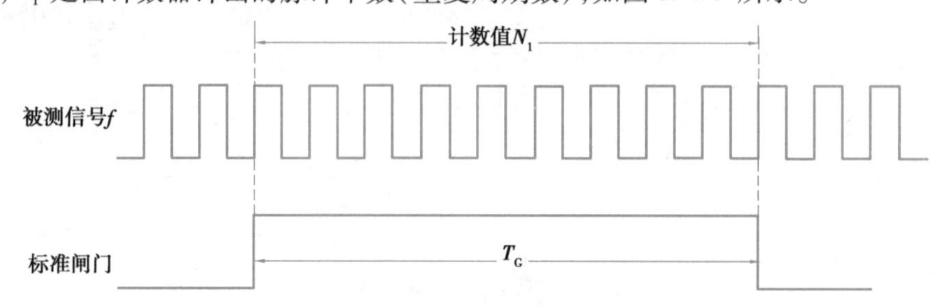

▲图 6.4.9 测频法测量原理

设在 T_G 期间,计数器的精确计数值应为 N,根据计数器的计数特性可知,N_1 的绝对误差是 $\Delta N_1 = \pm 1$ 或 $N_1 = N \pm 1$,N_1 的相对误差为

$$\delta_{N1} = \frac{N_1 - N}{N} = \frac{N \pm 1 - N}{N} = \pm \frac{1}{N}$$

由 N_1 的相对误差可知,N(或 N_1)的数值越大,相对误差越小,成反比关系。因此,在 f 已确定的条件下,为减小 N_1 的相对误差,可通过增大 T_G 的方法来降低测量误差。但是,增大 T_G

会使频率测量的响应时间变长。

当 T_G 为某确定值时（通常取 $T_G = 1\ \text{s}$），则有 $f_1 = N_1$，而 $f=N$，故有 f_1 的相对误差：

$$\delta_{f1} = \frac{f_1 - f}{f} = \frac{f \pm 1 - f}{f} = \pm \frac{1}{f}$$

从上式可知，f_1 的相对误差与 f 成反比关系，即信号频率越高，误差越小；而信号频率越低，则测量误差越大。因此，M 法适合于对高频信号的测量，频率越高，测量精度也越高。

②测周法（T 法）。

首先把被测信号通过二分频，获得一个高电平时间或低电平时间都是一个信号周期 T 的方波信号；然后用一个已知周期 T_{OSC} 的高频方波信号作为计数脉冲，在一个信号周期 T 的时间内对 f_{OSC} 信号进行计数，如图 6.4.10 所示。

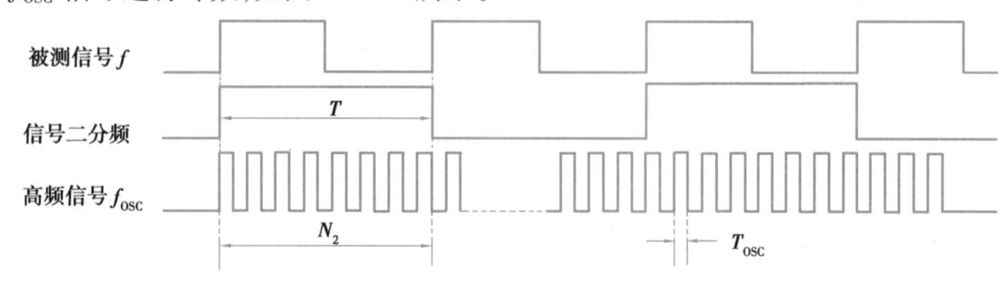

▲图 6.4.10　测周法测量原理

若在 T 时间内的计数值为 N_2，则有

$$T_2 = N_2 \cdot T_{OSC} \qquad f_2 = \frac{1}{T_2} = \frac{1}{N_2 \cdot T_{OSC}} = \frac{f_{OSC}}{N_2}$$

N_2 的绝对误差为

$$\Delta N_2 = \pm 1 \text{（或 } N_2 = N \pm 1\text{）}$$

N_2 的相对误差为

$$\delta_{N2} = \frac{N_2 - N}{N} = \frac{N \pm 1 - N}{N} = \pm \frac{1}{N}$$

T_2 的相对误差为

$$\delta_{T2} = \frac{T_2 - T}{T} = \frac{N_2 \cdot T_{OSC} - T}{T} = \frac{(N \pm 1) T_{OSC} - T}{T}$$

$$= \frac{NT_{OSC} \pm T_{OSC} - T}{T} = \frac{T_{OSC}}{T} = \frac{f}{f_{OSC}}$$

从 T_2 的相对误差可以看出，周期测量的误差与信号频率成正比，而与高频标准计数信号的频率成反比。当 f_{OSC} 为常数时，被测信号频率越低，误差越小，测量精度也就越高。

③F/V 及 V/D（或 A/D）方法。

这种频率测量方法是先通过 F/V 变换，把频率信号转换成电压信号；然后再通过 V/D（A/D）把电压信号转换成数字信号。一般数字万用表由于本身带有 A/D 芯片，故多采用这种方法进行测量。

（2）频率测量方案选择

根据性能与技术指标的要求，首先需要确定能满足这些指标的频率测量方法。由上述频率测量原理与方法的讨论可知，测周法适合于对低频信号的测量，而测频法则适合于对较高频率信号的测量。但由于用测周法所获得的信号周期数据，还需要求倒数运算才能得到信号频率，而二进制数据的求倒数运算用中小规模数字集成电路却较难实现，因此，测周法不适合本实验要求。测频法的测量误差与信号频率成反比，信号频率越低，测量误差越大，信号频率越高，其误差越小。但用测频法所获得的测量数据，在闸门时间为 1 s 时，不需要进行任何换算，计数器所计数据就是信号频率。另外，在信号频率较低时，如 10 ~ 100 Hz 可以通过增大闸门时间来提高测量精度。因此，本设计推荐的频率测量方法是测频法。

由测频法构成的数字频率计的原理框图如图 6.4.11 所示。它由可控制的计数锁存电路、译码显示电路、石英晶体振荡器及多级分频电路、带衰减器的放大整形电路和闸门电路等四个基本单元电路组成。

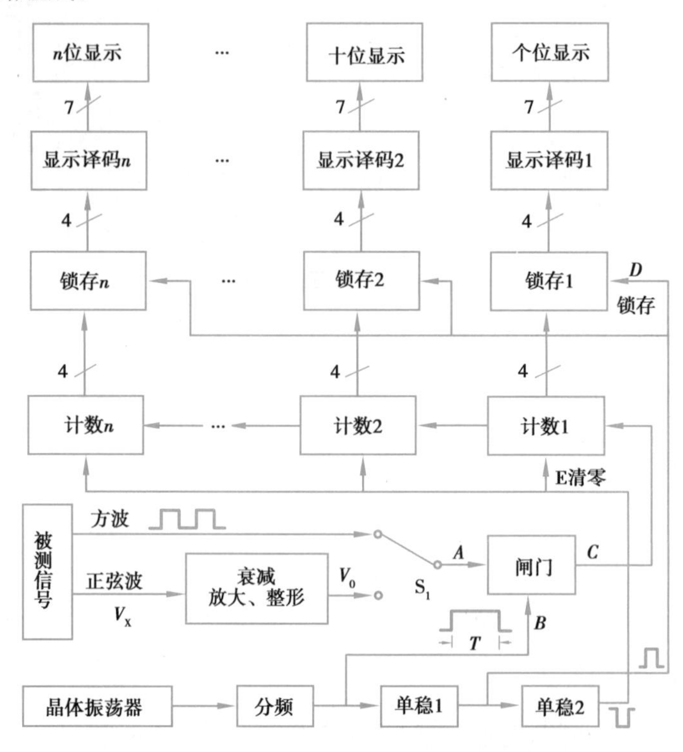

▲图 6.4.11 数字频率计原理框图（静态显示）

由晶体振荡器及多级分频电路得到具有固定宽度 T 的方波脉冲做门控信号，时间基准 T 称为闸门时间。宽度为 T 的方波脉冲控制闸门的一个输入端 B。被测信号频率为 f_x，它的周期为 T_x，该信号经放大整形后变成序列窄脉冲，送到闸门另一输入端 A。当门控信号为高电平时闸门开启，周期为 T_x 的信号脉冲和宽度为 T 的门控信号相“与”通过闸门，从闸门输出端 C 输出的脉冲信号送到计数器，计数器开始计数，直到门控信号为低电平闸门关闭，计数器停止计数并被单稳态 2 的输出脉冲清零。单稳态 1 的输出脉冲送给器使能端作为锁存控制信号，锁存器将计数结果锁存。若取闸门时间 T 内通过闸门的信号脉冲个数为 N，则锁存器中的锁存计数：

$$N=\frac{T}{T_x}=Tf_x \tag{6.4.1}$$

$$f_x = \frac{N}{T} \tag{6.4.2}$$

测量频率是按照频率的定义进行的，若 $T=1$ s，计数器显示的数字为 N，则 $f_x=N$。若取 $T=0.1$ s 通过闸门的脉冲个数为 N_1 时，则 $f_x=N_1/0.1=10N_1$。由此可见，闸门时间决定量程 T 的大小，可以通过闸门时基选择开关，选择 T 大一些，测量准确度就高一些。根据被测频率选择闸门时间，闸门时间 T 为 1 s，被测信号频率通过计数锁存可直接从计数显示器上读出。若闸门时间 T 为 0.1 s，则被测信号频率为显示器上读数乘以 10，其余类推。调试时观测 A、B、C、D 和 E 各点波形可得一组完整的数字频率计波形，各部分的波形如图 6.4.12 所示。

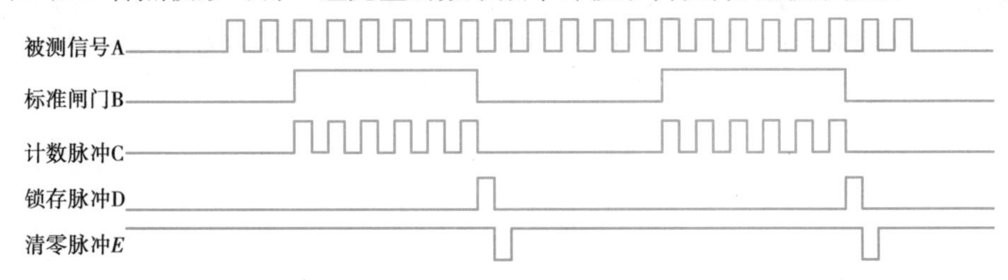

▲图 6.4.12　数字频率计波形

4）测频法频率计部分电路分析

（1）手动控制电路

图 6.4.13 是一个手动控制的测频控制电路。其测频过程为：

按下“$\overline{停止}$”按钮产生停止脉冲。此时一方面产生清零脉冲，对计数器和控制触发器清零，另一方面封锁时钟信号 CP。

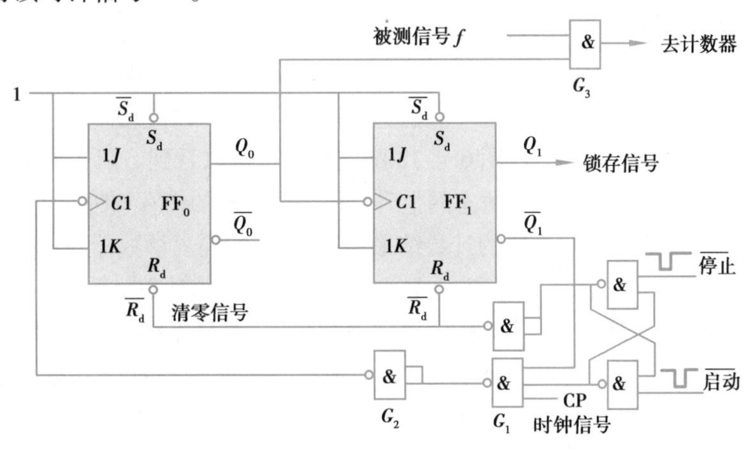

▲图 6.4.13　手动测频控制信号产生电路

按下“$\overline{启动}$”按钮产生启动脉冲。此时，时钟信号经过与门 G_1，在时钟的第一个下降沿，闸门信号变高 f 经过与门 G_3 进入计数器，计数器开始计数；在时钟的第 2 个下降沿，闸门信号又变低，与门 G_3 被封锁，计数器停止计数，闸门开通时间为一个时钟周期 T_{CP}。同时 $\overline{Q_1}$ 由 1 变 0，将门 G_1 封锁，完成一次测频过程。Q_1 可以作为锁存信号。这种控制电路的特点为电路比较简单，并且锁存信号周期可以人为控制，不必随着时钟周期而调整。

(2)衰减放大整形电路

衰减放大整形电路包括衰减器、跟随器、放大器、施密特触发器。它将正弦波输入信号 u_x 整形成同频率方波 u_o,测试信号通过衰减开关选择输入衰减倍数,衰减器由分压器构成,幅值过大的被测信号经过分压器分压送入后级放大器,以避免波形失真。由运算放大器构成的射级跟随器起阻抗变换作用,使输入阻抗提高。系统的整形电路由施密特触发器组成,整形后的方波送到闸门以便计数。

(3)石英晶体振荡器和分频器

石英晶体振荡器如图 6.4.14 所示,振荡频率为 4 MHz,经过分频器,输出频率的周期范围从 1 μs ~ 10 s。根据被测信号频率的大小,通过闸门时基选择开关选择时基。时基信号经过门控电路得到方波,其正脉宽时间 T 控制闸门的开放时间。

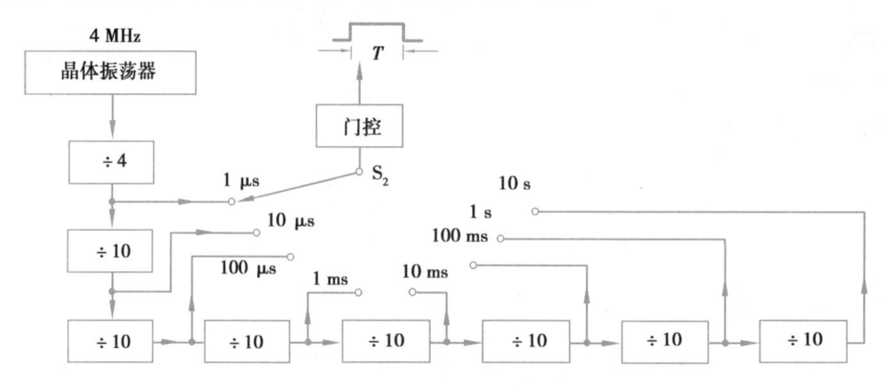

▲图 6.4.14 晶体振荡器和分频器电路

(4)可控制的计数锁存、译码显示电路

本电路由计数器、锁存器、译码器、显示器、单稳态触发器组成。其中计数器按十进制计数。如果在系统中不接锁存器,则显示器上的显示数字就会随计数器的状态不停地变化,只有在计数器停止计数时,显示器上的显示数字才能稳定,所以,在计数器后边必须接入锁存器。锁存器的工作是受单稳态触发器控制的,由图 6.4.12 的波形关系可以看到。门控波形 B 的下降沿,使单稳态触发器 1 进入暂态,单稳态 1 暂态的上升沿作为锁存器的锁存(使能)脉冲。锁存器在锁存脉冲作用下,将门控信号周期 T 内的计数结果存储起来,并隔离计数器对译码显示的作用,同时把所存储的状态送入译码器进行译码,在显示器上得到稳定的计数显示。

为了使计数器稳定、准确地计数,在门控脉冲结束后,锁存器将计数结果锁存。在单稳态 1 暂态脉冲的下降沿,使单稳态 2 进入暂态,利用单稳态 2 的暂态对计数器清零,清零后的计数器又等待下一个门控信号到来重新计数。

图 6.4.15 是由十进制计数器 74LS160、4D 锁存器 74LS175、7 段显示译码器 74LS47 及 7 段共阴极数码管组成的计数、译码、显示电路。在 T 宽度内计数器对计数脉冲 CP 进行计数,计数结果存入 4D 锁存器,计数器被清零脉冲清零,译码显示部分完成测量结果的显示。

该部分电路也可以使用集成度更高的 CD40110 集成电路,它内部集成了计数器、锁存器、7 段 LED 驱动电路等,一片 CD40110 就可以实现图 6.4.15 的全部功能,读者可自行查询相关资料。

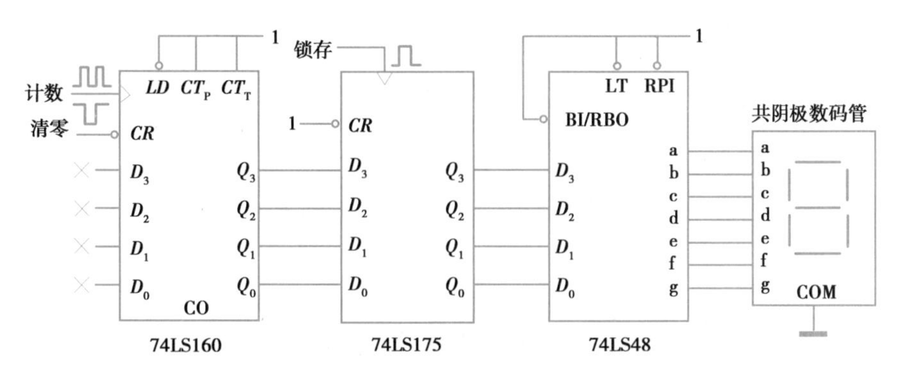

▲图 6.4.15　**计数、译码、显示电路**

(5)闸门电路

闸门电路由与门组成,该电路有两个输入端和一个输出端,输入端的一端接门控信号 B,另一端接整形后的被测方波信号 A。闸门是否开通,受门控信号的控制,当门控信号为高电平"1"时,闸门开启;而门控信号为低电平"0"时,闸门关闭。显然,只有在闸门开启的时间内,被测信号才能通过闸门进入计数器,计数器计数时间就是闸门开启时间。可见,门控信号的宽度一定时,闸门的输出值正比于被测信号的频率,通过计数显示系统把闸门的输出结果显示出来,就可以得到被测信号的频率。

(6)控制时序产生电路

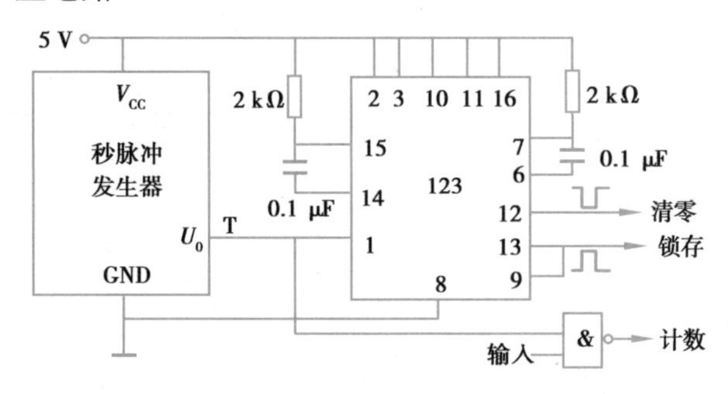

▲图 6.4.16　**控制时序产生电路**

图 6.4.16 是由秒脉冲发生器(可由晶体振荡器和多级分频器组成)和可重触发单稳态 74LS123 组成的控制时序产生电路。秒脉冲发生器产生脉冲宽度为 T 的定时脉冲,74LS123 单稳态电路产生锁存和清零脉冲。

(7)超量程指示电路

如果计数器的最高位发生溢出,则必须给出超量程指示,否则会得到错误的测量结果。图 6.4.17 是一个超量程指示电路,其原理为:当出现超量程时,计数器的最高位产生一进位信号,此信号使触发器 Q_0 置 1,当锁存脉冲来到时,实现超量程指示。由于触发器 FF_0 清零脉冲的作用,如果下次被测信号频率不超量程,超量程指示灯会自动复位。

5)分频测量

保持闸门时间不变,通过改变被测信号的频率来提高测频范围。例如,闸门信号、清零脉冲信号和锁存脉冲可以由一个时钟源产生。若闸门时间长度为 1 s,当对不分频的被测信号

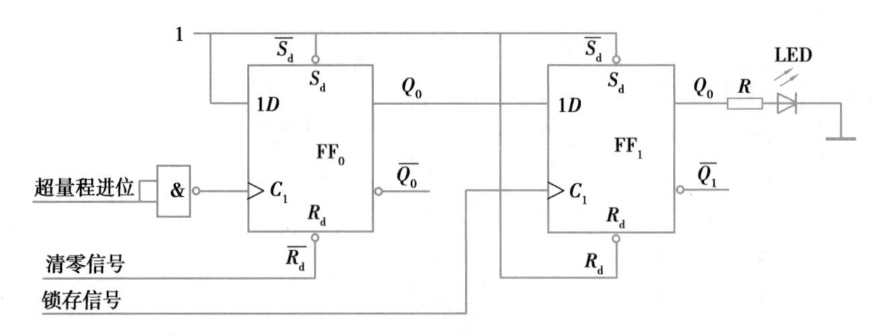

▲图 6.4.17　超量程指示电路

计数时,则频率计的量程为×1 挡;当对 10 分频后的被测信号计数时,则频率计的量程为×10 挡;当对 10×10 分频后的被测信号计数时,则频率计的量程为×100 挡;当对 10×10×10 分频后的被测信号计数时,则频率计的量程为×1 000 挡;以此类推,可以方便地测量各种高频被测信号的频率。若要测量低频信号的频率,为保证测量精度,可将闸门时间延长为 10 s 甚至 100 s 或更长,不过此时的响应时间较长,解决这一问题的最好办法是采用周期测量法。

第7章

电子综合设计题目

※学习目标

1. 能进行设计题目文献的查阅、归档、分析与处理。
2. 能根据题目概述、任务、要求与提示进行方案设计、电路设计与仿真。
3. 学会元器件选型及芯片数据手册关键信息的阅读。
4. 学会应用EDA软件进行原理图绘制与PCB设计与制作。
5. 能进行电路装配,相关键数据、波形的观察、测试、记录、分析、调试,并达到题目技术指标。

※思政导航

教学内容	思政元素	思政内容设计
电子系统设计任务和要求分析	科学素养 辩证思维	教师给学生提供一个系统设计实施方案。首先,自行查阅文献,经过对比分析获取解决设计任务的方法,然后在设计中付诸实施。此过程不需要最优的方法,不需要最理想的结果,在系统设计的过程中,逐步优化设计,逐步丰富设计,这样的工作方式效率最高,也最容易快速见到效果。教师指导学生发现事情的关键点,只有抓住关键点,才能真正地快速完成设计。当整个设计搭建起来,再逐个去补充细节,才能让整个设计越做越漂亮,越做越完美
设计案例	团队合作 创新精神	通过结合真实的电工电子产品设计案例,使学生在追求控制系统功能实现的基础上,深入理解课程所要求的工程规范知识,在提高专业技术能力的同时,养成良好的行为习惯;进一步引导学生全面地考虑各类技术与非技术因素,关注工程中的社会、经济、环境等方面的影响,培养学生的职业道德意识,增强学生的社会责任感,从而提升学生的综合素养

生而知之者,上也;学而知之者,次也;困而学之,又其次也;困而不学,民斯为下矣。

——《论语 · 季氏篇》

7.1 小功率限电器的设计

1)题目概述

本课题针对有用电负荷控制的公共用电场所的用电管理,设计一个输出功率可控制的限电装置,用电器超过限制用电功率,该装置能自动切断电源。对于电网电压不稳定出现的超电压、欠电压现象,也能够起到保护作用。

2)设计任务

设计一个限制室内用电功率的装置,要求当室内用电功率超过设定值时,该装置能自动切断电源,停止供电。只有当室内用电量小于设定值后,才允许电路接通。该装置还具有防超电压欠电压保护、来电延时接通等多项保护室内电器的功能。

3)设计要求

①调研、查找并收集资料。

②总体设计,画方框图。试提出合理的具体技术指标,如:延时接通时间(s),输入超电压、欠电压值(V),输出限电值或限电范围(W)等。

③单元电路设计。包括:a. 雷击保护电路。b. 输入值、欠电压采样电路。c. 阈值电平产生电路。d. 输出功率采样电路。e. 输出控制电路。f. 定时电路。g. 内部直流电源电路。

④电气原理设计——绘原理图(用 AD 绘标准图)。

⑤参数计算——列出元器件明细表。

⑥印制电路板设计及工艺设计(可根据具体情况不设计此项)。

⑦撰写设计说明书(其中包括调试说明,总字数 3 000 左右)。

⑧参考资料目录。

4)设计提示

①限电器参考框图如图 7.1.1 所示。

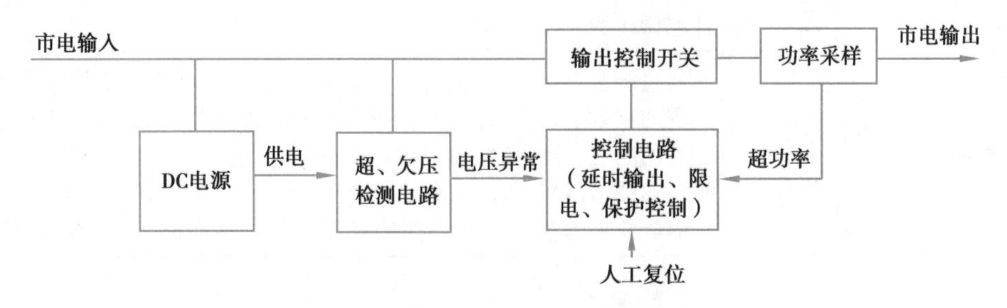

▲图 7.1.1 限电器参考框图

系统核心是功率采样电路以及控制电路设计,为简化电路,一般通过检测负载电流大小来判断负荷功率,常用的电流传感器有电流互感器(图 7.1.2)、霍尔电流传感器等,其输出信号大小与负载电流呈线性比例。控制电路可以采用比较器实现,用阈值比较方式判断电流采样值,用窗口比较器做超欠压检测,当然也可以使用微处理器监测。功率控制模块可以使用继电器或交流可控硅做负载切换开关,DC 电源可使用变压器整流滤波结构的小功率线性稳压电源,为各模块提供能源。

▲图 7.1.2　**电流互感器**

②理解本课题设计要求,调研、查阅相关资料。a. 市售的家用电器保护器。b. 常用电压检测电路。c. 常用过载检测电路。d. 常用开关电路知识。e. 常用电子元器件。

③输入超、欠电压检测电路应考虑回差电压,以避免限电器在临界保护点频繁通断(可采用施密特触发器充当比较器)。

④输出功率采样电路最好设计成限电值　(也可规定为输出功率限定为 500 W),以便适应各种场合。

⑤输出控制电路中增加人工复位　　载断电后只有先拆除负载并通过人工复位才能再次恢复输出。

7.2　数字密码锁

1)设计要求

①设计一个数字密码锁,要求只有按正确的顺序输入正确的密码,方能输出开锁信号,实现开锁。

②设置三个正确的密码键和若干个伪键,任何伪键按下后,密码锁都无法打开。

③每次只能接受四个按键信号,且第四个键只能是“确认”键,其他无效。

④能显示已输入键的个数(例如显示 * 号)。

⑤第一次密码输错后,可以输入第二次。但若连续三次输入错码,密码锁将被锁住,必须由系统操作员解除(复位)。

2)设计提示

①密码通常由若干位数字或字母组成,分“真码”和“伪码”两类,每一位对应一个按键。由于密码必须一位一位依次输入,故需用触发器锁存相应的按键信号。

②为增加保密性,必须限制密码输入的次数,因而需要按键次数计数器。当输完预定的 n 位密码后,只能有两种选择:一是确认,二是返回重输。按键次数计数器也可提供相应显示。当密码位数不多时,可用集成移位寄存器实现按键次数的计数及显示,如图 7.2.1 所示。

③由于密码正确与否与输入顺序有关,故密码判别电路的设计有一定的讲究。实现上述想法的一种思路是采用类似移位寄存器的结构,如图 7.2.2 所示。触发器首先清零,每一个“真码”键作为一个触发器的时钟,并将各触发器顺序级联起来。只有按正确的顺序输入各位

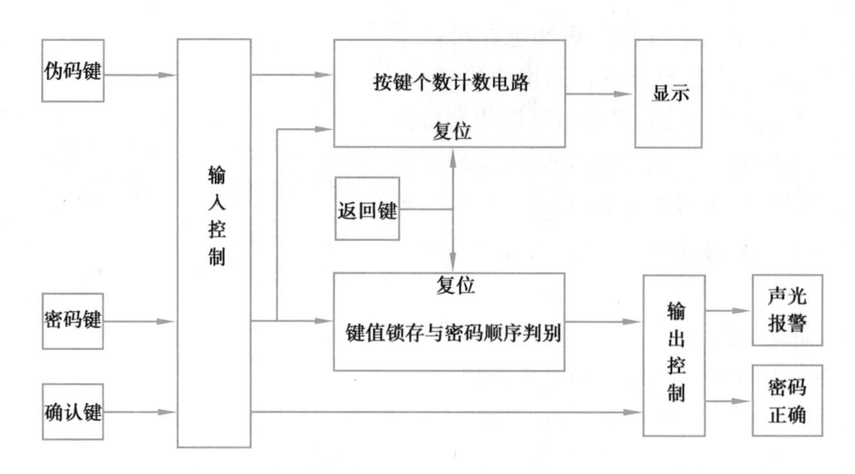

▲图 7.2.1　数字密码锁框图

"真码",各触发器才会顺序置位,最后才会出有效电平 1。"伪码"则不需锁存,只需计入按键次数即可。

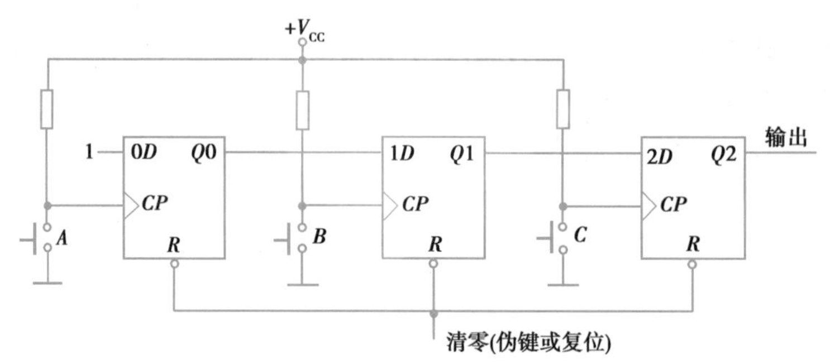

▲图 7.2.2　"顺序密码"解读方法的一种思路

④如采用 TTL 电路,D 触发器可选 74LS74,移位寄存器可选 74LS164。

⑤对于复杂数字电路设计,最好使用 FPGA 或微处理器等软件驱动器件方案。请自行参阅相关文献。

7.3　竞赛抢答器

1)设计要求

①设计一个四人参赛的抢答器,能够准确分辨、记录第一个有效按下抢答键的选手,并用声、光进行指示,电路框图如图 7.3.1 所示。

②每组有一个计分器。从预置的 100 分开始,由主持人控制。答对者加 10 分,答错则扣 10 分。

③安排倒计数定时器。若预定时间内无人抢答,自动给出信号停止抢答,以免冷场。

④主持人没有宣布抢答开始时,抢答不起作用。主持人宣布抢答开始时,按"开始"键,抢答开始。同时启动倒计数定时器,倒计数定时器的时间可以随意预置。

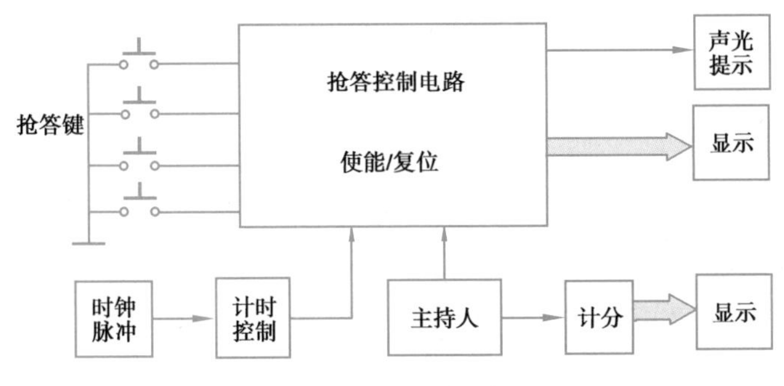

▲图 7.3.1 抢答器框图

* ⑤具有较强的可扩展性。

2)设计提示

①此问题的关键是要存住第一抢答者的信息,并阻断以后抢答者的信号。可用触发器或锁存器辅以逻辑门实现。(例如,用 TTL 电路的 74LS373)

②倒计时可用可逆计数器构成的减法计数器完成。(例如,用 TTL 电路的 74LS192)

③加减计分可以用十进制可逆计数器完成,个位不变,十位以上参与加减。

④各单元电路分别设计、调试,最后合成。

7.4 程控放大器设计

1)设计要求

程控放大器(可编程放大器)是指放大倍数可由按键控制,或由编程控制的放大器。程控放大器是智能仪器中必不可少的前置放大器。它的优点是放大倍数控制方便、灵活,易于调整。

用中小规模集成芯片设计并制作程控放大器,具体要求如下:

①输入信号 u_i>0.1 V,信号的最高频率为 1 kHz。

②通过集成运算放大器、多路开关实现其增益按照 2^i(i=1,2,3,4,5,6,7,8)递增,即一步为 6 dB。

③放大增益的控制用按键顺序切换,或是来自微机的控制数据。

2)原理框图

图 7.4.1 的参考方案中使用四位集成计数器 74LS161 对按键次数计数,计数值低三位送给八选一模拟开关 CD4051 地址位选择切换不同权值的反馈电阻,实现对运放电路 A1 放大倍数的数控(程控),运放 A2 构成电压跟随器以提升带载能力,D_1、D_2、D_3 三个 LED 发光二极管用于增益指示。特别指出的是,使用 CD4051 时要考虑模拟开关自身导通内阻带来的增益误差。

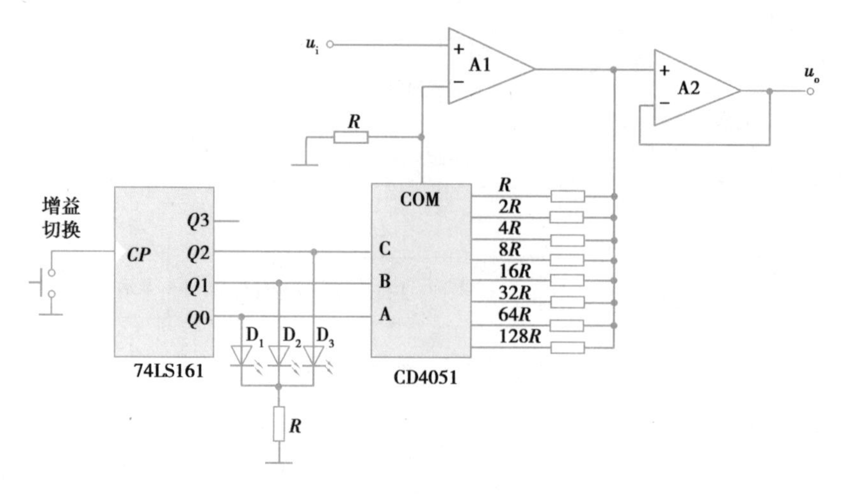

▲图 7.4.1 程控放大器原理示意图

3)主要仪器及参考元器件

双踪示波器、音频信号发生器、稳压电源、数字万用表、运放 LM324、模拟开关 CD4051、计数器 74LS161、其他门电路若干。

4)扩展

能够同步显示电路增益。

7.5 集成电路扩音机

1)设计要求

用集成电路设计并制作能完成音频信号放大的集成电路扩音机。前置放大器的放大元件采用 NE5532,用单电源供电,采用同相放大电路(输入阻抗高),带 32 级数字音量控制和音调调节。

①额定输出功率 $P_{OR} \geqslant 10$ W。

②带宽 $BW \geqslant (50 \sim 10\ 000)$ Hz。

③在前置放大级输入端交流短接到地时,$R_L = 8\ \Omega$ 上的噪声功率$\leqslant 10$ mW。

④在 P_{OR} 下和 BW 内的非线性失真系数$\leqslant 3\%$。

⑤自行设计并制作满足本设计任务要求的稳压电源。

2)原理框图

设计原理如图 7.5.1 所示。

数字音量控制可以使用需要单片机驱动的 M62429,也可以使用按键操作的数字电位器器件,图 7.5.2 给出了使用数字电位器 X9511WP 控制增益的局部电路,X9511WP 为最大阻值 10 kΩ 的数字电位器,具有 32 级步进调节范围。

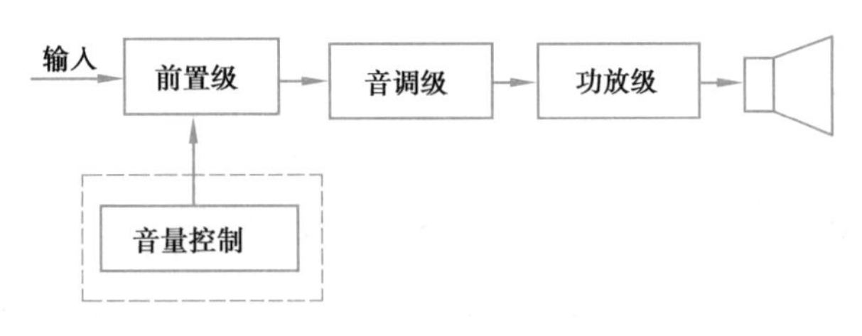

▲图7.5.1 增益控制电路原理图

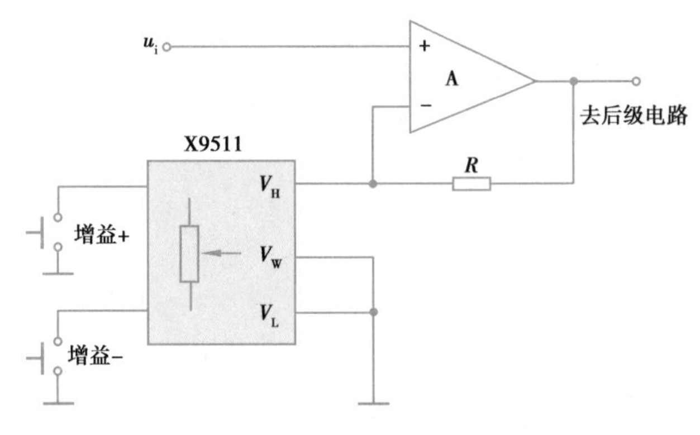

▲图7.5.2 增益控制电路原理图

音调调节电路用于音源信号的高低音调节，为常用的反馈式电路形式，用以改善听感音质。其参考电路如图7.5.3所示，图中 R_1 用于高音调节、R_7 用于低音调节，C_3、C_4 用以防止电路自激。

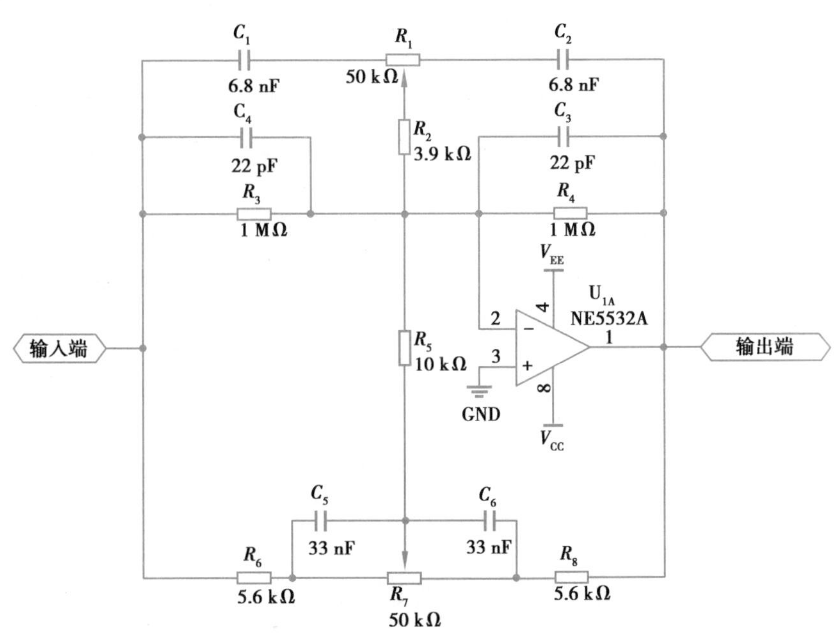

▲图7.5.3 高低音调节电路原理图

功放级由集成功放TDA2030或LM1875等及外围电路组成OTL放大结构，参照器件数据手册设计外围电路，功率部分的PCB布线要严格遵守信号回路交联面积最小原则，不得采用多点接地和大信号与小信号混连，电源和接地线应尽可能加粗，退耦电容容量足够且紧靠集成器件电源引脚,否则将造成自激。

3)主要参考元器件

NE5532、TDA2030、按键式数字电位器(X9511WP 电位器)、电容电阻若干、喇叭1只(或8 Ω 假负载功率电阻)。

4)扩展

①采用D类放大电路,进一步提高系统效率。

②设计中加入保护电路环节。

7.6 精密数控直流电源

1)设计要求

用中小规模集成芯片设计并制作有一定输出电压范围和功能的数控电源。具体要求如下:

①输出电压范围0~9.9 V,步进0.1 V,纹波不大于10 mV。

②最大输出电流500 mA。

③输出电压值由数码管显示。

④由“+”“-”两键分别控制输出电压步进增减。

▲图7.6.1 数控直流电源原理框图

2)原理框图

设计原理如图7.6.1所示。

3)参考器件

LM317、LM324、DAC0832、74LS83、74LS192、NE555、74LS221、CD4511,共阴数码显示管,电阻、电容若干。

4)扩展

①输出电压可通过按键预置在0~9.9 V的任意一个值。

②进一步提高输出电流。

7.7 简易数字函数信号发生器设计

1)设计要求

①设计一个简易数字函数发生器,可以产生正弦波、三角波、方波信号三种函数信号,装置使用±15 V电源供电。

②输出信号频率在 10 Hz ~ 100 kHz 范围内可调，输出信号频率稳定度优于 10^{-4}。信号输出幅度在 1 ~ 6 V_{p-p} 范围内可调。

2）设计原理及提示

直接数字合成（DDS）是一种新型的频率合成技术，具有较高的频率分辨率，产生的信号频率精度高，频率稳定，线性度好，频率设定灵活方便。因此，在现代电子系统级设备的频率源中，已得到越来越广泛的应用。

目前，比较常用的实现函数信号是通过专用 DDS 芯片，由 MCU、DSP 或 FPGA 等进行控制设定，产生指定频率、幅度、波形的函数信号，这种方式已经被信号发生设备所广泛使用。

组成原理如图 7.7.1 所示。

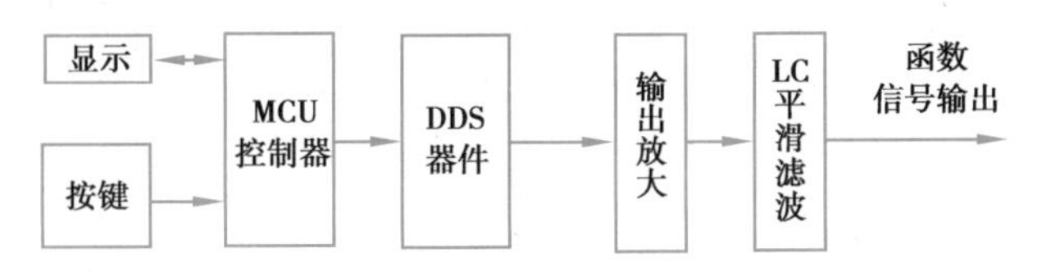

▲图 7.7.1　基于 DDS 的函数发生器原理框图

其中，石英晶体振荡器产生的时钟信号作为 DDS 工作时钟，DDS 器件使用了 ADI 公司的 AD9833，其功能介绍如图 7.7.2 所示，内部包括 28 bit 相位控制器、正弦波形数据表、10 bit 高速 DAC 等，在外部 MCU 控制器的驱动下可输出频率范围 0 ~ 12.5 MHz 的各种信号。

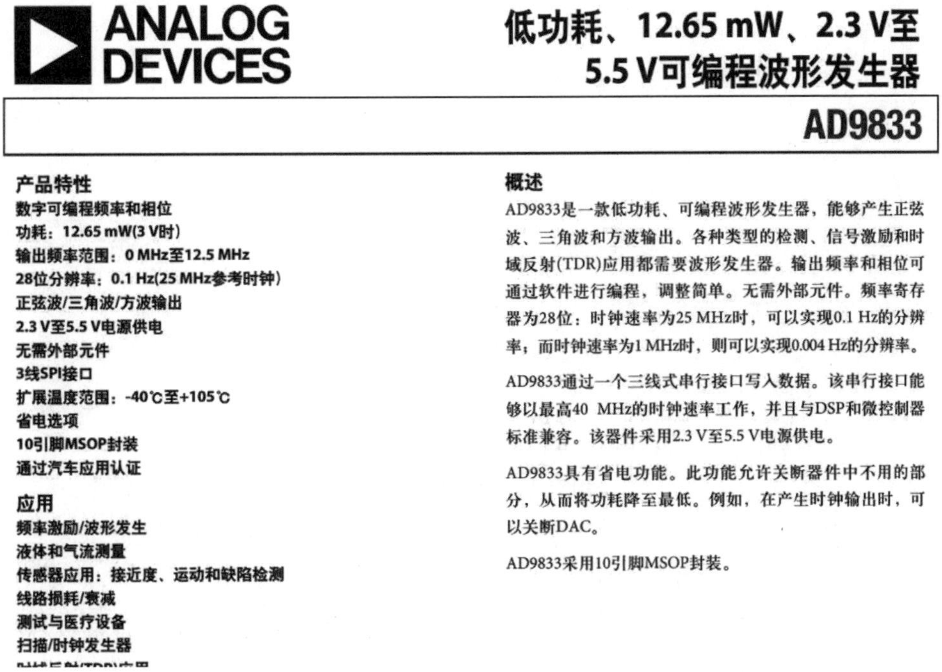

低功耗、12.65 mW、2.3 V至5.5 V可编程波形发生器

AD9833

产品特性
- 数字可编程频率和相位
- 功耗：12.65 mW(3 V时)
- 输出频率范围：0 MHz至12.5 MHz
- 28位分辨率：0.1 Hz(25 MHz参考时钟)
- 正弦波/三角波/方波输出
- 2.3 V至5.5 V电源供电
- 无需外部元件
- 3线SPI接口
- 扩展温度范围：-40℃至+105℃
- 省电选项
- 10引脚MSOP封装
- 通过汽车应用认证

应用
- 频率激励/波形发生
- 液体和气流测量
- 传感器应用：接近度、运动和缺陷检测
- 线路损耗/衰减
- 测试与医疗设备
- 扫描/时钟发生器

概述

AD9833是一款低功耗、可编程波形发生器，能够产生正弦波、三角波和方波输出。各种类型的检测、信号激励和时域反射(TDR)应用都需要波形发生器。输出频率和相位可通过软件进行编程，调整简单。无需外部元件。频率寄存器为28位：时钟速率为25 MHz时，可以实现0.1 Hz的分辨率；而时钟速率为1 MHz时，则可以实现0.004 Hz的分辨率。

AD9833通过一个三线式串行接口写入数据。该串行接口能够以最高40 MHz的时钟速率工作，并且与DSP和微控制器标准兼容。该器件采用2.3 V至5.5 V电源供电。

AD9833具有省电功能。此功能允许关断器件中不用的部分，从而将功耗降至最低。例如，在产生时钟输出时，可以关断DAC。

AD9833采用10引脚MSOP封装。

▲图 7.7.2　AD9833 功能介绍

其外围电路如图 7.7.3 所示，X1 为外部时钟，最大可达 40 MHz，它决定了输出频率上限，VOUT 为函数信号输出口，最大输出幅度 3 V_{p-p}，若需要其他幅度值可在后端加驱动放大器。

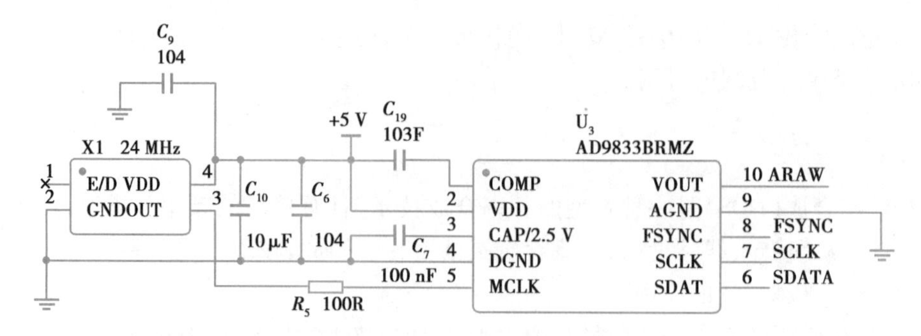

▲图 7.7.3 AD9833 核心电路

图 7.7.4 是一种使用 LM318 的放大电路，图中 *R*10 用以调节放大倍数，进而改变输出幅度，放大输出再经平滑滤波，就可以获得平滑线性的三角波、锯齿波信号输出，由于 DDS 信号发生器输出谐波较多，需要使用 LC 平滑滤波器滤除高次谐波，其电路参见图 7.7.5 所示。

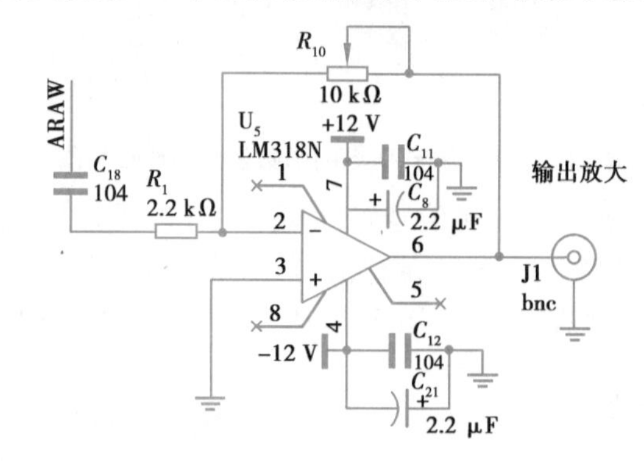

▲图 7.7.4 输出放大电路

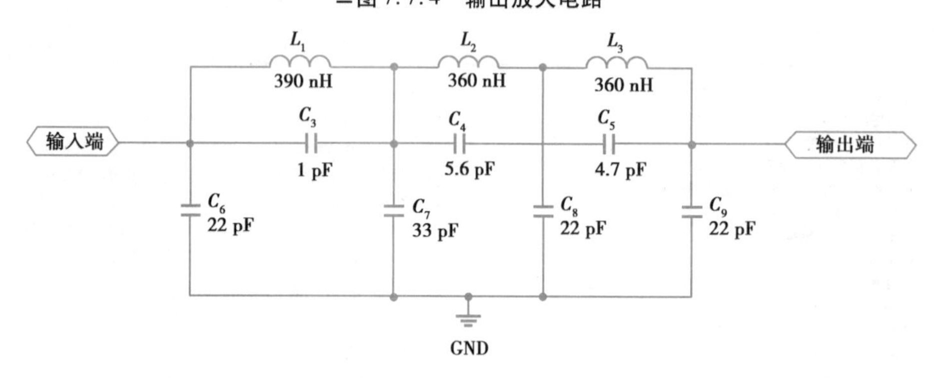

▲图 7.7.5 输出滤波电路

MCU 控制器用于驱动 AD9833，通过串行数据口 SDATA、SCLK、FSYNC 设定内部寄存器和输出频率参数，可以使用 51 单片机、ARM 与 FPGA 等结构。图 7.7.6 给出了使用 ATmega328 单片机做控制器的电路图，关于 ATmega328 的开发使用请读者自行查阅相关资料，这里不再赘述，通过设置寄存器参数，就可以改变信号的输出频率和波形等。

输出频率显示可以使用 LCD 液晶或数码管等，由 MCU 处理器同步输出显示信号，图 7.7.7 给出了一种使用 LCD1602 液晶显示器的参考电路。

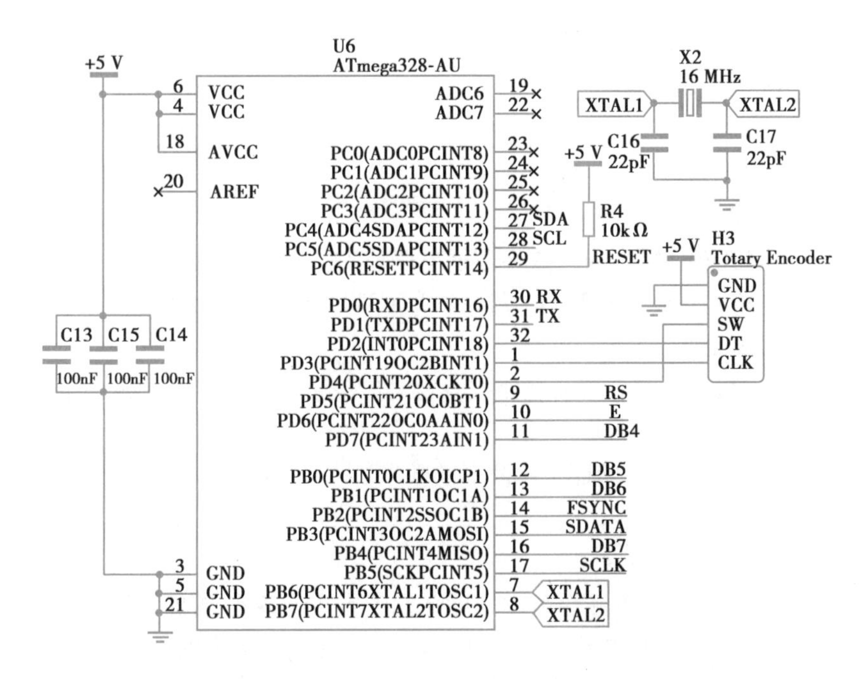

▲图 7.7.6　主控器参考电路

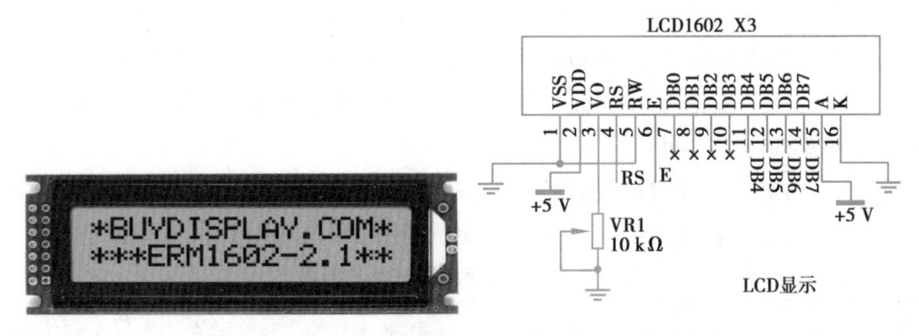

▲图 7.7.7　液晶显示器 1602 及显示电路

整机供电可以使用正负 15 V 双电源经 7812、7912、7805 三端稳压器稳压后供应给不同的电路模块，其参考电路如图 7.7.8 所示。

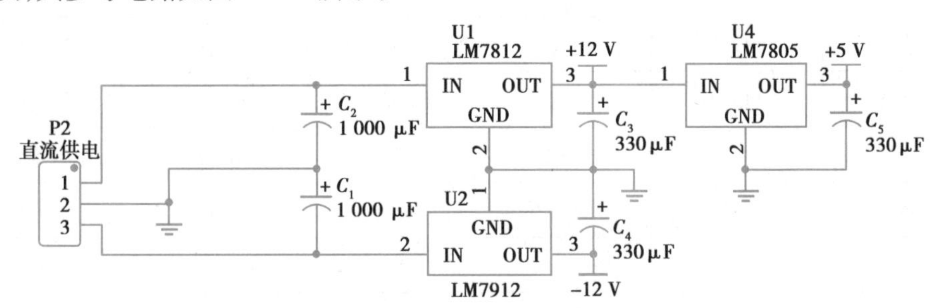

▲图 7.7.8　电源电路

7.8 乐曲演奏电路设计

1)设计要求

①设计一个乐曲演奏电路,通过数字逻辑电路控制蜂鸣器演奏指定的乐曲。

②使用数字电路实验板上的 FPGA 器件(EP1C3T144C8)作为硬件电路平台,使用板载的交流蜂鸣器作为发声元件。

③在 QuartusII 环境下,将各单元电路按各自对应关系相互连接,构成乐曲演奏电路,进行编译及仿真。

④将设计下载到实验板上验证乐曲演奏的效果。

2)设计原理及提示

乐曲音调产生原理:乐器的频谱范围一般在几十到几千赫兹,若能利用程序来控制 FPGA 芯片某个引脚输出一定频率的矩形波,接上喇叭就能发出相应频率的声音。

乐曲中的每一音符对应着一个特定的频率,要想 FPGA 发出不同音符的音调,实际上只要控制它输出相应音符的频率即可。乐曲都是由一连串的音符组成,因此按照乐曲的乐谱依次输出这些音符所对应的频率,就可以在喇叭上连续地发出各个音符的音调。而要准确地演奏出一首乐曲,仅仅让喇叭能够发声是不够的,还必须准确地控制乐曲的节奏(即乐曲中每个音符的发生频率及其持续时间)。

因此,组成乐曲的每个音符的发音频率值及其持续的时间是乐曲能够连续演奏所需要的两个基本要素,不同的发音频率值决定了所发出的音符,见表 7.8.1。

表 7.8.1 音符与频率关系对照表

音名	频率/Hz	音名	频率/Hz	音名	频率/Hz
低音 1	261.1	中音 1	523.3	高音 1	1 049.5
低音 2	293.7	中音 2	587.3	高音 2	1 174.7
低音 3	329.6	中音 3	659.3	高音 3	1 318.5
低音 4	349.2	中音 4	698.5	高音 4	1 396.9
低音 5	392	中音 5	784	高音 5	1 568
低音 6	440	中音 6	880	高音 6	1 760
低音 7	493.9	中音 7	987	高音 7	1 975.5

音符的频率由数控分频器来获得,将较高频率的信号输入数控分频器,数控分频器在与相应音符对应的分频预置数的控制下,就能够产生所对应音符的信号频率。这里,需要计算出产生相应音符频率所对应的分频预置数。

若基本信号频率采用 1 MHz,则使用 11 位数控分频器即可满足要求。以低音 1 为例计算频率，分频预置数取135，将其代入 $1\times10^6/(2\ 047-135)\times1/2=261$，这恰好符合低音1的频率。算式中的×1/2是因为数控分频器产生的是窄脉冲，需将其进行二分频，获得占空比为50%的脉冲信号，以更好地驱动喇叭发声。由此列出各音符频率所对应的分频预置数，见表7.8.2。

表7.8.2 音符与分频预置数对照表

音名	预置数	音名	预置数	音名	预置数
低音1	135	中音1	1 091	高音1	1 569
低音2	343	中音2	1 195	高音2	1 621
低音3	530	中音3	1 288	高音3	1 668
低音4	614	中音4	1 331	高音4	1 689
低音5	771	中音5	1 409	高音5	1 728
低音6	911	中音6	1 479	高音6	1 763
低音7	1 045	中音7	1 546	高音7	1 797

基于FPGA的乐曲演奏的实现逻辑如图7.8.1所示。

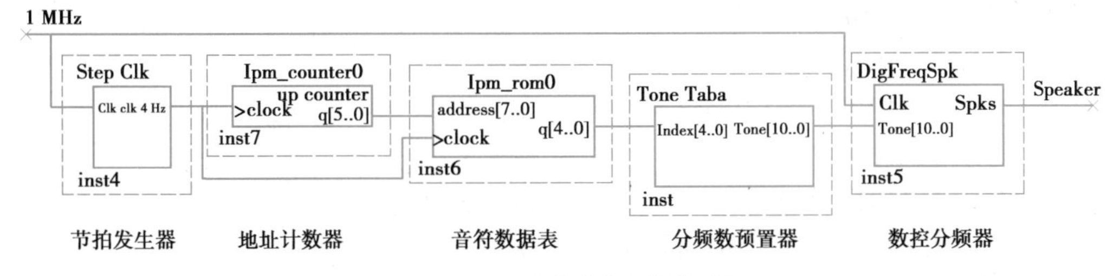

▲图7.8.1 乐曲演奏逻辑构成图

节拍发生器用来产生所演奏乐曲的节拍，这里为4 Hz，适用于4分音符；顺序计数器用来产生读取音符数据表的地址信号；音符数据表中存放所演奏乐曲的音符序列。图7.8.2(a)给出了“生日快乐歌”的简谱，7.8.2(b)给出了对应的*.mif格式的音符数据表。

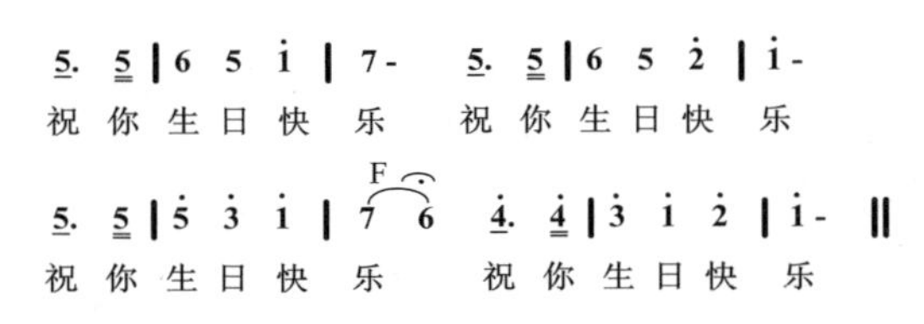

(a) 生日快乐歌简谱

Addr	+0	+1	+2	+3	+4	+5	+6	+7
0	12	12	12	12	12	13	12	17
8	14	14	14	14	12	12	12	12
16	12	13	12	18	17	17	17	17
24	12	12	12	12	12	21	19	17
32	14	13	20	20	20	20	20	19
40	17	18	17	17	17	17	0	0

(b) 音符数据表

▲图7.8.2 乐谱及音符数据表

分频数预置器根据所输入的数值向数控分频器输出指定的分频预置数，而输入分频数预置器的数值则由音符数据表提供，分频数预置器内对应指定音符预置数的VHDL描述如下：

```
CASE Index IS
    WHEN "00000" => Tone<=2047;--不发声
    WHEN "00001"  => Tone<=135;--低音 1
    WHEN "00010"  => Tone<=343;--低音 2
    WHEN "00011"  => Tone<=530;--低音 3
    WHEN "00100"  => Tone<=614;--低音 4
    WHEN "00101"  => Tone<=771;--低音 5
    WHEN "00110"  => Tone<=911;--低音 6
    WHEN "00111"  => Tone<=1045;--低音 7
    WHEN "01000"  => Tone<=1091;--中音 1
    WHEN "01001"  => Tone<=1195;--中音 2
    WHEN "01010"  => Tone<=1288;--中音 3
    WHEN "01011"  => Tone<=1331;--中音 4
    WHEN "01100"  => Tone<=1409;--中音 5
    WHEN "01101"  => Tone<=1479;--中音 6
    WHEN "01110"  => Tone<=1546;--中音 7
    WHEN "10001"  => Tone<=1569;--高音 1
    WHEN "10010"  => Tone<=1621;--高音 2
    WHEN "10011"  => Tone<=1668;--高音 3
    WHEN "10100"  => Tone<=1689;--高音 4
    WHEN "10101"  => Tone<=1728;--高音 5
    WHEN "10110"  => Tone<=1763;--高音 6
    WHEN "10111"  => Tone<=1797;--高音 7
    WHEN OTHERS => NULL;
END CASE;
```

以乐曲的第一个音符“中音 5”为例，当播放本音符时，音符数据表向分频数预置器送出数值 12（VHDL 描述中，中音 5 对应数值 12），分频数预置器再根据数值 12 向后端的数控分频器送出预置数 1 409，进而产生对应的音符频率，再通过喇叭发出中音 5。数控分频器的 VHDL 描述如下：

```
GenSpks:PROCESS(Clk,Tone)
VARIABLE Count11:INTEGER RANGE 0 TO 2047;
BEGIN
    IF PreCLK'EVENT AND PreCLK='1' THEN
        IF Count11   = 2047 THEN
            Count11  := Tone;
            FullSpks <= '1' ;
        ELSE
            Count11  := Count11 + 1;
```

```
                FullSpks <= '0' ;
            END IF;
        END IF;
    END PROCESS GenSpks;
```

上述代码中,未将窄脉冲转换为 50% 占空比的脉冲,设计时自行添加即可。

演奏乐曲时,每一音符的停留时间由音符数据查表电路的节拍数决定;音符数据查表电路本质上是一个在计数器控制下的 ROM,生日快乐歌共有 46 个音符数据,因此该 ROM 的地址位数为 6 位,当输入 4 Hz 查表时钟频率时,计数器提供的地址值从 ROM 中取出音符数据,传递给分频预置器;再由其查表找出对应的分频预置数,从而通过数控分频器产生对应的音符频率输出,在连续 4 Hz 信号的作用下,生日快乐歌就开始连续自然地演奏起来了。

7.9 数字电压表设计

1)设计要求

①设计一个简易数字电压表,通过数码管显示被测电压。

②测量范围:直流 0.00 ~4.99 V。

③在 QuartusII 环境下,通过 VHDL 语言编写 AD0804 控制程序,再将数字电压值转换为数码管显示的形式,连接各单元电路,构成数字电压表的逻辑电路,进行编译及仿真。

④将设计下载到实验板上,观察显示结果。

2)设计原理及提示

ADC0804 是属于渐进式(Successive Approximation Method)的 A/D 转换器,这类型的 A/D 转换器除转换速度快(几十至几百微秒)、分辨率高外,还有价钱便宜的优点,普遍被应用于微电脑的接口设计上。

对 8 位 ADC0804 而言,它的输出位共有 $2^8=256$ 种,即它的分辨率是 1/256,假设输入信号 U_{in} 为 0 ~5 V 电压范围,则它最小输出电压是 5 V/256=0.019 53 V,这代表 ADC0804 所能转换的最小电压值。

ADC0804 的控制十分简单,首先由微处理器向其发出转换启动信号(拉低 WR,然后再置高),ADC0804 完成一次转换后,会将其 INT 引脚拉低,微处理器检测到这个信号后,向 ADC0804 发出读取请求(拉低 RD),然后就可以通过 8 位总线读取 ADC0804 的转换数据了。读取完毕后将 RD 重新置为高电平,以便下次转换。

例如 $D_{in}=0\times80$,将其代入式(7.9.11)

$$u_i=\frac{D_{in}}{2^8}\times 5\ \text{V} \tag{7.9.1}$$

计算得 $u_i=2.50$。若要显示小数点后两位有效数字,因此应将转换后的数值放大 100 倍,令显示格式为:$X.YZ$,则

$$X = (u_i \times 100)/100$$
$$Y = [(u_i \times 100)\%100]/10 \tag{7.9.2}$$
$$Z = (u_i \times 100)\%10$$

式(7.9.2)中,/代表求商,%代表求余数。X为电压整数部分,Y为小数点后1位,Z为小数点后2位。如将$u_i=2.50$代入式(7.9.2),得$X=2$、$Y=5$、$Z=0$,它们都是BCD数,经74LS47译码后即可显示在数码管上。这里,将小数点固定显示在X后面就可以了。

电压采集、显示处理的流程如图7.9.1所示。

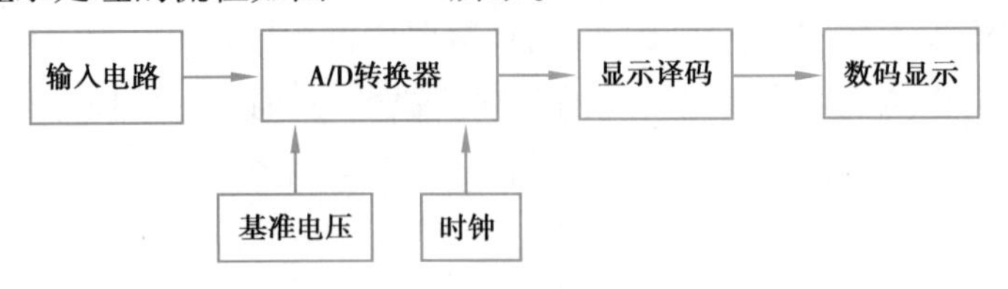

▲图7.9.1 电压采集显示框图

本设计中,使用HDL语言编写ADC0804转换控制程序及数码显示转换程序,再将所描述的单元电路进行组装,即可完成所要求的设计任务。

设计及仿真工具篇

第8章

Proteus软件使用

※学习目标

1. 学会 Proteus 电路仿真软件的基本操作方法。
2. 会用 Proteus 进行原理图设计与电路仿真。
3. 会用 Proteus 进行单片机系统的设计。
4. 会用 Proteus 与 Keil μVision 仿真调试。

※思政导航

教学内容	思政元素	思政内容设计
Proteus 软件使用	学习能力 自学能力 科研精神	通过 Proteus 软件使用的学习,讲解 EDA 领域我国的现状,与发达国家的差距,理解科技独立自主意识,增强学生对专业的理解和认同,提升专业基础知识和自主设计学习热情,使学生理解电子科技在国家政治、经济中的重要性。同时,通过 Proteus 软件使用,培养学生学习能力和自学能力
集成开发环境 Keil C51	创新精神 科学精神	Keil C51 为单片机编程调试、下载提供了一个很好的集成开发环境。在本章,通过实验案例让学生对其使用方法有了粗略了解,学习过程通过实践来引导学生完成一个完整数字系统设计,激发学生的学习主动性,培养学生创新意识,在认识新事物时,树立正确的世界观、人生观、价值观,提升学生的专业综合素养与创新实践能力
声控照明灯 设计流水灯 的设计	创新精神 工匠精神	世界上第一颗红光 LED 的发明者介绍:美国工程师尼克·何伦亚克(Nick Holonyak Jr)1962 年发明世界上第一颗红光 LED。他当时只是通用电气公司(General Electric Company,GE,又称为奇异)的一名普通研究人员,打造出了第一颗红光 LED,而且他还认为未来能够研发出其他波长的光,白炽灯一定会被 LED 取代掉,人称“LED 之父”。通过声控照明灯设计、流水灯的设计,进一步深入了解 LED 的应用;通过对发明者的了解,引导和培养学生的自主探究能力、创新能力和团队合作能力,及将理论知识转化为工程设计与实践的能力,激发学习兴趣,培养学生创新精神和工匠精神

感谢上帝没有把我造成一个灵巧的工匠。我的那些最重要的发现是受到失败的启发而获得的。——戴维

8.1　Proteus 软件综述

Proteus 是英国 Lab Center Electronics 公司研发的 EDA 仿真软件，拥有强大的仿真功能，能够实现数字电路、模拟电路、微控制器系统与外设的混合电路系统的电路仿真。该软件的主要特点是可以从原理图布图、代码调试到单片机与外围电路协同仿真，运行后能看到输入输出的效果，能够一键切换到 PCB 设计，配合系统配置的虚拟逻辑分析仪、示波器等仪器，可以实现从概念到产品的完整设计。

Proteus 是将电路仿真软件、PCB 设计软件和虚拟模型软件三合一的设计平台，其处理器模型支持多种型号的常用主流单片机，如 8051、PIC、AVR、ARM、Cortex 和 DSP 系列处理器等，在编译方面也支持多种编译器，如 Keil、IRB 和 MPLAB 等。

基于 Proteus 软件产品开发流程，如图 8.1.1 所示。

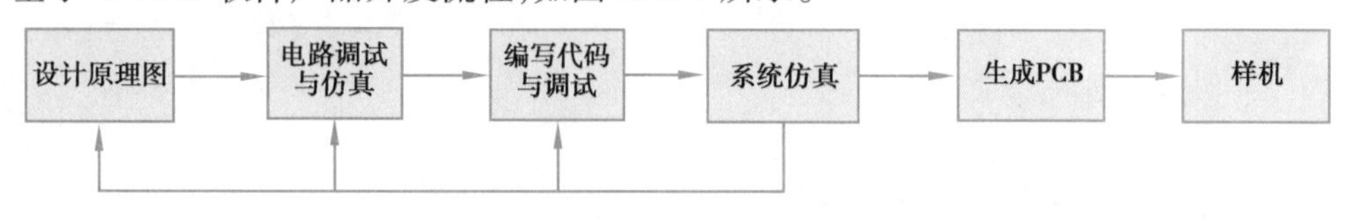

▲图 8.1.1　Proteus 的开发流程

8.2　Proteus 基本操作

8.2.1　进入 Proteus 8

双击桌面 Proteus 8 Professional 图标或者单击"开始"/"程序"/"Proteus 8 Professional"，出现如图 8.2.1 所示的启动界面，表明进入 Proteus 集成环境。

▲图 8.2.1　Proteus 集成环境

8.2.2 Proteus 8 工作界面

Proteus 8 的工作界面是一种标准的 Windows 界面,如图 8.2.2 所示。

工作界面主要包括标题栏、主菜单、工具栏、原理图编辑窗口、预览窗口、元件选择图标、元件选择器窗口、仿真调试图标、状态栏、绘图工具栏。

主菜单选择执行各种命令,主菜单栏下方的工具栏包含与菜单命令相对应的快捷图标,窗口左侧的工具箱可添加所有电路元件的快捷图标,底部状态栏显示当前工作状态,工具栏、状态栏和工具箱均可隐藏。

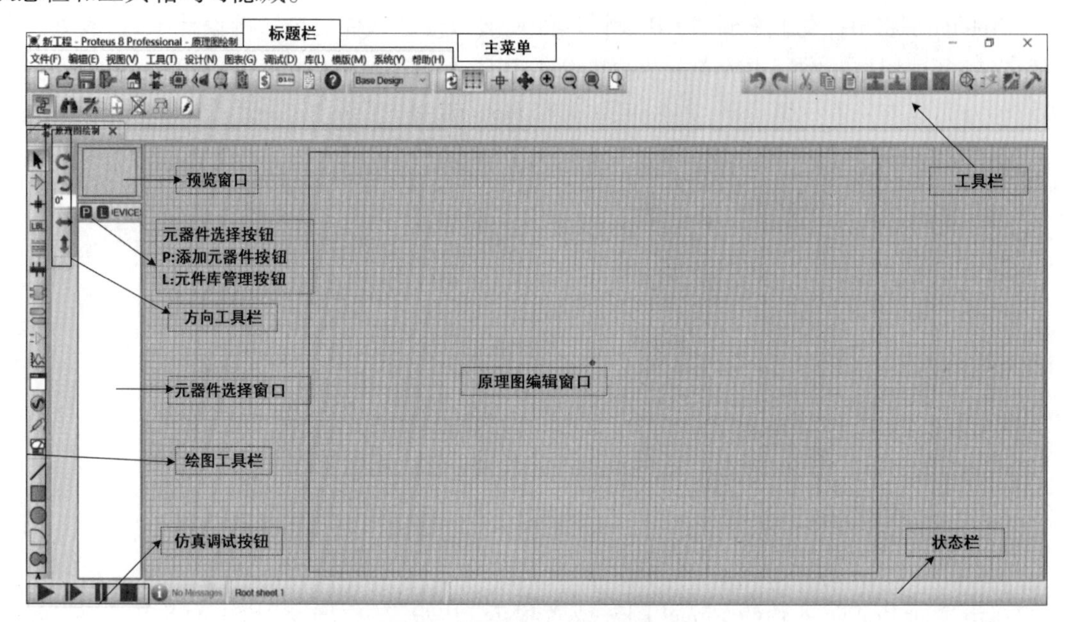

▲图 8.2.2 Proteus 工作界面

1)原理图编辑窗口

原理图编辑窗口用来绘制原理图。注意,窗口无滚动条,可用预览窗口来改变原理图的可视范围。

2)预览窗口

预览窗口显示两个内容。

其一是当设计者在元件列表中选择一个元件时,显示该元件的预览图。

其二是当设计者的鼠标焦点落在原理图编辑窗口时(即放置元件到原理图编辑窗口后或在原理图编辑窗口中点击鼠标后),显示整张原理图的缩略图。还会显示一个绿色的方框,绿色的方框里面的内容就是当前原理图窗口中显示的内容。

单击窗口可以改变绿色方框的位置,即改变原理图的可视范围。

3)元器件选择窗口

元器件选择窗口用来选择元件。通过元件选择图标,从元件库中选择元件,并置入元器件选择窗口，供绘图时使用。显示元件的类型包括：图形符号、设备、终端、管脚和标注。

操作方法：单击“元件”/“P”，打开元件选择对话框，选择所需元件，该元件显示在元件列表中。

4）绘图工具栏

绘图工具栏图标说明如图 8.2.3 所示。

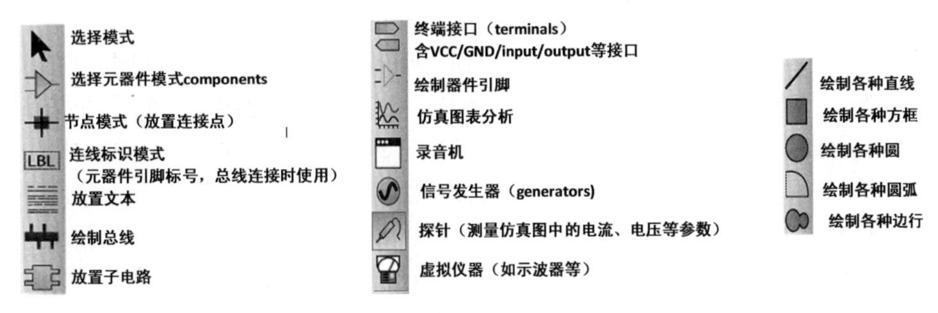

▲图 8.2.3　绘图工具栏常用的工作模式

5）方向和仿真调试工具栏

方向控制图标如图 8.2.4 所示。仿真调试图标如图 8.2.5 所示。

方向控制使用方法：鼠标先右击元件，再单击相应的图标。

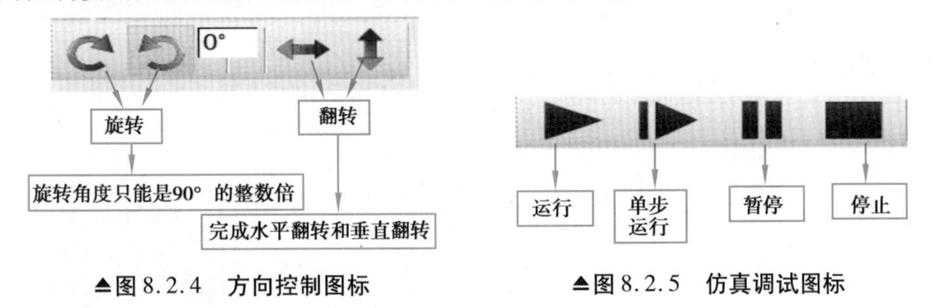

▲图 8.2.4　方向控制图标　　▲图 8.2.5　仿真调试图标

8.2.3　Proteus 8 操作简介

1）鼠标使用规则

Proteus 应用窗口的鼠标操作不同于常用的 Windows 应用程序。

左键放置元件；滚轮（中键）缩放原理图；右键选择元件；双击右键删除元件；右键拖选多个元件；先单击右键后单击左键编辑元件属性；先单击右键后按住左键拖动元件；连线用左键，删除用右键。

2）绘制原理图

绘制原理图要在原理图编辑窗口中的蓝色方框内完成。

(1)元件的查找和放置

其操作方法是:

①单击绘图工具栏的选择模式图标和元件模式图标。

②单击元件选择图标,出现“Pick Devices”对话框。

③在对话框里通过输入关键字查找器件或者在库文件中直接选择所需的元件和虚拟仪器。以三极管 2N2222 为例。

常用的查找元件方法有分类查找和关键词索引查找。

分类查找法:在“Pick Devices”的窗口中,找到“Gategory”/“Transistors”,单击右侧显示元件列表中的元件型号 2N2222;双击“2N2222”,该元件显示在左侧元件选择窗口的元件列表中。

关键词索引查找法:在“Pick Devices”的窗口中,直接在“Keywords”栏中搜索元件型号“2N2222”,查找结果中显示所有三极管元件列表,用鼠标拖动右边的滚动条,找到查找元件,如图 8.2.6 所示。

对于初学者而言,分类查找法比较好,一是不用记忆太多的元件名,二是对元件的分类有一个清楚的概念,有利于以后对大量元件的拾取。

④当电路原理图需要使用该元件时,在元件列表中使用鼠标左键单击后放置在原理图区。

⑤重复以上步骤,可以放置多个元件。

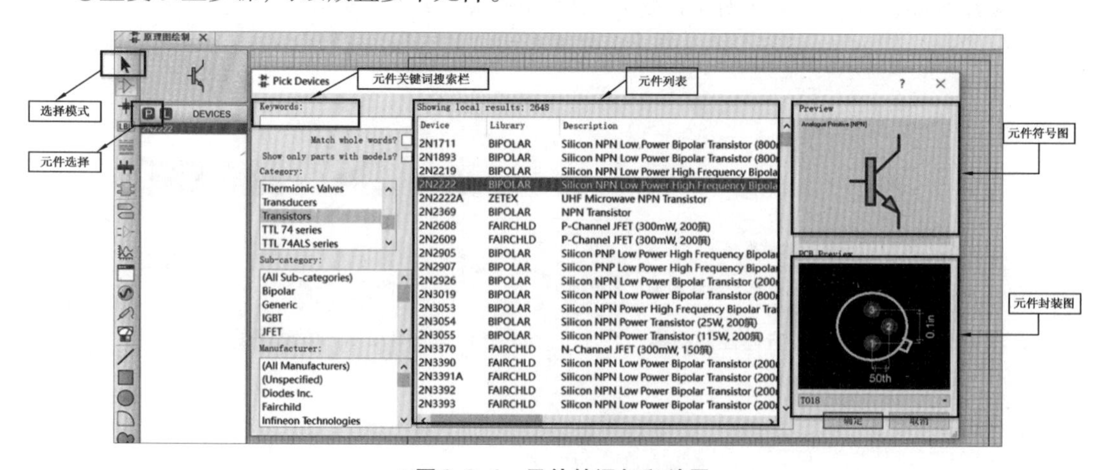

▲图 8.2.6　元件的添加和放置

(2)元件的编辑

元件的编辑有选中、拷贝、删除、拖动、旋转、编辑等基本操作。

①选中元件。

鼠标右击元件,选中元件会高亮显示。选中元件时,该元件上的所有连线同时被选中。如果想选中一组元件,可以依次右击每个元件,也可以通过右键拖出一个选择框,完全位于选择框内的元件可以被选中。在空白处点击鼠标右键可以取消所有元件的选择。

②删除元件。

鼠标右键双击可以删除被选中的元件,同时删除该元件的所有连线。如果错误删除了元件,可以使用“Undo”撤销操作恢复原来的状态。

③拖动元件。

按住鼠标左键拖曳被选中的元件，拖动到所需要的位置再释放鼠标左键。如果想精确定位，可以在拖动时改变捕捉的精度。

④元件的旋转。

元件可以调整旋转为 0°、90°、270°、360°和 x 轴镜像旋转、y 轴镜像旋转。

操作方法：右击元件，使用旋转工具按钮改变元件的放置方向，左击“Rotation”可以使元件逆时针旋转，右击“Rotation”可以使元件顺时针旋转；左击“Mirror”可以使元件按“X 轴镜像”，右击“Mirror”可以使元件按“Y 轴镜像”。只有当“Rotation and Mirror”图标是红色时，操作它们将会改变某个元件的方向。

⑤编辑元件属性。

元件一般都具有文本属性，可以通过属性窗口进行编辑。右击或者左键双击需要编辑的元件，出现属性编辑对话框，可以修改元件的线标、参数值、PCB 封装以及是否进行仿真、布板等属性。以三极管 2N2222 为例，属性编辑窗口如图 8.2.7 所示。

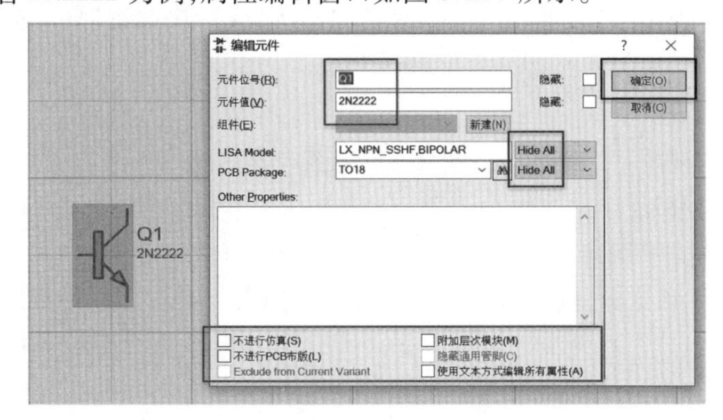

▲图 8.2.7 三极管 2N2222 的属性编辑窗口

(3)放置电源及接地符号

Proteus 的元件库中无电源和接地符号。使用时，选择工具箱的终端图标，单击“TERMNALS”/“POWER”或“GROUND”，将鼠标移到原理图编辑区，左键双击放置电源符号和接地符号。

(4)常用的元件关键词

常用的元件关键词见表 8.2.1。

表 8.2.1 常用的元件关键词

元件名称	关键词	元件名称	关键词
晶振	CRYSTAL	单刀单掷开关	SW-SPST
瓷片电容	CAP	单刀双掷开关	SW-SPDT
电解电容	CAP-ELEC	按钮开关	BUTTON
有极性电容	CAP-POL	发光二极管	LED
电阻	RES	7 段数码管	7SEG

发展独立思考和独立判断的一般能力，应当始终放在首位，
而不应当把获得专业知识放在首位。——爱因斯坦

3)原理图绘制的基本操作

(1)编辑区域的缩放

原理图绘制窗口是一个标准 Windows 窗口,常见的缩放操作方式:“F8”完全显示;“F6”放大图标;“F7”缩小图标;“F5”找中心、拖放等。

(2)点状栅格显示和隐藏

编辑区域的点状栅格有利于元件定位,当鼠标指针在编辑区域移动时,移动的步长就是栅格的尺度,称为捕捉。此功能可以使元件依据栅格对齐。点与点之间的间距由当前捕捉的设置决定。捕捉的尺度可以单击菜单命令“视图”/“Snap”或者快捷键“Ctrl+F1”设置。当鼠标移动时,编辑区的状态栏会出现栅格的坐标值,即坐标指示器。它显示坐标原点在编辑区中间的横向坐标值。

单击菜单命令“视图”/“Grid”或者图标,可以将点状栅格的显示或隐藏功能进行转换。单击菜单命令“视图”/“切换为原点”或者图标或者快捷键“O”,重新定位新的坐标原点。

(3)视图显示内容刷新

单击菜单命令“视图”/“重画”或者进行视图内容刷新。

(4)视图缩放与移动

滑动鼠标的滚轮“中键”,进行视图的缩放。

在编辑窗口内移动鼠标,按住鼠标左键,用鼠标“撞击”边框,可以使视图平移。

4)电路图线路的绘制

(1)绘制导线

Proteus 没有画线的图标,用户想要画线的时候会自动检测。线路自动路径器(Wire Auto-Router,WAR),此功能系统默认是打开的,单击菜单命令“工具”/“自动连线”来打开或者关闭。这功能对于两个连接点间直接定出对角线时是非常有用的。

连线两个元件的操作方法:鼠标指针靠近一个元件的连接点,会出现一个“×”号,单击元件的连接起点,移动鼠标(不用一直按着),粉红色的连接线变成深绿色,再单击连接终点,WAR 将自动选择一个合适的路径进行画线,可以省去标明每根线具体路径的麻烦。在此过程,选择“ESC”放弃画线。

(2)绘制总线

为了简化原理图,可以用一条导线代表数条并行的导线,这就是所谓的总线。在复杂的电路图中使用总线,可以清晰快速地理解多连线元件间的关系。

单击工具栏的总线模式图标或者在绘制电路图空白区域右击,在弹出菜单中选择“放置”/“总线”,在编辑窗口开始绘制总线。

绘制总线的操作方法:将鼠标置于图形编辑窗口,单击左键,确定总线的起始位置;移动鼠标,在终点位置左键双击,以表示确认并结束绘制总线操作。

(3)绘制总线分支线

总线分支线是用来连接总线与元件引脚的。为了与一般的导线区分,常常采用绘制斜线来表示分支线,为了美观常采用“45°”偏转方式绘制。

绘制分支线的时候,按住“Ctrl”键,总线与元件引脚的连线会按照鼠标移动方向进行偏转,单击鼠标后松开“Ctrl”,表示结束偏转绘制。以 AT89C51 P0 口与总线间连线为例,如图 8.2.8 所示。

(4)绘制线标

绘制好分支线后,还需要给分支线起个名字,即绘制线标。以 AT89C51 为例,介绍绘制线标的两种操作方法。

方法一:

①单击工具箱终端模式图标 /“default”,预览窗口会出现线标符号 ,放置线标。

②右击线标,选择编辑属性,出现编辑终端对话框,如图 8.2.9 所示。在字符串位置修改线标名称,可以根据需要调整方向,单击“确定”即完成线标设置。

注意,此方法常用于元件之间引脚连线较少、距离较远,连接导线不方便时使用。

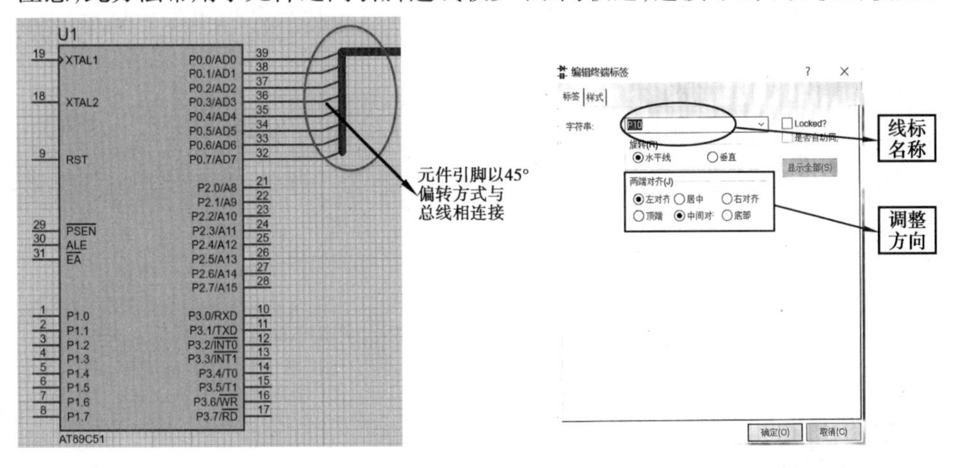

▲图 8.2.8　AT89C51 P0 口与总线间的连线　　▲图 8.2.9　编辑线标

方法二:

单击工具栏图标 LBL (线标模式),在英文状态下按下字母“A”键,出现属性赋值对话框,如图 8.2.10 所示。在对话框中空格处输入命令:

NET = XX#

其中,NET 代表网络,使用时是固定模式;XX 代表线标的名字,设计者可以自定义;#代表从 0 开始的计数。在字符串下面有计数初值(线标起始数字)、计数增量(线标每次递增的大小),默认为从 0 开始,每次增 1,也可以自行设置。设置完成后,鼠标依次单击需要修改线标引脚的导线,完成绘制线标。

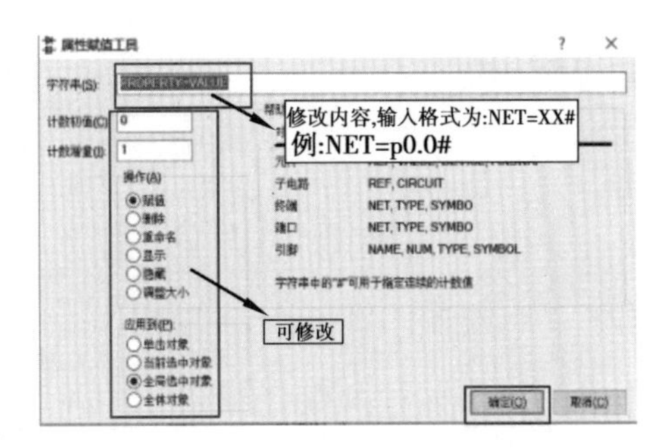

▲图 8.2.10　属性赋值窗口

举例：输入 NET = p0. 0#，在需要添加线标的引脚合适位置单击，可以放置 p0. 00、p0. 01……多个线标，如图 8.2.11 所示。

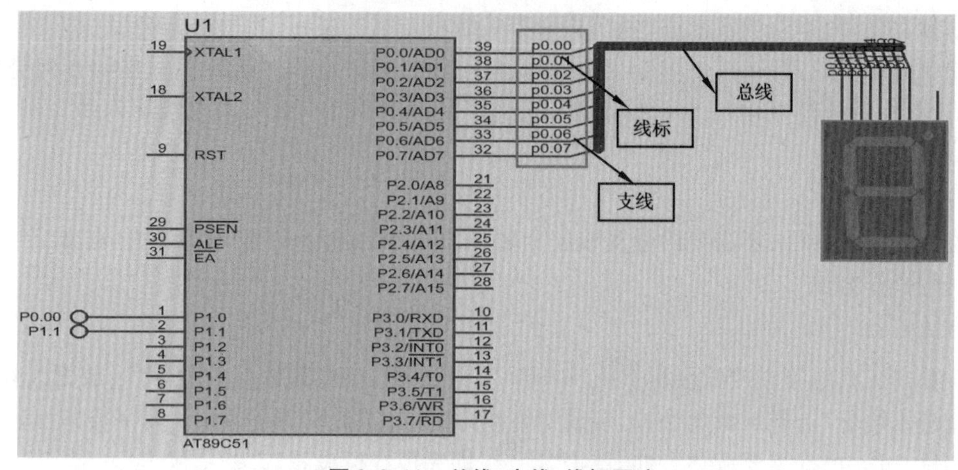

▲图 8.2.11 总线、支线、线标画法

在放置时，按下字母“A”键，弹出对话框，计数归零，可以在对话框里重新设置当前计数初值和计数增量。

如果出现误操作，单击“Ctrl+Z”进行撤销操作快速调整。

此方法常用于标记与总线相连接的电路线。

注意，在总线与支线的绘图中，连接在一起的同端线标是一样的，成对出现的线标都表示是同端，其意义是通过总线将两个具有相同线标的元件引脚进行电气连接。

8.3 Proteus 设计与仿真

8.3.1 Proteus 原理图的设计流程

其设计流程如图 8.3.1 所示。

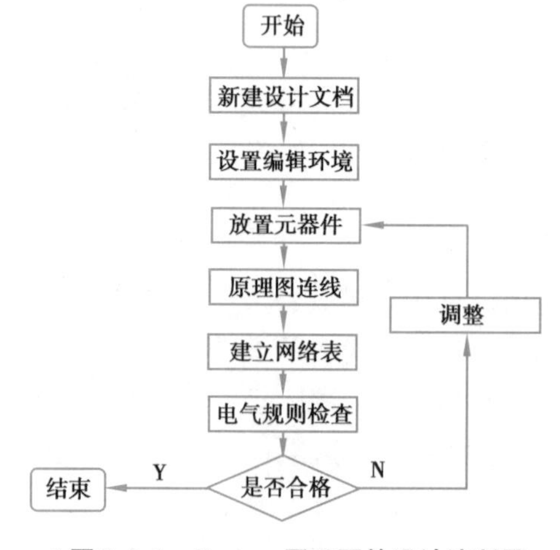

▲图 8.3.1 Proteus 原理图的设计流程图

8.3.2　Proteus 原理图设计与仿真实例 1

以声控 LED 灯设计为例，搭建电工电子技术的电路设计与仿真分析，介绍原理图构建、虚拟仪表的使用方法，电路基本框图如图 8.3.2 所示。当电路连接完成后可以直接运行仿真按钮，能够实时直观地反映电路设计结果。

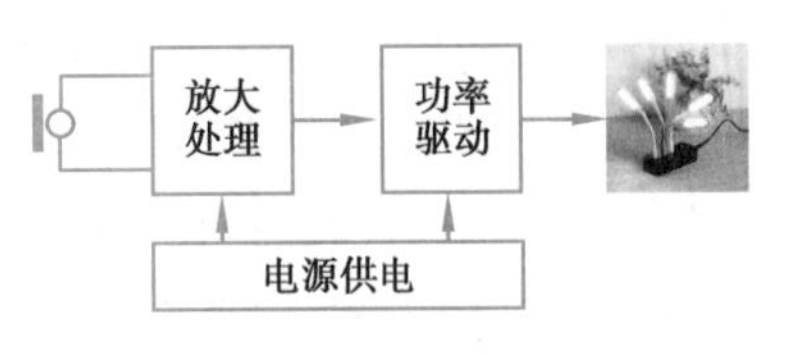

▲图 8.3.2　声控 LED 灯设计框图

运行效果如图 8.3.3 所示。

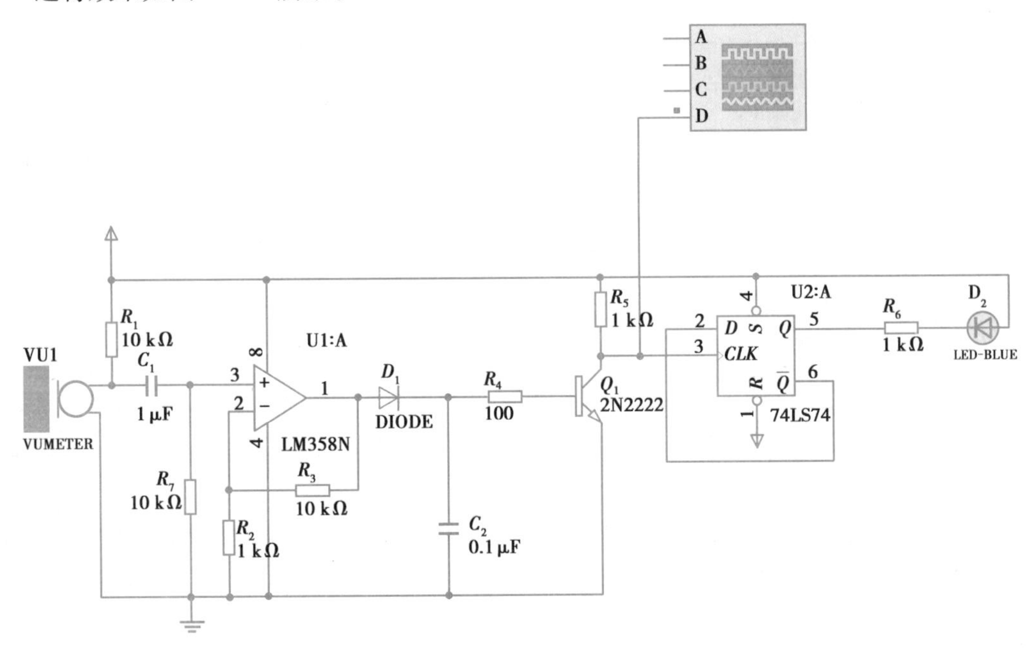

▲图 8.3.3　声控 LED 灯运行效果图

声控 LED 灯设计与仿真过程主要分为五步，常用操作步骤如下。

微视频：声控 LED 灯设计与仿真

(1)新建工程文件

单击"开始"/"程序"/"Proteus 8 Professional"，再单击菜单命令"文件"/"新建工程"，弹出"新建工程向导"对话框，如图 8.3.4 所示。

单击命令"下一步"，选择新设计的模板，其实是选择图纸的大小，根据需要选择即可，通常选择默认大小"DEFAULT"，如图 8.3.5 所示。

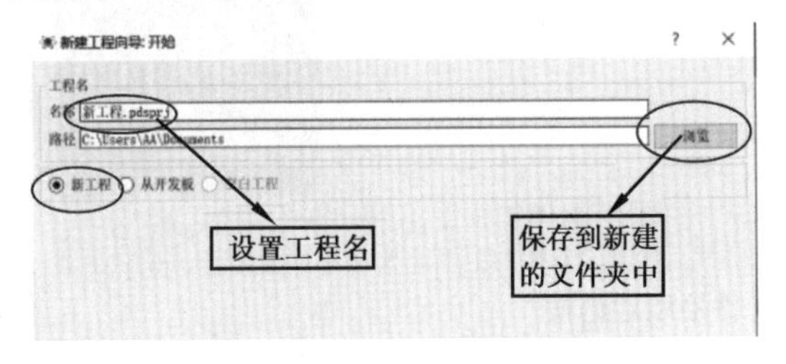

▲图 8.3.4　新建设计

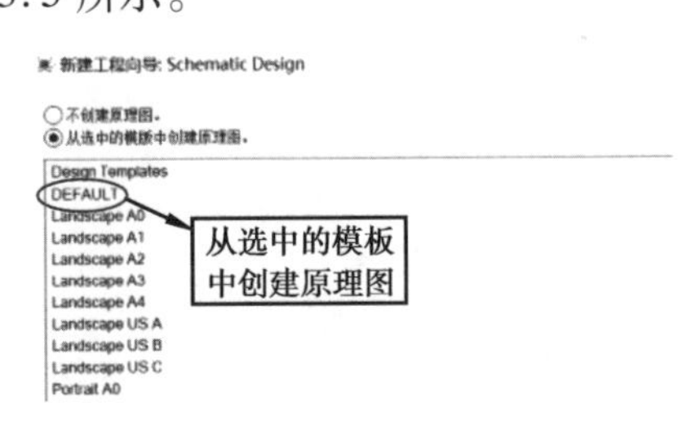

▲图 8.3.5　选择设计的模板

单击命令“下一步”/“不创建 PCB”/“没有固件项目”/“完成”，进入原理图编辑界面。点击“保存”，放在新建工程文件夹中。

(2)元件的拾取

首先需要说明的是元器件管理和使用方法。

Proteus 采用了“元件库”的概念来管理所有的元器件。Proteus 中的元件库，称“类”，即 Category；子库，称“子类”，即 sub-Category。Proteus 在“原理图编辑窗口”左侧提供“元件列表栏”，只要设计者使用过的元件都会在列表中显示，方便再次选用。

本例所用到的元件清单见表 8.3.1。

表 8.3.1 本例所用到的元件清单

元件名	类	子类	说明	数量	参数
CAP	Capacitors	Generic	电容	2	1 μF、0.1 μF
RES	Resistors	Generic	电阻	7	10 kΩ、1 kΩ、100 Ω
2N2222	Transistors	Bipolar	三极管	1	
DIODE	Diodes	Generic	二极管	1	
LED-BLUE	Optoelectronics	LEDS	发光二极管	1	
VUMETER	Transducers	Sound	麦克风	1	
74LS74	TTL74LS	Flip-Flops	D 触发器	1	
LM358N	Operational Amplifiers	Dual	运算放大器	1	

电源和接地符号的拾取：单击图标/“TERMNALS”/“POWER”或“GROUND”，将鼠标移到原理图编辑区，左键双击分别放置电源符号和接地符号。

单击左侧预览窗口的“P”，弹出“Pick Devices”对话框，可以查找需要的元件，如图 8.3.6 所示。

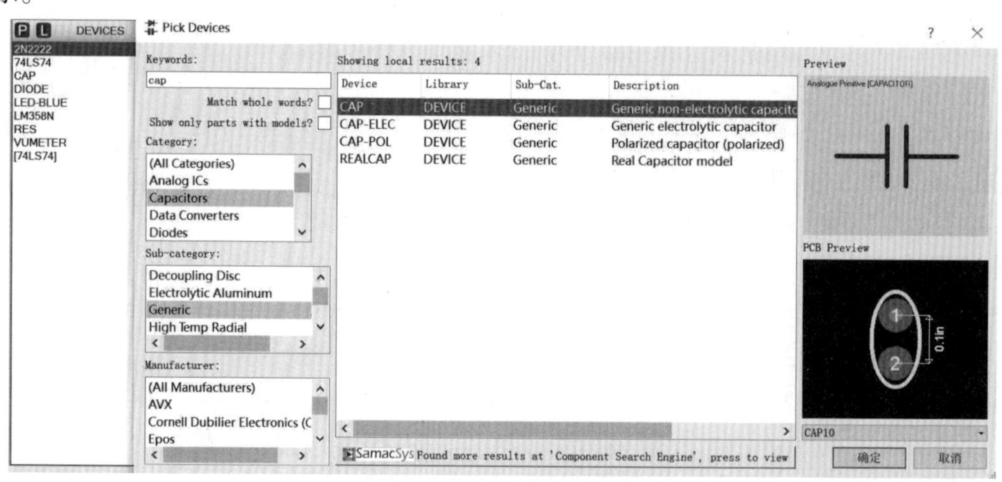

▲图 8.3.6 元件拾取对话框

(3)编辑窗口视野控制

学会合理控制编辑区的视野是元件编辑和电路连接进行前的首要工作。

把鼠标指针放置在原理图编辑区中,按下“F5”,则以鼠标指针为中心显示图形。当图形不能全部显示出来时,按住“Shift”键,移动鼠标指针到上、下、左、右边界,即可平移编辑窗口的视野。

把鼠标指针放置到原理图编辑区内,上下滚动鼠标滚轮即可缩放编辑窗口的视野。

(4)元件位置的调整和参数的修改

在编辑区的元件上左键单击选中元件(为红色),在选中的元件上右键双击删除该元件,单个元件选中后,单击左键不松可以拖动该元件。使用左键拖出一个选择区域选中群元件,使用图标整体移动。使用图标整体复制,图标刷新图面。元件误删除后用图标找回。使用图标可以改变元件的方向。左键单击选中元件,再单击右键/“编辑属性”,进行元件参数的修改。按照图 8.3.7 所示放置元件。

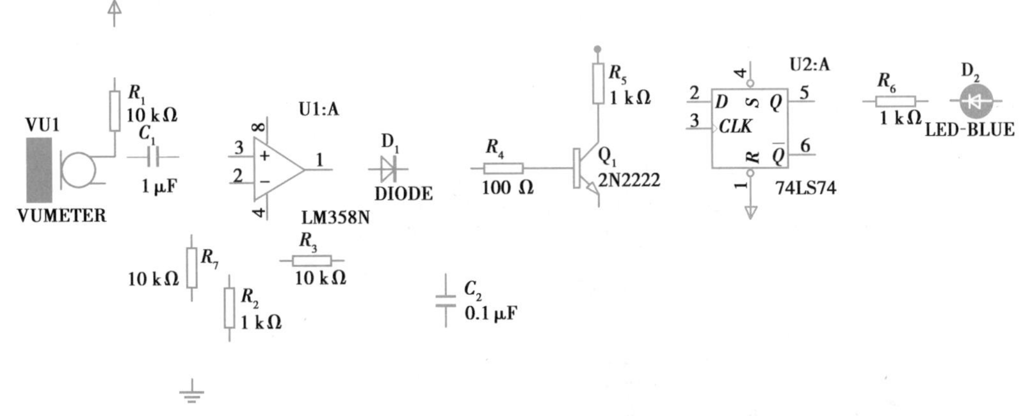

▲图 8.3.7　元件布置

(5)原理图布线和仿真

Proteus 的连线是非常智能的,会自动连线,不需要选择连线操作。

左击编辑区元件的一个端点拖动到要连接的另外一个元件的端点,先松开左键后再单击鼠标左键,即完成一根连线。右键双击连线可以删除连线。

完成电路原理图的设计和连接后,运行仿真控制按钮,观看电路的仿真效果。本例结合虚拟仪器-示波器(OSCILLOSCOPE),观测电路的运行状况。

虚拟示波器的拾取:单击图标/“OSCILLOSCOPE”。

虚拟示波器与实际示波器用法一样,稍作观察就可以熟练使用,这里不再赘述。

8.3.3　单片机系统的 Proteus 设计与仿真实例 2

1)单片机系统的 Proteus 设计与仿真的开发流程

单片机系统的设计与仿真是 Proteus 的主要特色,能够把 Keil 编译好的“ *. Hex”文件置入 Proteus 的单片机硬件中,实现软硬件一体的电路仿真。设计者也可以直接在 Proteus 中编辑、编译、调试代码,直观地看到仿真结果。

单片机系统的 Proteus 设计与仿真过程分为三步。

(1)原理图电路设计

在 Proteus 中进行单片机系统电路设计和电气规则检查等。其设计流程与电工电子技术的原理图电路设计相同。

(2)源程序设计和生成目标代码文件

借助第三方编译工具 Keil μVision 5 进行单片机系统程序设计、编辑、编译、代码调试,最后生成目标代码文件(*.hex)。

(3)仿真

在 Proteus 中将目标代码文件加载到单片机系统中,实现系统实时交互与协同仿真。

2)LED 流水灯的原理图电路设计

微视频:LED 流水灯的设计与仿真

以 LED 流水灯的设计和仿真为例,介绍单片机系统的 Proteus 原理图设计过程。

LED 流水灯的原理图电路如图 8.3.8 所示。

▲图 8.3.8 LED 流水灯原理图

注意:新建工程文件时需要选择固件“AT89C51”。图中时钟和复位电路默认已接入,仿真中可不画出,在实际电路中必须连接。

本例所用到的元件清单见表 8.3.2。

表 8.3.2　本例所用到的元件清单

元件名	类	子类	说明	数量	参数
AT89C51	Micropocessor IC	8051	单片机	1	1 μF、0.1 μF
RES	Resistors	Generic	电阻	2	10 kΩ、300 Ω
RN1(RES10SIPB)	Resistors	Generic	排阻	1	1 kΩ
LED-RED	Optoelectronics	LEDS	发光二极管	8	
BUTTON	Switches	Switches	开关	1	

8.4　集成开发环境 Keil C51 简介

8.4.1　Keil μVision 5 介绍

随着单片机技术的发展，单片机 C 语言已成为主流语言。使用 C51 单片机时，通过编译器把写好的 C 程序代码编译为机器代码，单片机才能执行已编写的程序。

Keil μVision 5 是由 Keil Software 公司推出的 51 系列兼容单片机 C 语言软件开发系统，具有方便易用的集成环境、强大的软件仿真调试工具。支持不同公司的 MCS51 架构的芯片、PLM 汇编和语言的程序设计，可以完成 C 语言编辑、编译、连接程序、调试、仿真等整个开发流程。以 LED 流水灯的设计为例，介绍 Keil C51 软件的基本使用方法。

8.4.2　Keil μVision 5 的使用

1）新建工程文件

①双击图标，出现编辑界面，如图 8.4.1 所示。

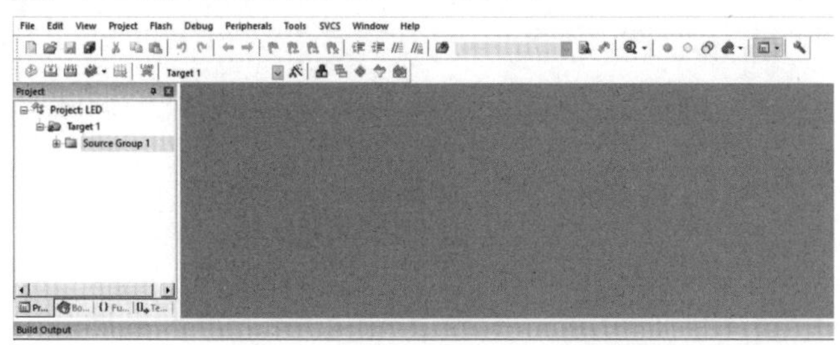

▲图 8.4.1　进入 Keil C51 的编辑界面

②单击菜单命令“Project”/“New μVision Project”，输入工程文件的名字，选择要保存的路径。注意：每新建一个工程都要在适当的位置新建一个文件夹来保存文件，以方便管理。

③在弹出的对话框中，选择使用的芯片和厂家，选中芯片“AT89C51”/“OK”，如图 8.4.2 所示。新建工程完成后，开始编写程序。

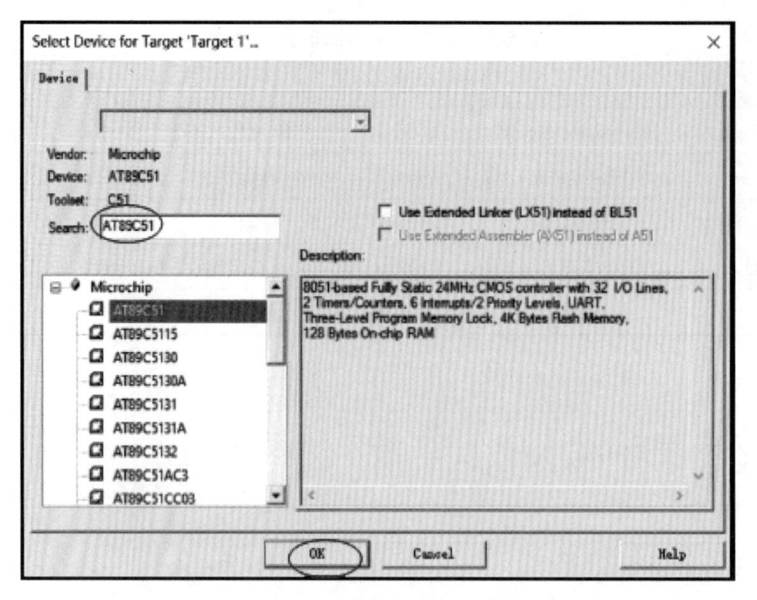

▲图 8.4.2　选择所使用的目标芯片

2）源文件的建立

①单击菜单命令“File”/“New”，在右侧的文本编辑窗口输入 51 程序代码。

②单击菜单命令“File”/“Save As”，保存该文件。注意，必须加上扩展名，如果用 C 语言编写程序，扩展名为(.c)，如果用汇编语言编写程序，扩展名为(.a)。

③回到编辑界面，在工程文件中加入源程序。

选中左侧命令“Source Group 1”，再右击“Add Existing Files to Group”，弹出窗口中选中已创建的源文件“main.c”/“Add”，如图 8.4.3 所示。

▲图 8.4.3　在工程文件中加入源程序

注意：此时“Source Group 1”文件夹中多了一个子项 main.c。子项的多少与所增加的源程序的多少相同。

3）工程编译和调试

工程设置完成后进行编译和连接，操作步骤如下。

①单击“F7”或图标 ，编译源程序，并生成应用程序供单片机直接下载。注意：编译过程中的信息将出现在 Build Output 窗口中，如果源程序中有语法错误，会有错误报告出现，双击该行可以定位到出错的位置，修改源程序后再编译，直到无错误为止。

②编译成功后，单击菜单命令“Debug”/“Start/Stop Debug Sessio”或“Ctrl+F5”，开始进行软件调试。调试结束后会出现寄存器、内存、变量等监视窗口，通过观察监视窗口的变化，可以找到程序错误原因。调试是单片机开发的重要环节。

到此为止，Keil C51 完成了一个纯软件的开发过程。

③单击图标 或单击菜单命令“Project”/“Options for Target”，在弹出的窗口中选择“Output”，勾选 “Create HEX File”/“OK”，使程序编译后产生 HEX 代码。通过下载软件把该程序下载到所用的单片机中运行，如图 8.4.4 所示。

注意，这一步不可忽略，否则无法生成 .hex 文件。

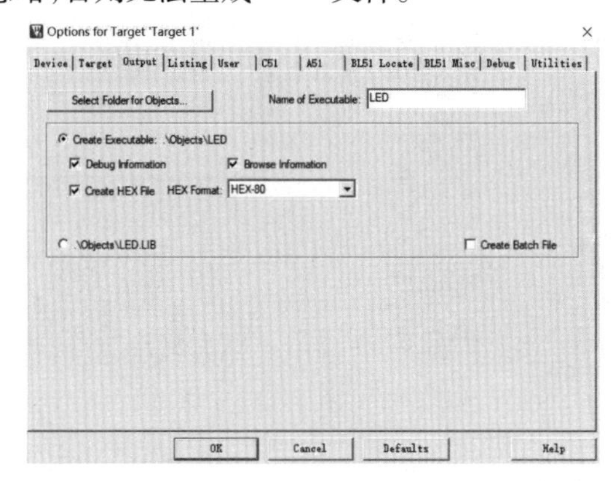

▲图 8.4.4　配置 Keil

8.5　Proteus 8 与 Keil μVision 5 的仿真调试

Proteus 除了可以直接进行汇编语言代码调试之外，还可以与 Keil 等第三方集成开发环境实现 C 语言程序源代码跟踪与调试。

以 LED 流水灯为例，介绍 Proteus 8 与 Keil μVision 5 的仿真调试。

①安装 Proteus 8、Keil μVision 5 软件。

②配置 Keil。进入 Keil μVision 5 开发环境，编辑 Keil C 源程序，编译调试后产生 HEX 代码。

③配置 Proteus。进入 Proteus 8，完成原理图电路设计和电气规则检查后，在原理图绘制区域，双击单片机 AT89C51 芯片，在对话框的 Program File 处添加 keil 软件编译后的(.hex)文件，如图 8.5.1 所示。

配置完成后两个软件使用同一个程序文件，可以实现 Proteus 8 与 Keil 的仿真调试。注意：Proteus 8 与 Keil 还可以实现远程联调，就像一个带仿真器的开发板一样。

④Proteus 8 与 Keil 的仿真调试。单击图标 ▶ ⏭ ⏸ ■ ，进行电路调试。

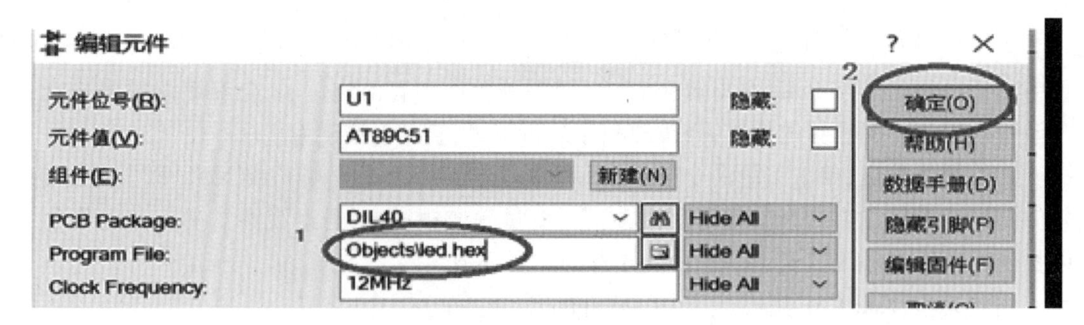

▲图 8.5.1　配置 Proteus

LED 流水灯运行效果如图 8.5.2 所示。

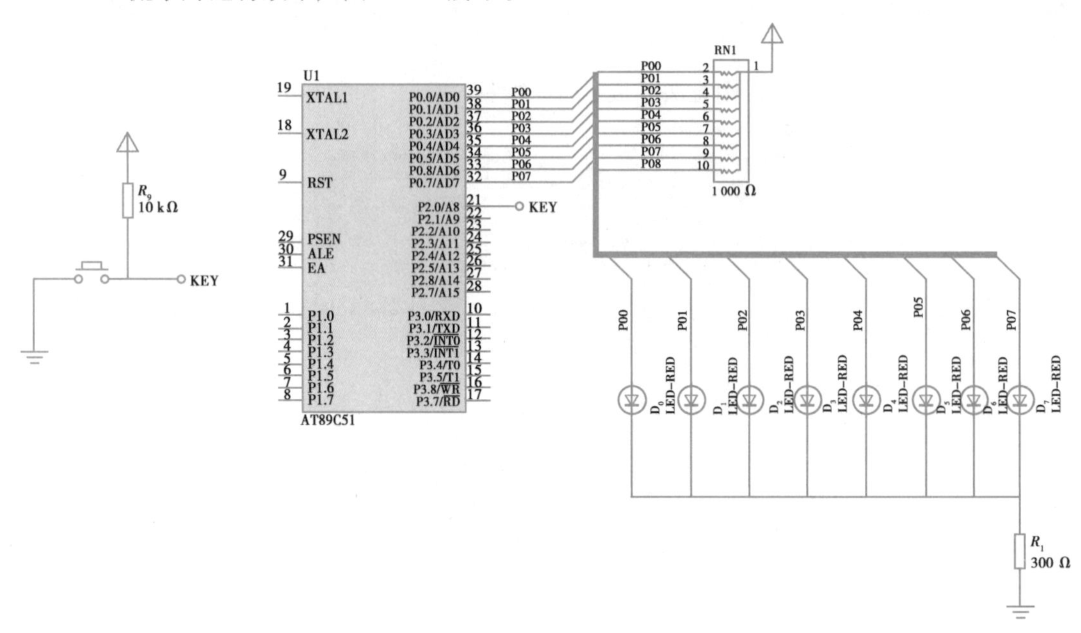

▲图 8.5.2　LED 流水灯运行结果

LED 流水灯电路实现的功能:

通过开关“BUTTON”控制 8 个 LED 发光状态,实现左移循环流水效果。

Multisim软件使用

※学习目标

1. 能根据实验任务要求，进行基本设计和软件仿真。
2. 学会使用 Multisim 软件的基本功能。
3. 能在软件中连接电路，并观察、分析、测试及记录实验数据及结果，得到合理结论。

※思政导航

教学内容	思政元素	思政内容设计
Multisim 14 仿真软件基本操作	创新思维 科研精神	Multisim 针对不同的应用场合提供了不同的元件模型，分别是理想模型（虚拟元件）和实物元件。我们应该根据实际的应用场合和分析计算要求进行选择。电路设计时，若考虑因素越少，模型就越简单，电路分析越容易，但仿真误差就越大；考虑因素越多，模型越复杂，电路分析就越麻烦，仿真误差就越小。这就如人生遇到的各种选择一样，影响因素越少越容易做出选择，影响因素越多越难做出选择。我们要综合考虑各种因素，均衡各方利益，做出的选择应使获得的收益最大或风险最小，以此来培养学生的辩证思维能力。告诫学生要一分为二地看待问题，既要看到事情积极的一面，也要看到消极的一面
Multisim 仪器仪表使用	科学精神 辩证思维	Multisim 14 集成了很多厂家仪器仪表模型，为应用 EDA 技术解决实际工程问题提供了很大方便，在教学中可灵活使用这些仪器进行仿真。有些仪器具有相似功能，在很多时候虽然可以实现相同的仿真，但是有些时候却不能混为一谈，同类仪器也各有特色，特别注意频率范围，有时甚至会失之毫厘，谬以千里，注意细节决定成败的道理，仿真时对某个细节的了解不深、处理不当，都会导致仿真整体错误

续表

教学内容	思政元素	思政内容设计
阻容耦合共射极放大电路仿真举例	科学精神 辩证思维	在讲解 Multisim 的项目创建、界面使用过程中，以阻容耦合共射极放大电路进行举例，贯穿始终，我们教学中还可以要求学生用不同电路作为仿真电路，实现知识的掌握。启发学生条条大路通罗马，要善于举一反三，要勇于尝试找到适合自己的方法，并不懈努力，就能获得你想要的学习结果

Multisim 14 是一种专门用于电路仿真和设计的软件，是 NI 公司下属的 Electronics Workbench Group 推出的以 Windows 为基础的仿真工具，它是目前最为流行的 EDA 软件之一。该软件基于 PC 平台，采用图形操作界面虚拟仿真了一个与实际场景非常相似的电子电路实验工作台，几乎可以完成实验室进行的所有电子电路实验。这款软件已被广泛应用于电子电路分析、设计、仿真等各项工作中。

9.1 Multisim 14 基本操作

9.1.1 基本界面

Multisim 14 的基本界面如图 9.1.1 所示。它的页面包含通用菜单栏、工具栏、元件库栏、仪器栏、项目管理区和电路工作区。

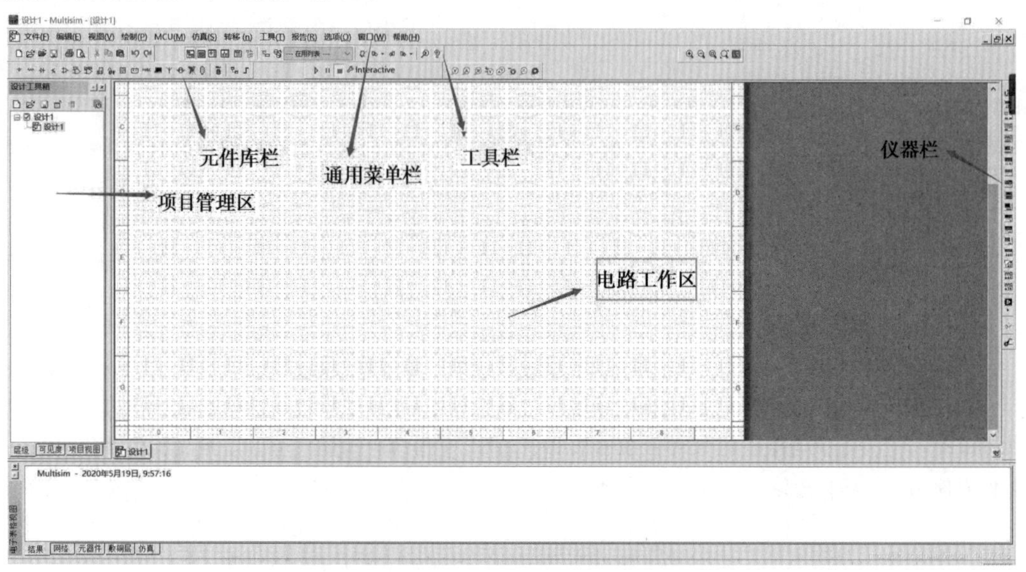

▲图 9.1.1 基本界面

9.1.2　文件基本操作

与 Windows 常用的文件操作一样，Multisim 14 中也有：New/新建文件、Open/打开文件、Save/保存文件、Save As/另存文件、Print/打印文件、Print Setup/打印设置和 Exit/退出等相关文件操作。

以上这些操作可以在菜单栏 File/文件子菜单下选择命令，也可以应用快捷键或工具栏的图标进行快捷操作。

9.1.3　元器件基本操作

如图 9.1.2 所示，常用的元器件编辑功能有：90 Clockwise（顺时针旋转 90°）、90 CounterCW（逆时针旋转 90°）、Flip Horizontal（水平翻转）、Flip Vertical（垂直翻转）、Component Properties（元件属性）等。这些操作可以在菜单栏 Edit/编辑子菜单下选择命令，也可以应用快捷键"Ctrl+R"进行操作。

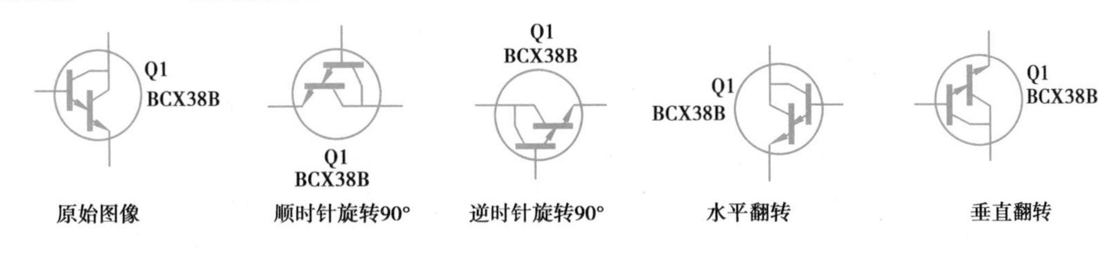

▲图 9.1.2　元器件基本操作

9.1.4　文本基本编辑

对文字注释方式有两种：直接在电路工作区输入文字或者在文本描述框输入文字，两种操作方式有所不同。

1）电路工作区输入文字

单击"绘制/文本（Place/Text）"命令或使用"Ctrl+T"快捷操作，然后用鼠标单击需要输入文字的位置，输入需要的文字。用鼠标指向文字块，单击鼠标右键，在弹出的菜单中选择"颜色（Color）"命令，选择需要的颜色。双击文字块，可以随时修改输入的文字。

2）文本描述框输入文字

利用文本描述框输入文字不占用电路窗口，可以对电路的功能、使用说明等进行详细阐述，可以根据需要修改文字的大小和字体。单击"视图/描述框（View/Circuit Description Box）"命令或使用快捷操作"Ctrl+D"，打开电路文本描述框，如图 9.1.3 所示。在其中输入需要说明的文字，可以保存和打印输入的文本。

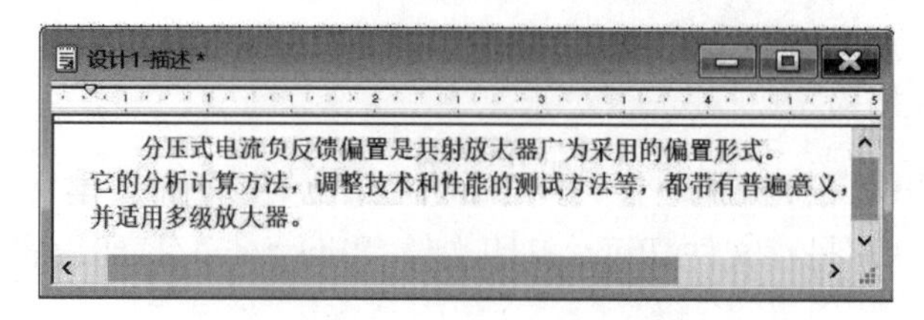

▲图 9.1.3　电路文本描述框

9.1.5　图纸标题栏编辑

单击“绘制/标题块(Place/Title Block)”命令,在打开对话框的查找范围处指向 Multisim/Titleblocks 目录,在该目录下选择一个 *.tb7 图纸标题栏文件,放在电路工作区。用鼠标指向文字块,单击鼠标右键,在弹出的菜单中选择“属性 Properties”命令,如图 9.1.4 所示。

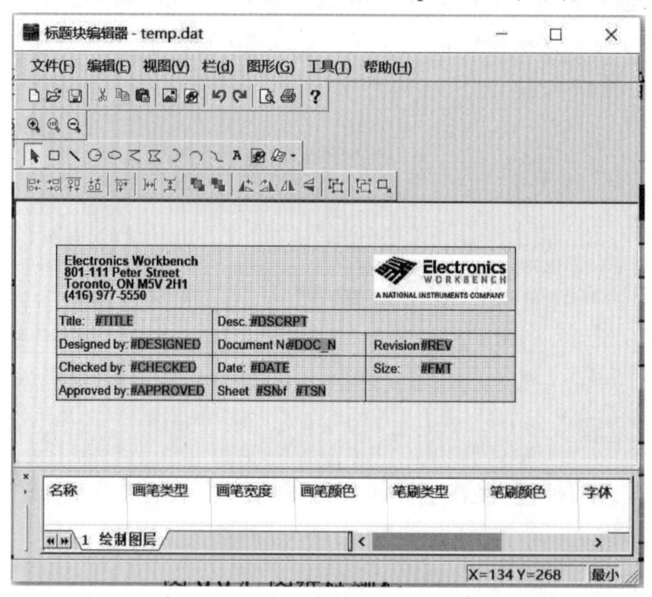

▲图 9.1.4　图纸标题栏

9.1.6　支电路创建

支电路(子电路)是用户自己建立的一种单元电路。将支电路存放在用户器件库中,可以反复调用支电路。利用支电路可使复杂系统的设计模块化、层次化,可增加设计电路的可读性、提高设计效率、缩短电路周期。创建支电路需要的步骤有:选择、创建、调用、修改等。

支电路创建:单击“绘制/新建支电路(Place/Replace by Subcircuit)”命令,在出现“支电路名称(Subcircuit Name)”的对话框中输入子电路名称 sub1,单击“OK”,选择电路复制到用户器件库,同时给出支电路图标,完成支电路的创建。

支电路调用:单击“Place/Subcircuit”命令或使用“Ctrl+B”快捷操作,输入已创建的支电路名称 sub1,即可使用该支电路。

支电路修改:双击支电路模块,在出现的对话框中单击“Edit Subcircuit”命令,屏幕显示支电路的电路图,直接修改该电路图。

支电路的输入/输出:为了能对支电路进行外部连接,需要对支电路添加输入/输出。单击 Place/HB/SB Connecter 命令或使用"Ctrl+I"快捷操作,屏幕上出现输入/输出符号,将其与支电路的输入/输出信号端进行连接。带有输入/输出符号的支电路才能与外电路连接。

支电路选择:把需要创建的电路放到电子工作平台的电路窗口上,按住鼠标左键,拖动,选定电路。被选择电路的部分由周围的方框标示,完成支电路的选择。

9.2 Multisim 14 电路创建

9.2.1 元器件

1)选择元器件

在元器件库中单击要选择的元器件库图标,打开该元器件库。在屏幕出现的元器件库对话框中选择所需的元器件,如图 9.2.1 所示。

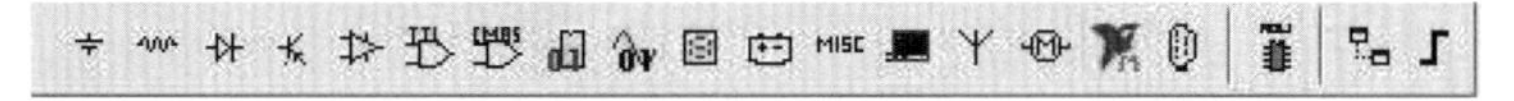

▲图 9.2.1 元器件库

2)选中元器件

鼠标单击元器件,可选中该元器件。

3)元器件操作

选中元器件,鼠标将其拖至电路工作区,右击,在菜单中出现如图 9.2.2 操作命令。

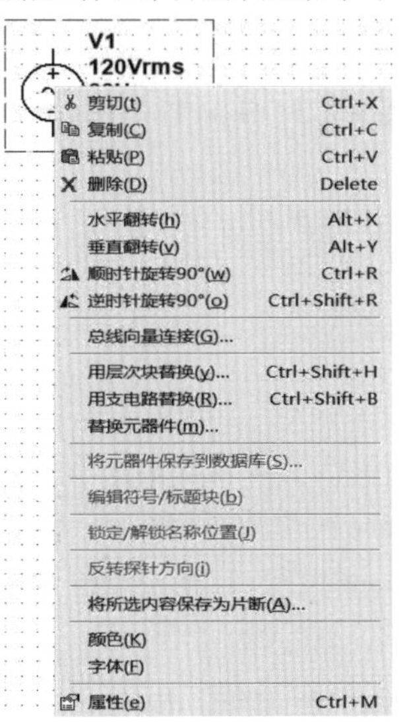

▲图 9.2.2 元器件操作

4)元器件特性参数

双击该元器件,在弹出的元器件特性对话框中,可以设置或编辑元器件的各种特性参数。元器件不同每个选项下将对应不同的参数。

例如:NPN 三极管的选项为:

Label—标识　Display—显示

Value—数值　Pins—管脚

9.2.2 电路图

选择菜单“选项(Options)”栏下的“电路图属性(Sheet Properties)”命令,出现如图 9.2.3 所示的对话框,每个选项下又有各自不同的对话内容,用于设置与电路显示方式相关的选项。

▲图 9.2.3　Sheet Properties 对话框

9.3 Multisim 14 操作界面

9.3.1 Multisim 14 菜单栏

如图 9.3.1 所示,11 个菜单栏包括了该软件的所有操作命令。从左至右为:文件(File)、编辑(Edit)、视图(View)、绘制(Place)、单片机(MCU)、仿真(Simulate)、转移(Transfer)、工具(Tools)、报告(Reports)、选项(Options)、窗口(Window)和帮助(Help)。单击这些菜单,会得到各自的下拉菜单。

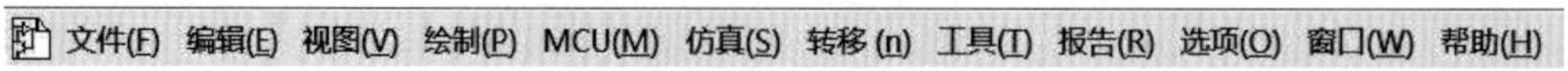

文件(F)　编辑(E)　视图(V)　绘制(P)　MCU(M)　仿真(S)　转移(n)　工具(T)　报告(R)　选项(O)　窗口(W)　帮助(H)

▲图 9.3.1　菜单栏

9.3.2　Multisim 14 元器件栏

元器件栏如图 9.3.2 所示。由于该工具栏是浮动窗口，所以不同用户显示会有所不同（方法是：用鼠标右击该工具栏就可以选择不同工具栏，或者鼠标左键单击工具栏不要放，便可以随意拖动）。

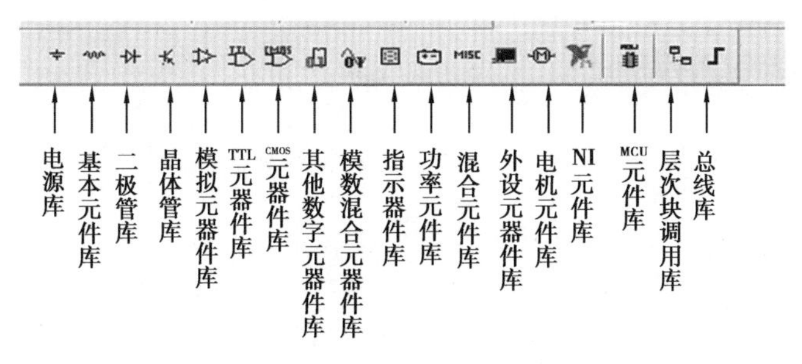

▲图 9.3.2　元器件栏

元器件栏从左到右依次是：电源库、基本元件库、二极管库、晶体管库、模拟元器件库、TTL 器件库、CMOS 元器件库、其他数字元器件库、模数混合元器件库、指示器件库、功率元件库、混合元件库、外设元器件库、电机元件库、NI 元件库、MCU 元件库、层次块调用库、总线库。

9.3.3　Multisim 仪器仪表栏

如图 9.3.3 所示，Multisim 在仪器仪表栏下提供了 17 个常用仪器仪表，依次为数字万用表、函数发生器、瓦特表、双通道示波器、四通道示波器、波特图仪、频率计、字信号发生器、逻辑分析仪、逻辑转换器、IV 分析仪、失真度仪、频谱分析仪、网络分析仪、Agilent 信号发生器、Agilent 万用表、Agilent 示波器。

▲图 9.3.3　仪器仪表栏

9.4　Multisim 仪器仪表使用

9.4.1　数字万用表（Multimeter）

如图 9.4.1 所示，Multisim 提供的万用表外观和操作与实际的万用表相似，可以测电流 A、电压 V、电阻 Ω 和分贝值 dB，可测直流或交流信号。万用表有正极和负极引线端。

9.4.2　函数信号发生器（Function Generator）

如图 9.4.2 所示，Multisim 提供的函数发生器可以产生正弦波、三角波和矩形波，信号频率可在 1 Hz ~ 999 MHz 范围内调整。信号的幅值以及占空比等参数也可以根据需要进行调

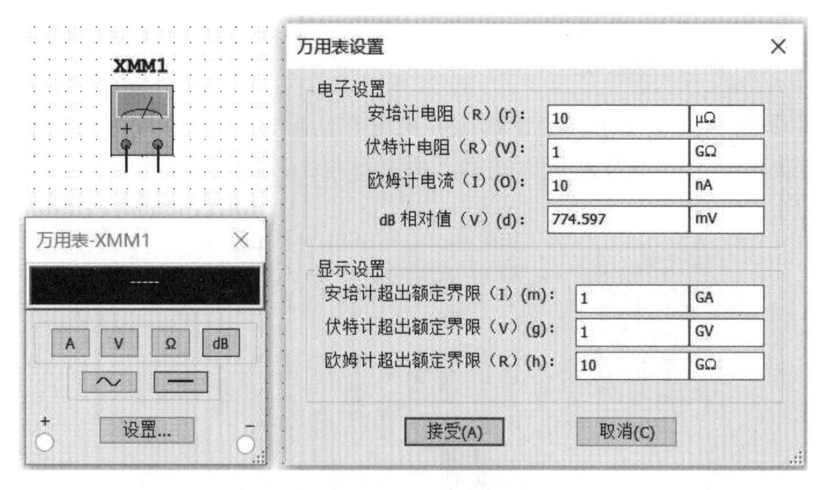

▲图 9.4.1　数字万用表

节。信号发生器有三个引线端口：负极、正极和公共端。

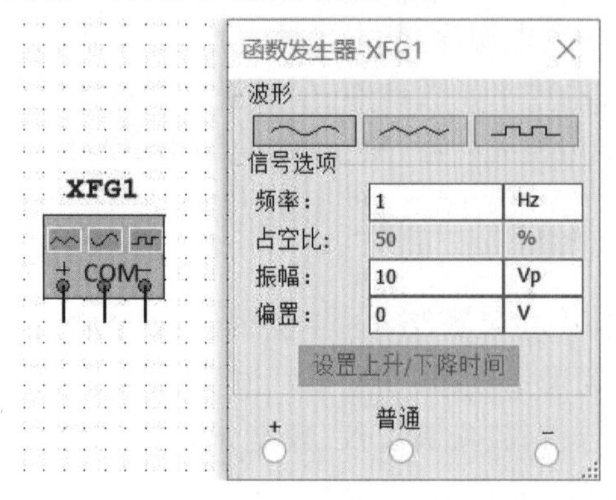

▲图 9.4.2　函数发生器

9.4.3　瓦特表(Wattmeter)

如图 9.4.3 所示，Multisim 提供的瓦特表是用来测量电路的交流或者直流功率，瓦特表有四个引线端口：电压正极和负极、电流正极和负极。

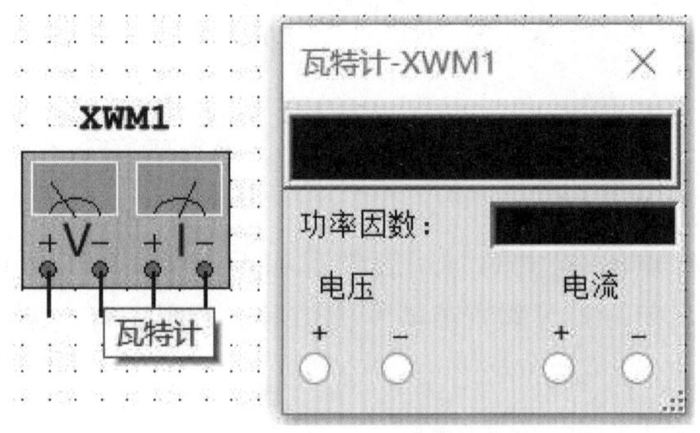

▲图 9.4.3　瓦特表

9.4.4　双通道示波器(Oscilloscope)

如图 9.4.4 所示,Multisim 提供的双通道示波器与实际示波器的外观和基本操作基本相同,该示波器可以观察一路或两路信号波形,分析被测周期信号的幅值和频率,时间基准可在秒直至纳秒范围内调节。示波器图标有四个连接点:通道 A 输入、通道 B 输入、外触发端 T 和接地端 G。

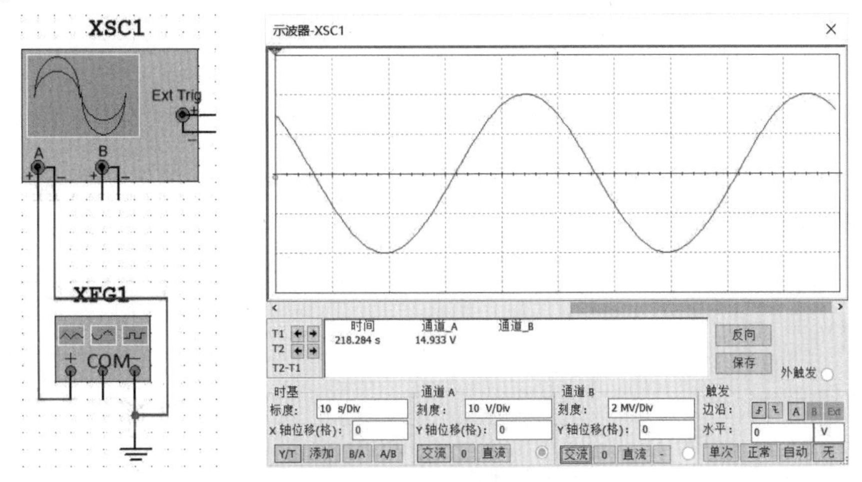

▲图 9.4.4　双通道示波器

示波器的控制面板分为四个部分:

1)时间基准(Time base)

刻度(Scale):设置显示波形时的 X 轴时间基准。

X 轴位置(X position):设置 X 轴的起始位置。

显示方式设置有四种:Y/T 方式指的是 X 轴显示时间,Y 轴显示电压值;叠加(Add)方式指的是 X 轴显示时间,Y 轴显示通道 A 和通道 B 电压之和;A/B 或 B/A 方式指的是 X 轴和 Y 轴都显示电压值。

2)通道 A(Channel A)

刻度(Scale):通道 A 的 Y 轴电压刻度设置,如图 9.4.4 所示,为 Y 轴方向,每格 10 V。

Y 轴位移(Y position):设置 Y 轴的起始点位置,起始点为 0 表明 Y 轴和 X 轴重合,起始点为正值表明 Y 轴原点位置向上移,否则向下移。

触发耦合方式:AC(交流耦合)、0(接地耦合)或 DC(直流耦合),交流耦合只显示交流分量,直流耦合显示直流和交流之和,接地耦合,在 Y 轴设置的原点处显示一条直线。

3)通道 B(Channel B)

通道 B 的 Y 轴量程、起始点、耦合方式等项内容的设置与通道 A 相同。

4)触发(Tigger)

触发方式主要用来设置 X 轴的触发信号、触发电平及边沿等。边沿(Edge):设置被测信号开始的边沿,设置先显示上升沿或下降沿。电平(Level):设置触发信号的电平,使触发信号在某一电平时启动扫描。触发信号选择:自动(Auto)、通道 A 和通道 B 表明用相应的通道信号作为触发信号;外触发为 Ext;单次(Sing)为单脉冲触发;正常(Nor)为一般脉冲触发。

9.4.5 四通道示波器(4 Channel Oscilloscope)

如图 9.4.5 所示,四通道示波器与双通道示波器的使用方法和参数调整方式完全一样,只是多了一个通道控制器旋钮,当旋钮拨到某个通道位置,才能对该通道的 Y 轴进行调整。

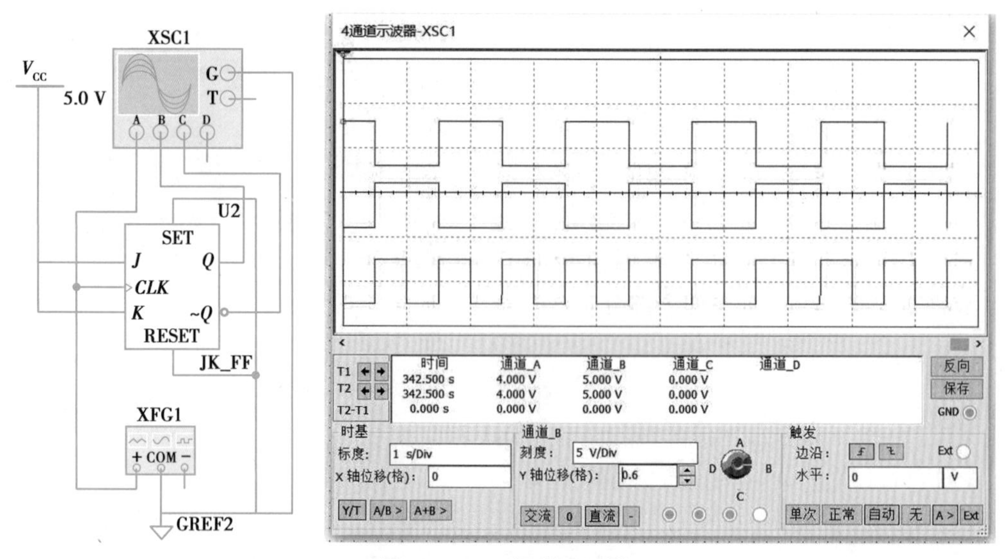

▲图 9.4.5 四通道示波器

9.4.6 波特图仪(Bode Plotter)

利用波特图仪可以方便地测量和显示电路的频率响应,波特图仪适合于分析滤波电路或电路的频率特性,特别易于观察截止频率。需要连接两路信号,一路是电路输入信号,另一路是电路输出信号,需要在电路的输入端接交流信号,如图 9.4.6 所示。

波特图仪控制面板分为幅值(Magnitude)或相位(Phase)的选择、水平轴(Horizontal)设置、垂直轴(Vertical)设置、显示方式的其他控制信号,面板中的 F 指的是终值,I 指的是初值。在波特图仪的面板上,可以直接设置横轴和纵轴的坐标及其参数。调整纵轴幅值测试范围的初值 I 和终值 F,调整相频特性纵轴相位范围的初值 I 和终值 F。打开仿真开关,单击幅频特性在波特图观察窗口可以看到幅频特性曲线,如图 9.4.6(b)所示;单击相频特性可以在波特图观察窗口显示相频特性曲线,如图 9.4.7 所示。

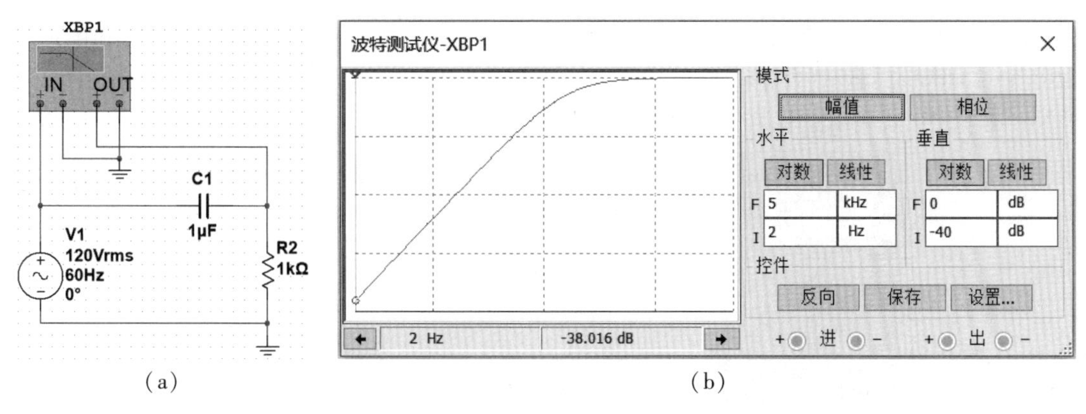

(a)　　　　　　(b)

▲图 9.4.6　幅频特性图

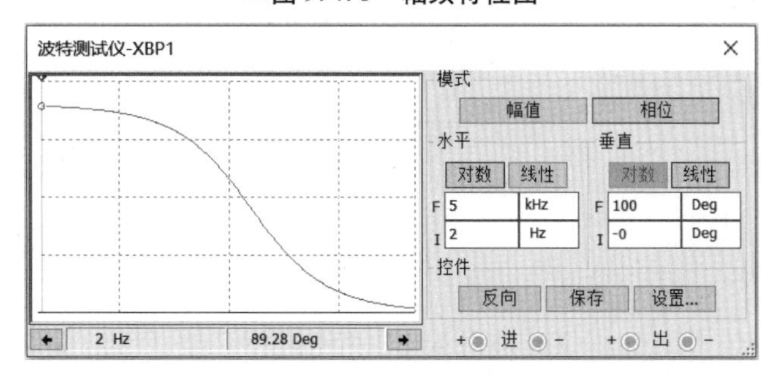

▲图 9.4.7　相频特性图

9.4.7　频率计(Frequency Counter)

频率计主要用来测量信号的频率、周期、相位,脉冲信号的上升沿和下降沿,频率计的图标、面板以及使用,如图 9.4.8 所示。使用过程中应注意根据输入信号的幅值调整频率计的灵敏度(Sensitivity)和触发电平(Trigger Level)。

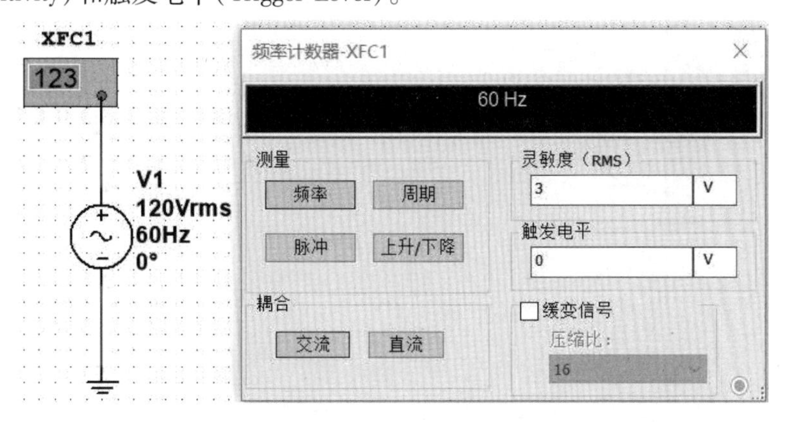

▲图 9.4.8　频率计

9.4.8　字信号发生器(Word Generator)

字信号发生器是一个通用的数字激励源编辑器,可以多种方式产生 32 位的字符串,在数字电路的测试中应用非常灵活。如图 9.4.9 所示,左侧是器件外形示意图,右侧是双击外形示意图后出现的界面。界面左侧是控制面板，右侧是字信号发生器的字符窗口。控制面板分为控件（Controls）、显示（Display）、触发（Trigger）、频率（Frequency）几个部分。

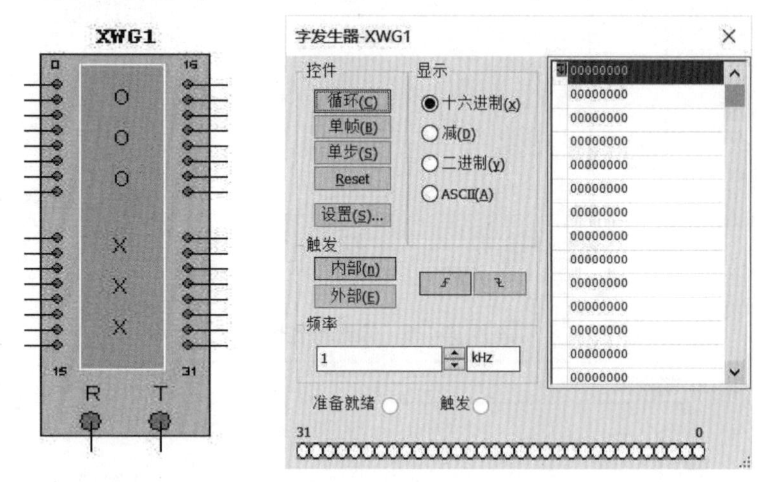

▲图 9.4.9　字信号发生器

9.4.9　逻辑分析仪（Logic Analyzer）

如图 9.4.10 所示，逻辑分析仪面板分上下两个部分，上面是显示窗口，下面是控制窗口，控制信号有：停止（Stop）、重置（Reset）、反向（Reverse）、时钟（Clock）设置和触发（Trigger）设置。提供了 16 路的逻辑分析仪，用作数字信号的高速采集和时序分析。逻辑分析仪的连接端口有：16 路信号输入端、外接时钟端 C、时钟限制 Q 以及触发限制 T。

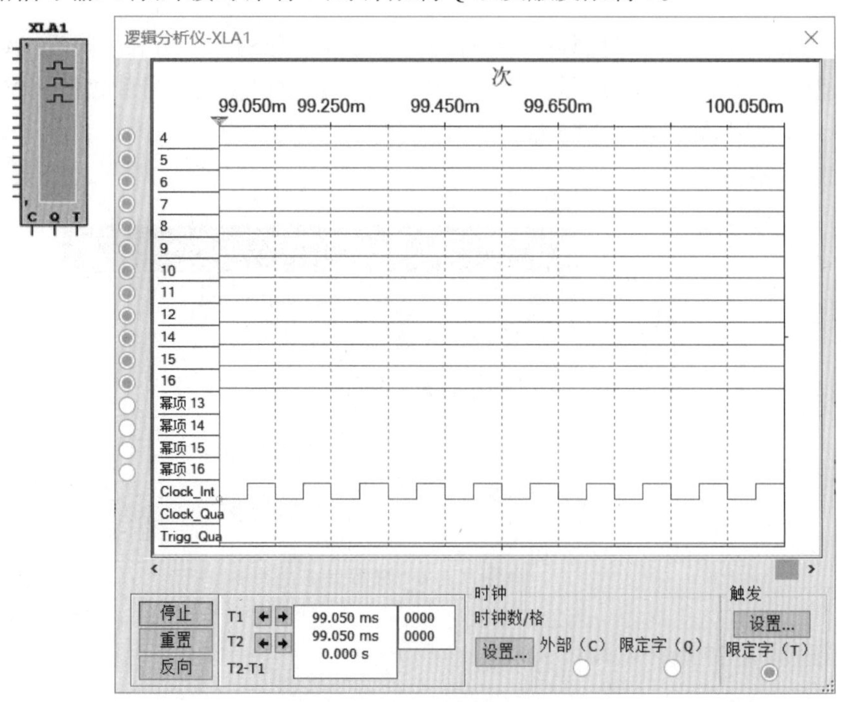

▲图 9.4.10　逻辑分析仪

9.4.10 逻辑转换器(Logic Converter)

Multisim 提供了一种虚拟仪器——逻辑转换器,如图 9.4.11 所示。实际没有这种仪器,逻辑转换器可以在逻辑电路、真值表和逻辑表达式之间进行转换。有 8 路信号输入端,1 路信号输出端。六种转换功能依次是:逻辑电路转换为真值表、真值表转换为逻辑表达式、真值表转换为最简逻辑表达式、逻辑表达式转换为真值表、逻辑表达式转换为逻辑电路、逻辑表达式转换为与非门电路。

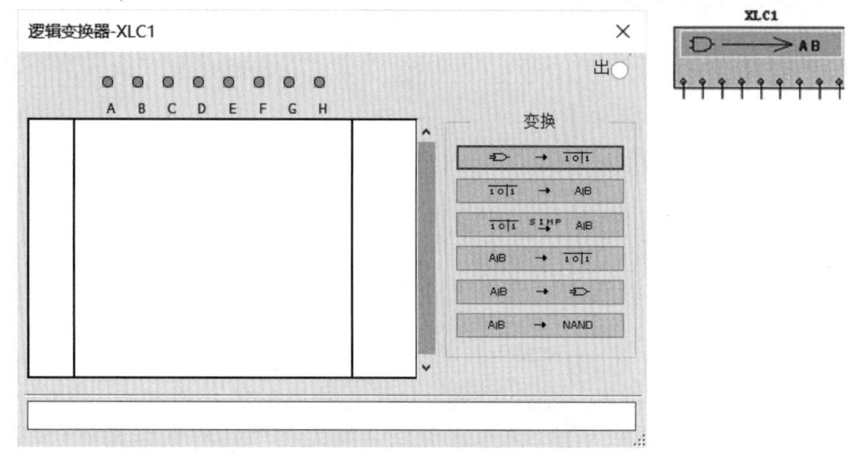

▲图 9.4.11 逻辑转换器

9.4.11 Ⅳ分析仪(Ⅳ Analyzer)

Ⅳ分析仪专门用来分析晶体管的伏安特性曲线,如二极管、NPN 管、PNP 管、NMOS 管、PMOS 管等器件。Ⅳ分析仪相当于实验室的晶体管图示仪,需要将晶体管与连接电路完全断开,才能进行Ⅳ分析仪的连接和测试。Ⅳ分析仪有三个连接点,实现与晶体管的连接。Ⅳ分析仪面板左侧是伏安特性曲线显示窗口,右侧是功能选择,如图 9.4.12 所示。

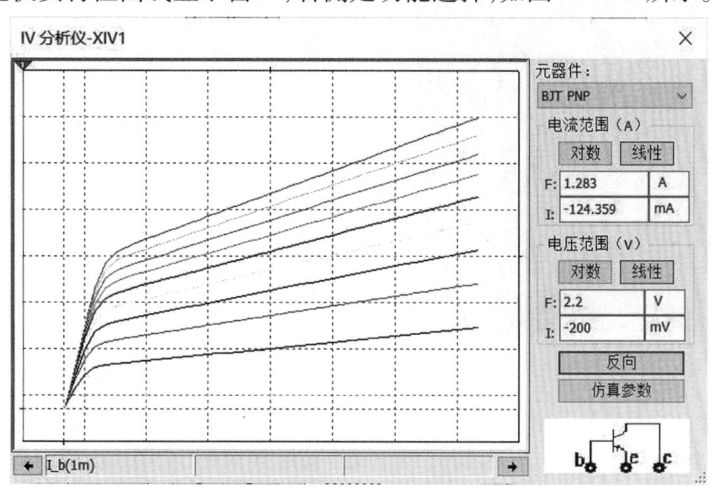

▲图 9.4.12 Ⅳ分析仪

9.4.12 失真分析仪(Distortion Analyzer)

失真分析仪专门用来测量电路的信号失真度,失真度仪提供的频率范围为 20 Hz ~ 100 kHz。

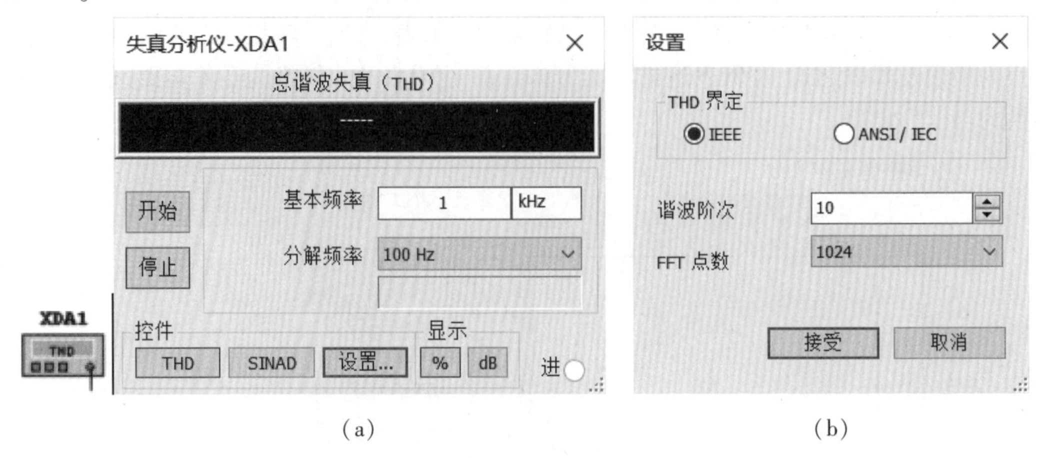

▲图 9.4.13 失真分析仪

如图 9.4.13 所示,面板最上方给出测量失真度的提示信息和测量值。Fundamental Freq (基本频率)处可以设置分析频率值;选择分析总谐波失真(THD)或信噪比(SINAD),单击“设置”按钮,打开设置窗口如图 9.4.13(b)所示,由于 THD 的定义有所不同,可以设置 THD 的分析选项。

9.4.13 频谱分析仪(Spectrum Analyzer)

频谱分析仪用来分析信号频域特性,其频域分析范围上限为 4 GHz,如图 9.4.14 所示。

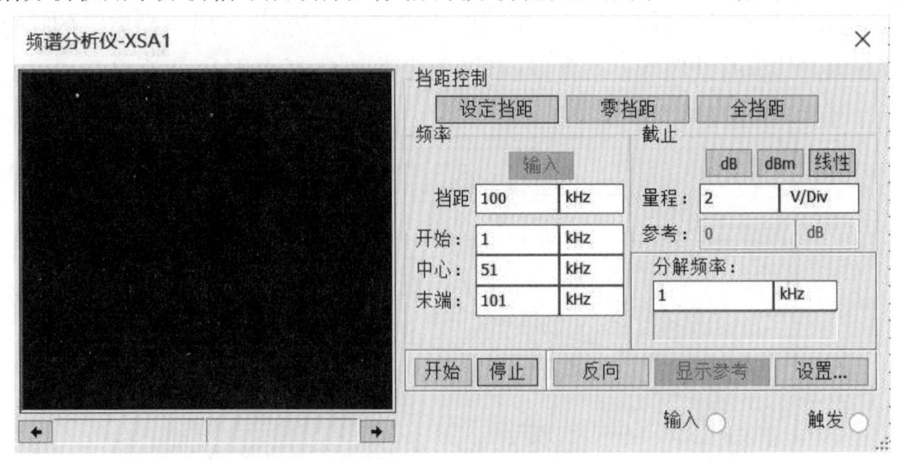

▲图 9.4.14 频谱分析仪

“挡距控制(Span Control)”用来控制频率范围,选择设定“挡距(Set Span)”的频率范围由“频率(Frequency)”区域决定;选择“零挡距(Zero Span)”的频率范围由“频率(Frequency)”区域设定的中心频率决定;选择“全挡距(Full Span)”的频率范围为 1 kHz ~4 GHz。

设定频率:“挡距(Span)”设定频率范围、“开始(Start)”设定开始频率、“中心(Center)”设定中心频率、“末端(End)”设定末端频率。“量程(Amplitude)”用来设定幅值单位,有三种选择:dB、dBm、线性(Lin)。dB = 20lg(u_x/1V);dBm = 20 lg(u_x/0.775V);Lin 为线性表示。“频率分辨率(Resolution Freq)”用来设定频率分辨的最小谱线间隔,简称频率分辨率。

9.4.14　网络分析仪(Network Analyzer)

网络分析仪主要用来测量双端口网络的特性,如衰减器、放大器、混频器、功率分配器等,如图 9.4.15 所示。Multisim 提供的网络分析仪可以测量电路的 S 参数、并计算出 H、Y、Z 参数。Mode 提供分析模式:测量模式(Measurement);RF 表征器(RF Characterizer)射频特性分析;匹配网络设计者(Match Net Designer)电路设计模式。Graph 用来选择要分析的参数及模式,可选择的参数有 S 参数、H 参数、Y 参数、Z 参数等。模式选择有 Smith(史密斯模式)、Mag/Ph(增益/相位频率响应,波特图)、极化图(Polar)、Re/Im(实部/虚部)。光迹(Trace)用来选择需要显示的参数。标记(Marker)用来提供数据显示窗口的三种显示模式:Re/Im 为直角坐标模式;Mag/Ph(Degs)为极坐标模式;dB Mag/Ph(Deg)为分贝极坐标模式。设置(Settings)用来提供数据管理,加载(Load)读取专用格式数据文件;保存(Save)存储专用格式数据文件;导出(Exp)输出数据至文本文件;打印(Print)打印数据。仿真已设置(Simulation Set)按钮用来设置不同分析模式下的参数。

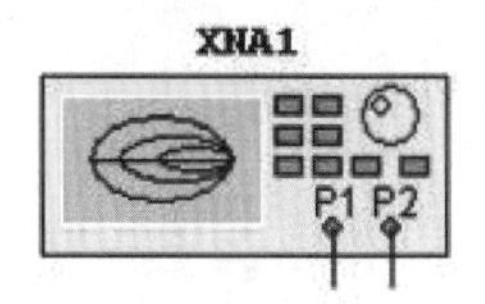

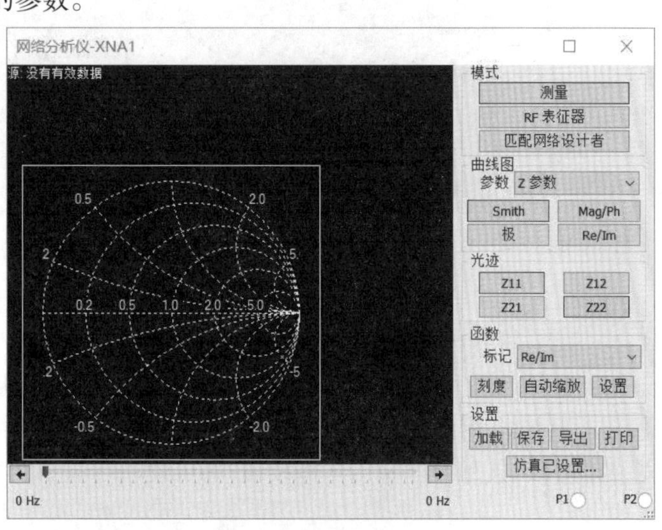

▲图 9.4.15　网络分析仪

9.4.15　Agilent 虚拟仪器

Agilent 虚拟仪器有三种:Agilent 信号发生器、Agilent 万用表、Agilent 示波器。这三种仪器与真实仪器的面板,按钮、旋钮操作方式完全相同,使用起来更加真实。

1) Agilent 函数发生器

Agilent 函数发生器的型号是 33120A,其图标和面板如图 9.4.16 所示,这是一个高性能 15 MHz 的综合函数发生器。Agilent 函数发生器有两个连接端,上方是同步信号输出端,下方是函数信号输出端。单击最左侧的电源按钮，即可启动信号发生器按照要求输出信号。

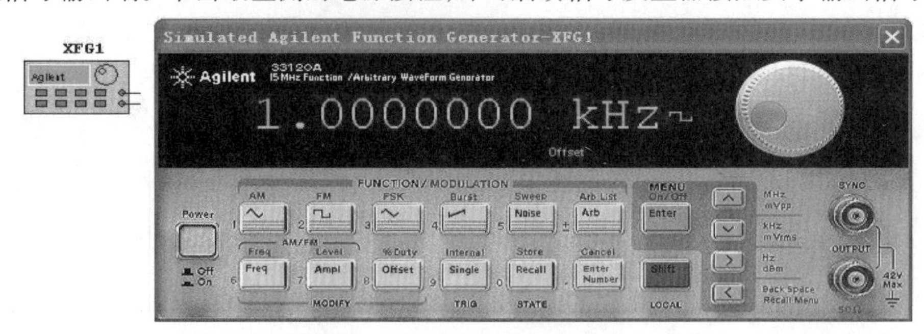

▲图 9.4.16　Agilent 信号发生器

2) Agilent 万用表

Agilent 万用表的型号是 34401A，其图标和面板如图 9.4.17 所示，这是一个高性能 6 位半的数字万用表。Agilent 万用表有五个连接端，应注意面板的提示信息连接。单击最左侧的电源按钮，即可启动万用表，实现对各种电类参数的测量。

▲图 9.4.17　Agilent 万用表

3) Agilent 示波器

Agilent 示波器的型号是 54622D，图标和面板如图 9.4.18 所示，它具有两个模拟通道、16 个逻辑通道、100-MHz 的宽带示波器。Agilent 示波器下方的 18 个连接端是信号输入端，右侧是外接触发信号端、接地端。单击电源按钮，即可使用示波器，实现各种波形的测量。

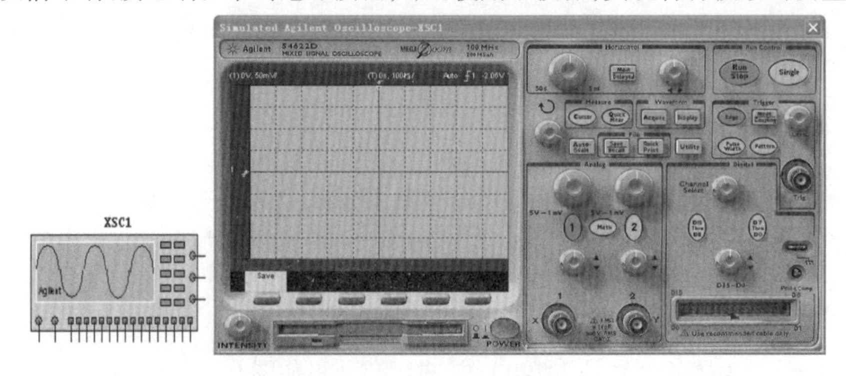

▲图 9.4.18　Agilent 示波器

9.5　Multisim 在电路分析中的应用

9.5.1　阻容耦合放大器电路

晶体管放大器的三种组态中，共发射极放大器既有电流放大，又有电压放大的作用。分压式电流负反馈偏置是共射放大器广为采用的一种偏置形式，如图 9.5.1 所示。

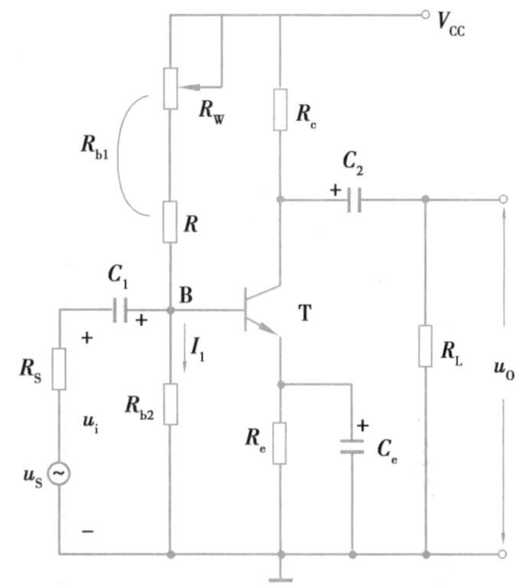

▲图 9.5.1　单管阻容耦合放大器电路

9.5.2　仿真实验与分析

Multisim 14 仿真的基本步骤可分为：建立仿真文件、放置元器件和仪表、元器件编辑、连线和进一步调整、电路仿真、输出分析结果，具体操作如下：

①建立仿真文件。

打开 Multisim 14 软件，如图 9.5.2(a)所示，默认有一个名为“设计 1”的空白文件已经在工作区域打开。这个“设计 1”文件并没有保存，首先应将其保存下来，并重新命名。单击“文件/另存为”，弹出“另存为”对话框，选择需要的路径，将其命名为“阻容耦合放大器的设计与调试”后，单击“保存”即可。

在“文件名”中填入新文件名。此时的主界面如图 9.5.2(b)所示，可以看到之前的“设计 1”的地方全部被替换为“阻容耦合放大器的设计与测试”。

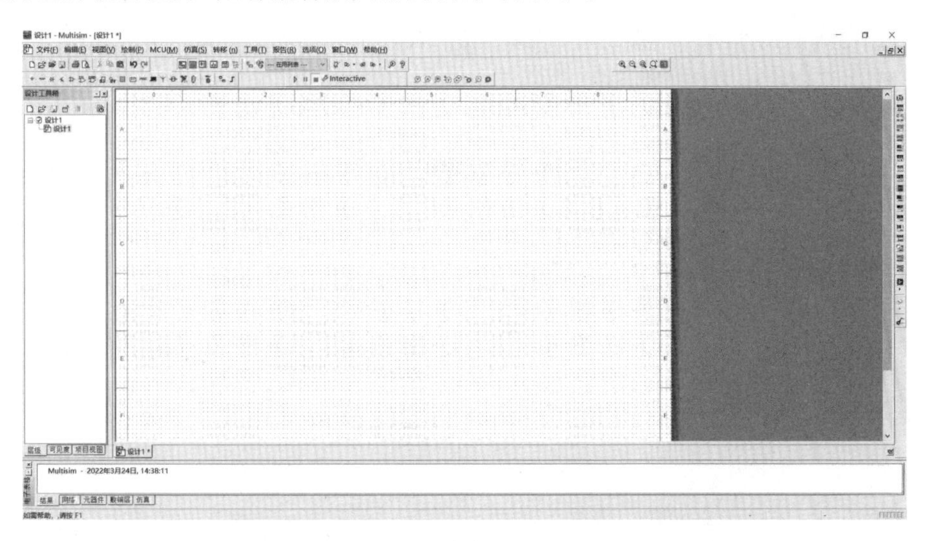

(a)

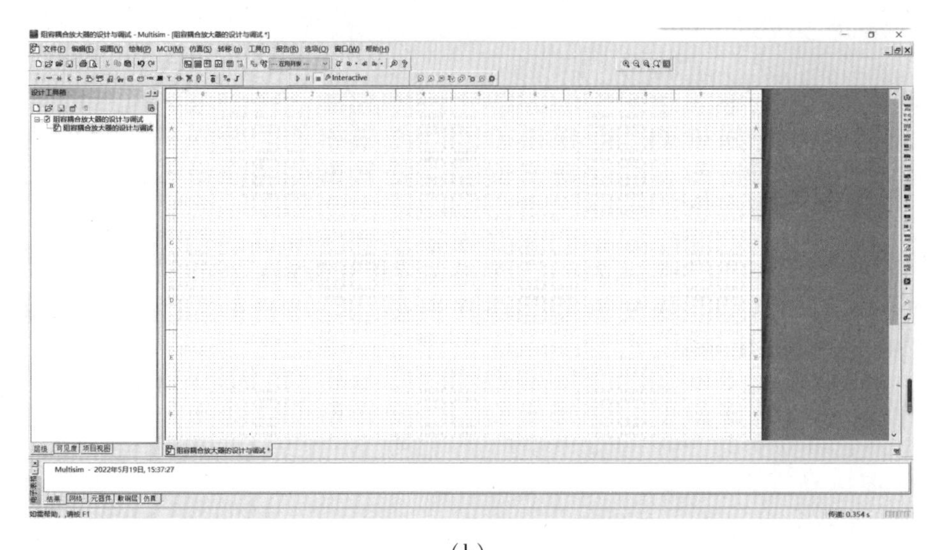

(b)

▲图 9.5.2　建立仿真文件

②放置元器件和仪表。

仿真文件建好后，接下来将电路相关的元器件从器件库中调取出来。元器件在光标上被虚线框包围，等待用户确定放置的位置。在此过程中，如果元器件有必要进行旋转或镜像，可以使用“Ctrl+R”“Ctrl+X”“Ctrl+Y”等快捷键。

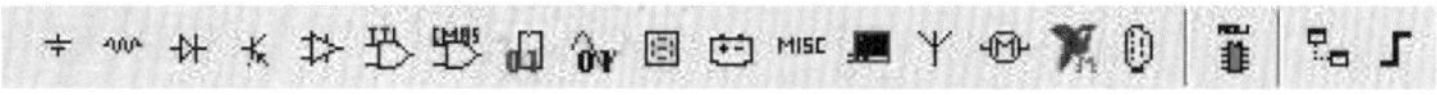

▲图 9.5.3　选取电源库图

以直流电压源为例，在元器件库（图 9.5.3）中单击电源符号，弹出一个电源库，如图 9.5.4 所示，在电源库中选取所需电源，单击“确认”，随后选中的电压源会跟随鼠标在工作区移动，点击鼠标右键，电源停止移动。需要注意的是，一定要在原理图中至少放置一个接地端。

▲图 9.5.4　选取直流电源

③元器件编辑。

双击电压源参数值，弹出一个参数编辑框，默认 12 V，如图 9.5.5 所示。图 9.5.6 为放置好元器件和仪器仪表的效果图。

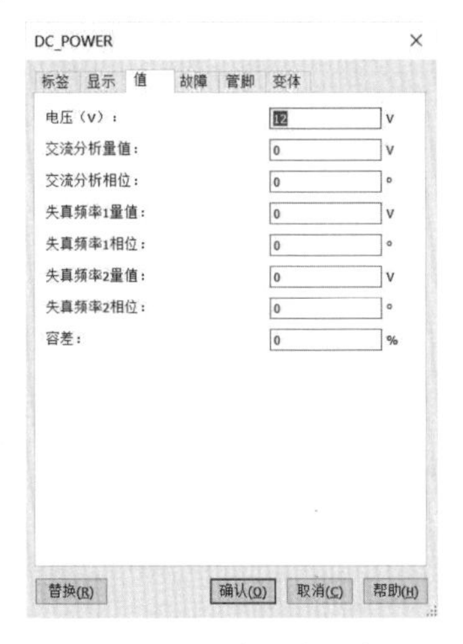

▲图 9.5.5　选取直流电源

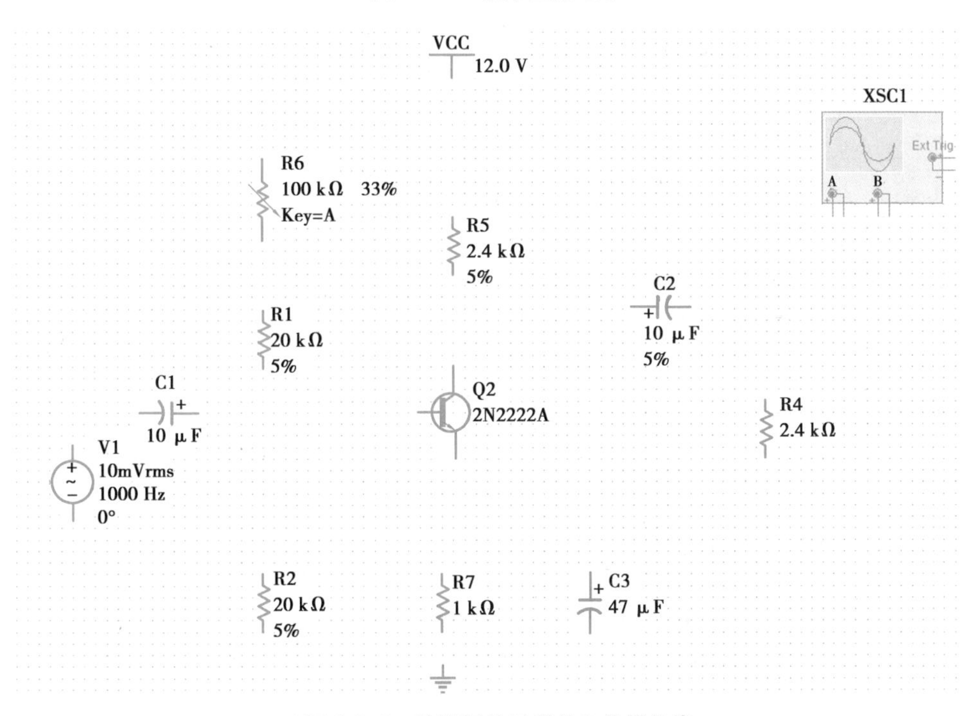

▲图 9.5.6　放置好的元器件和仪器仪表

④连线和调整。

连线可分为自动连线和手动连线。

自动连线：单击需被连线的起始点，鼠标指针变为"+"字形，移动鼠标至目标引脚或导线处，再次单击完成连线操作，当导线连接后呈现丁字形交叉时，系统自动在交叉点显示节点。

手动连线：单击起始引脚，鼠标指针变成"+"后，在需要拐弯处单击鼠标左键，可以固定连线的拐弯点，从而设定连线路径。

如需调整元器件位置，则单击选定元件，移动至合适位置即可。图 9.5.7 为连线和调整后的电路图。

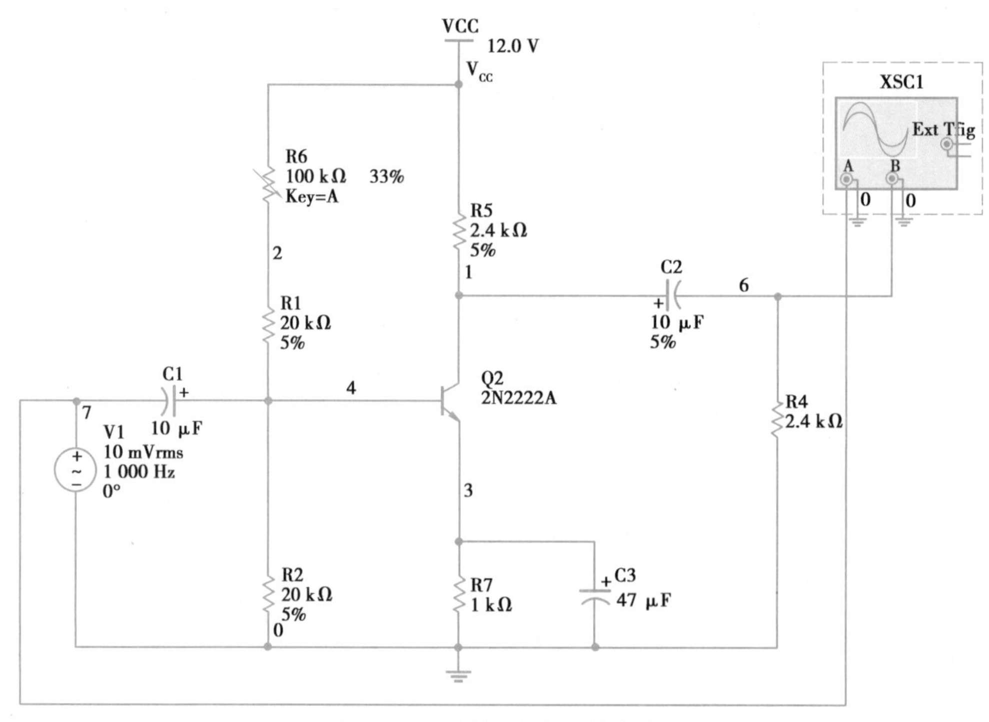

▲图 9.5.7　连线和调整后的电路图

⑤电路仿真。

电路设计仿真可以提前发现设计中的错误，节约设计时长和成本，提高工作效率。基本方法是双击示波器（XSC1），弹出仪器面板，在菜单栏中单击绿色三角形“运行（F5）”按键，电路开始工作，仪器面板上出现测试的结果或曲线，如图 9.5.8 所示。停止运行，或修改参数或电路结构，都需要单击菜单栏上红色方块的“停止键”，方可修改。

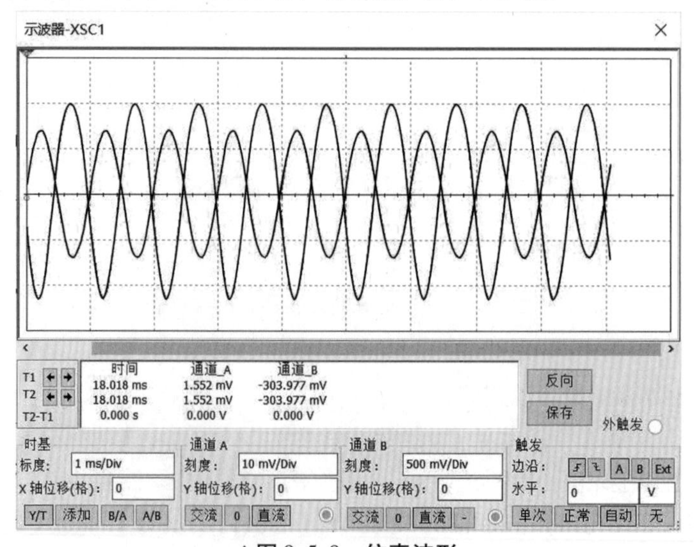

▲图 9.5.8　仿真波形

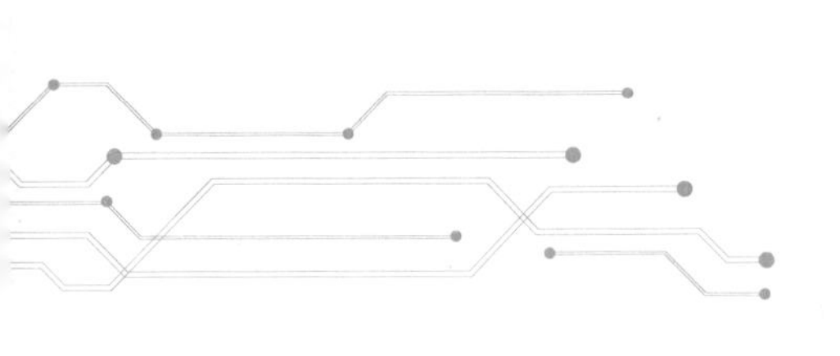

第10章

PCB设计软件使用简介

※学习目标

1. 了解印制电路板制作与加工的基本工艺流程。
2. 掌握印制电路绘制软件的基本操作方法。
3. 初步具备小规模电路 PCB 设计与绘制能力。
4. 学会嘉立创 EDA 的使用。

※思政导航

教学内容	思政元素	思政内容设计
印制电路板及其制作流程	科研精神 技术创新	20 世纪初，人们开始钻研以印刷的方式取代配线的方法实现器件连接与电路搭建。1925 年，美国的 Charles Ducas 在绝缘的基板上印刷出线路图案，再以电镀的方式，成功建立导体作配线。直至 1936 年，奥地利人保罗·爱斯勒(Paul Eisler)在英国发表了箔膜技术，他在一个收音机装置内采用了印刷电路板。教学引入对印制电路板的发展和近年来板层厚度的比较、多层板的大量使用、电镀工艺的进步、PCB 产品结构等数据分析，在突出印制电路板的结构和组成的基础上，使学生通过直观数据更好地理解印制电路板的发展，在数据的直观冲击下激发学生的爱国热情，坚定大国信心
PCB 设计软件的使用	工程素养 意志品质	PCB 设计软件虽易于上手，但精通则需要大量的积累，在学习过程中形成良好的工程素养，在不断电路绘制实践中，意志力、毅力会得到不断强化与提升。在日常看到的芯片、印刷电路板在电器设备中的功能各异，在 PCB 设计过程中要特别注意布线规则设计，否则可能无法实现相应功能。引导学生理论联系实际，将学习到的电路理论、PCB 设计知识用于实际工程问题中，从而能深入理解理论含义，提高学生对于投身科技的信心，树立科学信仰

君子和而不同，小人同而不和。——《论语·子路》

续表

教学内容	思政元素	思政内容设计
国产 EDA 的崛起与发展	家国情怀 拼搏进取	嘉立创 EDA 是一款基于浏览器专为中国人设计的、友好易用的 EDA 设计工具。创立于 2010 年,完全由中国人独立开发,拥有独立自主知识产权,隶属于深圳市嘉立创科技发展有限公司,由嘉立创 EDA 团队开发。嘉立创 EDA 拥有超过 100 多万在线免费元件库,并进行实时更新。可在设计过程中检查元器件库存、价格和立即下单购买,缩短设计周期。在国外技术对我国"卡脖子"的情况下,国产 EDA 软件的优越性能鼓舞了国人斗志,增强了民族自信心,引领了前进的方向

10.1 印制电路板与 Altium Designer 22 概述

随着电子技术的飞速发展和印制电路板加工工艺不断提高,大规模和超大规模集成电路的不断涌现,现代电子系统已经变得纷繁复杂。同时,电子产品也在向小型化方向发展,力图在较小空间内实现更多的电路功能,这对印制电路板的设计和制作提出了越来越高的要求。快速、准确地完成电路板的设计对电子线路工作者而言是一个挑战,同时也对设计工具提出了更高要求,目前,Cadence、PowerPCB 以及 Altium Designer 等电子线路辅助设计软件功能也越来越完善。其中 Altium Designer 在国内使用最为广泛,本章主要对 Altium Designer 22(以下简称 AD22)的功能进行介绍。

用 AD22 绘制印制电路板的流程图如图 10.1.1 所示。

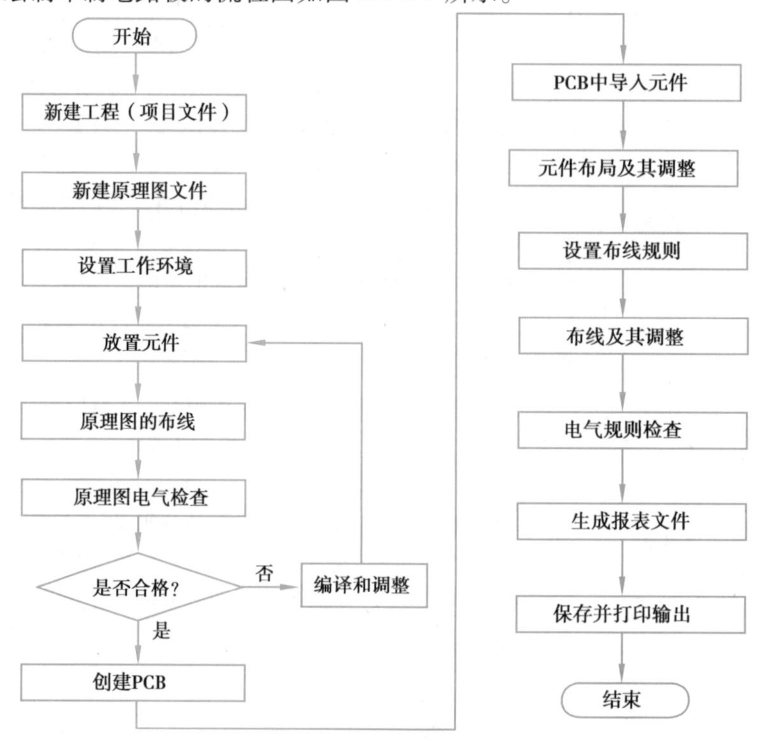

▲图 10.1.1 电路板绘制流程图

10.2　原理图设计

10.2.1　原理图设计步骤

原理图设计过程如图 10.2.1 所示。

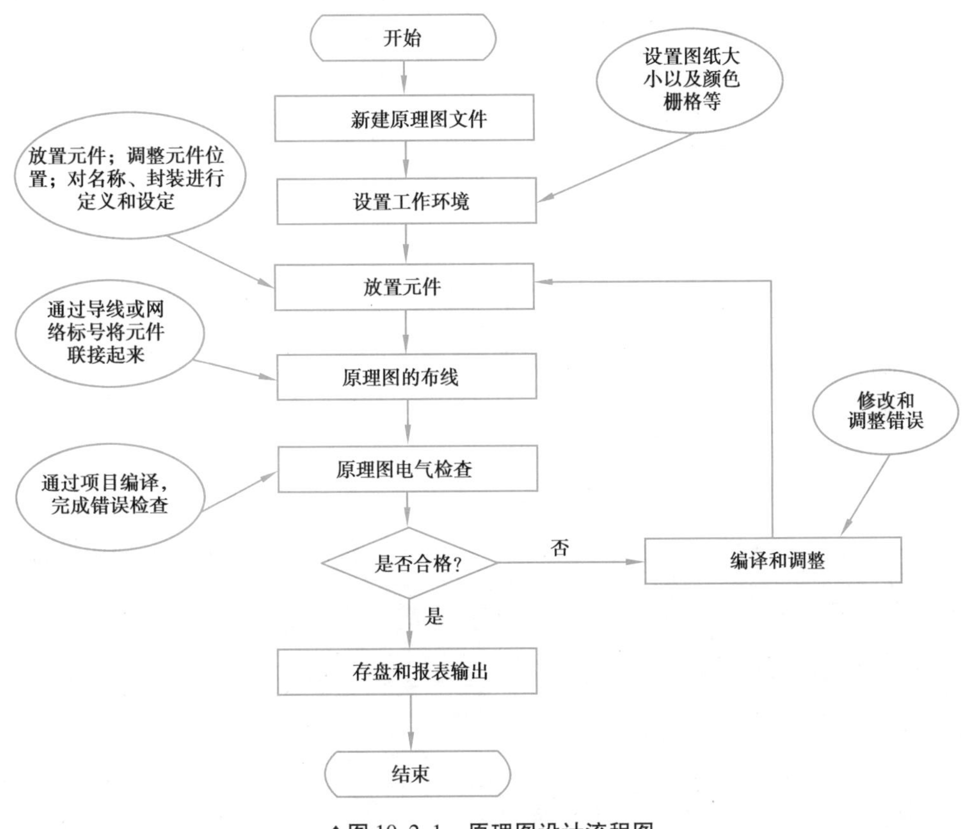

▲图 10.2.1　原理图设计流程图

10.2.2　原理图设计具体操作流程

原理图设计主菜单包括 File(文件)、Edit(编辑)、View(视图)、Project(工程)、Design(设计)、Tools(工具)、Reports(报告)、Window(窗口)和 Help(帮助)。

前文以“LED 流水灯电路”为例介绍了“Proteus”仿真软件使用方法,这里对电路稍作修改,将原有“拉电流”(高电平对应灯亮)驱动方式改为“灌电流”(低电平对应灯亮,电源通过排阻及 LED 向 P0 口提供偏置电压)驱动方式,并以此为例介绍原理图设计具体流程,电路如图 10.2.2 所示。

(1)创建 PCB 工程(项目)文件

启动 AD22 后,选择菜单“File”/“New”/“Project”命令,在弹出的对话框“Project Type”选项卡中选择 PCB,输入工程名称及保存路径,如图 10.2.3 所示,单击“Create”完成工程创建。工程创建后自动保存,创建后如图 10.2.4 所示。

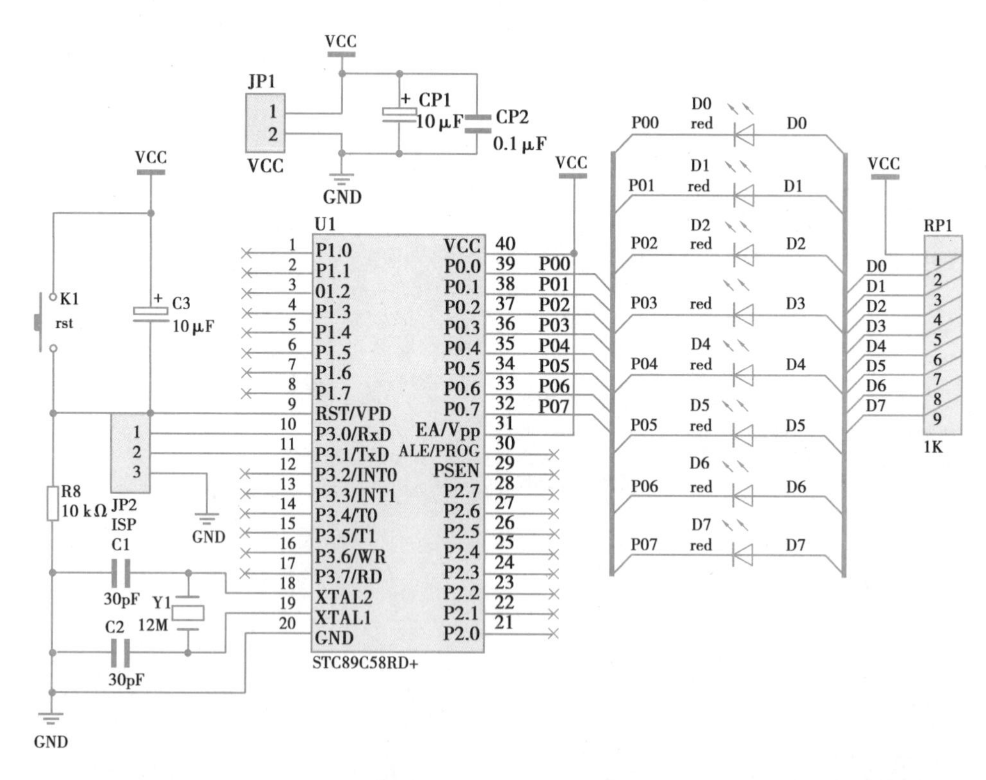

▲图 10.2.2 LED 流水灯电路

▲图 10.2.3 PCB 工程新建界面

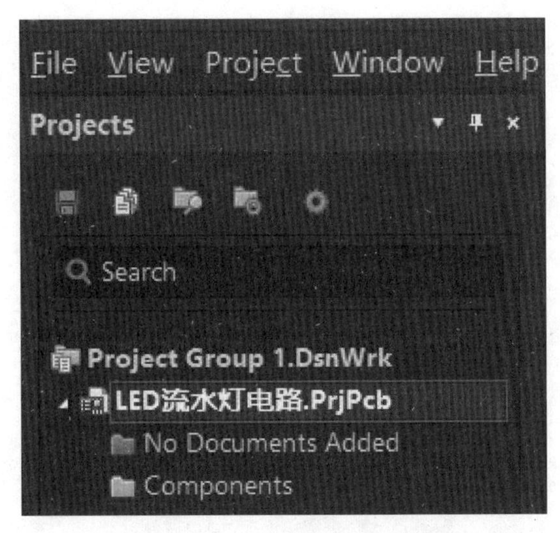

▲图 10.2.4　工程文件创建后界面

注意:最好先建立好 PCB 工程(项目)文件再进行原理图的绘制工作,原理图文件需加载到项目文件中,且保存到同一文件夹下。

(2)创建原理图文件

在新建的 PCB 工程(项目)下,选择菜单"File"/"New"/"Schematic"命令,也可以右击"LED 流水灯电路. PrjPcb",选择"Add New to Project"完成原理图创建。

(3)保存原理图文件

选择"File"/"Save"菜单命令,在对话框"Save [Sheet1. SchDoc] AS…"中选择保存路径后在"文件名"栏内输入新文件名(LED 流水灯电路)保存到自己建立的文件夹中。

(4)设置工作环境

单击"设置"图标,可对工作环境进行设置。建议初学者保持默认,暂时不需要设置,等达到一定水平后再进行设置。

(5)放置元件

在放置元件之前需要加载所需要的库(系统库或者自己建立的库)。

方法一:安装库文件的方式放置。

如果知道自己所需要的元件在哪一个库,则只需要直接将该库加载,具体加载方法如下:

单击"设置"菜单命令,弹出"Preference"对话框,选择左侧选项卡中第二大项"Data Managemant"中的"File-based Libraries",如图 10.2.5 所示;单击"Install"下拉菜单中的"Install from File"找到库文件添加即可,Installed 页下显示已安装的库,使用 Remove 按钮可以移除库。

安装好元件所在库文件后,则在该库文件中找到该元件放置即可,如图 10.2.6 所示。

方法二:搜索元件方式放置。

在我们不知道某个需要用的元件在哪一个库的情况下,可以采用搜索元件的方式进行元件放置。具体操作如下:选择"Place"/"Part…"菜单命令,在右侧菜单选择相应的库文件,并在"Search"搜索框中输入元件名称,如图 10.2.7 所示。

▲图 10.2.5　安装库文件

▲图 10.2.6　浏览元器件

▲图 10.2.7　搜索元件

方法三：自己建立元件库。

具体建库步骤参见本章原理图库的建立部分。添加元件同方法一，不再赘述。

放置元件时常需调整方向：用鼠标左键单击要旋转的元器件并按住不放，按"Space"键可实现逆时针 90°旋转，同时按下"Shift"和"Space"键可实现顺时针 90°旋转；按"X"键可实现水平方向翻转，按"Y"键可实现垂直方向翻转。

在放置好元件后需要对元件的位置、名字、封装、序号等进行修改和定义，除元件位置之外其他修改也可以放到布线以后再进行。

元件属性修改方法如下：

双击待修改元件，右侧弹出“Properties”对话框，展开其中选项后可对元件名字、封装、序号等进行修改和定义，如图10.2.8所示。

对需要隐藏的标号可单击标号旁边的图标，使其关闭呈灰色状态。在“Parameters”选项中选择“Footprint”可进行元件封装添加或更改。

元件标注也可批量进行，选择“Tools”/“Annotate”中选择合适的排序方式，元件放置修改好后如图10.2.9所示。

(6)原理图布线

在放好元件位置后即可对原理图进行布线操作。

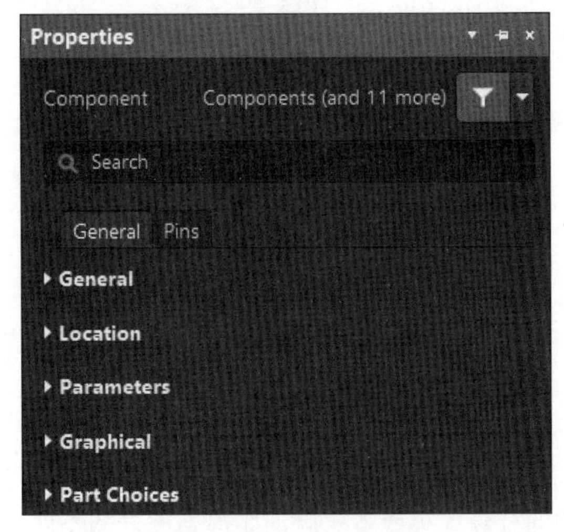

▲图10.2.8 元件属性编辑

选择“Place”/“Wire”工具菜单(快捷键为“Ctrl+W”)，此时将带十字形的光标放到元件引脚位置单击鼠标左键即可进行连线(注意：拉线过程不应一直按住鼠标左键不放)，将导线拉到另一引脚上单击鼠标左键即完成导线放置。

“Place”菜单命令里面的其他操作和“Wire”类似。布线完成后的电路如图10.2.2所示。

(7)原理图电气规则检查

选择“Project”/“Validate PCB Project LED流水灯电路.prjpcb”，左侧菜单将显示“Components”和“Nets”信息。在右下角“Panels”/“Messages”里可以查看是否有编译错误，若无错误提示，即通过电气规则检查，如有错误，则需找到错误位置进行修改调整。(注：电气检查的规则建议初学者不要更改，待熟练后再更改)

(8)文件保存

选择“File”/“Save”(或者“Save As...”)保存文件。

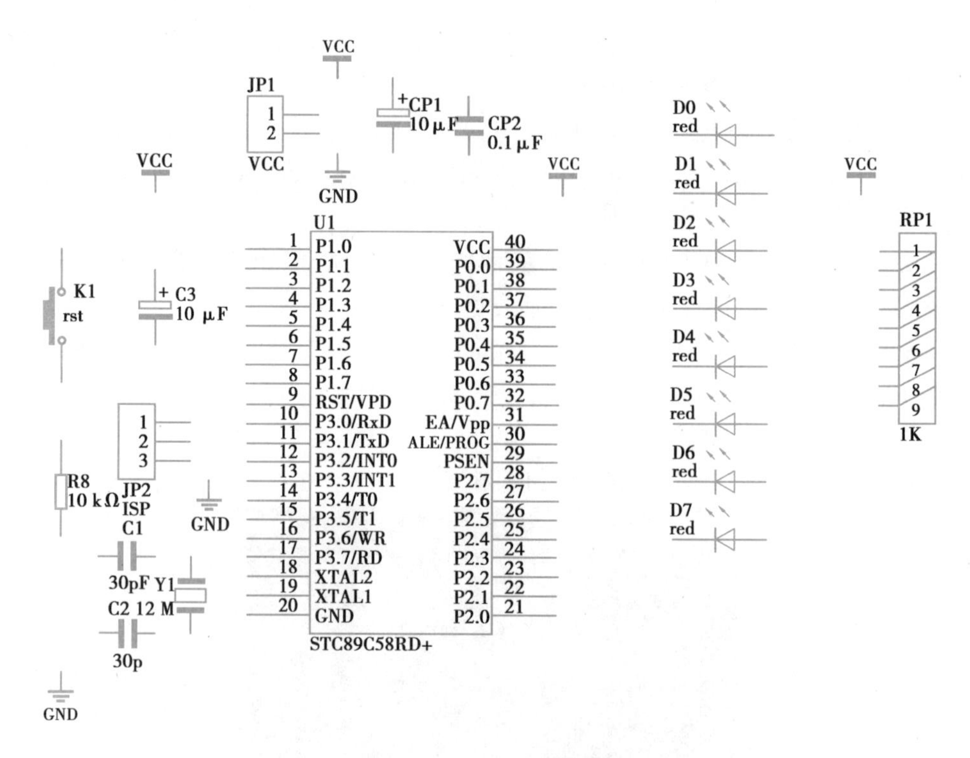

▲图 10.2.9 元件放置完成

10.3 原理图库的建立

在 AD22 中,并不是所有元件在库中都能找到,常遇到能找到但与实际元件引脚标号不一致,或元件库里面的元件的符号大小或者引脚的距离与原理图不匹配等,因此需要对找不到的库或者某些元件重新进行绘制,以完成电路的绘制。

10.3.1 原理图库概述

(1)原理图元件组成

原理图元件由标识图和引脚组成。其中,标识图具有提示元件功能,无电气特性;引脚是元件的核心,有电气特性。

(2)建立新原理图元件的方法

①在原有的库中编辑修改。

②自己重新建立库文件(本节主要介绍第二种方法)。

10.3.2 自建元件库及其制作元件

1)总体流程

自建元件库及其制作元件总体流程如图 10.3.1 所示。本书以集成双运放 LM358 原理图库制作为例进行介绍。

2)具体操作步骤

(1)新建原理图元件库

新建:选择"File"/"New"/"Library"/"Schematic Library"菜单命令,完成后如图 10.3.2 所示。

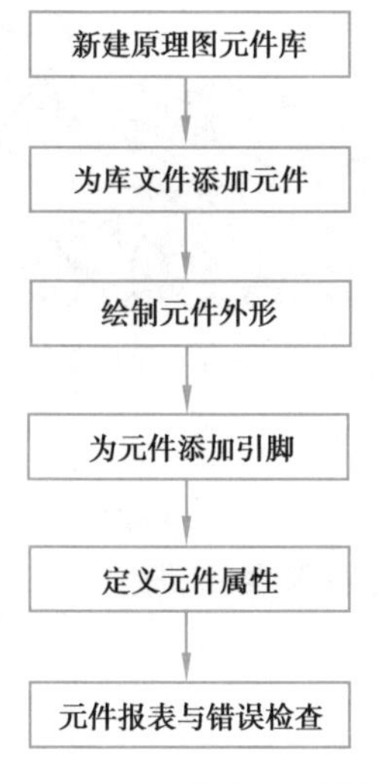

▲图 10.3.1 元件建立流程图

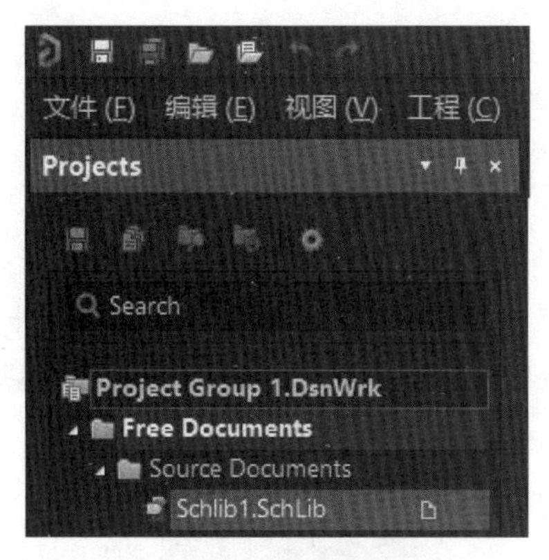

▲图 10.3.2 新建原理图库

保存:选择"File"/"Save"菜单命令,弹出"Save [Schlib1. SchLib] As..."对话框,选择保存路径保存文件名为 Schlib1. SchLib。

(2)为库文件添加元件

单击打开"SCH Library"面板,在右边的工作区进行元件绘制;建立第二个以上元件时,选择"Tools"/"New Component"菜单命令。

(3)绘制元件外形

库元件的外形一般由直线、圆弧、椭圆弧、椭圆、矩形和多边形等组成,系统也在其设计环境下提供了丰富的绘图工具。要想灵活、快速地绘制出自己所需要的元件外形,就必须熟练掌握各种绘图工具的用法。选择"Place"菜单,可以绘制各种图形,如图 10.3.3 所示。

(4)为元件添加引脚

选择"Place"/"Pin"菜单命令,光标变为十字形状,并带有一个引脚符号,此时按下"Tab"键,弹出如图 10.3.4 所示的元件"Pin Properties"对话框,可以修改引脚参数,移动光标,使引脚符号上远离光标的一端(即非电气热点端)与元件外形的边线对齐,然后单击,即可放置一个引脚。

LM358 内部包含两个完全独立的运放,因此若要增加 LM358 第二个运放部件,则选择"Tools"/"New Part",确定后即可在右边的工作区内绘制新部件,如图 10.3.5 所示。

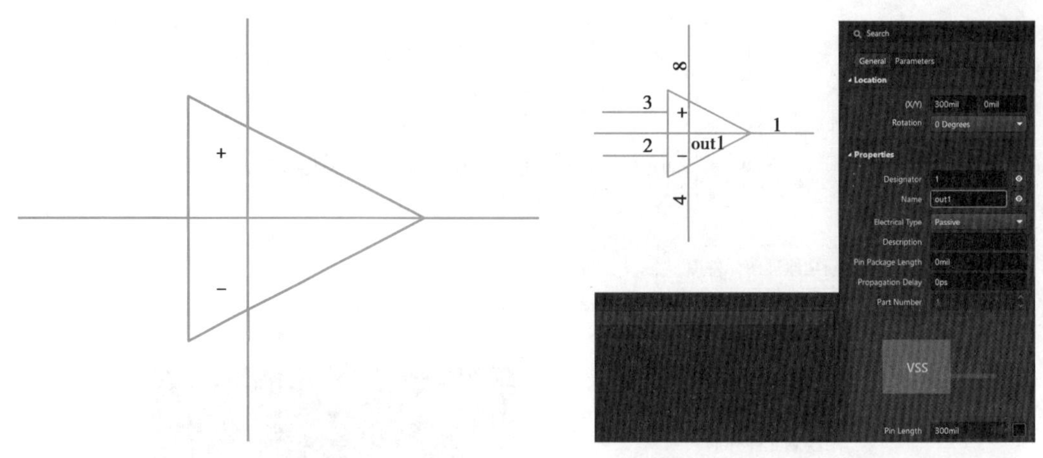

▲图 10.3.3　绘制 LM358 外框

▲图 10.3.4　元件引脚属性对话框

(5)定义元件属性

绘制好元件后,还需要描述元件的整体特性,如默认标识、描述、PCB 封装等。

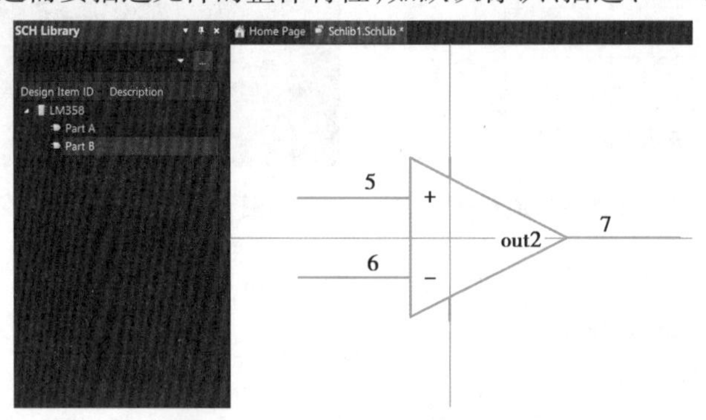

▲图 10.3.5　绘制 LM358 新部件

打开库文件面板,在元件栏选择直接双击某个元件,右侧菜单出现“Properties”对话框,利用此对话框可以为元件定义各种属性,如图 10.3.6 所示。

(6)元件报表与错误检查

元件报表中列出了当前元件库中选中的某个元件的详细信息,如元件名称、子部件个数、元件组名称以及元件各引脚的详细信息等。

①元件报表生成方法。

打开原理图元件库,在“SCH Library”面板上选中需要生成元件报表的元件,选择“Reports”/“Component”。

②元件规则检查报告。

元件规则检查报告的功能是检查元件库中的元件是否有错,并将有错的元件罗列出来,指明错误的原因。具体操作方法如下:

打开原理图元件,选择“Reports”/“Component Rule Check…”,弹出“Library Component Rule Check”对话框,在该对话框中设置规则检查属性,如图 10.3.7 所示。

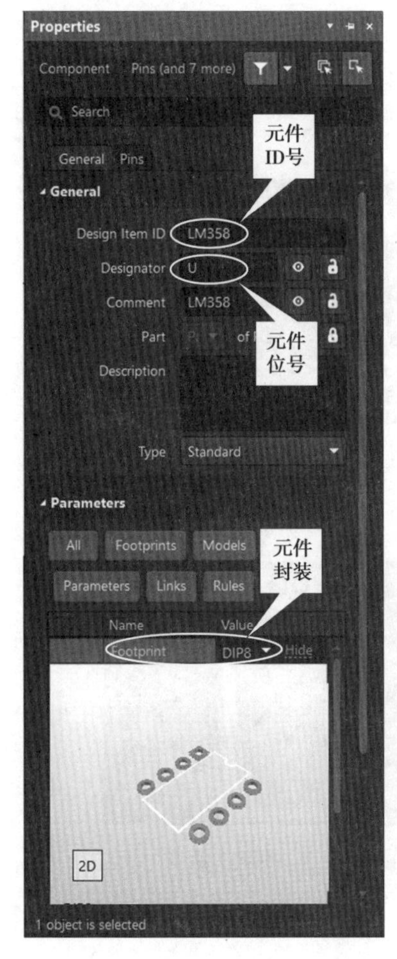

▲图10.3.6　元件属性添加

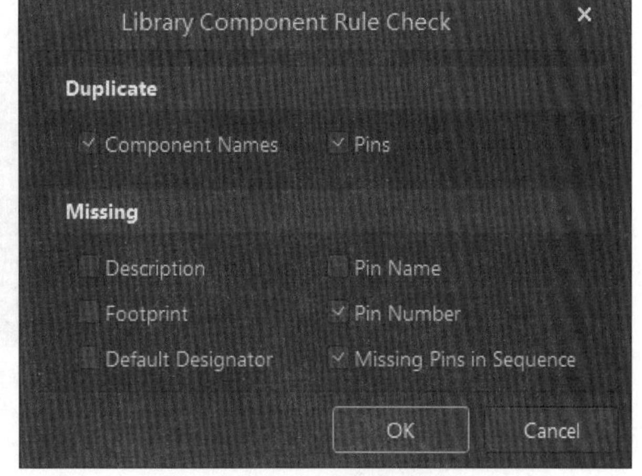

▲图10.3.7　元件规则检查

一般检查默认打钩几项即可，设置完成后单击“OK”，生成元件规则检查报告，报告中将给出有错元件及其错误的原因。

至此，元件原理图库新建完毕。

10.4　创建PCB元器件封装

由于新元器件、特殊元器件的出现，某些器件在AD集成库中没有办法找到，因此需要手工创建元器件的封装。

10.4.1　元器件封装概述

元器件封装只是元器件的外观和焊点的位置，纯粹的元器件封装只是空间的概念，因此不同的元器件可以共用一个封装，型号相同的元器件也可以有不同的封装，所以在画PCB时，不仅需要知道元器件的名称，还要明确元器件的封装。

1)元件封装的分类

元件封装大体可以分为两大类:双列直插式(DIP)和表面贴装(SMT)式。双列直插式元器件实物图和封装图如图 10.4.1 和 10.4.2 所示。

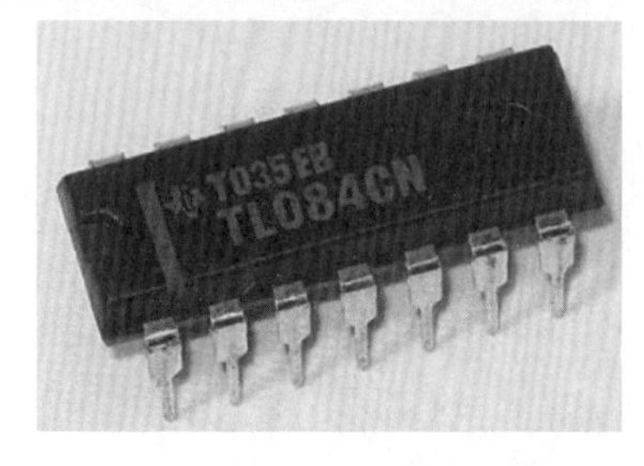

▲图 10.4.1 TL084 实物图

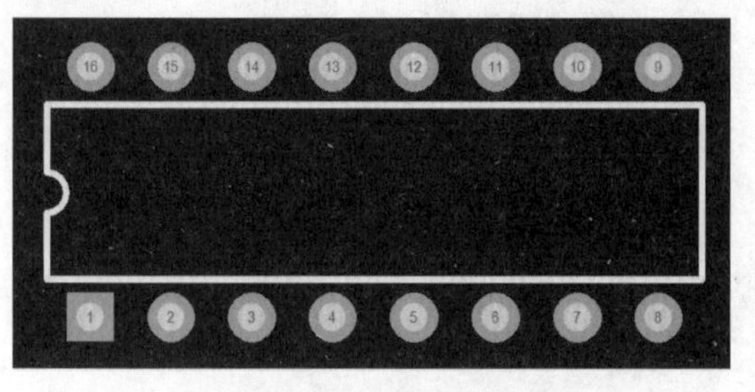

▲图 10.4.2 DIP-14 封装

表面贴装式元件实物图和封装图如图 10.4.3 和 10.4.4 所示。

▲图 10.4.3 TL431 实物图

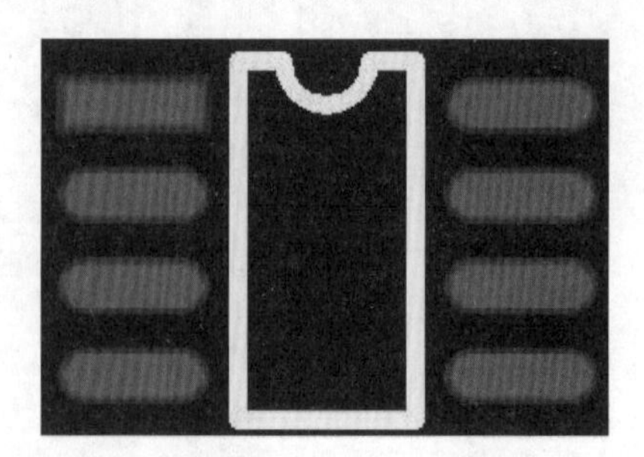

▲图 10.4.4 SOP-8 封装

2)元器件的封装编号

元器件封装的编号一般为元器件类型加上焊点距离(焊点数),再加上元器件外形尺寸,可以根据元器件外形编号来判断元器件包装规格。比如 AXIAL0.4 表示此元件的包装为轴状的,两焊点间的距离为400 mil。DIP16 表示双排引脚的元器件封装,两排共 16 个引脚。RB.2/.4 表示极性电容的器件封装,引脚间孔距为 200 mil,元器件外形尺寸为 400 mil。

值得注意的是,如果 AD22 中加载有多种元件库,不同元件库中可能出现元件重名情况,那么在使用时一定要注意仔细核对所选用的元件是否正确。建议在软件使用过程中创建专属自己的常用元件库,以减少错误,提高画图效率。

10.4.2 创建封装库流程

创建封装库的大体流程如图 10.4.5 所示。

10.4.3 绘制 PCB 封装库具体步骤和操作方法

1)手动创建元件库(方法一)

要求:创建一个如图 10.4.6 所示双列直插式 8 脚元器件封装,脚间距 2.54 mm,引脚宽

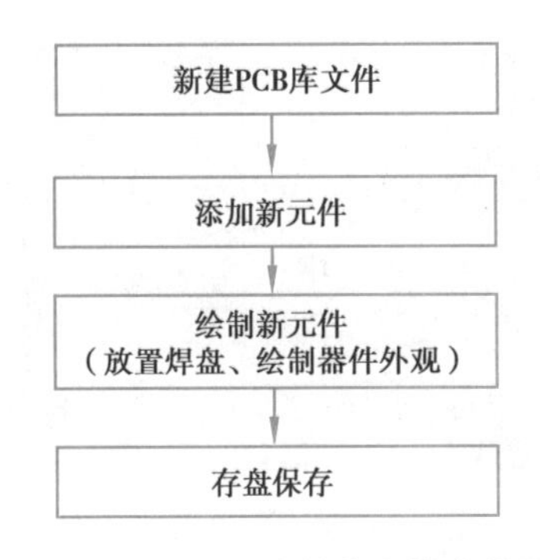

▲图 10.4.5　创建封装库的流程图

7.62 mm。

(1)新建 PCB 元件库

执行菜单命令“File”/“New”/“Library”/“PCB Library”，打开 PCB 元器件封装库编辑器。执行菜单命令“Flie”/“Save As...”，将新建立的库命名为 PcbLib1.PcbLib。

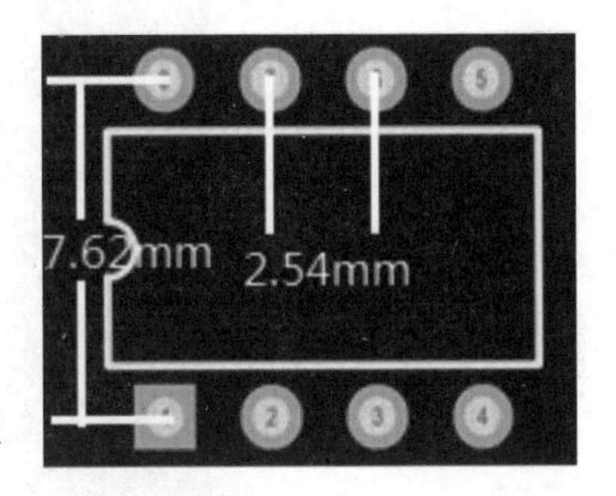

▲图 10.4.6　DIP-8 封装

(2)添加新元件

在新建的库文件中，选择“PCB Library”标签，双击“Component”列表中的“PCB Component_1”，弹出“PCB Library Component”对话框，在“Name”处输入要建立元件封装的名称；在“Height”处输入元件的实际高度后确认，结果如图 10.4.7 所示。

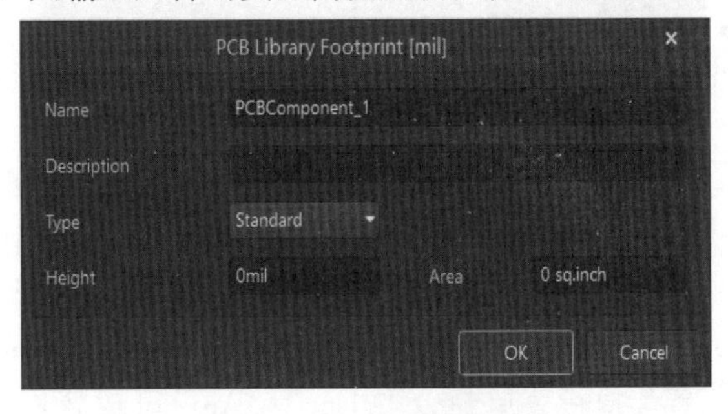

▲图 10.4.7　元件属性编辑

如果该库中已经存在有元件，则执行菜单命令“Tools”/“New Black Component”，如图 10.4.8 所示，接着选择“PCB Library”标签，双击“Component”列表中的“PCB Component_1”，弹出“PCB Library Component”对话框，在“Name”处输入要建立元件封装的名称；在“Height”处输入元件的实际高度。

(3)放置焊盘

执行菜单命令“Place”/“Pad”（或者单击绘图工具栏的 按钮），如图 10.4.9 所示，此时光标会变成十字形状，且光标的中间会黏附着一个焊盘，移动到合适的位置（一般将 1 号焊盘放置在原点[0,0]上），单击鼠标左键将其定位。

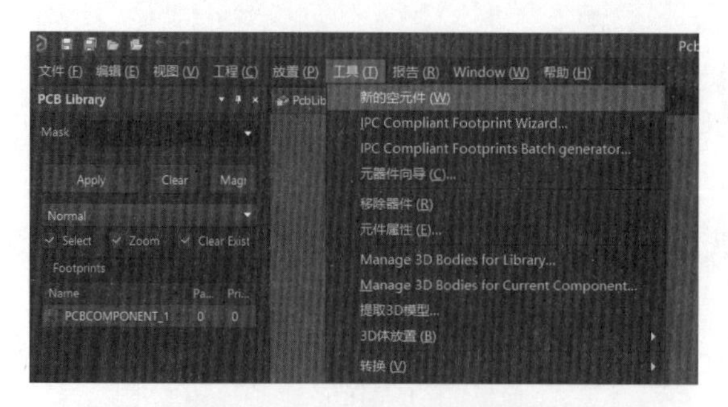

▲图 10.4.8　新建空白元件

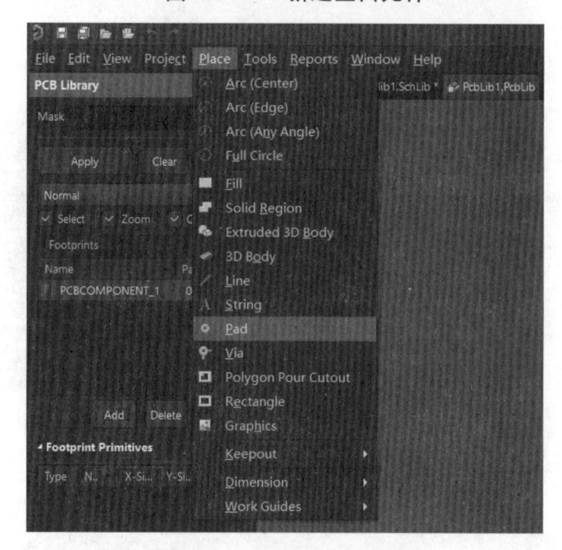

▲图 10.4.9　焊盘放置菜单

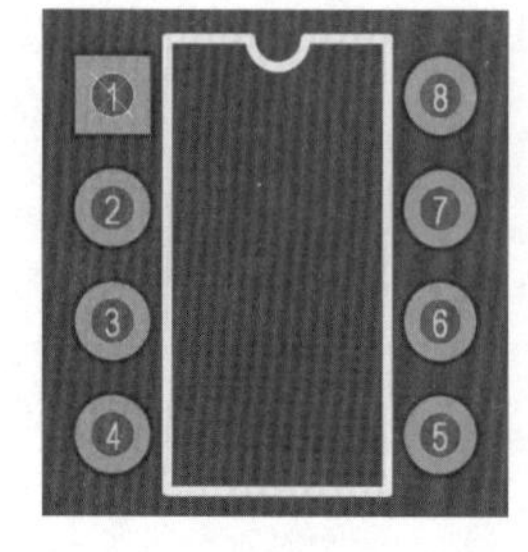

▲图 10.4.10　手工绘制完成后的封装

(4)绘制元件外形

通过工作层面切换到顶层丝印层(即“TOP-Overlay”层),执行菜单命令“Place”/“Line”,此时光标会变为十字形状,移动鼠标指针到合适的位置,单击鼠标左键确定元件封装外形轮廓的起点,到一定的位置再单击鼠标左键即可放置一条轮廓,以同样的方法直到画完位置。执行菜单命令“Place”/“Arc”可放置圆弧。绘制完成后如图 10.4.10 所示。

(5)设定器件的参考原点

执行菜单命令“Edit”/“Set Reference”/“Pin 1”,可将元器件的参考点设置在第 1 脚;若执行菜单命令“Edit”/“Set Reference”/“Center”,可将元器件的参考点设置在元器件的几何中心。

操作提示:在绘制焊盘或者元件外形时,可以不断地重新设定原点的位置以方便画图。操作为:“Edit”/“Set Reference”/“Location”,此时移动鼠标到所需要的新原点处单击鼠标左键即可。

2)利用向导创建元件库(方法二)

在软件中,提供的元器件封装向导允许用户预先定义设计规则,根据这些规则,元器件封装库编辑器可以自动生成新的元器件封装。

(1)利用向导创建直插式元件封装

①在PCB元件库编辑器编辑状态下,执行菜单命令"Tools"/"Footprint Wizard…",弹出"Footprint Wizard"界面,进入元件库封装向导。

②单击"下一步"按钮,在弹出的对话框中设置元器件封装外形和计量单位。

③单击"下一步"按钮,设置焊盘尺寸。

④单击"下一步"按钮,设置焊盘位置。

⑤单击"下一步"按钮,设置元器件轮廓线宽。

⑥单击"下一步"按钮,设置元器件引脚数量。

⑦单击"下一步"按钮,设置元器件名称。

⑧单击"下一步"按钮,单击"Finish"完成向导。

⑨运行元件设计规则检查,选择菜单命令"Reports"/"Component Rule Chick",检查是否存在错误。

绘制完成后的封装如图10.4.11所示。

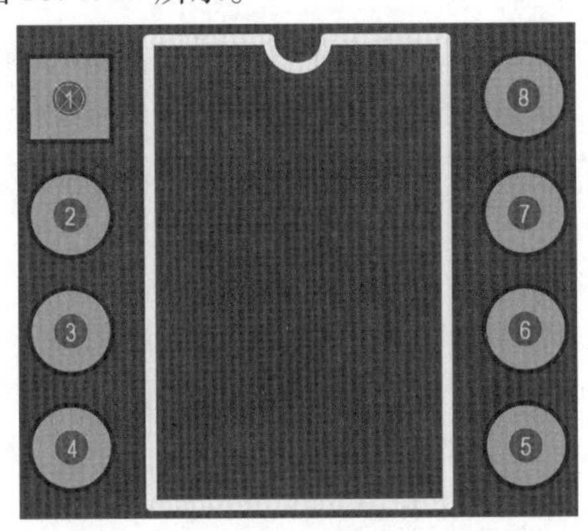

▲图10.4.11 利用向导绘制完成的封装

(2)利用向导创建表面贴片式元件封装

在PCB元件库编辑器编辑状态下,执行菜单命令"Tools"/"IPC Component Footprint Wizard…",弹出"IPC Component Footprint Wizard"界面,进入元件库封装向导。接下来的过程大体与利用向导创建直插式元件封装过程相同,不再赘述。

10.5 PCB设计

印制电路板(Printed Circuit Board,PCB),是通过在绝缘程度非常高的基材上覆盖上一层导电性良好的铜膜,采用刻蚀工艺,根据PCB的设计在敷铜板上经腐蚀后保留铜膜形成电气导线,一般在导线上再敷上一层薄的绝缘层,并钻出安装定位孔、焊盘和过孔,适当剪裁后供装配使用。

10.5.1 元件布局与 PCB 布线规则

1)元件布局

元件布局不仅影响 PCB 的美观,而且还影响电路的性能。在元件布局时应注意以下几点:

①先布放关键元器件(如单片机、DSP、存储器等),然后按照地址线和数据线的走向布放其他元件。

②高频元器件引脚引出的导线应尽量短些,以减少对其他元件及其电路的影响。

③模拟电路模块与数字电路模块应分开布局,不要混合在一起。

④带强电的元件与其他元件距离尽量要远,并布放在调试时不易触碰的地方。

⑤对于重量较大的元器件,安装到 PCB 上要安装一个支架固定,防止元件脱落。

⑥对于一些严重发热的元件,必须安装散热片。

⑦电位器、可变电容等元件应布放在便于调试的地方。

2)PCB 布线

布线时应遵循以下基本原则:

①输入端导线与输出端导线应尽量避免平行布线,以免发生耦合。

②在布线允许的情况下,导线的宽度尽量取大些,一般不低于 10 mil。

③导线的最小间距是由线间绝缘电阻和击穿电压决定的,在允许布线的范围内应尽量大些,一般不小于 12 mil。

④微处理器芯片的数据线和地址线应尽量平行布线。

⑤布线时尽量少转弯,若需要转弯,一般取 45°走向或圆弧形。在高频电路中,拐弯时不能取直角或锐角,以防止高频信号在导线拐弯时发生信号反射现象。

⑥电源线和地线的宽度要大于信号线的宽度。

10.5.2 PCB 设计流程

PCB 设计流程图如图 10.5.1 所示。详细设计步骤如下:

(1)创建 PCB 工程(项目)文件

如果在原理图绘制阶段已经创建,则无须新建。启动 AD22 后,选择菜单“File”/“New”/“Project”/“PCB Project”命令创建 PCB 工程。

(2)保存 PCB 工程(项目)文件

选择“File”/“Save Project”菜单命令,弹出保存对话框“Save [PCB_Project1. PrjPCB] AS…”对话框;选择保存路径后在“文件名”栏内输入新文件名保存到自己建立的文件夹中。

(3)绘制原理图

整个原理图绘制过程参见原理图设计部分。

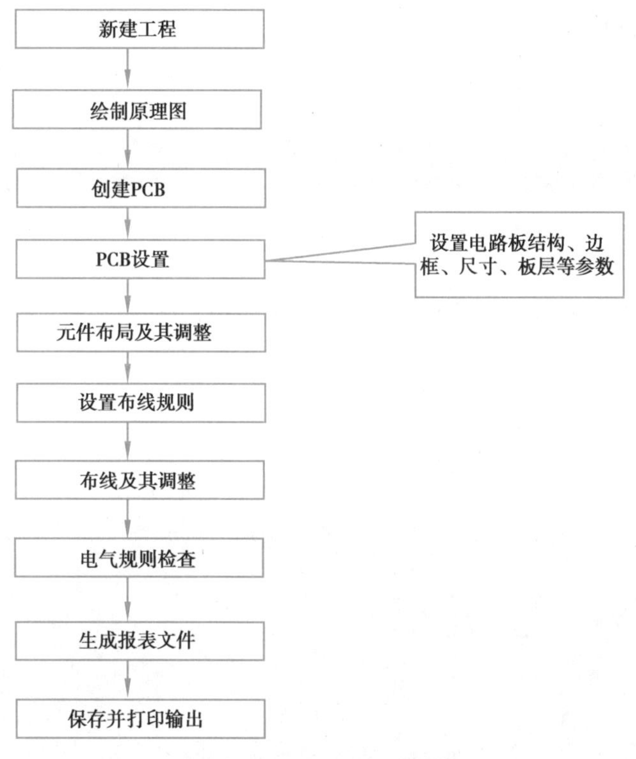

▲图 10.5.1　PCB 设计流程

(4)创建 PCB 文件文档

使用菜单命令创建:

①通过原理图部分的介绍方法先创建好工程文件。

②在创建好的工程文件中创建 PCB:选择"File"/"New"/"PCB"菜单命令。

保存 PCB 文件:选择"File"/"Save AS"菜单命令。

(5)规划 PCB

①板层设置。

执行菜单命令:"Design"/"Layer Stack Manager",在弹出的对话框中进行设置,如图 10.5.2 所示。

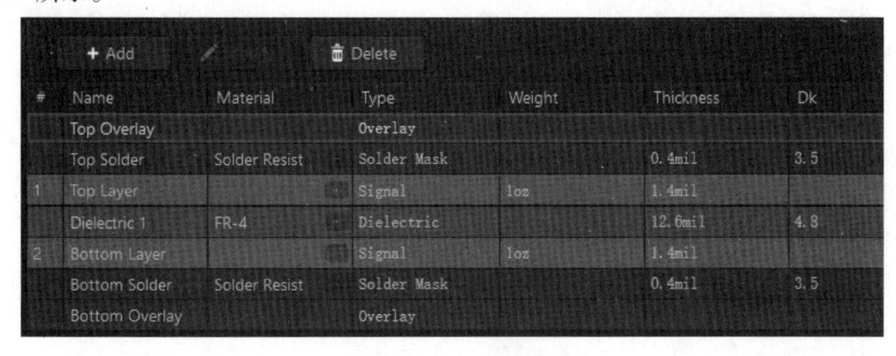

+ Add　Delete

#	Name	Material	Type	Weight	Thickness	Dk
	Top Overlay		Overlay			
	Top Solder	Solder Resist	Solder Mask		0.4mil	3.5
1	Top Layer		Signal	1oz	1.4mil	
	Dielectric 1	FR-4	Dielectric		12.6mil	4.8
2	Bottom Layer		Signal	1oz	1.4mil	
	Bottom Solder	Solder Resist	Solder Mask		0.4mil	3.5
	Bottom Overlay		Overlay			

▲图 10.5.2　板层设置

②PCB 物理边框设置。

单击工作窗口下面的按钮，如图 10.5.3 所示，切换到 Mechanical 1 工作层上。选择“Place”/“Line”菜单命令，根据自己的需要，绘制一个物理边框。

▲图 10.5.3　切换工作层按钮

③PCB 布线框设置。

单击工作窗口下面的 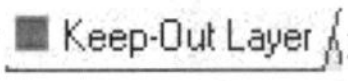 Keep-Out Layer 标签，执行“Place”/“Keepout”/“Track”菜单命令。根据物理边框的大小设置一个紧靠物理边框的电气边界。

(6)导入 PCB

方法一：如果原理图与 PCB 已经属于同一工程，那么在原理图界面选择“Design”/“Update PCB Document［文件名］. PcbDoc”，弹出对话框，如图 10.5.4 所示。

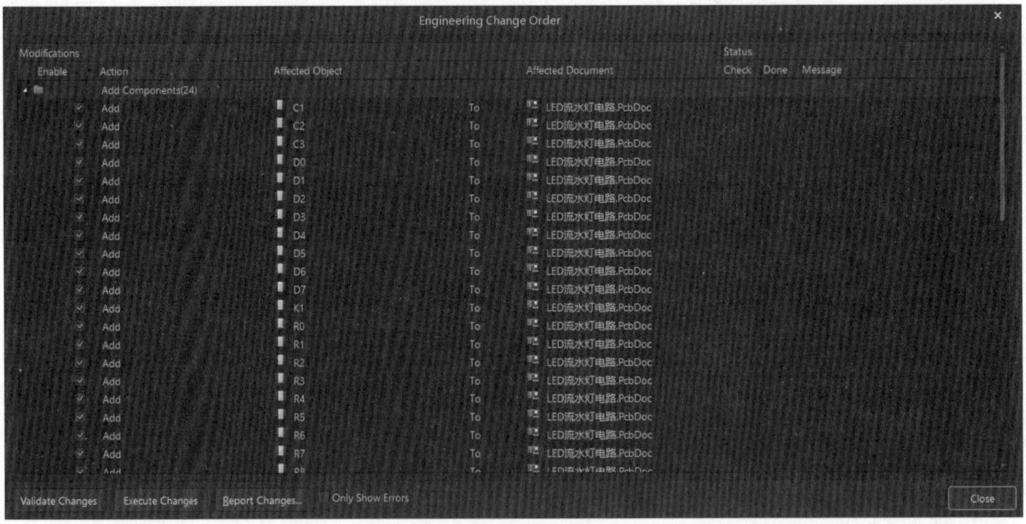

▲图 10.5.4　导入网络表选项

方法二：激活 PCB 工作面板，执行“Design”/“Import Changes From［文件名］. PCBDOC”菜单命令，也会弹出的如图 10.5.4 所示的对话框，单击 Validate Change 使更改生效，单击“Execute Changes”执行更改后，如图 10.5.5 所示，选中红色“Rooms”框架，按“Delete”键可删除。

(7)PCB 规则设计

可以通过规则编辑器设置各种规则以方便后面的设计，执行“Design”/“Rules…”菜单命令，如图 10.5.6 所示。

安全间距一般建议设置为 20 mil，最小不建议低于 10 mil。

线宽设置中，可新增线宽规则，并针对不同网络分别进行线宽设置，一般线宽 GND>VCC>Signal。本例中，GND 线宽为 60 mil，VCC 线宽为 40 mil，Signal 线宽为 30 mil。

(8)PCB 布局

通过移动、旋转元器件，将元器件移动到电路板内合适的位置，使电路的布局最合理。LED 流水灯电路布局如图 10.5.7 所示。

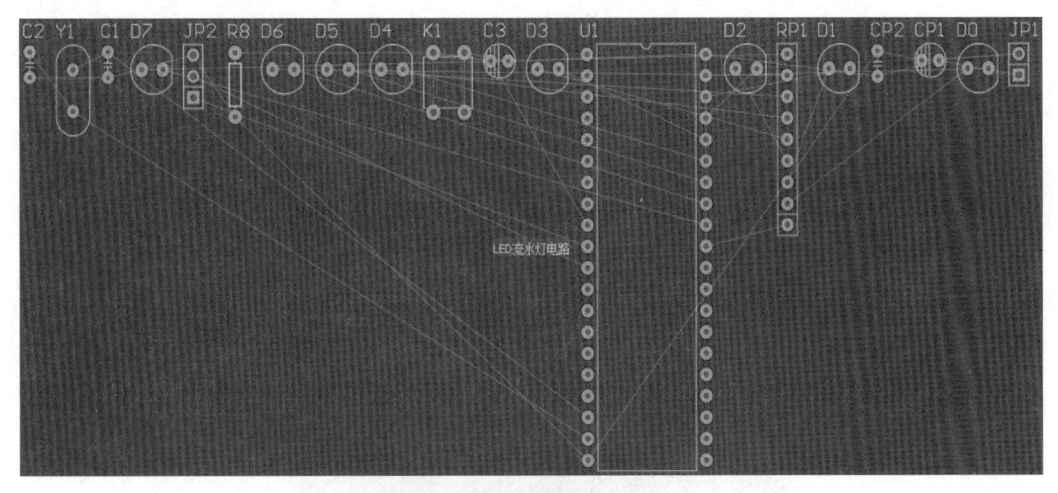

▲图 10.5.5　导入网络表后的窗口

▲图 10.5.6　规则设计对话框

(9)PCB 布线

调整好元件位置后即可进行 PCB 布线。执行“Place”/“Interactive Routing”菜单命令,或者单击图标,此时鼠标上为十字形,在单盘处单击鼠标左键即可开始连线。连线完成后单击鼠标右键结束布线。LED 流水灯电路连线完成如图 10.5.8 所示。

(10)板子尺寸重新调整

选中完成布线的 PCB 图,选择“Design”/“Board Shape”/“Define Board Shape from Selected Objects”,即可完成板子尺寸调整,调整后背景区域与边框大小一致。

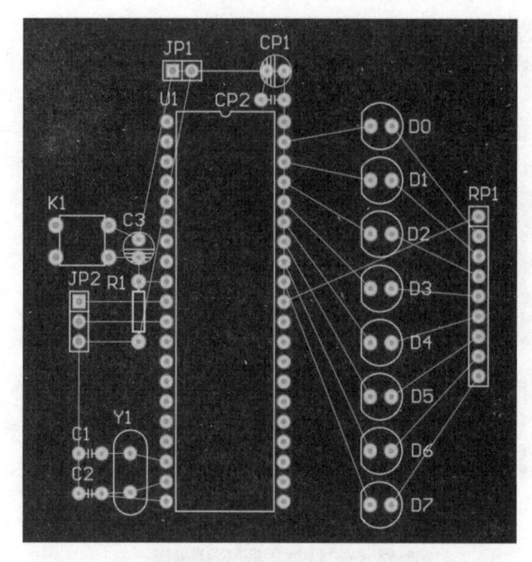

▲图 10.5.7 PCB 布局图

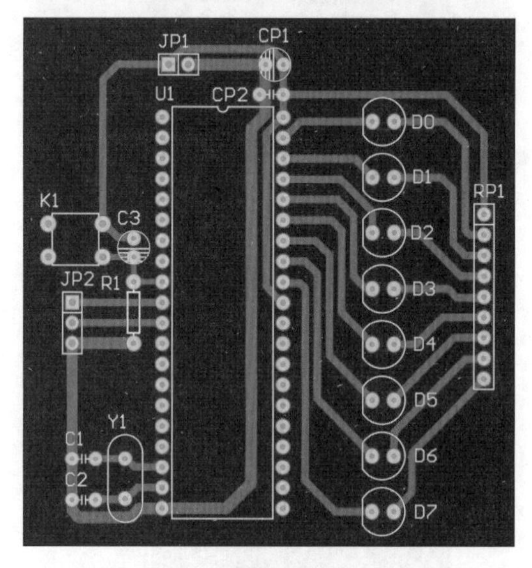

▲图 10.5.8 布线完成后的 PCB 图

(11)补滴泪操作

为增加焊盘附着力，可以对焊盘进行补滴泪操作。执行菜单“Tools”/“Teardrops…”，弹出对话框如图 10.5.9 所示，选择“Working Mode”/“Add”及“Objects”/“All”，即可完成补滴泪操作。

(12)铺铜操作

对于高速数字电路，需要大面积铺地以减小干扰。执行菜单命令“Place”/“Polygon Pour”或单击图标▇，鼠标变成十字光标，此时按下“Tab”，调出编辑对话框，如图 10.5.10 所示，可设置铺铜网络、铺铜风格等，然后框选相应的区域完成铺铜操作。铺铜完成后的电路如图 10.5.11 所示。

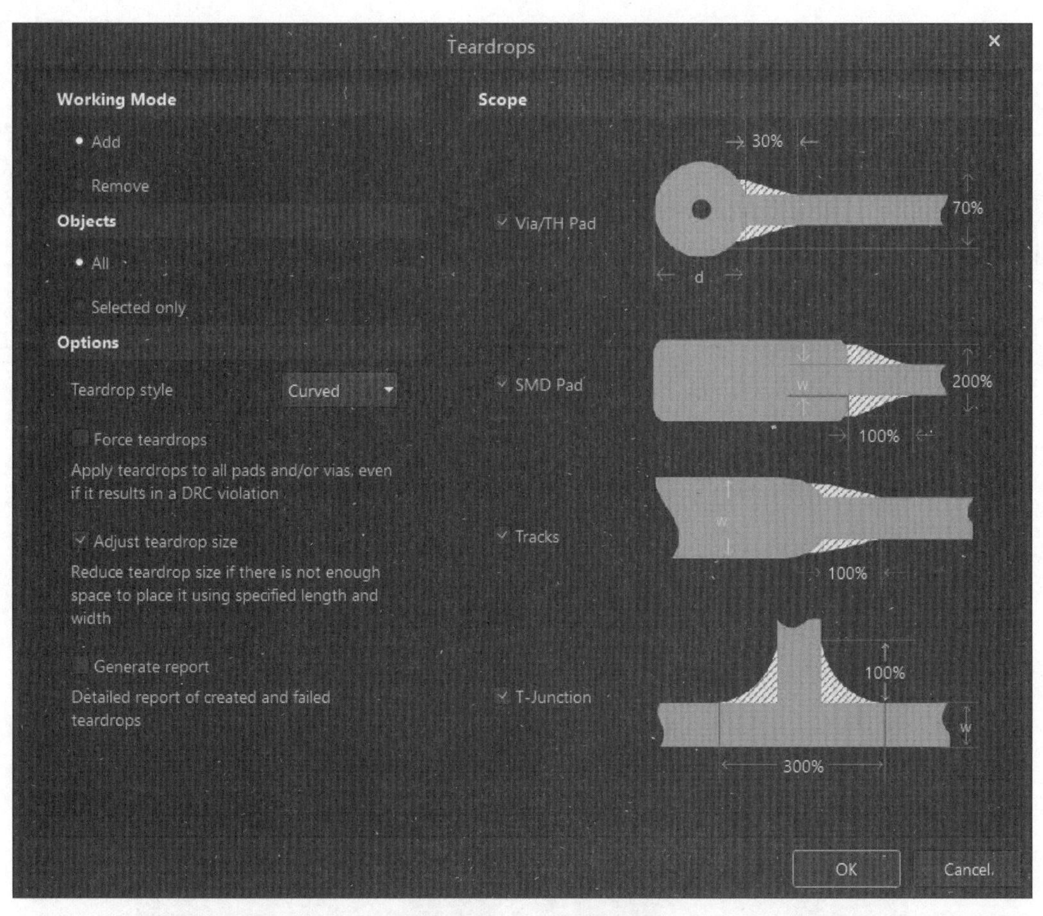

▲图 10.5.9　补滴泪操作

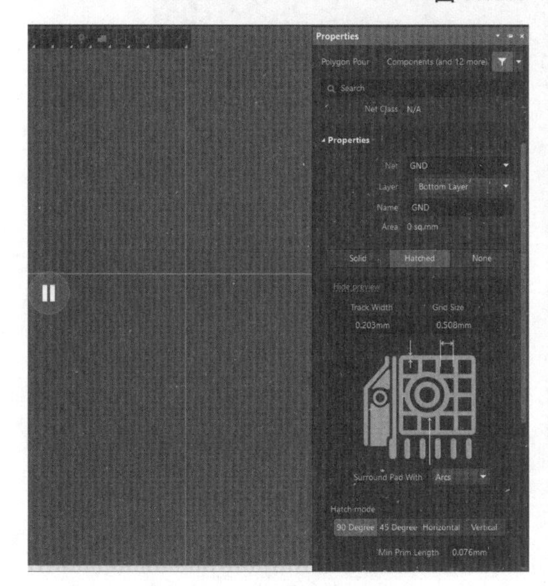

▲图 10.5.10　铺铜选项

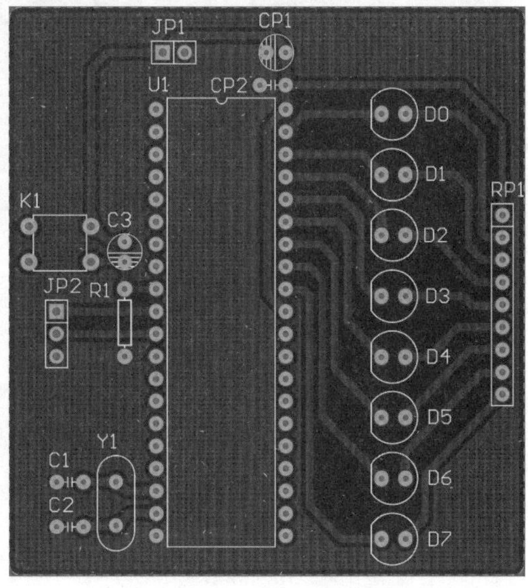

▲图 10.5.11　铺铜完成

(13)电气规则检查

布线完成后,需进行电气规划检查,以及时发现未完成的布线网络,线宽、间距等不符合规则的情况。执行“Tools”/“Design Rule Check”,如图 10.5.12 所示,单击“Run Design Rule Check”即可进行电气规则检查。检查后会生成报告,如果存在电气方面的错误,则需要将错误全部更正。电气规则检查报告中,有一些是警告,或者类似于“丝印到焊盘”“丝印到丝印”间距过小等错误,不影响电气连接关系,经人工检查确认后可以忽略。

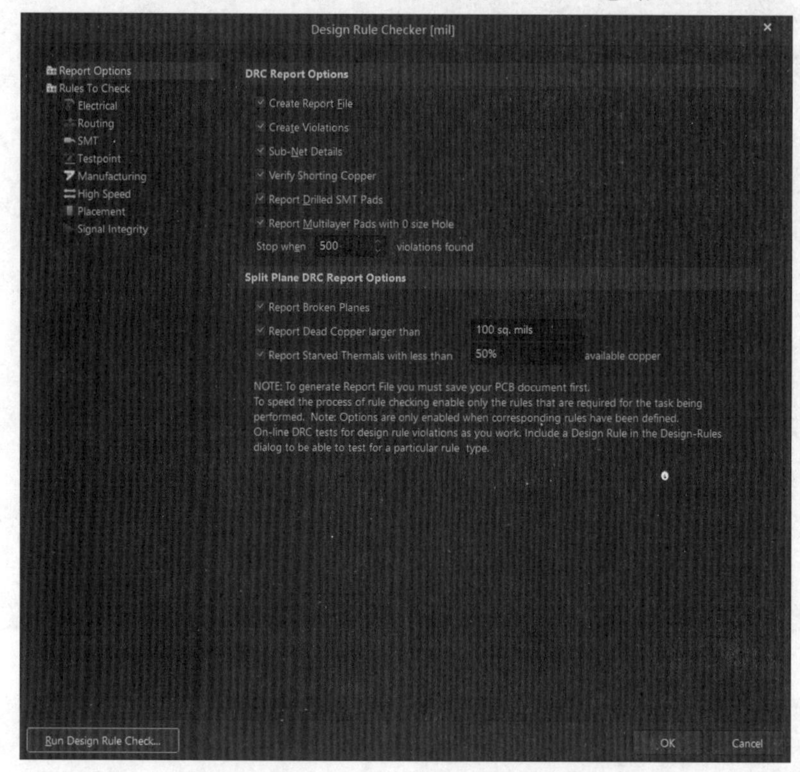

▲图 10.5.12 电气规则检查

10.6 AD 使用技巧及注意事项

10.6.1 常用快捷键

使用快捷键可大大提升电路绘图效率,本书列举一些 AD 常用的快捷键,供读者学习或参考。

1)通用操作

Windows 系统通用快捷键,常用操作方式如下:

“Ctrl+S”:保存;

“Ctrl+Z”:取消;

“Ctrl+C”:复制;

“Ctrl+R”:一次复制,并可连续多次粘贴;
“Ctrl+X”:剪切;
“Ctrl+V”:粘贴;
“Ctrl+A”:全选;
“X+A”:全部取消;
“Esc”:退出;
“Ctrl+F”:查找;
“Ctrl+P”:打印。

2)画布操作

(1)画布设置

按下“O”,再按下“D”可调出画布属性对话框,可对画布大小进行设置。

(2)放大缩小

放大缩小最常用的方法为“Ctrl+鼠标滚轮”,或利用“PgUp”“PgDn”按键以鼠标为中心进行放大缩小,也可以使用“鼠标左右键同时按住”(或按住“鼠标中键”)+移动鼠标。按下“Home”键可以以鼠标为中心刷新视图。

(3)画布移动

使用鼠标滚轮可对画布进行上下移动,使用“Shift+滚轮”可对 PCB 画布左右移动,按住鼠标右键移动鼠标可以拖动画布。

3)原理图操作

(1)元件旋转

在黏附状态下,使用空格键可进行元件逆时针旋转;使用“Shift+空格”可进行元件顺时针旋转。

(2)元件翻转

在黏附状态下按“X”可对元件进行水平翻转操作。

在黏附状态下按“Y”可对元件进行垂直翻转操作。

(3)元件删除

按下“E”,再按下“D”,点中待删除的元件即可删除。

(4)属性编辑

黏附状态按下“Tab”,可调出元件属性修改对话框。

(5)元件查找

按下“J”,再按下“C”,可输入位号进行元件查找。

(6)元件对齐

“Ctrl+Shift+T”(top):上对齐;
“Ctrl+Shift+B”(bottom):下对齐;
“Ctrl+Shift+L”(left):左对齐;
“Ctrl+Shift+T”(right):右对齐;

“Ctrl+Shift+H”(horizontal):水平方向上等距;

“Ctrl+Shift+V”(vertical):竖直方向上的等距。

(7)其他操作

按下“Shift+C”可清除当前过滤器。

按下“Ctrl+W”可进行连线。

4)PCB 操作

PCB 中一些快捷键与原理图快捷键基本相同,例如旋转、属性编辑等操作,也有一些是针对 PCB 绘制特有的快捷键。

“Q”:公制(mm)和英制(mil)转换,必须在英文输入法下使用;

“Ctrl+End”:定位到原点;

“Ctrl+鼠标左键”:高亮显示同网络名的对象(鼠标左键必须点到有网络名的对象);

“Ctrl+ Shift+鼠标滚轮”:切换不同的布线层;

“Shift+空格”:改变走线方向;

“+”或“-”:换层;

“ * ”:换层并自动添加过孔;

“E+M+I”或元件黏附状态下按下“L”:将器件翻转到另一层。

10.6.2 使用注意事项

1)原理图绘制

(1)规范用线

AD22 中,有电气连接线、总线、绘图线等不同种类的线,其中只有电气线才具备电气连接特性,其名称为“Wire”,而总线和绘图线仅属于标识线,无电气连接含义。在使用时,要避免使用绘图线进行原理图连接。使用总线时,必须配合电气节点进行电气连接。

(2)网络节点连接

为使电路原理图具有更好的直观性,往往使用网络节点进行不同端子之间的连接。执行“Place”/“NetLabel”可进行节点放置,在进行电气连接时要保证节点左下角灰色“×”号与待连接端子或电气线进行连接。

(3)交叉线

在绘制电路原理图时,要特别注意十字交叉的电气线是否存在电气节点。在绘制时应避免不相连的十字交叉线出现电气节点,同时也应避免相连的交叉线电气节点自动取消。

(4)符号标识

原理图中出现的标识名称应当明确、直观,一目了然,使原理图具有较强的可读性,也方便后期修改与电路调试。原理图标识也应符合使用习惯,例如电阻元件一般使用“R”、电容元件使用“C”、电感元件使用“L”、二极管使用“D”、三极管使用“Q”、集成电路使用“U”等进行标识。

对于原理图中出现的运放、数字电路等元件,应使用通用标准符号进行绘制,如图 10.6.1

所示。

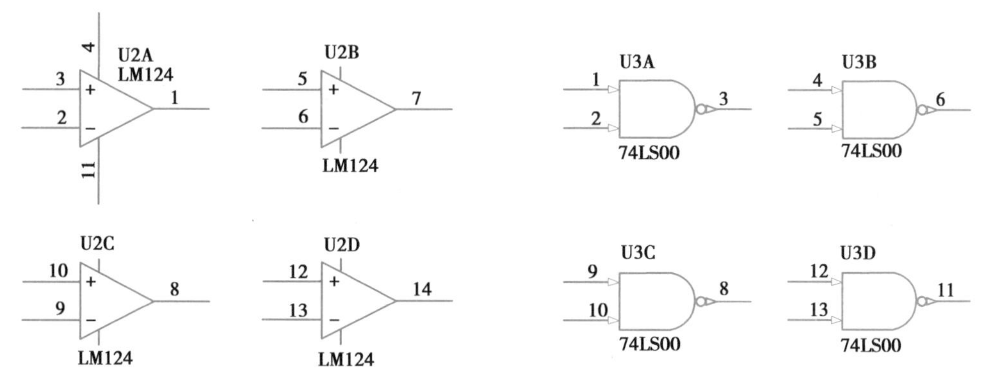

▲图 10.6.1　**运放及与非门符号**

(5)供电引脚

使用系统库自带的一些元件,例如图 10.6.1 中的集成四与非门 74LS00,其电源引脚默认为隐藏状态,为保障其引脚能正确连接至电源接口,那么必须使用名称为“VCC”的网络标签进行连接。也可将其隐藏引脚显示出来之后再进行连接,但这种方式会影响电路原理图的美观性。

使用 AD 绘图软件绘制的原理图和最终实物直接相关,因此必须保证所有的集成电路的供电引脚都能够正确连接至供电电源,而不能像理论指导书中一样省略。

2)PCB 绘制

在 PCB 绘制过程中,可以根据布局布线需要对原理图进行适当修改,但修改时必须先修改原理图,再重新导入或更新 PCB,切忌直接在 PCB 中修改电气网络。此外,电路 PCB 绘制还有一些特别的注意事项。

(1)元件布局

在元件摆放时,一般将直插器件放表层,贴片器件放底层,以方便后期焊接与调试。在 PCB 布局时,可以使用“L”键将器件从表层(底层)翻转到底层(表层),禁止使用“X”或“Y”键进行元件在同一层翻转。

电源、输入、输出等接口尽量采用专用接插件,且应放置于电路板边缘并保证接线口朝向电路板外侧以方便插接。

元件布局应优先考虑信号流向,要避免信号形成正反馈回路以引发寄生振荡。

(2)焊盘设置

在进行焊盘及孔径大小设置时,一定要保证孔径大小合适,利于器件引脚顺利插接,且焊盘直径也应合适以方便焊接,并提高器件稳固程度。

(3)布线走线

PCB 布线时,应尽量缩短走线,且应避免走直角线。初学者应采用手工方式布线,不建议使用自动布线功能。

关于 PCB 布局布线要求与规范,本书限于篇幅,不再做深入探讨,读者可自行查阅相关书籍,结合自身实践深入学习。

10.7 嘉立创 EDA 介绍

1)嘉立创 EDA 功能简介

嘉立创 EDA 是一款由深圳市嘉立创科技发展有限公司 EDA 团队自主研发,拥有完全独立自主知识产权的且免费的国产 EDA 工具,其服务于广大电子工程师、教育者、学生、电子制造商和爱好者,致力于中小原理图、电路图绘制与仿真,PCB 设计并提供制造便利性。

2)嘉立创 EDA 使用方法简介

本书以“声控 USB 照明灯”为例介绍嘉立创 EDA(网页)标准版的基本操作方法。嘉立创 EDA 设计流程与 AD22 基本类似,此处不再赘述。

(1)新建项目

使用嘉立创 EDA 也是需要首先建立工程文件,然后在工程里新建原理图和 PCB 文件并保存。具体操作方法如下:

①打开浏览器,在地址栏输入“lceda. cn”,进入嘉立创 EDA 网页,如图 10.7.1 所示。使用前需提前注册账号并绑定手机,点击“登录”选项后扫码进入,进入后编辑器版本选择界面如图 10.7.2 所示。

▲图 10.7.1 打开网页

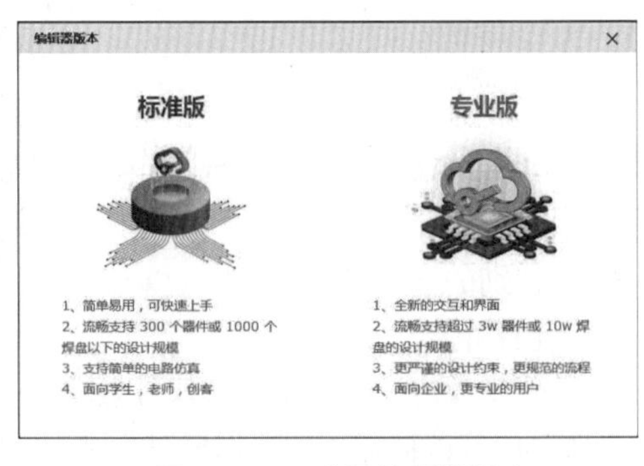

▲图 10.7.2 选择编辑器版本

②选择“标准版”进入编辑界面,如图 10.7.3 所示。

③选择嘉立创 EDA 标志下方的“工程”选项,可新建工程,在弹出的对话框中输入相应信息并保存,如图 10.7.4 所示,完成工程建立后会自动切换至原理图界面。

④PCB 文件创建。单击“文件”/“新建”/“PCB”,即可完成 PCB 创建,然后将 PCB 文件保存在同一工程下面,如图 10.7.5 所示。

在工程中选择“声控 USB 照明灯”原理图,打开后显示原理图画布,右击在弹出的对话框中可对原理图画布显示及属性进行编辑和修改。原理图绘制步骤与 AD22 类似,只是具体操作方式有所区别,例如嘉立创 EDA 采用鼠标滚轮即可实现画布缩放,其他操作方法可参考其帮助文档,本书不再介绍。

(2)原理图绘制

声控 USB 照明灯原理图绘制步骤如下:

▲图 10.7.3　编辑器界面

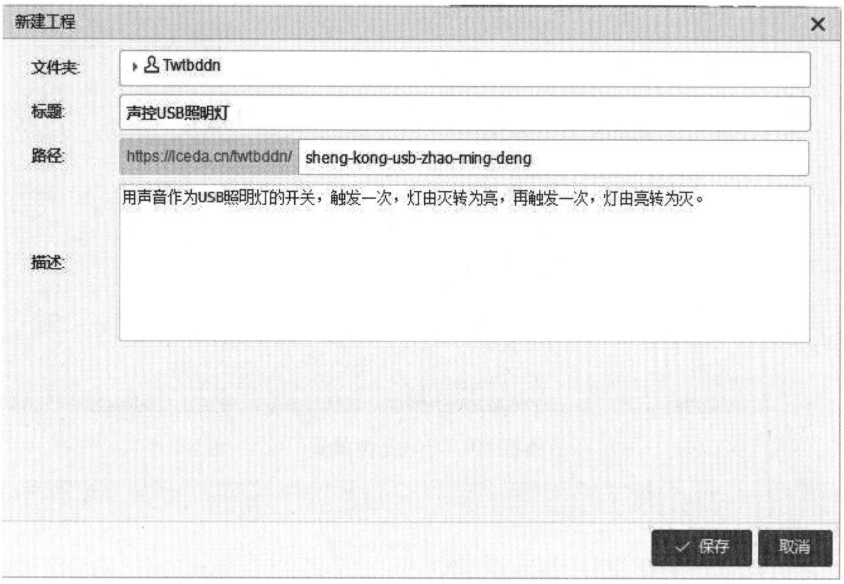

新建工程
文件夹: Twtbddn
标题: 声控USB照明灯
路径: https://lceda.cn/twtbddn/ sheng-kong-usb-zhao-ming-deng
描述: 用声音作为USB照明灯的开关，触发一次，灯由灭转为亮，再触发一次，灯由亮转为灭。
保存　取消

▲图 10.7.4　新建工程

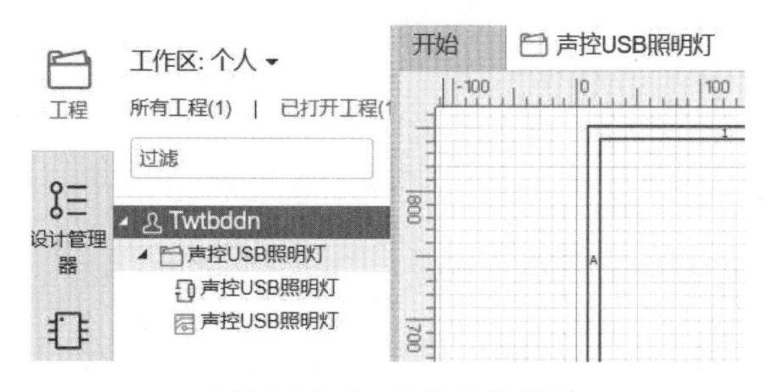

▲图 10.7.5　PCB 文件创建

①选择并放置元件。左侧菜单列表中，如图 10.7.6 所示，可以选用“常用库”（系统自带常用元件库）或是选择“元件库”进行元件搜索。使用搜索功能时，要注意保证搜索到的元件与要使用的元件符号标识、引脚编号顺序等要一致，以免出现元件选择错误。

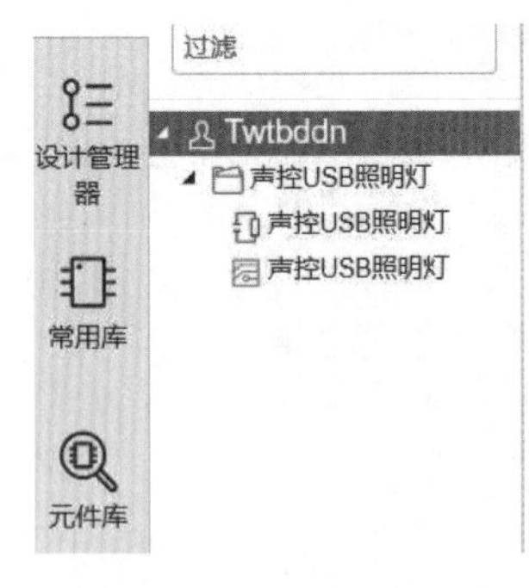

▲图 10.7.6　元件库列表

②选中要放置的元件，元件会黏附在鼠标上，并且会出现十字光标，如图 10.7.7 所示，

然后将光标移至画布空白处单击鼠标左侧完成元件放置，如图 10.7.8 所示。

③双击放置好的元件打开属性修改对话框，可以设置元件名、封装等属性(因嘉立创 EDA 中的元件、封装库有相当一部分为用户提供，所以在使用的时候要保证选用的封装与元件、实体器件引脚顺序完全对应)。

④放置好所有元件及网络节点后，即可进行电路连线。选

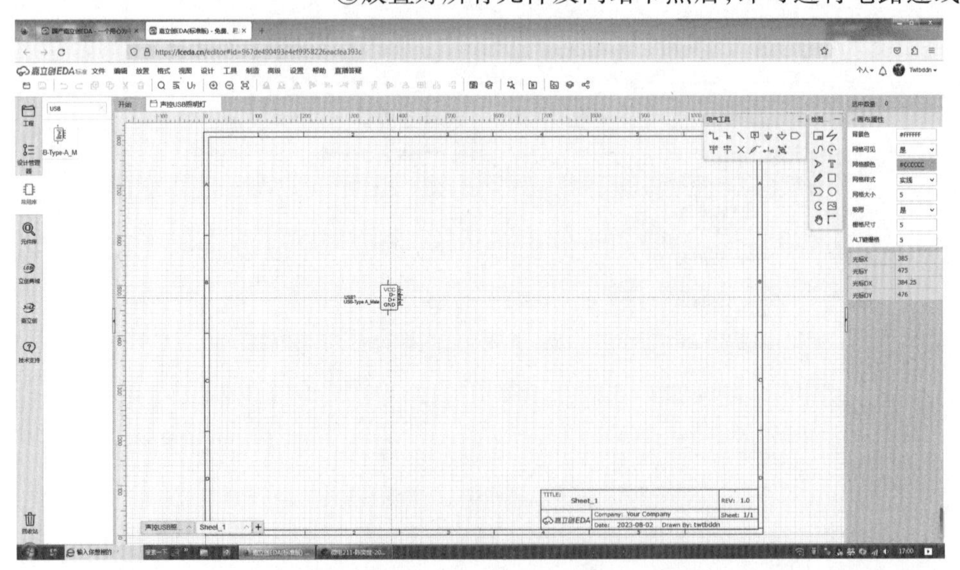

▲图 10.7.7　元件放置

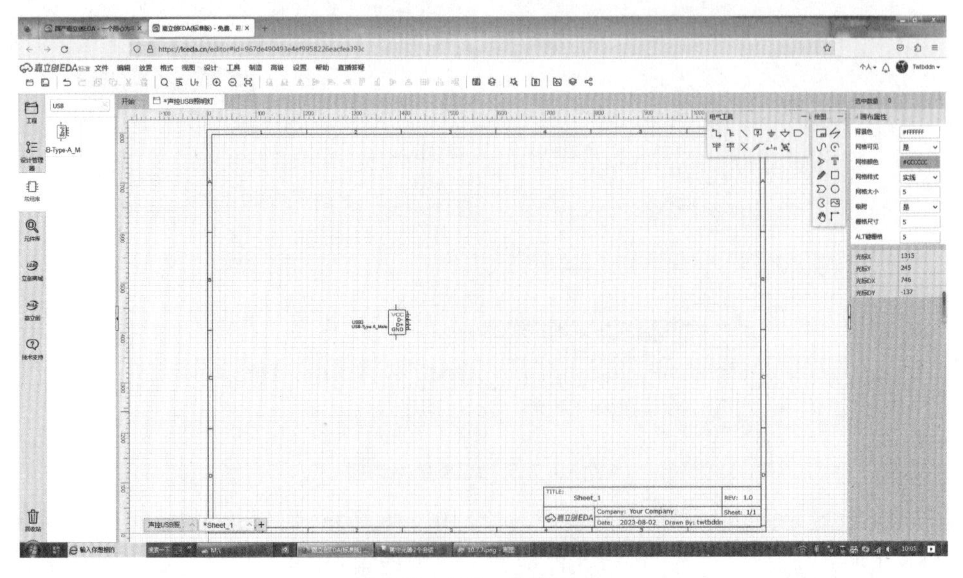

▲图 10.7.8　放置完成

择图标或使用快捷键“W”，鼠标会形成十字光标，然后将光标中心移动至某一元件引脚接线端，单击左键，电气线会黏附在光标上，在目标电气节点再次单击左键，即可完成该次连线。连线完成后单击右键可退出连线状态。

绘制完成的电路原理图如图 10.7.9 所示。

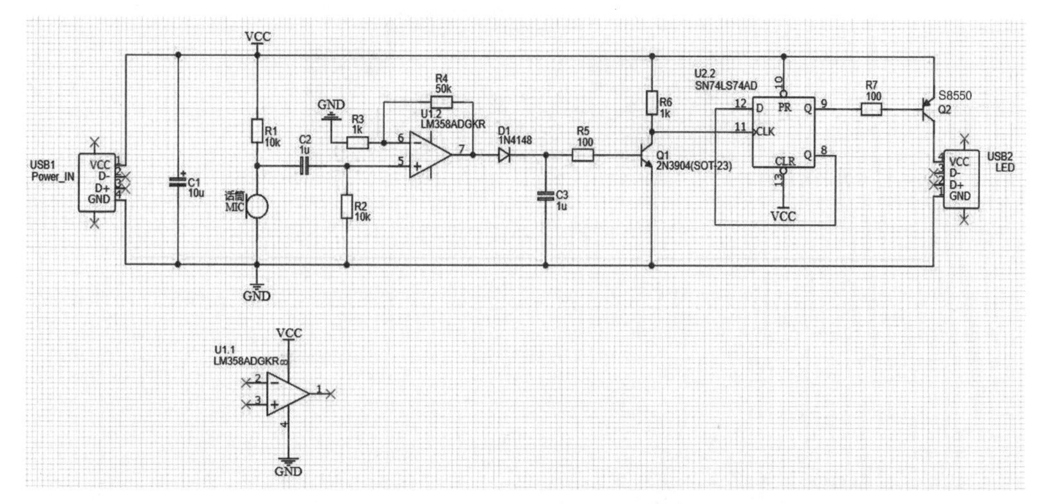

▲图 10.7.9 绘制完成的原理图

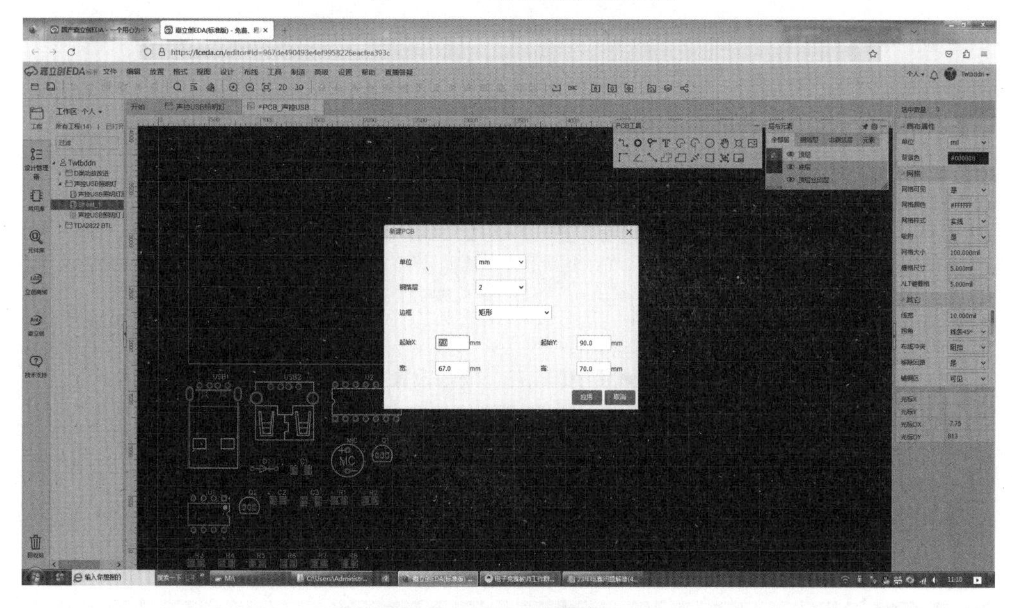

▲图 10.7.10 原理图转 PCB

3)PCB 绘制

嘉立创 EDA 中 PCB 绘制流程和方法与 AD22 也基本类似，具体步骤如下：

①在原理图界面，选择“设计”/“原理图转 PCB”或“设计”/“更新 PCB”，点击“应用”后即可完成元件导入，如图 10.7.10 所示。注意导入前必须将原理图文件进行保存。

②布线规则设置。选择“设计”/“设计规则”，如图 10.7.11 所示。

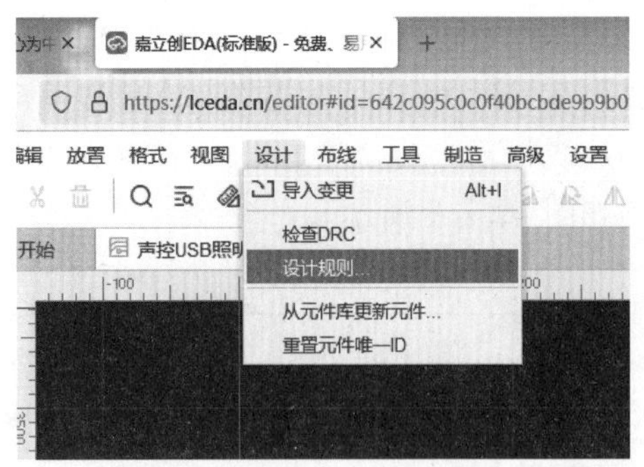

▲图 10.7.11 设计规则

打开后会弹出设计规则对话框,可进行规则设置,如图 10.7.12 所示。

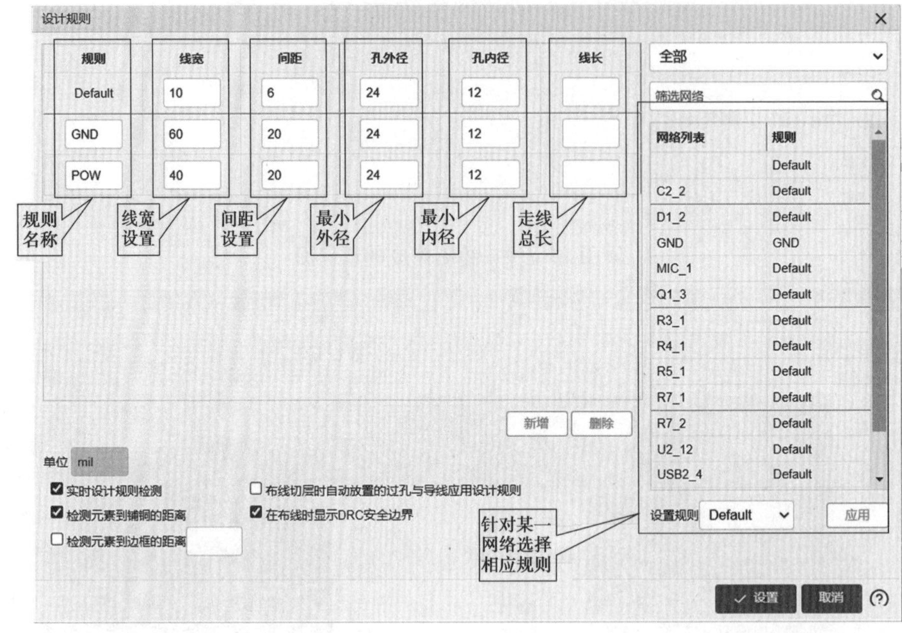

▲图 10.7.12 规则设置

③规则设置完成之后,可以进行布线层及定位孔的设置。具体操作方法参考“帮助”/“使用教程”,本书不做详解。

④进行元器件布局,方法同 AD22 类似,按照信号流向,围绕核心器件调整元器件位置,最终元件布局图如图 10.7.13 所示。

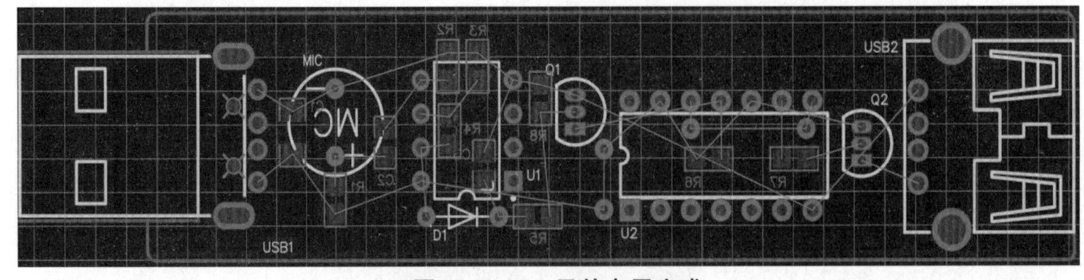

▲图 10.7.13 元件布局完成

⑤布局完成后,即可开始进行布线。嘉立创 EDA 布线方式与 AD22 类似,但快捷键为

“W”。具体走线操作由读者自行研究学习。布线完成后电路 PCB 如图 10.7.14 所示。

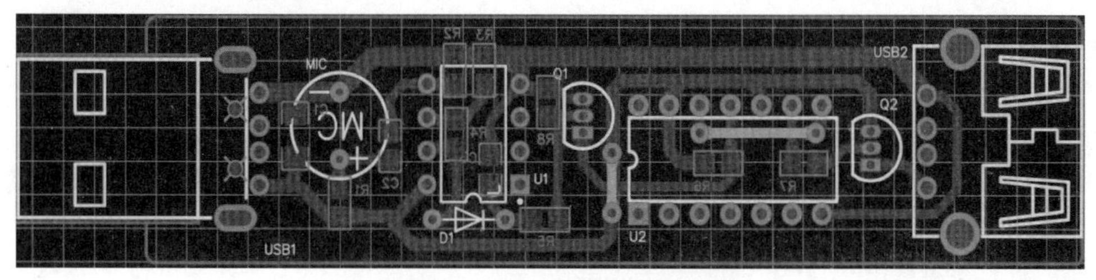

▲图 10.7.14　**电路板完成布线**

如果在元件绘制过程中,选择了所对应的“3D”模型,则可以对电路板进行 3D 模型预览查看,选择图标 2D 3D 中的“3D”选项,即可打开模型查看,如图 10.7.15 所示。3D 模型可以通过鼠标移动来进行全方位查看。

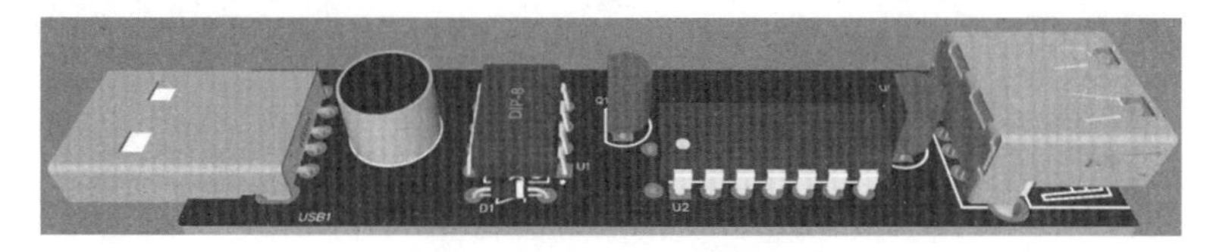

▲图 10.7.15　**3D 模型查看**

⑥电气规则检查。选择“设计”/“检查 DRC”,如图 10.7.16 所示。

运行后即可进行电气规则检查。检查结束后,会生成检查报告,如有错误则进行修正。

4)PCB 加工

PCB 设计完成并检查无误后,可以直接下单。选择“制造”/“一键 PCB/SMT 下单”,如图 10.7.17 所示,在弹出的对话框中单击“确定”,即跳转至下单界面,如图 10.7.18 所示,按照界面提示完成内容填写后,单击“提交”即完成下单。

PCB 生产加工流程

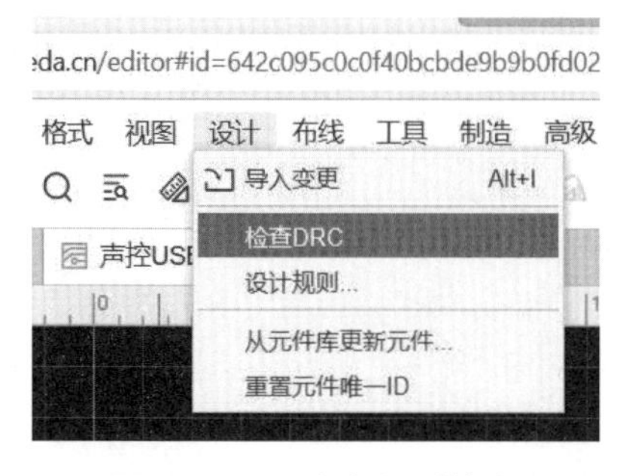

▲图 10.7.16　**电气规则检查图**

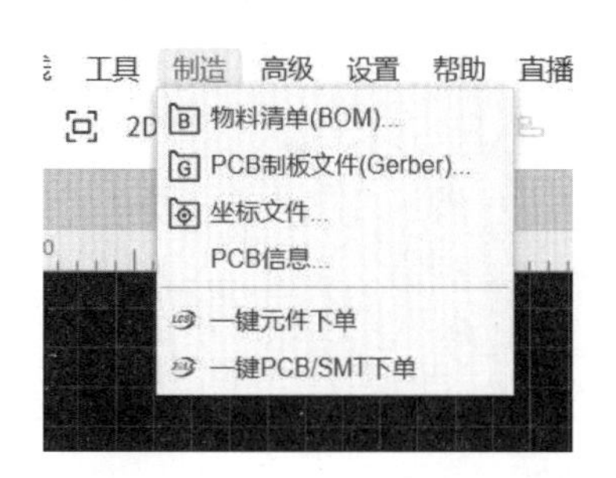

▲图 10.7.17　**PCB 加工下单**

PCB在线下单
下单前技术员必看
下单员必看事项
PCB工艺参数
基本信息
已选订单参数
板材类别
FR-4
铝基板
热电分离铜基板
板子尺寸
1.87 CM × 8.81 CM
板子数量
5
样板订单
板子层数
1 2 4 6
6 8 10 12
产品类型
工业/消费/其他类电子产品
军工/航空
医疗
重要选项
确认生产稿
需要(收费3元)
不需要
官方推荐确认生产稿，为什么？
PCB工艺信息
拼板款数
1
请填写文件内有多少款不同的板子
板子厚度
0.4 0.6 0.8 1.0 1.2 1.6 2.0
板材选项
指定品牌 型号 TG值 玻璃布(张数) 阻燃性 加收价格
无要求(真A级) / TG135 8 94V0 不加价
交期&快递
交期: 样板48小时免费加急
快递: 京东特惠快递
发货时间: 以审核时间为准
价格明细 明细
预估总货款: ¥20.00
总价 预估支付总价(不含运费): ¥20
提交订单
我已知悉《免责声明》

▲图 10.7.18 下单界面

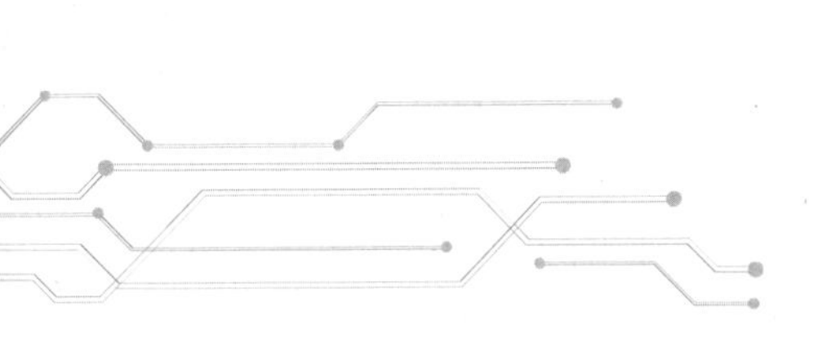

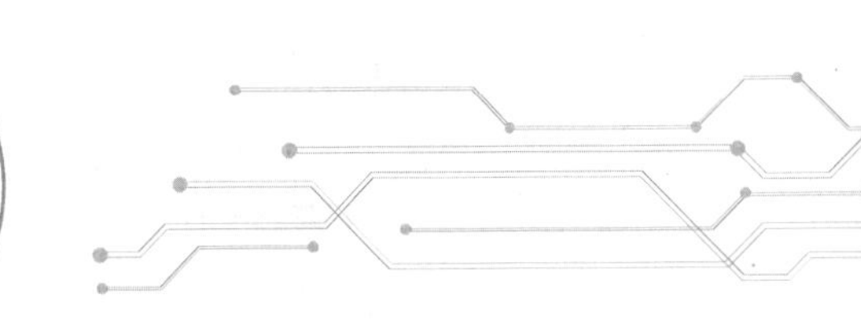

元器件资料与在线实验平台介绍

附录1　电阻器、电容器和电感器

1)电阻器

电阻器的种类很多,按使用功能可分为固定电阻器、可变电阻器和特殊电阻器。附图1为常见电阻器的外形与符号。

(1)电阻器的参数

①标称值。

电阻器体表面所标的阻值称为标称值,见附表1。

附表1　电阻器标称值系列

标称阻值系列	精 度	精度等级	电阻器标称值
E24	±5%	Ⅰ	1.0、1.1、1.2、1.3、1.5、1.6、1.8、2.0、2.2、2.4、2.7、3.0、3.3、3.6、3.9、4.3、4.7、5.1、5.6、6.2、6.8、7.5、8.2、9.1
E12	±10%	Ⅱ	1.0、1.2、1.5、1.8、2.2、2.7、3.3、3.9、4.7、5.6、6.8、8.2
E6	±20%	Ⅲ	1.0、2.2、3.3、4.7、6.8

电阻器的标注一般采用文字符号标注和色码标注两种方法。

文字符号标注就是在电阻器的表面,将材料类型和主要参数直接以数字或字母标出。在直接标注法中,可以用单位符号代替小数点。

色码标注电阻器是用色码来标注参数,在电阻器表面有不同颜色的色环,每一种颜色对应一个数字;色环位置不同,所表示的意义也不相同,各种颜色所对应的数值见附表2。

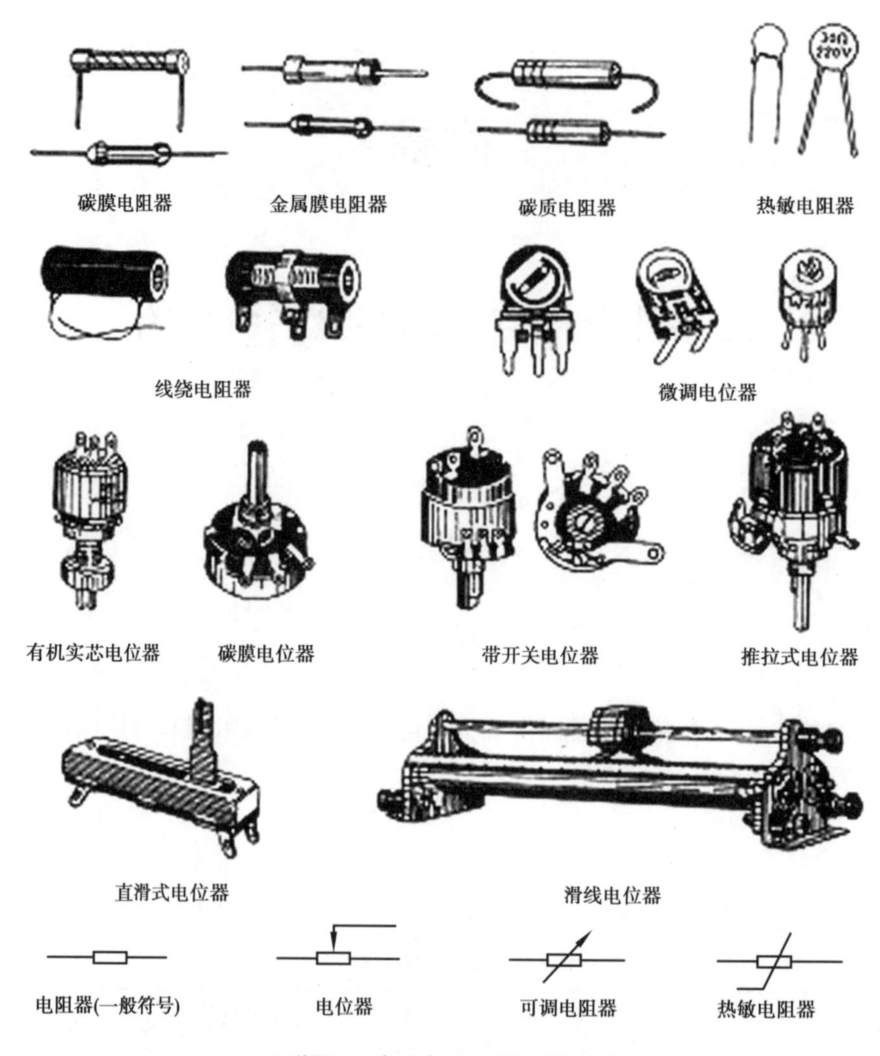

▲附图 1　常见电阻器的外形与符号

附表 2　电阻器色码表

颜色	棕	红	橙	黄	绿	蓝	紫	灰	白	黑	金	银	本色
有效数字	1	2	3	4	5	6	7	8	9	0			
乘数	10^1	10^2	10^3	10^4	10^5	10^6	10^7	10^8	10^9	10^0	10^{-1}	10^{-2}	
允许偏差±%	1	2			0.5	0.25	0.1				5	10	20

附图 2 为色环电阻器的示意图。

识别一个色环电阻器的标称值和精度，首先要确定首环和尾环(精度环)。按照色环的印制规定，离电阻器端边最近的为首环，较远的为尾环。首尾环确定后，就可按照附图 2 中每道色环所代表的意义读出标称值和精度。

五环电阻器为精密型电阻器，第五道精度环一般为棕色(1%)或红色(2%)。尾环的宽

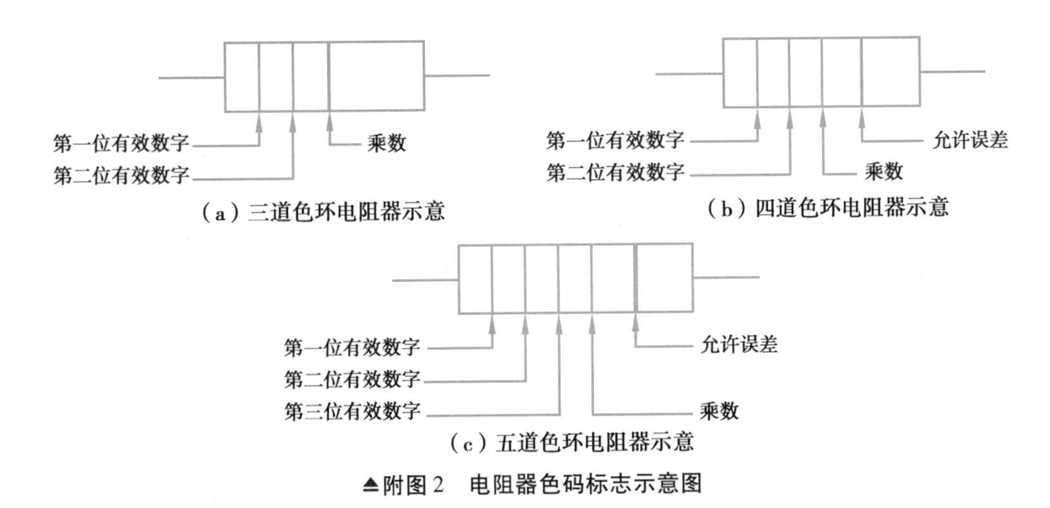

▲附图2　电阻器色码标志示意图

度是其他环的1.5~2倍。

例如:一只电阻器的色环按顺序为红、红、橙、本色,则其标称值为22 kΩ,允许误差为±20%。

②额定功率。

电阻器的额定功率是在规定的环境温度和湿度下,在长期连续负载而不损坏或基本不改变性能的情况下,电阻器上允许消耗的最大功率。额定功率分19个等级,常用的有$\frac{1}{20}$ W、$\frac{1}{8}$ W、$\frac{1}{4}$ W、$\frac{1}{2}$ W、1 W、2 W、3 W、5 W…,表示符号如附图3所示。

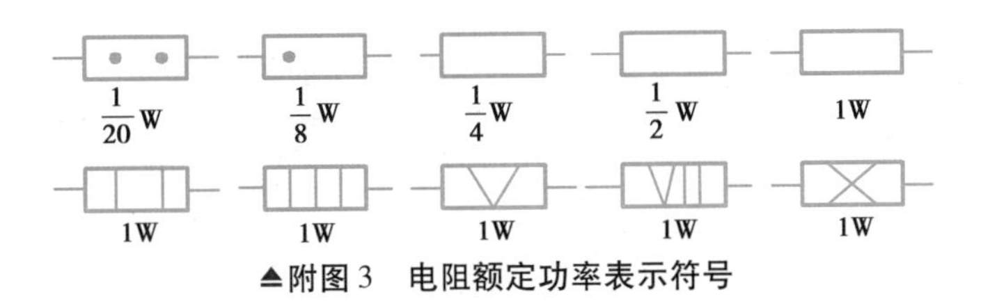

▲附图3　电阻额定功率表示符号

(2)电位器

电位器的阻值可在一定的范围内变化,一般有三个端子:两个固定端、一个滑动端。电位器的标称值是两个固定端的电阻值,滑动端可在两个固定端之间的电阻体上滑动,使滑动端与固定端之间的电阻值在标称值范围内变化。

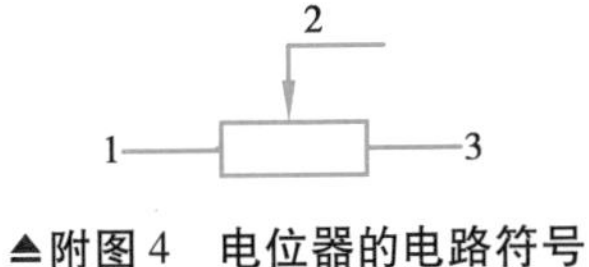

▲附图4　电位器的电路符号

①电位器的表示法。

电位器用字母R_P表示,电路符号如附图4所示。电位器常用作可变电阻或用于调节电位。

②电位器的分类。

电位器的种类很多,用途各不相同,通常可按其材料、结构特点、调节机构运动方式等进行分类。

按电阻材料可分为薄膜和线绕两种。薄膜电位器又分为小型碳膜电位器、合成碳膜电位器、有机实心电位器、精密合成膜电位器和多圈合成膜电位器等。按调节机构的运动方式可分为旋转式和滑动式，按阻值变化规律可分为线性和非线性等。

③电位器参数。

标称值：电位器的标称值与电阻器的系列相同，其允许误差范围为：±20%，±10%，±5%，±2%，±1%等。

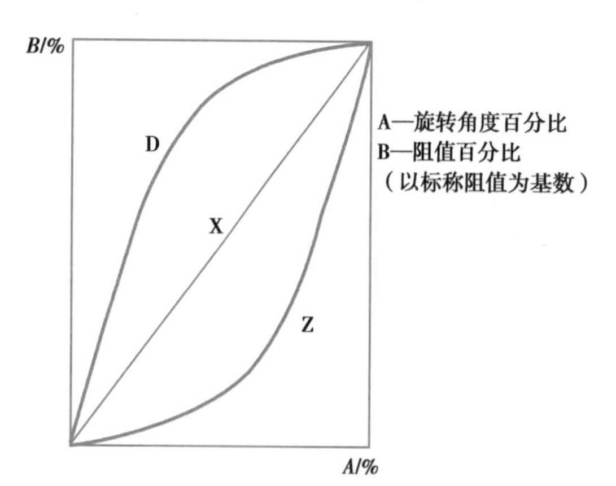

▲附图5 阻值变换规律

额定功率：电位器的额定功率是指两个固定端之间允许耗散的最大功率，滑动头与固定端之间所承受的功率要小于额定功率。

阻值变化规律：电位器的阻值变化规律是指当旋转滑动片触点时，阻值随之变化的关系。常用的电位器有直线式（X）、对数式（D）和指数式（Z），如附图5所示。

（3）特殊电阻器

特殊电阻器都是用特殊材料制造的，它们在常态下的阻值是固定的，当外界条件发生变化时，其阻值也随之发生变化，故又称其为敏感型电阻。常见有热敏、光敏、压敏电阻器等。

敏感型电阻器产品型号由下列四部分组成：第一部分为主称（用字母M表示），第二部分为类别（用字母表示），见附表3。

附表3 敏感电子器型号中类别部分的字母含义

字母	敏感电阻器类别	字母	敏感电阻器类别
F	负温度系数热敏	S	湿　敏
Z	正温度系数热敏	Q	气　敏
G	光　敏	L	力　敏
Y	压　敏	C	磁　敏

2）电容器

电容器是由两个金属板中间夹有绝缘材料（绝缘介质）构成的。绝缘材料不同，构成电容器的种类也不同。电容器在电路中具有隔断直流、通过交流的作用，常用于级间耦合、滤波、去耦、旁路及信号调谐（选择电台）等。它是电子设备中不可缺少的基本元件。

（1）电容器种类和符号

电容器的种类通常是以电介质的不同来区分的，具体情况见附表4。电容器在电路中用字母C表示，符号如附图6所示。部分电容器的外形如附图7所示。

附表 4　电容器的分类

固定电容器	有机介质	纸介电容器、纸膜复合介质电容器、薄膜复合介质电容器
	无机介质	云母电容器、玻璃釉电容器、陶瓷电容器
	气体介质	空气电容器、真空电容器、充气式电容器
	电解质	铝电解电容器、钽电解电容器、铌电解电容器
可变电容器	空气介质	线性电容式可变电容器、对数电容式可变电容器、线性波长式可变电容器、线性频率式可变电容器
	固体介质	云母膜型可变电容器、塑料薄膜可变电容器
	微调电容	拉线型微调电容器、瓷介型可变电容器、薄膜介质型可变电容器、玻璃介质型可变电容器、空气介质型可变电容器

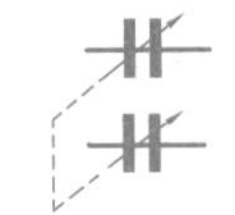

▲附图 6　电容器的符号

(2)电容器的主要性能参数

①标称容量及允许误差。

电容量是指电容器两端加上电压后,存储电荷的能力。常用单位是:法(F)、微法(μF)和皮法(pF),皮法也称微微法。其关系为:1 pF$=10^{-6}$ μF$=10^{-12}$ F。

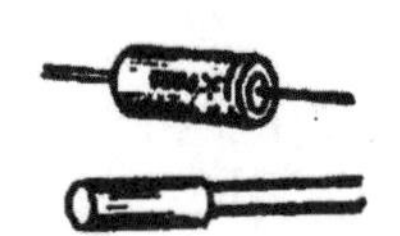

(a)瓷介电容器 (b)纸介电容器 (c)有机薄膜电容器 (d)电解电容器 (e)微调电容器

▲附图 7　部分电容器外形

标称容量是电容器外表面所标注的电容量,是标准化了的电容值,其数值同电阻器一样,也采用 E24、E12、E6 标称系列。当标称容量范围在 0.1～1 μF 时,采用 E6 系列。对于标称容量在 1 μF 以上的电容器(多为电解电容器),一般采用附表 5 的标称系列值。

附表 5　1 μF 以上电容器的标称系列值

容量范围	标称系列电容值/μF
>1 μF	1　2　4　4.7　6.8　10　15　20　30　47　50　60　80　100

不同类型的电容器采用不同的精度等级,精密电容器的允许误差较小,而电解电容器的

允许误差较大。一般常用电容器的精度等级分为三级：Ⅰ级为±5%，Ⅱ级为±10%，Ⅲ级为±20%。

②电容器的额定工作电压。

在规定的温度下，长期可靠工作时所能承受的最高直流电压称为电容器的额定工作电压，又称耐压值。常用固定电容器的直流工作电压系列为：6.3 V、10 V、16 V、25 V、32 V＊、40 V、50 V＊、63 V、100 V、125 V＊、250 V、300 V＊、400 V、450 V＊、630 V 和 1 000 V 等多种等级，其中有"＊"符号的只限于电解电容器用。

(3)电容器的标注方法

①直接标注。

用字母或数字将电容器有关的参数标注在电容器表面上。例如，CJX 250 0.33±10%，表示金属化纸介小型电容器，容量为 0.33 μF，允许误差±10%，额定工作电压 250 V。CD25 V 47 μF，表示额定工作电压 25 V、标称容量 47 μF 的铝电解电容。CL 为聚酯(涤纶)电容器，CB 为聚苯乙烯电容器，CBB 为聚丙烯电容器，CC 为高频瓷介电容器，CT 为低频瓷介电容器等。

②数字标注。

数字标注电容器容量的方式有如下三种。

只标数字：如 4 700，300，0.22，0.01。此时指电容的容量是 4 700 pF，300 pF，0.22 μF，0.01 μF。

以 n 为单位：1 nF = 1 000 pF，如 10n，100n，4n7。它们的容量是 0.01 μF，0.1 μF，4 700 pF。

三位数码表示容量：单位是 pF，前两位是有效数字，后一位是零的个数。

例如：102，容量为 10×10^2 pF = 1 000 pF，读作 1 000 pF；

103，容量为 10×10^3 pF = 10 000 pF，读作 0.01 μF；

104，容量为 100 000 pF，读作 0.1 μF；

473，容量为 47 000 pF，读作 0.047 μF。

第三位如果是 9，则乘 10^{-1}，如 339 表示 33×10^{-1} pF = 3.3 pF。

由以上可以总结出，直接数字标注的电容器，其电容量的一般读数原则是：104 以下的读 pF，104 以上(含 104)的读 μF。

③色码法。

电容器的色标一般有三种颜色，表示方式与电阻器的相似。从电容器的顶端向引线方向，依次为第一位有效数字环、第二位有效数字环、乘数环，单位为 pF。若两位有效数字的色环是同一种颜色，就涂成一道宽的色环。

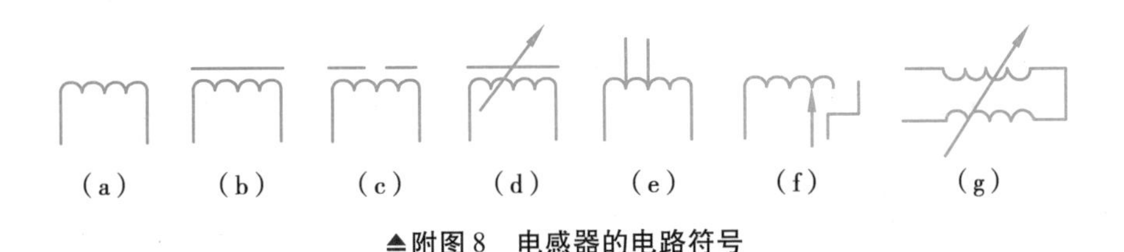

▲附图 8　电感器的电路符号

3) 电感器

(1) 电感器的分类

根据电感器的电感量是否可调,电感器可分为固定、可变和微调电感器。它们的符号如附图 8 所示。

(2) 电感器的主要性能参数

①电感量:电感量是指电感器在通过变化的电流时产生感应电动势的能力,用 L 表示。电感量的常用单位为 H(亨利)、mH(毫亨)、μH(微亨)。

②品质因数:品质因数是反映电感器传输能量的大小,是表示线圈质量的一个量,用 Q 表示。

$$Q = \frac{\omega L}{R}$$

式中　ω——工作角频率;

L——线圈电感量;

R——线圈电阻。

Q 值越大,传输能量的能力也就越大,即损耗越小。

附录 2 二极管

1)二极管的种类和型号

根据制造材料的不同,二极管有不同种类和用途,型号繁多。常见二极管的外形及电路符号如附图 9 和附图 10 所示。

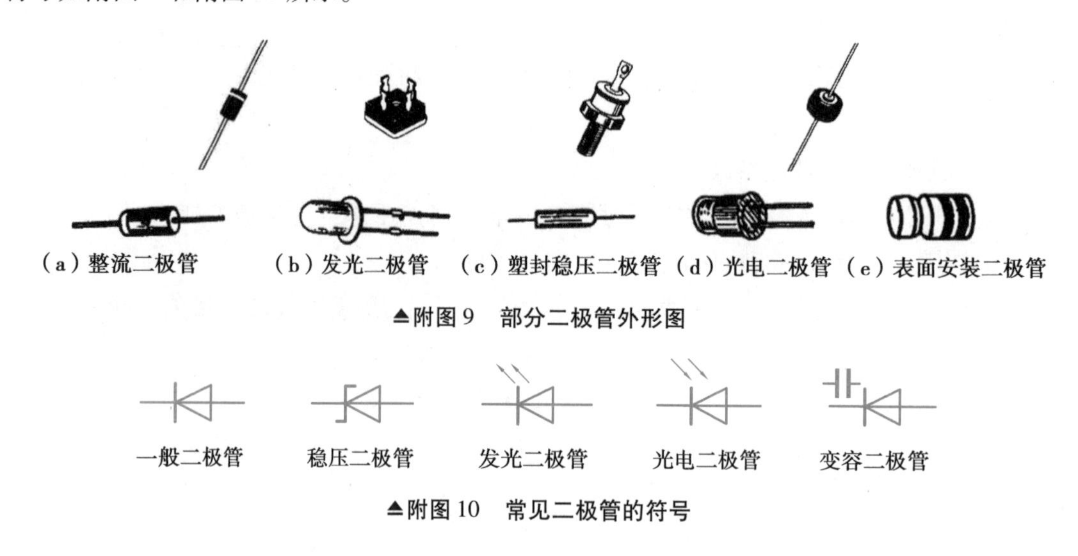

▲附图 9 部分二极管外形图

▲附图 10 常见二极管的符号

2)二极管的主要技术参数

(1)整流、检波、开关二极管

这类二极管有两个相同的主要特性参数,即最大整流电流 I_F 和最大反向电压 U_{BRM}。

(2)稳压二极管

稳压二极管的主要参数有稳定电压 U_Z、最大工作电流 I_{ZM}、最大耗散功率 P_{ZM}、动态电阻 R_Z 和稳定电流 I_Z 等。

(3)发光二极管

发光二极管的主要参数有最大正向电流 I_{FM}、正向工作电压 U_F、反向耐压 U_R 和发光强度 I_V。

3)二极管的极性判别和性能检测

一般二极管有色点的一端为正极,塑封二极管有色圆环标志的一端是负极,可用万用表欧姆挡或二极管专用测量挡测出。

附录 3　双极型三极管

双极型三极管通常又称为晶体三极管(简称三极管),是由两个 PN 结构成的三端有源器件。在其内部有两种载流子(带有正电荷的空穴和带有负电荷的电子)参与器件的工作过程,所以称为双极型三极管。

1)结构和特性

三极管按制造材料可分为硅管和锗管,按结构又可分为 PNP 型和 NPN 型。三极管有三个电极,分别称为发射极(e)、基极(b)和集电极(c),三极管的工作状态可通过测量各极的电位差来判断。当 NPN 型硅管的 U_{be}(基极—发射极电压)小于 0.6 V(锗管为 0.2 V)时,管子处于截止状态,此时有 $I_e=I_c=0$、$U_c=U_S$(电源电压),相当于开关处于断开状态。若集电极电位 U_c 小于基极电位 U_b,管子处于饱和状态,管压降 $U_{ce}\leqslant 0.3$ V,此时管子相当于一个开关处于闭合状态。放大状态时,基极电位 U_b 要小于集电极电位 U_c(PNP 型管相反)。

2)三极管的分类及外形

三极管一般以功率、频率分类。按频率分,一般可分为低频、高频和甚高频三类;按功率分,一般可分为小功率、中功率和大功率三类。在使用中功率和大功率的晶体管时,为达到要求的输出功率,一般要加散热片。部分三极管的外形图如附图 11 所示。

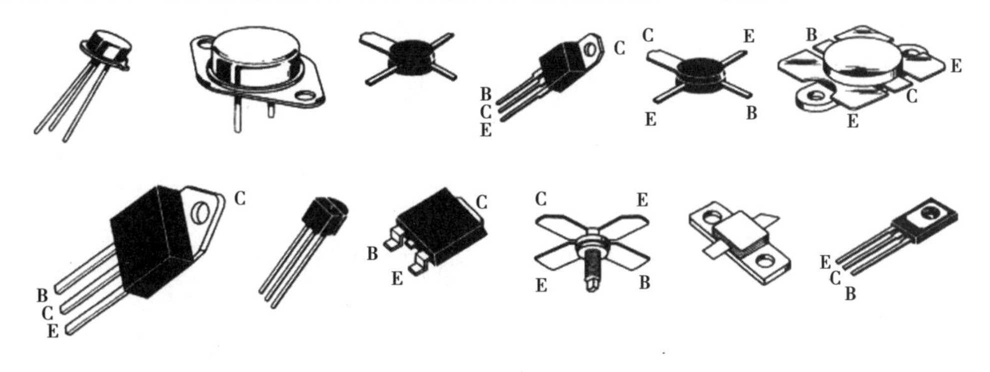

▲附图 11　部分三极管的外形图

3)三极管的极性判别和性能检测

(1)基极的判定

以 NPN 管为例,用模拟万用表的欧姆挡进行测量,可选择×1 kΩ 或×100 Ω 挡。首先任意选定一只管脚假设为基极,将其与万用表的黑表笔连接,然后用红表笔分别接触另两只管脚,当两次测出的阻值都很小时,则黑表笔连接的是基极;否则,另选定一管脚,重复上述过程,便可确定基极。

基极确定后,根据测试得到的阻值的大小,还可判断管子的结构。由 PN 结的单向导电性可知,对于 NPN 管,当黑表笔接基极、用红表笔分别接触其他两个管脚时,测得的两个阻值较小;当红表笔接基极时,测得的两个阻值较大。而 PNP 管则正好相反。对于大功率三极管,可选用万用表×1 Ω 或×10 Ω 挡进行测试。

(2)发射极和集电极的判别

三极管的基极和结构(NPN 或 PNP)确定之后,假定另外两个电极中的一个为集电极 C。在假定的集电极和已知基极间接一个 100 kΩ 的电阻(可用手指捏住 C 与 B),若已知被测管为 NPN 型,则用万用表的黑表笔接假定的集电极,红表笔接假定的发射极,观察万用表指示的电阻值;然后把假定的集电极和发射极互换,进行第二次测量。两次测量中,电阻值较小的那一次,与黑表笔相接的电极即是集电极。若被测的管子为 PNP 型,则电阻值较小的那一次,与红表笔相接的电极是集电极。

一般数字万用表都有测量三极管 h_{FE} 的功能,同时可以判别出发射极和集电极。先确定基极和管子的结构,将基极插入 b 插孔,另两只管脚分别插入 c 插孔和 e 插孔,从液晶屏上读取 h_{FE},然后基极仍插在 b 插孔不动,另两只管脚调换位置,读取 h_{FE} 值,两次测量中,取 h_{FE} 数值较大的那一次,实际管脚与插孔标记是一一对应的,依此可以判别发射极和集电极。

常用晶体管 9013 和 9014 的管脚封装如附图 12 所示。

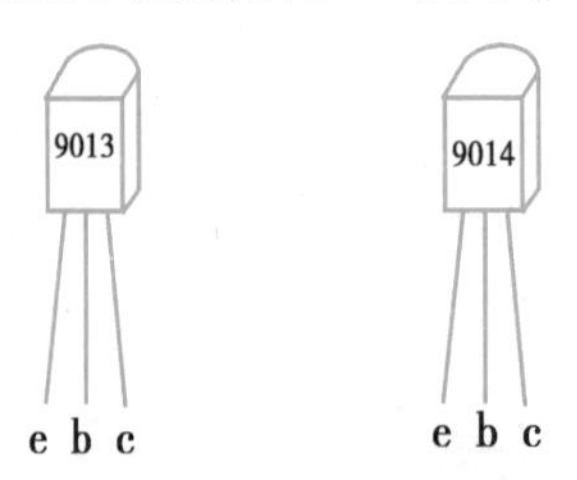

▲附图 12　三极管 9013 和 9014 的外形图

附录4　常用模拟集成电路引脚图

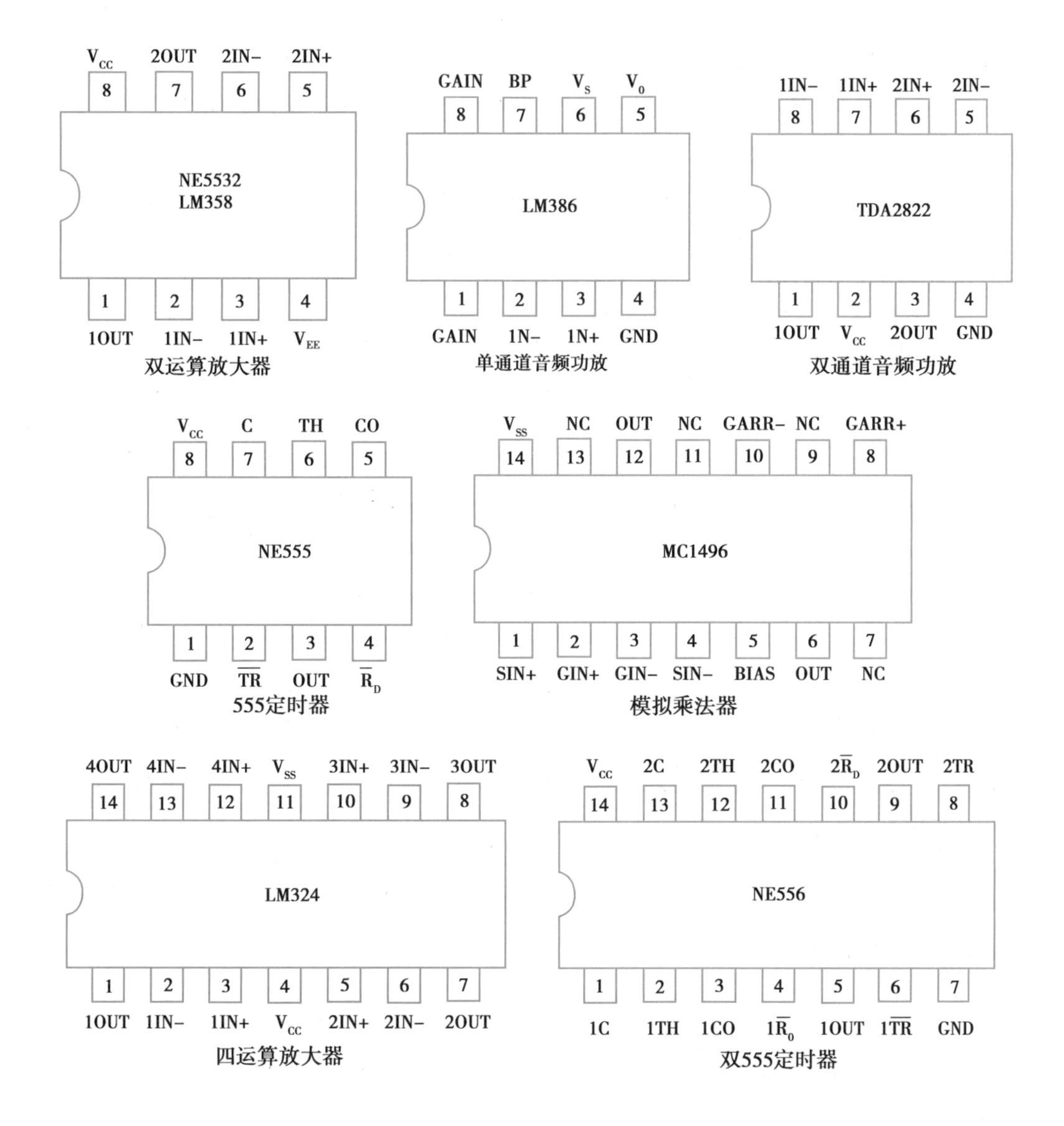

科学事物，必须不断研究，认真实验，得寸进尺地深入、扩展，通过韧性的战斗，

才可能获取光辉的成就。——陈佳洱

附录 5　在线实验平台使用说明

登录网址:http://www.vsimlab.com:9045/web(最新版谷歌浏览器)
管理员(教师)账号:admin
登录密码:NJRZKJLL

学生账号:学生 1—学生 40
登录密码:0001—0040(账号和密码对应)

附录 5.1　实验平台简述

1)支持课程

电子技术基础在线实验平台支持电路分析、模拟电子线路、数字逻辑电路与 EDA 课程的大部分实验。

2)实验资源

学生在线实验均有真实的实验电路对应,实验平台采用 3U 机箱式,每个机箱内插 20 个实验单元(每个实验单元包含一门实验课的所有实验电路),硬件资源动态分配,24 小时无值工作,学生能随时随地在浏览器上完成各项实验。

3)操作模式

学生预约申请获取实验权限,在客户端远程控制实验电路,完成电路搭建、参数配置、实验数据及波形测试、电子报告上传等。

4)测试仪器

可选外置第三方测试仪器,客户端学生能远程切换实验电路任一节点信号至外置仪器进行测量,外置仪器学生可自购(需支持网络操作)。

可选实验单元内置虚拟仪器完成实验项目测试,内置虚拟仪器包括三路稳压源、函数信号源、万用表(电流、电压、电阻)、毫伏表、双踪示波器、逻辑分析仪。

5)在线平台特点

真实电路、真实数据、虚拟仪器、无人值守。

6)在线实验常规操作

①登录系统。

②登录界面有操作资料下载。

在线帮助

③登录界面有操作视频下载。

教学视频

1.基尔霍夫电流定理
2.综合设计（RC电路频率特性）
3.三极管放大电路
4.集成运放案例-减法器
5.数字电路实验
6.三用表的使用
7.直流稳压源的使用
8.交流毫伏表的使用
9.双通道示波器的使用
10.模拟电路信号源设置

科学绝不是一种自私自利的享乐。有幸能够致力于科学研究的人，
首先应该拿自己的学识为人类服务。——马克思

④用户登录。

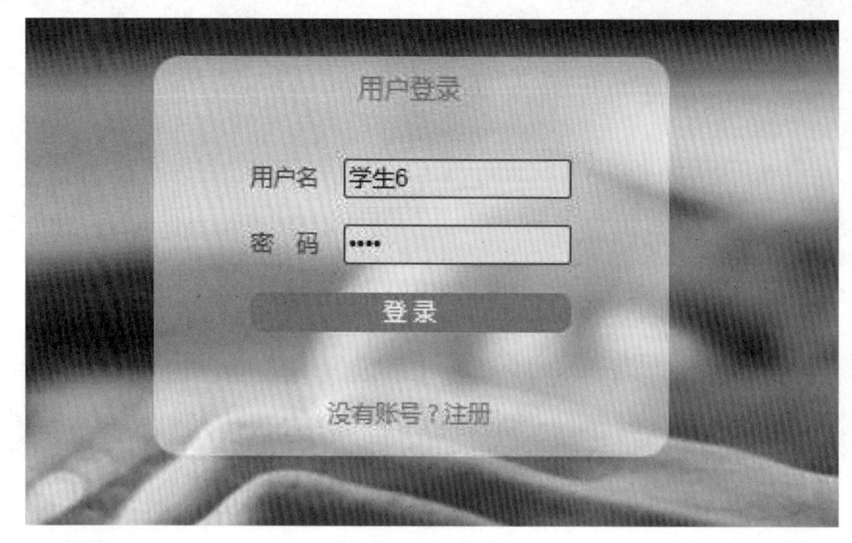

⑤进入实验课程。

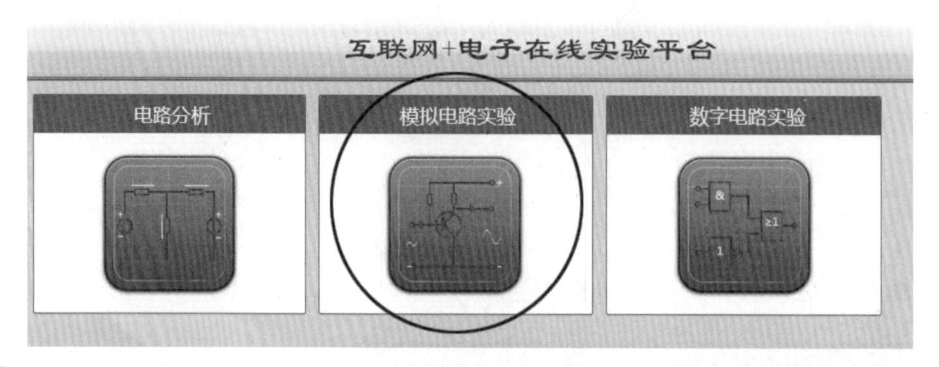

⑥选择实验内容。

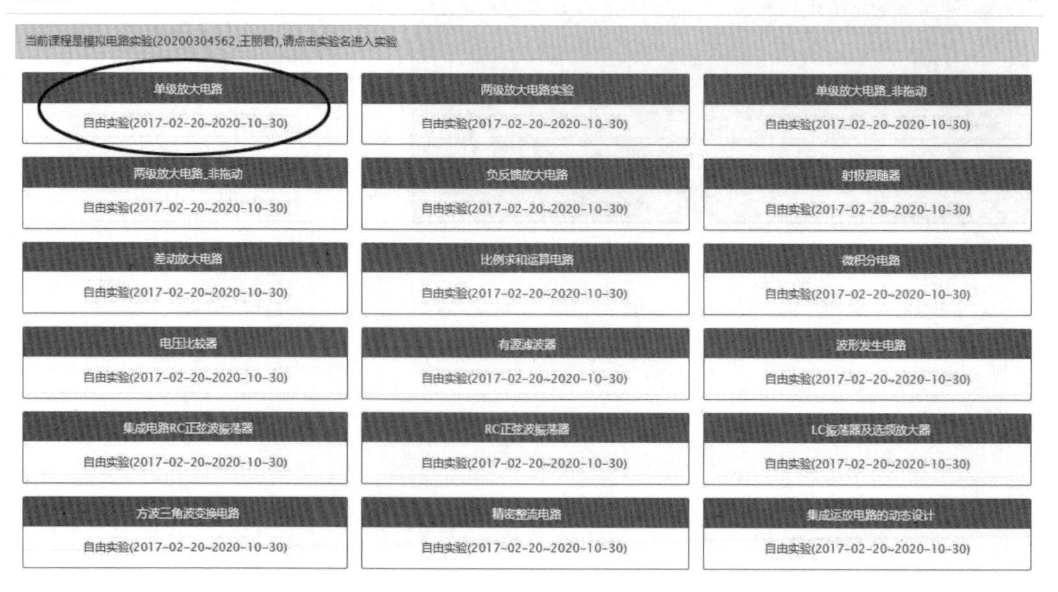

⑦进入实验内容单击在线实验。

⑧进入实验内容,单击在线实验,选择没有被占用设备,单击"√"进入。

实验设备选择

选好使用的设备后，点击列表右侧的✔进入实验界面

设备编号	设备名称	使用人	连接状态	锁定状态	操作
md02	md02		连接正常	未锁定	✔
md03	md03		连接正常	未锁定	✔
md04	md04		连接正常	未锁定	✔
md05	md05		连接正常	未锁定	✔
md06	md06		连接正常	未锁定	✔
md07	md07		连接正常	未锁定	✔
md08	md08		连接正常	未锁定	✔
md09	md09		连接正常	未锁定	✔
md10	md10		连接正常	未锁定	✔
md11	md11		连接正常	未锁定	✔
md12	md12	占用中	连接正常	未锁定	
md13	md13		连接正常	未锁定	✔
md14	md14		连接正常	未锁定	✔

⑨开始实验,注意打开电源开关。

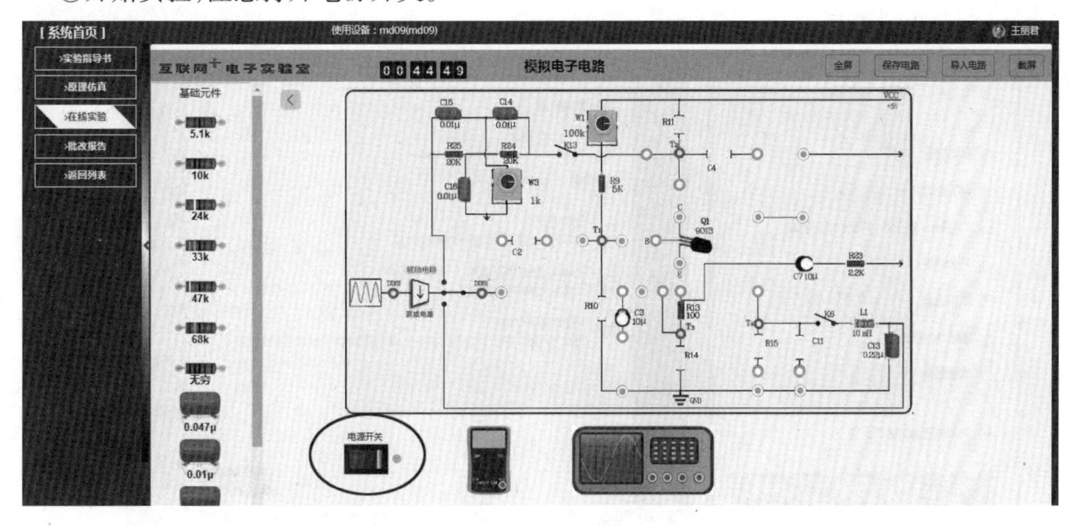

7)平台使用注意事项

①使用最新版谷歌浏览器或360浏览器的极速模式。

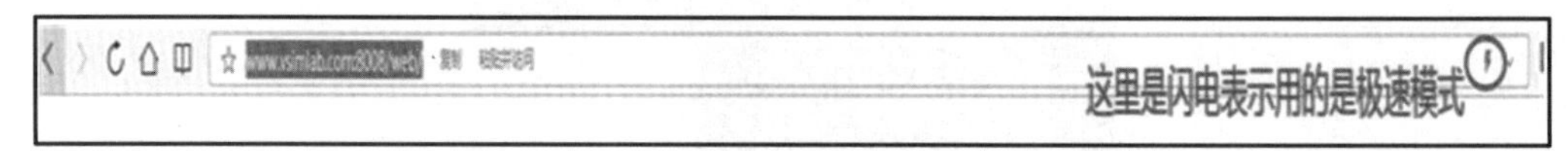

②显示器分辨率推荐>=1600 * 900。

8)常见故障处理

清缓存。当润众科技的技术人员更新过服务器之后,会提醒用户清除浏览器的缓存文件,常用操作步骤是:

①单击浏览器的菜单,找到清理痕迹(有的浏览器在工具菜单里,叫清除浏览数据)。

②在弹出的页面上选择时间范围是全部(时间不限),只勾选网页临时文件(缓存的图片和文件)。

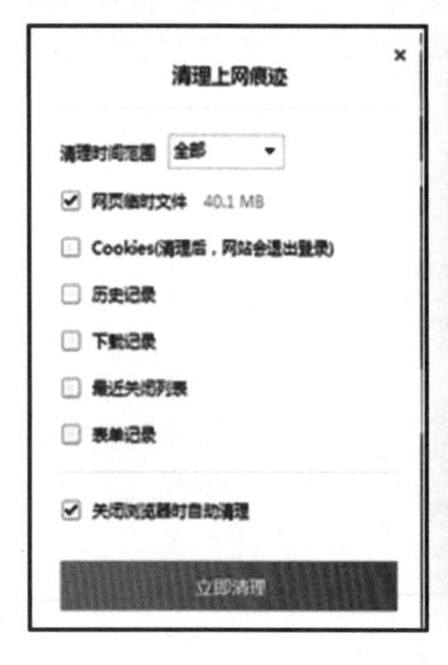

科学家必须在庞杂的经验事实中抓住某些可用精密公式来表示的普遍特征,由此探求自然界的普遍原理。——爱因斯坦

点击立即清理(清除数据)即可。

附录 5.2　电路分析实验操作

①直流电实验学生可以自由搭建实验电路,阻容元件、稳压电源、三用表在左侧器件库,鼠标拖放;侧边栏中每种电阻各 5 个,每种电容各 5 个,每种电感各 1 个、二极管 2 个。

②交流电实验中的串并联电路拓扑电路给定,学生可通过改变激励信号频率实现谐振;滤波器、动态电路测试等实验电路可自由搭建,阻容元件、函数信号源、示波器等在左侧器件库,鼠标拖放。

③示波器测试点:电路中红色标记点或浮于元件上的红色标记点可接示波器。

④稳压源使用:稳压源有 3 路输出,鼠标滚轮转动电压旋钮调节输出,选择通道 CH1/CH2 按键切换调节通道调节。

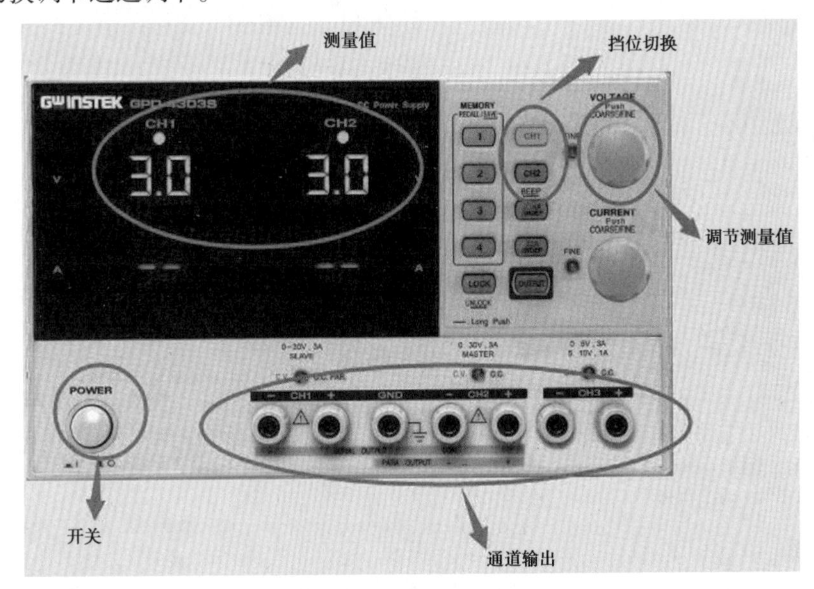

⑤信号源使用:鼠标指针放到对应调节旋钮上,滚轮调节频率和幅度,输出信号为峰峰值;单击信号种类图标设置信号类型。

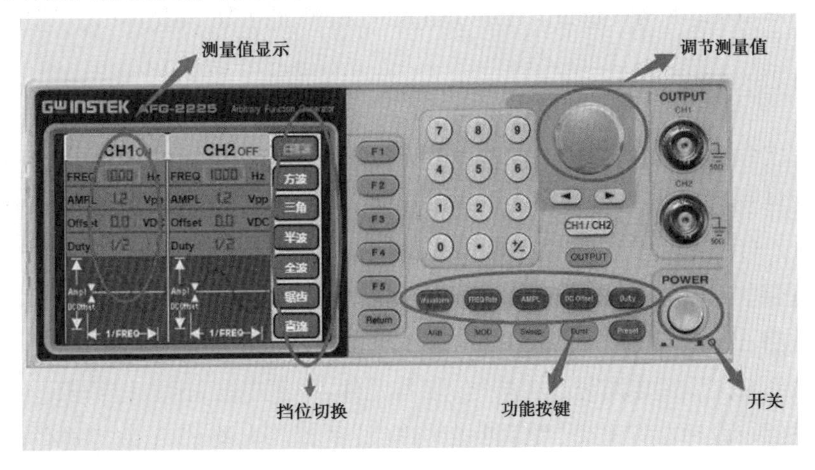

⑥示波器使用：双通道测量，通道 1 探头为黄色，通道 2 探头为蓝色，两通道参考地必须接同一点，必须接地线；鼠标指针放到对应旋钮上，滚动滚轮即可调节。

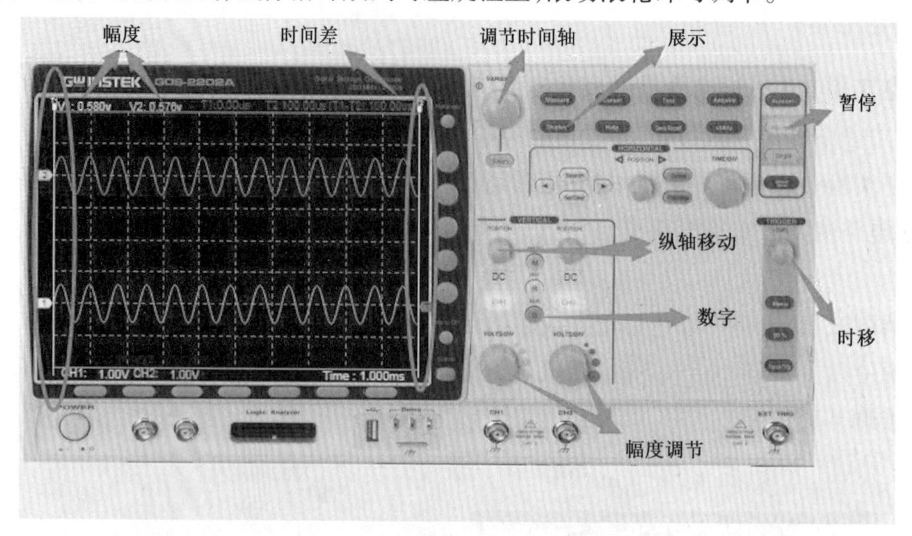

⑦三用表使用：直流电压、电流、电阻挡可用，切换挡位调节功能和量程。

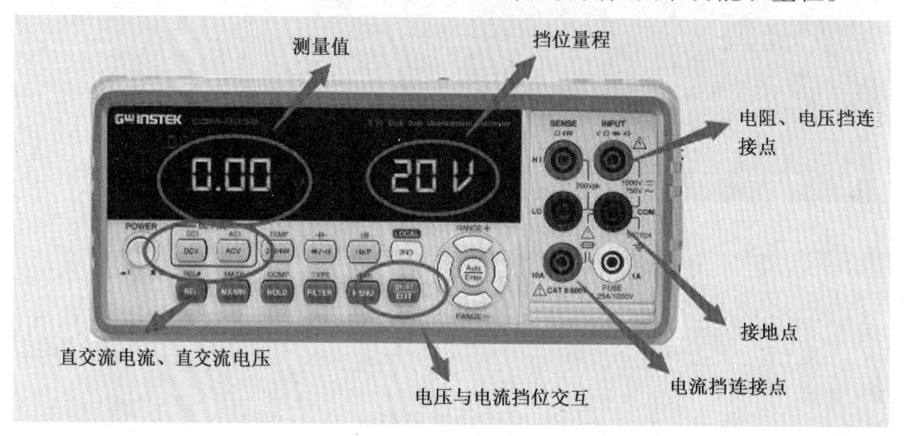

⑧连线规则：单击连线的起点，左键控制线路走向和走线终点，右键可取消连线，只走折线，橙色点间可以连线；直流部分鼠标左键按住拖动连线到终点，连线后可修改导线位置。

⑨波形测试：测试线以仪器端口为连线起点，电路测试点为终端。

附录 5.3 模拟电路

①晶体管实验电路给定拓扑图，实验电路元件值、工作点、反馈支路等可选。

②电路元件选择：鼠标单击拓扑图中水印元件，左侧元件区呈现该元件的可选种类，鼠标拖放。

③工作点调整：通过电位器调整，鼠标指向电位器，滚轮改变电位器阻值。

④反馈支路：通过电子连线选取是否加反馈。

运算放大器相关实验电路可自由搭建，阻容元件、稳压电源、函数信号源、示波器在左侧器件库，鼠标拖放；鼠标左键连线、右键可撤销连线；运算放大器+5 V 双电源供电，内部已经连上。

⑤实验测试点选择。

- 晶体管实验电路:电压表和示波器可以测量红色点。
- 运算放大器:电压表和示波器可以测量黄色点。
- 信号源使用注意:使用鼠标滚轮调节频率和峰峰值,通过点击信号类型设置信号种类。
- 稳压源使用注意:稳压源集成在信号源里,单击直流信号,调节幅度,范围-3 ~ +3 V。
- 万用表使用注意:直流电压挡可用,使用电压挡连接点。

⑥示波器使用注意。

- 实验使用的是 2 通道虚拟示波器,每个通道都可以连接对应测量点。
- 通过滚轮在相应位置可以调节扫描时间、垂直缩放、垂直偏移、触发电平等。
- 单击示波器上的相关按钮,可以设置 math 类型(+、-、*、FFT)。
- 通过 Display 按键选择余辉观察眼图、选择 XY 模式观察信号轨迹。
- 通过 MODE 按键选择触发边沿、触发通道、触发方式等。
- 通过单击 DC/AC 键盘设置耦合方式。
- 通过拖动时基线 T1 和 T2 可进行信号周期测量。

⑦连线规则。

实心点只能跟空心点相连,实心点和实心点之间或者空心点和空心点之间不能进行连线,需通过转接点进行相连。单击需要进行连线的其中一个实心点或者空心点,然后会出来一根线条,将其拖动到需要相连的另外一个空心点或者实心点的中心位置,该点会呈现高亮状态,然后单击鼠标,即可完成连线。如果连线错误,右键单击线条可进行单独删除或者全部删除连线。电压表和示波器可以连接实验测试点。

参考文献

[1] 梁宗善. 新型集成电路的应用:电子技术基础课程设计[M]. 武汉:华中理工大学出版社,1999.

[2] 徐建仁. 数字集成电路应用与实验[M]. 2 版. 长沙:国防科技大学出版社,1999.

[3] 苏文平. 新型电子电路应用实例精选[M]. 北京:北京航空航天大学出版社,2000.

[4] 华成英,叶朝晖. 模拟电子技术基础[M]. 5 版. 北京:高等教育出版社,2015.

[5] 谢嘉奎,宣月清,冯军. 电子线路:非线性部分[M]. 4 版. 北京:高等教育出版社,2000.

[6] 阎石,王红. 数字电子技术基础[M]. 6 版. 北京:高等教育出版社,2016.

[7] 全国大学生电子设计竞赛组委会. 全国大学生电子设计竞赛获奖作品精选(1994—1999)[M]. 北京:北京理工大学出版社,2004.

[8] 全国大学生电子设计竞赛组委会. 全国大学生电子设计竞赛获奖作品选编(2003)[M]. 北京:北京理工大学出版社,2005.

[9] 路勇. 电子电路实验及仿真[M]. 2 版. 北京:清华大学出版社,2010.

[10] 陈先荣. 电子技术实验基础[M]. 北京:国防工业出版社,2004.

[11] 李振声. 实验电子技术[M]. 北京:国防工业出版社,2001.

[12] 周淑阁. 模拟电子技术基础[M]. 北京:高等教育出版社,2004.

[13] 高吉祥,库锡树. 电子技术基础实验与课程设计[M]. 3 版. 北京:电子工业出版社,2011.

[14] 杨晓慧,许红梅,杨会玲. 电子技术 EDA 实践教程[M]. 北京:国防工业出版社,2005.

[15] 崔建明. 电工电子 EDA 仿真技术[M]. 北京:高等教育出版社,2004.

[16] 徐国华,等. 模拟及数字电子技术实验教程[M]. 北京:北京航空航天大学出版社,2004.

[17] 杨刚. 数字电子技术基础实验[M]. 北京:电子工业出版社,2004.

[18] 罗杰,谢自美. 电子线路设计、实验、测试[M]. 5 版. 北京:电子工业出版社,2015.

[19] 付家才. 电子实验与实践[M]. 北京:高等教育出版社,2004.

[20] 王振宇. 实验电子技术[M]. 北京:电子工业出版社,2004.

[21] 福建师大物理与光电信息科技学院. 电子技术基础实践:技能篇[M]. 福州:福建科学技术出版社,2003.

[22] 王勤,余定鑫,等. 电路实验与实践[M]. 北京:高等教育出版社,2004.

[23] 查丽斌. 电路与模拟电子技术基础[M]. 北京:电子工业出版社,2008.

[24] 王渊峰,戴旭辉. Altium Designer 10 电路设计标准教程[M]. 北京:科学出版社,2012.

[25] 高文焕,张尊侨,徐振英,等. 电子电路实验[M]. 北京:清华大学出版社,2008.

[26] 张晓光,张定国. 信号检测与控制电路[M]. 北京:中国计量出版社,2008.

[27] 陈有卿. 晶体管实验电路 300 例[M]. 北京:机械工业出版社,2006.

[28] 方大千,方亚敏,张正昌,等. 实用电源及报警电路详解[M]. 北京:化学工业出版

社,2010.
[29] 张保华.模拟电路实验基础[M].2版.上海:同济大学出版社,2011.
[30] 李万臣.模拟电子技术基础实践教程[M].哈尔滨:哈尔滨工程大学出版社,2008.
[31] 梅开乡,梅军进.电子电路实验[M].北京:北京理工大学出版社,2014.
[32] 孙肖子.现代电子线路和技术实验简明教程[M].2版.北京:高等教育出版社,2009.
[33] 沈小丰,余琼蓉.电子线路实验——模拟电路实验[M].北京:清华大学出版社,2007.
[34] 王艳春.电子技术实验与Multisim仿真[M].合肥:合肥工业大学出版社,2011.
[35] 刘训非,翟红.电子EDA技术:Multisim[M].北京:北京大学出版社,2010.
[36] 耿苏燕,周正,胡宴如.模拟电子技术基础[M].3版.北京:高等教育出版社,2019.
[37] 王建波.模拟电子技术基础[M].2版.北京:高等教育出版社,2022.
[38] 华成英.模拟电子技术基本教程[M].北京:高等教育出版社,2020.
[39] 康华光、张林.电子技术基础模拟部分[M].7版.北京:高等教育出版社,2021.
[40] 刘娟,梁卫文,程莉,等.单片机C语言与PROTUES仿真技能实训[M].北京:中国电力出版社,2010.
[41] 马宏锋.微机原理与接口技术:基于8086和Proteus仿真[M].西安:西安电子科技大学出版社,2010.
[42] 张齐,朱宁西,毕盛.单片机原理与嵌入式系统设计:原理、应用、Protues仿真、实验设计[M].北京:电子工业出版社,2011.
[43] 曹立军.单片机原理与技术[M].西安:西安电子科技大学出版社,2018.
[44] 庄友谊.单片机原理及应用[M].北京:电子工业出版社,2020.
[45] 刘颖.模拟电子技术基础:微课版 支持AR+H5交互[M].北京:人民邮电出版社,2023.
[46] 童诗白,华成英.模拟电子技术基础[M].6版.北京:高等教育出版社,2023.
[47] 张菁,温凯歌,杨丽媛,等.模拟电子技术基础[M].西安:西安电子科技大学出版社,2022.
[48] 黄丽亚,杨恒新,袁丰.模拟电子技术基础[M].4版.北京:机械工业出版社,2022.
[49] 战荫泽,张立东,李居尚.电工电子技术实验[M].西安:西安电子科技大学出版社,2022.
[50] 任丹,曲萍萍,杨莲红.模拟电子技术基础[M].北京:北京师范大学出版社,2021.
[51] 王淑娟,齐明,徐乐.模拟电子技术基础[M].2版.北京:高等教育出版社,2022.
[52] 王友仁,游霞.模拟电子技术:基础教程[M].2版.北京:科学出版社,2022.
[53] 吕伟锋,卢振洲,林弥.电路分析基础实验[M].西安:西安电子科技大学出版社,2023.
[54] 吕伟锋,董晓聪.电路分析实验[M].北京:科学出版社,2010.
[55] 陶秋香,杨焱,叶蓁,等.电路分析实验教程[M].2版.北京:人民邮电出版社,2016.
[56] 李学明.电路分析仿真实验教程[M].北京:清华大学出版社,2021.
[57] 张永瑞,程增熙,高建宁.《电路分析基础(第四版)》实验与学习指导[M].西安:西安电子科技大学出版社,2013.
[58] 古良玲,王玉菡.电子技术实验与Multisim 14仿真[M].北京:机械工业出版社,2023.

[59] 涂丽平. 电子技术实验与课程设计教程[M]. 西安:西安电子科技大学出版社,2020.
[60] 陈崇辉. 电工电子技术实验指导[M]. 北京:华南理工大学出版社,2016.
[61] 郭业才. 模拟电子技术实验仿真教程[M]. 西安:西安电子科技大学出版社,2020.
[62] 雷伏容. 电路及电子技术实验(Ⅰ)[M]. 北京:化学工业出版社,2021.